수능특강

과학탐구영역 지구과학Ⅱ

기획 및 개발

강유진(EBS 교과위원)
권현지(EBS 교과위원)
심미연(EBS 교과위원)
조은정(개발총괄위원)

감수

한국교육과정평가원

책임 편집

조양실

 정답과 해설은 EBS*i* 사이트(www.ebs*i*.co.kr)에서 다운로드 받으실 수 있습니다.

교재 내용 문의
교재 및 강의 내용 문의는
EBS*i* 사이트(www.ebs*i*.co.kr)의 학습 Q&A 서비스를
활용하시기 바랍니다.

교재 정오표 공지
발행 이후 발견된 정오 사항을
EBS*i* 사이트 정오표 코너에서 알려 드립니다.
교재 ▸ 교재 자료실 ▸ 교재 정오표

교재 정정 신청
공지된 정오 내용 외에 발견된 정오 사항이 있다면
EBS*i* 사이트를 통해 알려 주세요.
교재 ▸ 교재 정정 신청

수능특강

과학탐구영역 지구과학Ⅱ

이 책의 차례 Contents

학생

인공지능 DANCHOQ
푸리봇 문|제|검|색

EBS*i* 사이트와 EBS*i* 고교강의 APP 하단의 AI 학습도우미 푸리봇을 통해 문항코드를 검색하면 푸리봇이 해당 문제의 해설과 해설 강의를 찾아 줍니다. **사진 촬영으로도 검색**할 수 있습니다.

문제별 문항코드 확인   문항코드 검색

[24030-0001]
1. 아래 그래프를 이해한 내용으로 가장 적절한 것은?

[24030-0001]
사진 촬영 검색

24030-0001

선생님

EBS 교사지원센터
교재 관련 자|료|제|공

교재의 문항 한글(HWP) 파일과 교재이미지, 강의자료를 무료로 제공합니다.

⬇ 한글다운로드   🖼 교재이미지   📋 강의자료

• 교사지원센터(teacher.ebsi.co.kr)에서 '교사인증' 이후 이용하실 수 있습니다.
• 교사지원센터에서 제공하는 자료는 교재별로 다를 수 있습니다.

이 책의 **구성과 특징** Structure

교육과정의 **핵심 개념 학습**과 **문제 해결 능력** 신장

[EBS 수능특강]은 고등학교 교육과정과 교과서를 분석·종합하여 개발한 교재입니다.

본 교재를 활용하여 대학수학능력시험이 요구하는 교육과정의 핵심 개념과 다양한 난이도의 수능형 문항을 학습함으로써 문제 해결 능력을 기를 수 있습니다. EBS가 심혈을 기울여 개발한 [EBS 수능특강]을 통해 다양한 출제 유형을 연습함으로써, 대학수학능력시험 준비에 도움이 되기를 바랍니다.

충실한 개념 설명과 보충 자료 제공

1. 핵심 개념 정리

주요 개념을 요약·정리하고 탐구 상황에 적용하였으며, 보다 깊이 있는 이해를 돕기 위해 보충 설명과 관련 자료를 풍부하게 제공하였습니다.

 과학 돋보기

개념의 통합적인 이해를 돕는 보충 설명 자료나 배경 지식, 과학사, 자료 해석 방법 등을 제시하였습니다.

 탐구자료 살펴보기

주요 개념의 이해를 돕고 적용 능력을 기를 수 있도록 시험 문제에 자주 등장하는 탐구 상황을 소개하였습니다.

2. 개념 체크 및 날개 평가

본문에 소개된 주요 개념을 요약·정리하고 간단한 퀴즈를 제시하여 학습한 내용을 갈무리하고 점검할 수 있도록 구성하였습니다.

단계별 평가를 통한 실력 향상

[EBS 수능특강]은 문제를 수능 시험과 유사하게 **수능 2점 테스트**와 **수능 3점 테스트**로 구분하여 제시하였습니다. 수능 2점 테스트는 필수적인 개념을 간략한 문제 상황으로 다루고 있으며, 수능 3점 테스트는 다양한 개념을 복잡한 문제 상황이나 탐구 활동에 적용하였습니다.

2024학년도 대학수학능력시험 8번

8. 그림은 지층 A, B, C가 분포하는 어느 지역의 지질도이다.

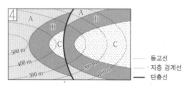

이에 대한 설명으로 옳은 것만을 <보기>에서 있는 대로 고른 것은?

<보 기>

ㄱ. B의 주향은 EW이다.
ㄴ. 가장 젊은 지층은 C이다.
ㄷ. 정단층이 나타난다.

① ㄱ　　② ㄴ　　③ ㄱ, ㄷ　　④ ㄴ, ㄷ　　⑤ ㄱ, ㄴ, ㄷ

2024학년도 EBS 수능특강 71쪽 4번

[23030-0100]

04 그림 (가)와 (나)는 각각 습곡과 단층이 발달한 두 지역의 지질도를 나타낸 것이다.

(가)　　(나)

이에 대한 설명으로 옳은 것만을 <보기>에서 있는 대로 고른 것은?

[보기]

ㄱ. (가)에서는 배사 구조가 나타난다.
ㄴ. (나)에서 단층 f−f'는 역단층이다.
ㄷ. 지층 A와 지층 E의 생성 시기가 같다면, 지층 B, C, D 중 가장 오래된 지층은 C이다.

① ㄱ　　② ㄷ　　③ ㄱ, ㄴ　　④ ㄴ, ㄷ　　⑤ ㄱ, ㄴ, ㄷ

연계 분석　수능 8번 문제는 수능특강 71쪽 4번 문제와 연계하여 출제되었다. 수능특강 71쪽 4번 문제의 지질도 (나)와 수능 8번 문제의 지질도는 동일하며, 두 문제 모두 지층의 상대 연령, 단층의 종류를 묻는다는 점에서 매우 높은 유사성을 보이지만, 수능 문제에서는 지층의 주향을 추가로 묻고 있다는 점에서 차이가 있다.

학습 대책　지질도와 관련된 주요 학습 요소는 지층의 주향과 경사, 등고선과 지층 경계선의 관계를 활용한 지질 구조 해석이다. 따라서 이 주제에서는 이 두 가지의 학습 요소를 묻는 문제로 출제될 수 있다. 지질도에서 지층의 주향과 경사를 구하는 방법, 주향과 경사의 표시 방법과 여러 지질도에 대한 학습을 바탕으로 지질 구조를 해석하는 것이 매우 중요하다. 수능특강에 제시된 지질도가 수능에 그대로 출제가 되었다는 점은 EBS 연계 교재로 학습하는 것이 중요하다는 것을 시사한다. EBS 연계 교재에 제시된 지질도를 바탕으로 반복 학습을 하는 것이 매우 중요하다.

2024학년도 대학수학능력시험 13번

13. 그림은 우리나라 지질 계통의 일부를 나타낸 것이다.

지질 시대	고생대						중생대			신생대	
	캄브리아기	오르도비스기	실루리아기	데본기	석탄기	페름기	트라이아스기	쥐라기	백악기	팔레오기	네오기
지질 계통	A						B		C		

☐ 결층

이에 대한 설명으로 옳은 것만을 〈보기〉에서 있는 대로 고른 것은? [3점]

〈보 기〉
ㄱ. A에는 해성층이 존재한다.
ㄴ. B에는 석탄층이 나타난다.
ㄷ. C에는 삼엽충 화석이 산출된다.

① ㄱ　　② ㄷ　　③ ㄱ, ㄴ　　④ ㄴ, ㄷ　　⑤ ㄱ, ㄴ, ㄷ

2024학년도 EBS 수능특강 68쪽 11번

[23030-0091]

11 그림은 한반도의 지질 계통을 나타낸 것이다.

지질 시대	고생대						중생대			신생대		
	캄브리아기	오르도비스기	실루리아기	데본기	석탄기	페름기	트라이아스기	쥐라기	백악기	팔레오기	네오기	제4기
지질 계통	A	회동리층		B			C	D			E	

☐ 결층

지층 A～E에 대한 설명으로 옳은 것만을 〈보기〉에서 있는 대로 고른 것은?

보기
ㄱ. A에서는 석회암층이 발견된다.
ㄴ. B와 E는 육성층을 포함한다.
ㄷ. C와 D는 모두 대보 조산 운동이 일어난 이후에 퇴적되었다.

① ㄱ　　　　② ㄷ　　　　③ ㄱ, ㄴ
④ ㄴ, ㄷ　　　⑤ ㄱ, ㄴ, ㄷ

연계 분석　수능 13번 문제는 수능특강 68쪽 11번 문제와 연계하여 출제되었다. 두 문제 모두 지질 계통의 일부를 제시하고 각 시기에 해당하는 지질 계통에 대한 일반적인 특징을 묻는다는 점과 수능 문제에 제시된 지질 계통 A, B, C 시기와 수능특강 문제에 제시된 A, B, D 시기가 동일하다는 점에서 매우 높은 유사성을 보인다. 한편, 수능 문제에서는 지질 계통에 대한 일반적인 특징과 더불어 지질 시대 화석을 묻고 있지만, 수능특강 문제에서는 지질 계통에 대한 일반적인 특징만 묻고 있다는 점에서 차이가 있다.

학습 대책　우리나라의 지질 계통과 관련된 수능 문제에서 제시되는 자료는 수능특강이나 수능완성에 제시된 자료가 그대로 출제되는 경우가 많다. 지질 계통은 한반도의 시대별 지질 분포와 함께 학습을 해야 한다. 우리나라의 지질 시대별 암석 분포도와 함께 한반도의 시대별 지질 분포도를 연결하여 학습하는 것이 효과적이다. 여러 문제를 풀어 반복적 학습을 하는 것보다는 각 시대별 지질 분포도의 특징을 정확히 파악한다면 이와 관련된 어떤 문제도 자신 있게 해결할 수 있을 것이다.

01 지구의 형성과 역장

I. 고체 지구

1 지구의 탄생과 진화

(1) 태양계의 형성

① **성운의 형성**: 우주는 약 138억 년 전의 빅뱅으로 탄생하였다. 빅뱅으로부터 수소와 헬륨이 만들어지고, 이보다 무거운 원소는 별 내부의 핵융합과 초신성의 폭발 과정에서 만들어졌다. 이들 원소가 모인 성운이 현재 태양계 영역보다 더 큰 영역에 퍼져 있었다.

② **태양계 성운의 수축과 회전**
- 약 50억 년 전 태양계 성운 근처에서 초신성 폭발이 일어나 안정적이던 성운에 충격파가 전달되어 밀도 차이가 생겼다.
- 밀도가 높은 부분이 자체 중력으로 수축하면서 회전하기 시작하였고, 물질들이 중심으로 모이면서 회전 속도가 점점 빨라져 납작한 원반 모양을 이루었다.

③ **원시 태양의 형성**
- 성운의 중심부는 기체와 티끌을 끌어들이면서 밀도가 큰 핵이 성장하여 원시 태양이 되었다.
- 원시 태양은 계속된 중력 수축으로 온도와 압력이 높아졌고 핵융합 반응을 할 수 있는 온도에 도달하였다.

④ **원시 행성의 형성**
- 회전 원반 내에서는 성운이 식으며 수많은 미행성체가 생겨났다. 미행성체들은 원시 태양 둘레를 공전하며 서로 충돌하고 뭉치면서 원시 행성을 형성하였다.
- 원시 태양 부근에서는 온도가 매우 높아 응결 온도가 높은 물질들이 응축하여 규소, 철, 니켈 등으로 이루어진 지구형 행성으로 진화하였다. 반면, 원시 태양에서 먼 영역에서는 온도가 낮아 응결 온도가 높은 물질과 낮은 물질들이 모두 응축하여 얼음 상태의 입자, 수소, 헬륨 등으로 이루어진 목성형 행성으로 진화하였다.

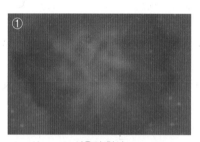

성운의 형성

태양계 성운의 수축과 회전

원시 태양의 형성

원시 행성의 형성

개념 체크

◐ **성운설**: 거대하고 밀도가 높은 성운이 회전하면서 수축한 결과, 태양 및 태양계를 구성하는 천체들이 만들어졌다는 설

1. 태양계 성운 영역 중 밀도가 (   ) 부분이 자체 중력으로 수축하면서 회전하기 시작하였다.

2. 원시 태양은 계속된 중력 수축으로 온도와 압력이 (   )졌고 핵융합 반응을 할 수 있는 온도에 도달하였다.

3. 원시 태양 부근에서는 온도가 매우 높아 응결 온도가 (   ) 물질들이 응축하여 규소, 철, 니켈 등으로 이루어진 지구형 행성으로 진화하였다.

정답
1. 높은
2. 높아
3. 높은

(2) 지구의 탄생과 진화

① 마그마 바다 형성

- 원시 지구는 약 46억 년 전 수많은 미행성체들의 충돌로 형성되었고 이 과정에서 원시 지구의 크기가 커졌다.
- 미행성체가 충돌할 때 발생한 열과 원시 지구 내부 방사성 원소의 붕괴로 발생한 열에 의하여 원시 지구에는 지표와 지구 내부의 상당 부분이 녹아 있는 액체 상태의 마그마 바다가 형성되었다.

② 맨틀과 핵의 분리

- 마그마 바다 상태에서 중력의 작용으로 철과 니켈 등 밀도가 큰 금속 성분들은 지구 중심부로 가라앉아 핵을 형성하였다.
- 밀도가 작은 규산염 물질은 지구 표면 쪽으로 떠올라 맨틀을 형성하면서 층의 분화가 진행되었다.

③ 원시 지각과 원시 바다의 형성

- 미행성체들의 충돌이 감소하면서 지구의 온도는 점점 낮아졌고, 지표가 식으면서 단단한 원시 지각이 형성되었다.
- 화산 활동 등으로 원시 대기에 공급된 수증기가 응결하여 많은 비가 내렸고, 낮은 곳으로 모인 물이 원시 바다를 형성하였다.
- 원시 바다가 형성된 이후에 대기 중의 이산화 탄소가 바다에 용해되었고, 이후 탄산염의 형태로 퇴적되어 지권에 고정되었다.

마그마 바다 형성　　　맨틀과 핵의 분리　　　원시 지각과 원시 바다의 형성

④ 지구 대기의 형성

- 지구 최초의 생명체는 바다에서 탄생하였을 것으로 추정된다.
- 광합성을 하는 남세균이 등장하여 바다에 산소를 공급하기 시작했고, 이후 대기에도 산소가 축적되기 시작하였다.
- 약 4억 년 전에는 오존층이 형성될 수 있을 만큼 대기 중의 산소가 증가하였다. 오존층이 자외선을 차단함에 따라 육지에 생명체가 출현하였다.

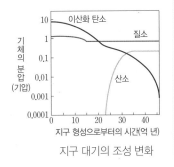

지구 대기의 조성 변화

1. 지각과 맨틀 중 단위 질량당 방사성 원소의 질량비는 (　　)이 더 크다.

2. 지구 내부 에너지가 지표로 방출되는 열량을 (　　)이라 하고, 단위로는 mW/m^2를 사용한다.

3. 암석권 아래 맨틀에서는 주로 (　　)에 의해, 암석권에서는 주로 (　　)에 의해 열에너지가 이동한다.

4. 화산 활동이나 조산 운동이 활발한 지역에서는 지각 열류량이 (　　), 오래된 지각이나 안정한 대륙의 중앙부에서는 지각 열류량이 (　　).

2 지구 내부 에너지

(1) 지구 내부 에너지: 지구 내부 에너지는 지구 내부에 저장되어 있는 열에너지로, 판의 운동, 화산 활동, 지진 등을 일으키는 근원 에너지이다. 지구 내부 에너지원에는 지구 형성 초기에 일어난 미행성체 충돌에 의한 열, 중력 수축에 의한 열, 방사성 원소의 붕괴열이 있다.

① **방사성 원소의 분포**: 방사성 원소는 규산염 마그마에 농집되는 성질이 있으므로 핵에는 거의 없으며, 대부분 지각과 맨틀에 존재한다.

② **방사성 원소의 붕괴열**: 단위 질량당 방사성 원소의 질량비는 지각이 맨틀보다 크며, 특히 대륙 지각에서 크므로 대륙 지각에서는 방사성 원소의 붕괴열이 많이 방출된다.

암석의 종류	방사성 원소의 함량(ppm)			방출 열량 $(10^{-5}\,mW/m^3)$	비고
	우라늄(^{238}U, ^{235}U)	토륨(^{232}Th)	칼륨(^{40}K)		
화강암	5	18	38000	295	대륙 지각 구성 암석
현무암	0.5	3	8000	56	해양 지각 구성 암석
감람암	0.015	0.06	100	1	맨틀 구성 암석

(2) 지각 열류량

① **지각 열류량**: 지구 내부 에너지가 지표로 방출되는 열량을 지각 열류량이라고 하며, 단위로는 mW/m^2를 사용한다. ➡ 구성 암석의 방사성 원소의 함량은 대륙 지각이 많지만, 해양 지각이 대륙 지각보다 맨틀 대류에 의한 열 공급량이 더 많다.

구분	지각 열류량 (mW/m^2)
전 세계	87
대륙 지각	65
해양 지각	101

② **지구 내부에서의 열에너지 이동**: 암석권 아래 맨틀에서는 주로 대류에 의해, 암석권에서는 주로 전도에 의해 열에너지가 이동한다.

③ **지각 열류량의 분포**

• 화산 활동이나 조산 운동이 활발한 지역에서는 지각 열류량이 많고, 오래된 지각이나 안정한 대륙의 중앙부에서는 지각 열류량이 적다.

• 해령과 호상 열도 부근에서는 지각 열류량이 많고, 해구와 순상지 부근에서는 지각 열류량이 적다.

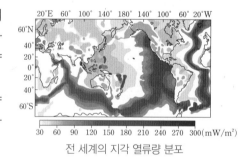

전 세계의 지각 열류량 분포

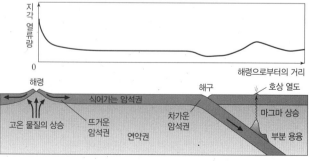

해양 지각에서의 지각 열류량

③ 지구 내부 탐사

(1) 지구 내부 연구 방법

① 직접적인 방법

- 시추: 내부 시료를 직접 채취하는 것으로, 현재 시추 가능한 깊이는 15 km 정도에 불과하다.
- 포획암 분석(화산 분출물 연구): 포획암은 마그마에 포획되어 올라온 지하 물질로, 맨틀 포획암을 분석하여 상부 맨틀 물질을 알 수 있다.

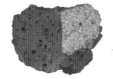
맨틀 포획암

② 간접적인 방법

- 지진파 분석: 지구 내부를 통과하는 지진파를 연구하여 지구 내부 불연속면의 깊이 및 지구 내부를 구성하는 물질의 물리적 성질을 알 수 있다.
- 지각 열류량 측정: 내부 물질의 열적 성질과 에너지원의 분포를 알 수 있다.
- 운석 연구: 지구 내부 물질의 평균 조성을 추정할 수 있다.
- 고온·고압 조건에서의 실험 및 이론적 연구: 지구 심부의 물질 조성과 물리적, 화학적 변화를 알 수 있다.

③ 종합: 직접적인 방법과 간접적인 방법을 종합하여 지구 내부 물질의 분포와 상태를 파악한다.

(2) 지진파에 의한 지구 내부의 탐사

① 지진파: 암석에 힘이 가해져 탄성 한계를 넘으면 암석이 급격한 변형을 일으키면서 깨지는데, 이때 암석에 응축된 에너지가 파동의 형태로 사방으로 전달되는 현상을 지진이라 하고, 이때 전달되는 파동을 지진파라고 한다. 한편, 지진이 발생한 위치를 진원이라고 하며, 진원의 연직 방향에 위치한 지표상의 지점을 진앙이라고 한다.

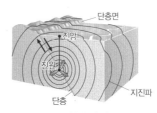
진원과 진앙

② 지진파의 성질: 지진파는 성질이 다른 매질의 경계면에서 반사 또는 굴절하며, 같은 종류의 지진파라도 매질의 밀도와 상태에 따라 속도가 달라진다.

③ 지진파의 종류와 특징

지진파	성질	지진파의 전파	지각에서의 속도(km/s)	통과 매질의 상태
P파 (종파)	매질의 진동 방향과 파의 진행 방향이 나란		5~8	고체, 액체, 기체
S파 (횡파)	매질의 진동 방향과 파의 진행 방향이 수직		3~4	고체
표면파	지표면을 따라 전파	타원 운동 또는 좌우 진동	2~3	표면의 고체

개념 체크

◑ **지진파:** 암석에 힘이 가해져 탄성 한계를 넘어 암석이 변형되면서 암석에 응축된 에너지가 사방으로 전달되는 파동이다.

◑ **P파:** 매질의 진동 방향과 파의 진행 방향이 나란하다.

◑ **S파:** 매질의 진동 방향과 파의 진행 방향이 수직이다.

1. 지구 내부를 통과하는 (   )를 연구하여 지구 내부 불연속면의 깊이 및 지구 내부를 구성하는 물질의 물리적 성질을 알 수 있다.

2. P파는 매질의 진동 방향과 파의 진행 방향이 (   )하다.

3. (   )는 매질의 진동 방향과 파의 진행 방향이 수직이고, (   ) 상태의 물질만 통과할 수 있다.

정답

1. 지진파
2. 나란
3. S파, 고체

개념 체크

○ 진원 거리: $d=\dfrac{V_P \times V_S}{V_P-V_S}\times$PS시 ($d$: 진원 거리, V_P: P파 속도, V_S: S파 속도)
○ 진앙: 세 관측소에서 진원 거리를 반지름으로 하는 원을 그렸을 때 세 공통 현의 교점.
○ 진원 깊이: 진앙을 지나는 현 중 관측소와 진앙을 연결한 선에 의해 수직 이등분되는 현 길이의 $\frac{1}{2}$
○ 불연속면: 지각과 맨틀의 경계면은 모호면, 맨틀과 외핵의 경계면은 구텐베르크면, 외핵과 내핵의 경계면은 레만면이다.

1. 지진 기록에서 P파가 도달한 후 S파가 도달할 때까지의 시간 차이를 (   )라고 한다.

2. P파의 속도를 V_P, S파의 속도를 V_S, PS시를 t라고 하면, 관측소에서 진원까지의 거리(d)는 $d=$(   )이다.

3. 세 관측소에서 진원 거리를 반지름으로 하는 원을 그렸을 때 각 원들의 교점을 연결하면 (   )개의 현이 교차하는 하나의 점이 나타나는데, 이곳이 (   )이다.

4. 지각과 맨틀의 경계면은 (   ) 불연속면, 맨틀과 외핵의 경계면은 (   ) 불연속면, 외핵과 내핵의 경계면은 (   ) 불연속면이라고 한다.

정답
1. PS시
2. $\dfrac{V_P \times V_S}{V_P-V_S}\times t$
3. 3, 진앙
4. 모호로비치치, 구텐베르크, 레만

(3) 지진 기록: 지진계에는 P파, S파, 표면파의 모습이 차례대로 기록되며, 지진 기록에서 P파가 도달한 후 S파가 도달할 때까지의 시간 차이를 PS시라고 한다. PS시는 진원으로부터의 거리가 멀수록 길게 나타난다.

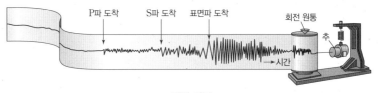

지진 기록

과학 돋보기 **진원과 진앙까지의 거리 측정**

• **진원까지의 거리 측정:** P파의 속도를 V_P, S파의 속도를 V_S, PS시를 t라고 하면, 관측소에서 진원까지의 거리(d)는 아래 식과 같이 구할 수 있다.

$$\frac{d}{V_S}-\frac{d}{V_P}=t \Rightarrow d=\frac{V_P \times V_S}{V_P-V_S}\times t$$

• **진앙까지의 거리 측정:** 지진 기록을 해석하여 PS시를 구한 후 주시 곡선에서 PS시에 해당하는 가로축의 거리 값을 읽으면 진앙까지의 거리를 알아낼 수 있다.

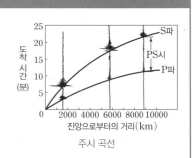

주시 곡선

(4) 진앙 및 진원의 결정

① **진앙의 위치:** A, B, C 각 관측소에서 진원 거리(R_A, R_B, R_C)를 반지름으로 하는 원을 그렸을 때 각 원들의 교점을 연결하면 3개의 현이 교차하는 하나의 점 O가 나타나는데, 이곳이 진앙이다.

② **진원의 깊이:** 세 관측소 중 임의의

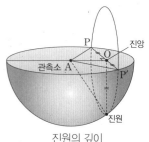

진앙의 위치 결정

진원의 깊이

관측소 A점과 진앙의 위치 O점을 연결하는 선분 AO를 긋고, O점에서 선분 AO에 직교하는 현 PP'를 그으면 현 PP'의 절반인 선분 OP 또는 OP'가 진원의 깊이가 된다.

4 지구 내부의 구조

(1) 지구 내부의 구조: 지구 내부를 통과하는 지진파가 굴절되거나 반사되는 성질을 이용하여 지구 내부가 지각, 맨틀, 외핵, 내핵의 층상 구조를 이루고 있음을 알아내었다.

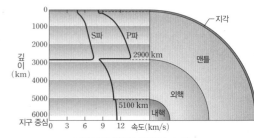

지구 내부에서 지진파 속도

(2) 불연속면

① **모호로비치치 불연속면(모호면):** 지각과 맨틀의 경계면이다.

② **구텐베르크 불연속면(구텐베르크면):** 맨틀과 외핵의 경계면이다.

③ **레만 불연속면(레만면):** 외핵과 내핵의 경계면이다.

(3) 지진파 암영대

① 핵의 발견

- S파의 암영대: 진앙으로부터의 각거리가 약 $103°\sim180°$인 지역으로, S파가 도달하지 않는다.
- P파의 암영대: 진앙으로부터의 각거리가 약 $103°\sim142°$인 지역으로, P파가 도달하지 않는다.

② 내핵의 발견: 진앙으로부터의 각거리 약 $110°$에 약한 P파가 도달한다는 사실로부터 내핵을 발견하였다.

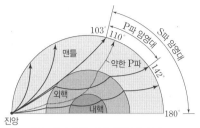

지구 내부에서 지진파의 전파 경로

(4) 지구 내부의 구성 물질과 물리량

① 지각과 맨틀

구분		평균 깊이(km)	주요 구성 암석	평균 밀도(g/cm³)
지각	대륙 지각	지표 ~ 약 35	화강암질 암석	약 2.7
	해양 지각	지표 ~ 약 5	현무암질 암석	약 3.0
맨틀		모호면 ~ 약 2900	감람암질 암석	약 3.3~5.5

② 핵: 지진파의 속도 분포로부터 외핵은 액체 상태이고 내핵은 고체 상태일 것으로 추정되며, 내핵은 외핵보다 평균 밀도가 크다. 핵은 철이 가장 많고, 그 밖에 니켈, 황 등으로 이루어졌을 것으로 추정된다.

③ 지구 내부의 물리량

- 밀도: 불연속면에서 급격히 증가하는 계단 모양의 분포를 이룬다.
- 압력: 중심으로 갈수록 증가하며, 깊이에 따른 증가율은 외핵에서 가장 크다.

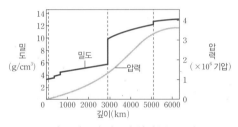

지구 내부의 밀도와 압력 분포

과학 돋보기 **지온 곡선과 용융 곡선**

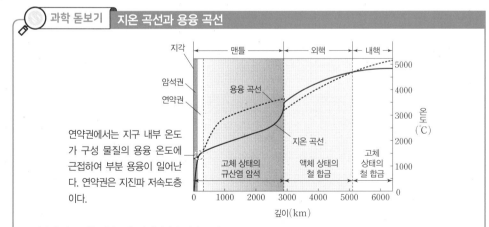

연약권에서는 지구 내부 온도가 구성 물질의 용융 온도에 근접하여 부분 용융이 일어난다. 연약권은 지진파 저속도층이다.

- 깊이에 따른 지온 상승률은 암석권에서 가장 크다.
- 지구 내부 온도와 구성 물질의 용융 온도를 통해 지구 내부 물질의 상태를 알 수 있다. ➡ 외핵은 지구 내부 온도가 구성 물질의 용융 온도보다 높으므로 액체 상태이고, 내핵은 지구 내부 온도가 구성 물질의 용융 온도보다 낮으므로 고체 상태이다.

1. 진앙으로부터의 각거리가 약 $103°\sim180°$인 지역을 (   ), 진앙으로부터의 각거리가 약 $103°\sim142°$인 지역을 (   )라 한다.

2. 지진파의 속도 분포로부터 외핵은 액체 상태이고 내핵은 고체 상태일 것으로 추정되며, 내핵은 외핵보다 평균 밀도가 (   ).

3. 밀도는 불연속면에서 급격히 증가하는 계단 모양의 분포를 이루고, 압력은 지구 중심으로 갈수록 증가하며, 깊이에 따른 압력의 증가율은 (   )에서 가장 크다.

정답

1. S파 암영대, P파 암영대

2. 크다

3. 외핵

○ **지각 평형설**: 밀도가 작은 지각이 밀도가 큰 맨틀 위에 떠서 평형을 이룬다는 이론

1. 프래트의 지각 평형설은 밀도가 서로 (   ) 지각이 맨틀 위에 떠 있으며, 밀도에 관계없이 해수면을 기준으로 한 모호면의 깊이는 (   ).

2. 에어리의 지각 평형설은 밀도가 서로 (   ) 지각이 맨틀 위에 떠 있으며, 해발 고도가 높을수록 해수면을 기준으로 한 모호면의 깊이가 (   ).

5 지각 평형설

(1) 지각 평형설: 밀도가 작은 나무토막이 밀도가 큰 물 위에 떠서 평형을 이루는 것과 같이, 밀도가 작은 지각이 밀도가 큰 맨틀 위에 떠서 평형을 이룬다는 이론이다.

① **프래트의 지각 평형설**: 밀도가 서로 다른 지각이 맨틀 위에 떠 있으며, 밀도가 작은 지각일수록 지각의 해발 고도가 높으나, 밀도에 관계없이 해수면을 기준으로 한 모호면의 깊이는 같다.

② **에어리의 지각 평형설**: 밀도가 서로 같은 지각이 맨틀 위에 떠 있으며, 지각의 해발 고도가 높을수록 해수면을 기준으로 한 모호면의 깊이가 깊다.

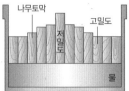
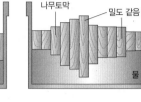
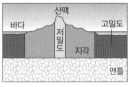

프래트설   에어리설

(2) 두 지각 평형설의 비교: 대륙 지각이 해양 지각보다 밀도가 작다는 점에서는 프래트의 지각 평형설이 타당하지만, 해수면을 기준으로 한 모호면의 깊이가 대륙 지각이 해양 지각보다 깊다는 점에서는 에어리의 지각 평형설이 타당하다.

🧪 탐구자료 살펴보기 ▶ 지각 평형의 모형실험

탐구 과정

1. 그림과 같이 재질과 단면적이 같은 나무토막 A(밀도: 0.6 g/cm³, 두께: 5 cm), B(밀도: 0.4 g/cm³, 두께: 7.5 cm), C(밀도: 0.4 g/cm³, 두께: 5 cm)를 밀도가 1.0 g/cm³인 물 위에 띄우고 평형을 이룬다.

2. 나무토막 각각의 전체 두께와 수면 아랫부분의 두께를 측정하고, $\dfrac{수면\ 아랫부분의\ 두께}{나무토막\ 전체\ 두께}$ 를 구한다.

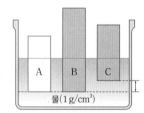

탐구 결과

구분	나무토막 A	나무토막 B	나무토막 C
나무토막 전체 두께(cm)	5	7.5	5
수면 아랫부분의 두께(cm)	3	3	2
$\dfrac{수면\ 아랫부분의\ 두께}{나무토막\ 전체\ 두께}$	0.6	0.4	0.4

분석 point

1. 물의 밀도가 1.0 g/cm³일 때, 각각의 나무토막 밀도(g/cm³)는 $\dfrac{수면\ 아랫부분의\ 두께}{나무토막\ 전체\ 두께} \times$ 물의 밀도(1 g/cm³)로 구할 수 있다.

2. 프래트의 지각 평형설로 나무토막 A와 B의 탐구 결과를 설명할 수 있다.

3. 에어리의 지각 평형설로 나무토막 B와 C의 탐구 결과를 설명할 수 있다.

6 지구의 중력장

(1) 중력장

① **중력과 중력장**: 지구상의 물체에 작용하는 만유인력과 지구 자전에 의한 원심력의 합력을 중력이라 하고, 중력이 작용하는 지구 주위의 공간을 중력장이라고 한다.
  - 만유인력: 지구 중심을 향하며, 지구 중심과 물체 사이의 거리 제곱에 반비례한다.
  - 원심력: 지구 자전 때문에 생긴 힘으로 자전축에 수직인 지구의 바깥쪽으로 작용하며, 크기는 자전축으로부터의 수직 거리에 비례한다.

② **표준 중력**: 지구 타원체 내부의 밀도가 균일하다고 가정할 때 위도에 따라 달라지는 이론적인 중력값이다.
  - 표준 중력값은 고위도로 갈수록 증가한다.
  - 극지방에서는 지구 자전에 의한 원심력이 0이므로 만유인력=표준 중력이다.

구분	크기	방향
만유인력	고위도 > 저위도 ➡ 극에서 최대	지구 중심 방향
원심력	고위도 < 저위도 ➡ 극에서 0	자전축에 수직인 지구 바깥 방향
표준 중력	고위도 > 저위도 ➡ 극에서 최대	연직 방향

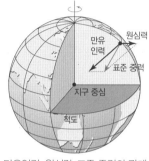

만유인력, 원심력, 표준 중력의 관계

(2) 중력(중력 가속도)의 측정
단진자를 이용하여 절대 중력을 측정하고, 중력계를 이용하여 상대 중력을 측정한다.

① **단진자 이용**: 단진자의 길이를 l이라고 하면, 단진자의 주기(T)는 $T = 2\pi\sqrt{\dfrac{l}{g}}$이므로 중력 가속도($g$)는 $g = \dfrac{4\pi^2 l}{T^2}$이다.

중력계의 원리

② **중력계 이용**: 추가 달린 용수철이 중력의 크기에 따라 늘어나는 길이가 달라지는 원리를 이용하여 중력 가속도 크기의 상대적 차이를 구할 수 있다.

(3) 중력 이상
중력은 측정 지점의 해발 고도, 지형의 기복, 지하 물질의 밀도 등에 따라 달라지는데, 관측된 실측 중력에서 이론적으로 구한 표준 중력을 뺀 값을 중력 이상이라고 한다. 해발 고도와 지형의 기복 등의 영향을 보정한 중력 이상으로 지하 물질의 밀도와 분포를 알 수 있다.
  - 중력 이상 = 실측 중력 − 표준 중력

대륙과 해양의 중력 이상

(4) 중력 탐사
중력 이상을 이용하여 지하 물질의 밀도 분포를 알아내는 탐사 방법이다. 지하에 철광석과 같은 밀도가 큰 물질이 매장되어 있으면 밀도 차이에 의한 중력 이상은 (+), 석유나 암염 같은 밀도가 작은 물질이 매장되어 있으면 (−)로 나타난다. 또한 대륙과 해양의 중력 이상은 밀도 차이에 의해 대륙에서는 (−)로, 해양에서는 (+)로 나타난다.

---

1. 만유인력은 지구 중심을 향하며, 지구 중심과 물체 사이의 거리 제곱에 ( )하고, 원심력의 크기는 자전축으로부터의 수직 거리에 ( )한다.

2. ( )은 지구 타원체 내부의 밀도가 균일하다고 가정할 때 위도에 따라 달라지는 이론적인 중력값이다.

3. 단진자의 길이가 일정할 때, 중력이 클수록 단진자의 주기는 ( )진다.

4. 중력 이상은 ( ) 중력에서 이론적으로 구한 ( ) 중력을 뺀 값으로, 지하에 밀도가 큰 물질이 매장되어 있으면 중력 이상은 ( ), 밀도가 작은 물질이 매장되어 있으면 ( )로 나타난다.

정답

1. 반비례, 비례
2. 표준 중력
3. 짧아
4. 실측, 표준, +, −

개념 체크

◐ **편각**: 어느 지점에서 진북 방향과 지구 자기장의 수평 성분 방향이 이루는 각
◐ **복각**: 지구 자기장의 방향이 수평면에 대하여 기울어진 각
◐ **전 자기력**: 어느 지점에서 지구 자기장의 세기

1. 다이너모 이론에 따르면, 외핵에서는 지구 자전, 핵 내부의 온도 차와 밀도 차 등으로 열대류가 일어나면서 (　　　)이 생성된다.

2. 편각은 자침이 진북에 대해 서쪽으로 치우치면 (　　) 또는 (　　)로, 동쪽으로 치우치면 (　　) 또는 (　　)로 표시한다.

3. (　　)은 지구 자기장의 방향이 수평면에 대하여 기울어진 각으로, 자침의 N극이 아래로 향하면 (+), 위로 향하면 (−)로 표시한다.

4. 지구 자기장의 변화 중에서 일변화의 변화 폭은 밤보다 낮에 (　　)고, 겨울보다 여름에 (　　)다.

5. 밴앨런대에서 내대는 주로 (　　), 외대는 주로 (　　)로 이루어져 있다.

7 지구의 자기장

(1) 지구 자기장의 형성

① **지구 자기장**: 지구의 자기력이 미치는 공간을 지구 자기장이라고 한다.

② **다이너모 이론**: 외핵은 액체 상태의 철과 니켈로 이루어져 있으며, 외핵에서는 지구 자전, 핵 내부의 온도 차와 밀도 차 등으로 열대류가 일어나면서 자기장이 생성된다. 이 지구 자기장의 영향으로 유도 전류가 발생하고, 이 전류의 작용으로 다시 자기장이 발생하여 지구 자기장이 지속적으로 유지된다.

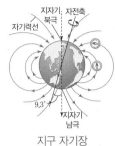
지구 자기장

(2) 지구 자기 3요소

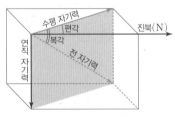
지구 자기 요소

구분	자기 적도	자북극
복각	0°	+90°
연직 자기력	0	=전 자기력
수평 자기력	=전 자기력	0

자기 적도와 자북극에서의 지구 자기

① **편각**: 어느 지점에서 진북 방향과 지구 자기장의 수평 성분 방향이 이루는 각으로, 자침이 진북에 대해 서쪽으로 치우치면 W 또는 (−)로, 동쪽으로 치우치면 E 또는 (+)로 표시한다.

② **복각**: 지구 자기장의 방향이 수평면에 대하여 기울어진 각으로, 자침의 N극이 아래로 향하면 (+), 위로 향하면 (−)로 표시한다. 복각은 자기 적도에서 0°이고, 자북극에서 +90°, 자남극에서 −90°이다.

③ **수평 자기력**: 어느 지점에서 지구 자기장의 세기를 전 자기력이라 하고, 지구 자기장의 수평 성분의 세기를 수평 자기력, 연직 성분의 세기를 연직 자기력이라고 한다. 수평 자기력은 자극에서 0이고, 자기 적도에서 최대이다.

(3) 지구 자기장의 변화

① **일변화**: 태양의 영향으로 하루를 주기로 일어나는 지구 자기장의 변화로, 일변화의 변화 폭은 밤보다 낮에, 겨울보다 여름에 더 크다.

② **자기 폭풍**: 태양의 흑점 주변에서 플레어가 활발해질 때 방출되는 많은 양의 대전 입자가 지구의 전리층을 교란시켜 수 시간에서 수일 동안에 지구 자기장이 불규칙하고 급격하게 변하는 현상이다. ➡ 자기 폭풍이 발생하면 델린저 현상이나 오로라가 자주 나타난다.

③ **영년 변화**: 지구 내부의 변화 때문에 지구 자기장의 방향과 세기가 긴 기간에 걸쳐 서서히 변하는 현상이다.

(4) 자기권과 밴앨런대

① **자기권**: 지구 자기장의 영향이 미치는 기권 밖의 영역

② **밴앨런대**: 태양에서 오는 대전 입자가 지구 자기장에 붙잡혀 특히 밀집되어 있는 도넛 모양의 방사선대이다. 내대는 주로 양성자, 외대는 주로 전자로 이루어져 있다.

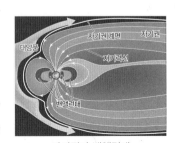
자기권과 밴앨런대

01 그림은 태양계 형성 과정 중 일부를 나타낸 것이다.

[24030-0001]

A, B, C 단계에 대한 설명으로 옳은 것만을 〈보기〉에서 있는 대로 고른 것은?

──● 보기 ●──
ㄱ. A 단계에서 밀도가 높은 부분을 중심으로 물질들이 모인다.
ㄴ. B 단계에서 원시 태양은 탄소 핵융합 반응을 할 수 있는 온도에 도달하였다.
ㄷ. C 단계에서 미행성체들이 서로 충돌하고 뭉치면서 원시 행성을 형성하였다.

① ㄱ   ② ㄴ   ③ ㄱ, ㄷ
④ ㄴ, ㄷ   ⑤ ㄱ, ㄴ, ㄷ

02 그림 (가), (나), (다)는 지구 진화 과정의 일부를 순서 없이 나타낸 것이다.

[24030-0002]

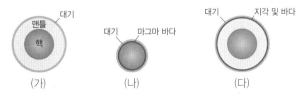

(가)   (나)   (다)

이에 대한 설명으로 옳은 것만을 〈보기〉에서 있는 대로 고른 것은?

──● 보기 ●──
ㄱ. 지구 중심부의 밀도는 (나)보다 (가)가 크다.
ㄴ. 지구의 표면 온도는 (나)보다 (다)가 낮다.
ㄷ. (다)에서 바다가 형성된 이후 대기 중 이산화 탄소 분압은 점차 낮아졌다.

① ㄱ   ② ㄴ   ③ ㄱ, ㄷ
④ ㄴ, ㄷ   ⑤ ㄱ, ㄴ, ㄷ

03 그림은 지구 대기 중 산소와 이산화 탄소의 분압 변화를 순서 없이 나타낸 것이다.

[24030-0003]

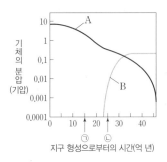

지구 형성으로부터의 시간(억 년)

이에 대한 설명으로 옳은 것만을 〈보기〉에서 있는 대로 고른 것은?

──● 보기 ●──
ㄱ. A는 산소이다.
ㄴ. ㉠ 시기에는 바다가 존재하였다.
ㄷ. ㉡ 시기에 육상 식물이 출현하였다.

① ㄱ   ② ㄴ   ③ ㄱ, ㄷ
④ ㄴ, ㄷ   ⑤ ㄱ, ㄴ, ㄷ

04 표는 암석의 종류에 따라 암석 1 kg당 방사성 원소의 함량을 나타낸 것이다.

[24030-0004]

암석의 종류	방사성 원소의 함량(ppm)		
	우라늄(^{238}U, ^{235}U)	토륨(^{232}Th)	칼륨(^{40}K)
화강암	5	18	38000
현무암	0.5	3	8000
감람암	0.015	0.06	100

이 자료에 대한 설명으로 옳은 것만을 〈보기〉에서 있는 대로 고른 것은?

──● 보기 ●──
ㄱ. 각 암석에서 방사성 원소의 함량이 가장 높은 원소는 우라늄이다.
ㄴ. 단위 질량당 방사성 원소의 질량비는 화강암이 가장 크다.
ㄷ. 암석 1 kg에서 방출되는 방사성 원소의 붕괴열은 현무암이 감람암보다 많다.

① ㄱ   ② ㄴ   ③ ㄱ, ㄷ
④ ㄴ, ㄷ   ⑤ ㄱ, ㄴ, ㄷ

[24030-0005]

05 그림은 어느 해령으로부터의 거리에 따른 지각 열류량을 나타낸 것이다. ㉠과 ㉡은 각각 해구와 호상 열도 중 하나가 존재하는 곳이다.

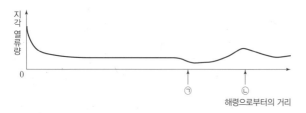

이 자료에 대한 설명으로 옳은 것만을 〈보기〉에서 있는 대로 고른 것은?

┌─── ● 보기 ●───────────────────────┐
│ ㄱ. ㉠은 해구가 존재하는 곳이다.
│ ㄴ. ㉡에서 화산 활동은 없다.
│ ㄷ. 지표로 전달되는 지구 내부 에너지의 양은 해령이 ㉡
│   보다 적다.
└────────────────────────────────────┘

① ㄱ   ② ㄴ   ③ ㄱ, ㄷ   ④ ㄴ, ㄷ   ⑤ ㄱ, ㄴ, ㄷ

[24030-0006]

06 그림은 지구 내부 연구 방법을 특징에 따라 구분하는 과정을 나타낸 것이다.

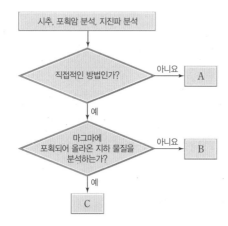

A, B, C에 해당하는 지구 내부 연구 방법을 옳게 짝 지은 것은?

	A	B	C
①	시추	지진파 분석	포획암 분석
②	시추	포획암 분석	지진파 분석
③	지진파 분석	시추	포획암 분석
④	지진파 분석	포획암 분석	시추
⑤	포획암 분석	지진파 분석	시추

[24030-0007]

07 그림은 어느 지진에 대해 관측소 A, B, C에서 각각 구한 진원 거리를 이용하여 진앙의 위치를 찾는 방법을 나타낸 것이다.

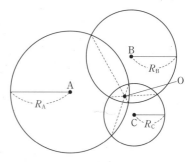

이에 대한 설명으로 옳은 것만을 〈보기〉에서 있는 대로 고른 것은?

┌─── ● 보기 ●───────────────────────┐
│ ㄱ. A, B, C 중 PS시가 가장 짧은 곳은 A이다.
│ ㄴ. 이 지진의 진원은 지표면에 존재한다.
│ ㄷ. A, B, C 중 $\dfrac{진원\ 거리}{진앙\ 거리}$ 값이 가장 큰 관측소는 C이다.
└────────────────────────────────────┘

① ㄱ   ② ㄷ   ③ ㄱ, ㄴ

④ ㄴ, ㄷ   ⑤ ㄱ, ㄴ, ㄷ

[24030-0008]

08 그림은 어느 지진의 지진파 암영대를 나타낸 것이다. 영역 A와 영역 B는 각각 P파와 S파가 동시에 도달하지 못하는 곳과 P파는 도달하고 S파는 도달하지 못하는 곳 중 하나이다.

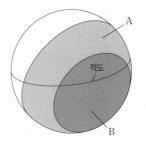

이에 대한 설명으로 옳은 것만을 〈보기〉에서 있는 대로 고른 것은?

┌─── ● 보기 ●───────────────────────┐
│ ㄱ. 영역 A는 P파는 도달하고 S파는 도달하지 못하는
│   곳이다.
│ ㄴ. 영역 A와 B의 경계 부근의 진앙 각거리는 약 110°이다.
│ ㄷ. 영역 B에 도달하는 지진파는 외핵을 통과한 P파이다.
└────────────────────────────────────┘

① ㄱ   ② ㄷ   ③ ㄱ, ㄴ

④ ㄴ, ㄷ   ⑤ ㄱ, ㄴ, ㄷ

09 표는 관측소 A, B, C에서 관측한 어느 지진에 의해 발생한 지진파의 PS시와 진원 거리를 나타낸 것이다. P파와 S파 속도는 각각 일정하고, P파 속도는 6 km/s이다.

[24030-0009]

관측소	PS시(초)	진원 거리(km)
A	6	36
B	10	d_B
C	12	d_C

이에 대한 설명으로 옳은 것만을 〈보기〉에서 있는 대로 고른 것은?

─● 보기 ●─

ㄱ. 진앙 거리는 A에서가 B에서보다 멀다.

ㄴ. S파 속도는 3 km/s이다.

ㄷ. $\dfrac{d_C}{d_B}=1.2$이다.

① ㄱ   ② ㄴ   ③ ㄱ, ㄷ

④ ㄴ, ㄷ   ⑤ ㄱ, ㄴ, ㄷ

10 그림은 깊이에 따른 지진파의 속도 분포와 지구 내부 구조를 나타낸 것이다. A와 B는 각각 P파와 S파 중 하나이다.

[24030-0010]

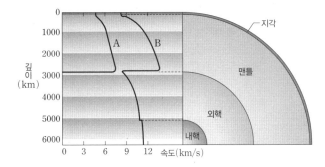

이에 대한 설명으로 옳은 것만을 〈보기〉에서 있는 대로 고른 것은?

─● 보기 ●─

ㄱ. A는 S파의 속도 분포이다.

ㄴ. 맨틀과 외핵의 경계에서 물질의 상태가 바뀐다.

ㄷ. P파의 최대 속도는 내핵 구간에서 나타난다.

① ㄱ   ② ㄷ   ③ ㄱ, ㄴ

④ ㄴ, ㄷ   ⑤ ㄱ, ㄴ, ㄷ

11 그림은 관측소 A와 B에서 관측한 어느 지진의 P파 최초 도착 시간에 대한 진원 거리를 나타낸 것이다. P파와 S파 속도는 각각 일정하고, P파 속도는 6 km/s이다.

[24030-0011]

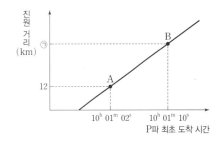

이에 대한 설명으로 옳은 것만을 〈보기〉에서 있는 대로 고른 것은?

─● 보기 ●─

ㄱ. 지진 발생 시각은 $10^h\,01^m\,00^s$이다.

ㄴ. ㉠은 60이다.

ㄷ. A와 B에 S파가 최초로 도달하는 데 걸린 시간 차는 8초이다.

① ㄱ   ② ㄷ   ③ ㄱ, ㄴ

④ ㄴ, ㄷ   ⑤ ㄱ, ㄴ, ㄷ

12 그림은 지각 평형에 대한 어떤 이론에 따른 지각과 맨틀의 분포를 나타낸 것이다.

[24030-0012]

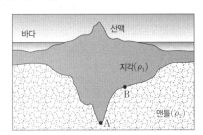

이에 대한 설명으로 옳은 것만을 〈보기〉에서 있는 대로 고른 것은?

─● 보기 ●─

ㄱ. 에어리의 지각 평형설에 해당한다.

ㄴ. 밀도는 $\rho_1 > \rho_2$이다.

ㄷ. A와 B의 압력은 같다.

① ㄱ   ② ㄴ   ③ ㄱ, ㄷ

④ ㄴ, ㄷ   ⑤ ㄱ, ㄴ, ㄷ

[24030–0013]

13 다음은 지각 평형 원리를 알아보기 위한 실험이다.

[실험 과정]

Ⅰ. 밀도가 같고 단면적이 동일한 직육면체 나무토막 A, B를 준비한다.

Ⅱ. 그림 (가)와 같이 물이 담긴 수조에 나무토막 A, B를 띄운다.

Ⅲ. 그림 (나)와 같이 나무토막 B를 A 위에 올린다.

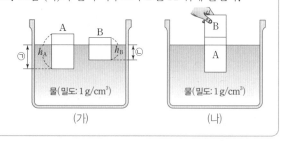

(가) 물(밀도: 1 g/cm³)　　(나) 물(밀도: 1 g/cm³)

이에 대한 설명으로 옳은 것만을 〈보기〉에서 있는 대로 고른 것은?

● 보기 ●

ㄱ. 이 실험 결과는 에어리설로 설명이 가능하다.

ㄴ. $\dfrac{\bigcirc}{h_A} = \dfrac{\bigcirc}{h_B}$ 이다.

ㄷ. 과정 Ⅲ에서 수면 아래에 잠긴 나무토막의 깊이를 측정하면 ㉠+㉡이 된다.

① ㄱ　② ㄷ　③ ㄱ, ㄴ　④ ㄴ, ㄷ　⑤ ㄱ, ㄴ, ㄷ

[24030–0014]

14 그림은 나무토막 A, B, C가 물에 떠서 평형을 이루고 있는 모습을 보고 학생들이 나눈 대화이다.

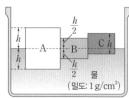

물(밀도: 1 g/cm³)

나무토막 A와 B의 밀도는 같아.

나무토막의 밀도는 C가 가장 작아.

만약, 물보다 밀도가 더 큰 액체로 실험하면 수면 위로 드러난 높이는 높아질 거야.

학생 A　　학생 B　　학생 C

이에 대해 옳게 말한 학생만을 있는 대로 고른 것은?

① A　② B　③ A, C　④ B, C　⑤ A, B, C

[24030–0015]

15 그림은 지구 타원체상에서 서로 다른 힘의 크기를 위도에 따라 나타낸 것이다. A, B, C는 각각 만유인력, 원심력, 표준 중력 중 하나이다.

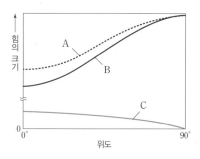

이에 대한 설명으로 옳은 것만을 〈보기〉에서 있는 대로 고른 것은?

● 보기 ●

ㄱ. B는 표준 중력이다.

ㄴ. 적도에서 A와 B는 모두 지구 중심 방향으로 작용한다.

ㄷ. C는 자전축으로부터의 최단 거리가 가까울수록 커진다.

① ㄱ　　② ㄷ　　③ ㄱ, ㄴ

④ ㄴ, ㄷ　　⑤ ㄱ, ㄴ, ㄷ

[24030–0016]

16 그림은 지구의 중력 이상 분포를 나타낸 것이다. A와 B의 위도는 같다.

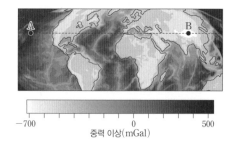

-700　　0　　500
중력 이상(mGal)

이에 대한 설명으로 옳은 것만을 〈보기〉에서 있는 대로 고른 것은?

● 보기 ●

ㄱ. 표준 중력은 A보다 B에서 작다.

ㄴ. 실측 중력은 B보다 A에서 크다.

ㄷ. 지하 물질의 평균 밀도는 A보다 B에서 크다.

① ㄱ　　② ㄴ　　③ ㄱ, ㄷ

④ ㄴ, ㄷ　　⑤ ㄱ, ㄴ, ㄷ

17 그림은 암석 A, B, C가 분포하는 어느 지역의 단면을, 표는 위도가 서로 같은 두 지점 ㉠, ㉡에서 측정한 중력 이상을 나타낸 것이다.

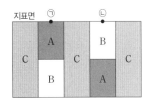

지점	중력 이상(mGal)
㉠	+27.5
㉡	+12.3

이에 대한 설명으로 옳은 것만을 〈보기〉에서 있는 대로 고른 것은?

● 보기 ●

ㄱ. ㉠에서는 표준 중력보다 실측 중력이 작다.

ㄴ. 동일한 단진자로 측정한 주기는 ㉠보다 ㉡에서 길다.

ㄷ. 밀도는 A가 B보다 크다.

① ㄱ 　　② ㄴ 　　③ ㄱ, ㄷ

④ ㄴ, ㄷ 　　⑤ ㄱ, ㄴ, ㄷ

18 그림은 어느 해 편각의 분포를 나타낸 것이다.

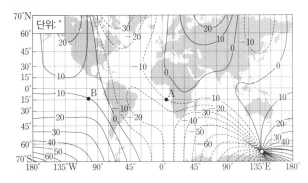

이에 대한 설명으로 옳은 것만을 〈보기〉에서 있는 대로 고른 것은?

● 보기 ●

ㄱ. A 지점에서 지구 자기장의 수평 성분 방향은 진북에 대해 서쪽을 향한다.

ㄴ. 나침반 자침의 N극이 가리키는 방향과 진북 방향이 이루는 각의 크기는 A 지점과 B 지점에서 같다.

ㄷ. B 지점에서부터 동일 경도상으로 70°S까지 이동할 때 나침반의 자침은 진북에 대해 시계 방향으로 움직인다.

① ㄱ 　　② ㄴ 　　③ ㄱ, ㄷ

④ ㄴ, ㄷ 　　⑤ ㄱ, ㄴ, ㄷ

19 그림 (가)는 어느 해 복각의 분포를, (나)는 이 해에 A와 B 지역 중 어느 한 지역에서의 자기력선을 나타낸 것이다. a는 남과 북 중 하나이다.

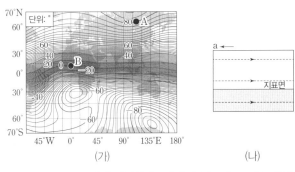

(가)　　　　　　　　　　　(나)

이에 대한 설명으로 옳은 것만을 〈보기〉에서 있는 대로 고른 것은?

● 보기 ●

ㄱ. 복각은 B보다 A에서 크다.

ㄴ. (나)는 A 지역의 자기력선을 나타낸 것이다.

ㄷ. a는 북이다.

① ㄱ 　② ㄷ 　③ ㄱ, ㄴ 　④ ㄴ, ㄷ 　⑤ ㄱ, ㄴ, ㄷ

20 그림은 지구 자기장의 영향이 미치는 기권 밖의 영역인 자기권과 밴앨런대를 나타낸 모식도이다. A와 B는 각각 내대와 외대 중 하나이고, 태양의 방향은 ㉠과 ㉡ 중 하나이다.

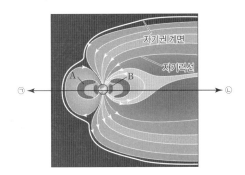

이에 대한 설명으로 옳은 것만을 〈보기〉에서 있는 대로 고른 것은?

● 보기 ●

ㄱ. A는 외대이다.

ㄴ. B는 주로 양성자로 이루어져 있다.

ㄷ. 태양은 ㉡ 방향에 위치한다.

① ㄱ 　② ㄷ 　③ ㄱ, ㄴ 　④ ㄴ, ㄷ 　⑤ ㄱ, ㄴ, ㄷ

원시 지구는 약 46억 년 전 수많은 미행성체들의 충돌로 형성되었고 이 과정에서 원시 지구의 크기가 커졌다.

[24030-0021]

01 그림은 지구의 초기 진화 과정의 일부를 A, B, C 단계로 나타낸 것이다. ㉠과 ㉡은 맨틀과 마그마 바다 중 하나이다.

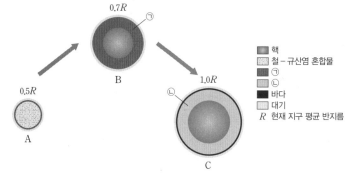

이에 대한 설명으로 옳은 것만을 〈보기〉에서 있는 대로 고른 것은?

보기

ㄱ. A와 B 사이에 미행성체들은 충돌하지 않았다.
ㄴ. B 시기에 최초로 광합성을 하는 생명체가 탄생했다.
ㄷ. 평균 온도는 ㉠이 ㉡보다 높다.

① ㄱ   ② ㄷ   ③ ㄱ, ㄴ   ④ ㄴ, ㄷ   ⑤ ㄱ, ㄴ, ㄷ

원시 태양 부근에서는 온도가 매우 높아 응결(한데 엉기어 뭉침) 온도가 높은 물질들이 응축하고, 원시 태양에서 먼 영역에서는 온도가 낮아 응결(한데 엉기어 뭉침) 온도가 낮은 물질들까지 모두 응축한다.

[24030-0022]

02 그림은 태양계 일부와 철−니켈 합금, 규산염 화합물, 얼음 상태의 입자들이 한데 엉기어 뭉칠 수 있는 영역을 A, B, C로 순서 없이 나타낸 것이다.
이에 대한 설명으로 옳은 것만을 〈보기〉에서 있는 대로 고른 것은? (단, 태양의 표면 온도 이외의 조건은 고려하지 않는다.)

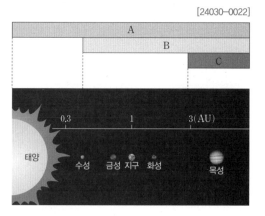

보기

ㄱ. A는 규산염 화합물이 한데 엉기어 뭉칠 수 있는 영역이다.
ㄴ. 행성의 평균 밀도는 화성이 목성보다 작다.
ㄷ. 태양의 표면 온도가 현재보다 높다면, 태양계에서 C의 영역이 시작되는 지점은 현재보다 태양으로부터 더 멀어진다.

① ㄱ   ② ㄷ   ③ ㄱ, ㄴ   ④ ㄴ, ㄷ   ⑤ ㄱ, ㄴ, ㄷ

[24030-0023]

03 그림 (가)와 (나)는 각각 현재와 과거 어느 시기에 지구 대기를 구성한 주요 기체의 분압을 나타낸 것이다. A, B, C는 각각 산소, 이산화 탄소, 질소 중 하나이다.

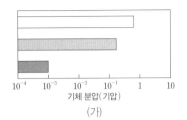
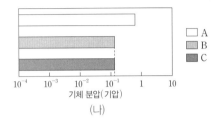

(가)   (나)

이에 대한 설명으로 옳은 것만을 〈보기〉에서 있는 대로 고른 것은?

보 기

ㄱ. A는 질소, B는 산소이다.

ㄴ. (가)와 (나) 시기 사이에 최초로 광합성을 하는 생물이 탄생하였다.

ㄷ. (가)와 (나) 시기 사이에 이산화 탄소는 바다에 지속적으로 용해되었다.

① ㄱ   ② ㄴ   ③ ㄱ, ㄷ   ④ ㄴ, ㄷ   ⑤ ㄱ, ㄴ, ㄷ

> 광합성을 하는 남세균이 등장하여 바다에 산소를 공급하기 시작했고, 이후 대기에도 산소가 축적되기 시작하였다.

[24030-0024]

04 그림은 어느 지역의 지각 열류량의 분포와 그 주변의 화산 분포를 나타낸 것이다. A와 B 지점 사이에 판의 경계가 존재한다.

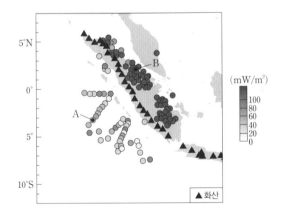

이에 대한 설명으로 옳은 것만을 〈보기〉에서 있는 대로 고른 것은?

보 기

ㄱ. 평균 지각 열류량은 B가 A보다 많다.

ㄴ. A와 B 지점 사이의 판의 경계는 북동-남서 방향으로 발달하였다.

ㄷ. A와 B 사이에 해구가 존재한다.

① ㄱ   ② ㄴ   ③ ㄱ, ㄷ   ④ ㄴ, ㄷ   ⑤ ㄱ, ㄴ, ㄷ

> 화산 활동이나 조산 운동이 활발한 지역에서는 지각 열류량이 많고, 오래된 지각이나 안정한 대륙의 중앙부에서는 지각 열류량이 적다.

지구 내부 에너지가 지표로 방출되는 열량을 지각 열류량이라고 한다. 구성 암석의 방사성 원소의 함량은 대륙 지각이 많지만, 해양 지각이 대륙 지각보다 맨틀 대류에 의한 열 공급량이 더 많다.

[24030-0025]

05 그림은 전 세계의 지각 열류량 분포를, 표는 암석 **1 kg**당 방사성 원소의 함량을 나타낸 것이다.

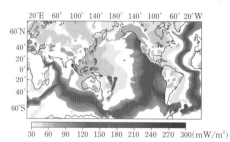

암석의 종류	방사성 원소의 함량(ppm)		
	우라늄 (^{238}U, ^{235}U)	토륨 (^{232}Th)	칼륨 (^{40}K)
화강암	5	18	38000
현무암	0.5	3	8000
감람암	0.015	0.06	100

이에 대한 설명으로 옳은 것만을 〈보기〉에서 있는 대로 고른 것은?

● 보기 ●
ㄱ. 평균 지각 열류량은 해령이 대륙 중앙부보다 적다.
ㄴ. 암석 1 kg에서 방출되는 방사성 원소의 붕괴열은 화강암이 감람암보다 많다.
ㄷ. 해령에서의 지각 열류량은 방사성 원소의 붕괴열보다 지구 내부로부터 전달받는 열에 더 큰 영향을 받는다.

① ㄱ   ② ㄴ   ③ ㄱ, ㄷ   ④ ㄴ, ㄷ   ⑤ ㄱ, ㄴ, ㄷ

해령과 호상 열도 부근에서는 지각 열류량이 많고, 해구와 순상지 부근에서는 지각 열류량이 적다.

[24030-0026]

06 그림 (가)는 어느 해령 부근의 단면을, (나)는 해령 축으로부터의 거리에 따른 지각 열류량과 중력 이상을 **a**와 **b**로 순서 없이 나타낸 것이다.

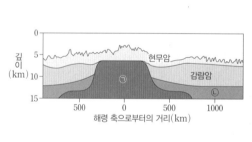

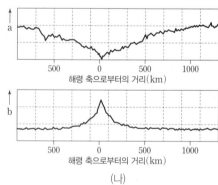

(가)   (나)

이에 대한 설명으로 옳은 것만을 〈보기〉에서 있는 대로 고른 것은?

● 보기 ●
ㄱ. a는 중력 이상이다.
ㄴ. 해령에서 멀어질수록 지각 열류량은 대체로 많아진다.
ㄷ. 평균 밀도는 ㉠이 ㉡보다 작다.

① ㄱ   ② ㄴ   ③ ㄱ, ㄷ   ④ ㄴ, ㄷ   ⑤ ㄱ, ㄴ, ㄷ

[24030-0027]

07 그림은 지구 내부에서 깊이에 따른 P파와 S파의 속도 분포와 밀도, 온도, 압력 분포를 A, B, C로 순서 없이 나타낸 것이다.

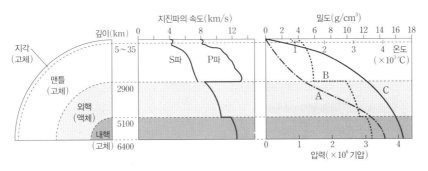

밀도는 불연속면에서 급격히 증가하는 계단 모양의 분포를 이루고, 압력은 중심으로 갈수록 증가하며 깊이에 따른 증가율은 외핵에서 가장 크다.

이에 대한 설명으로 옳은 것만을 〈보기〉에서 있는 대로 고른 것은?

● 보기 ●

ㄱ. P파의 속도 변화는 맨틀과 외핵의 경계에서 가장 크다.

ㄴ. B는 밀도이다.

ㄷ. 깊이에 따른 온도 증가율은 내핵 구간에서 가장 크다.

① ㄱ   ② ㄷ   ③ ㄱ, ㄴ   ④ ㄴ, ㄷ   ⑤ ㄱ, ㄴ, ㄷ

[24030-0028]

08 그림은 어느 지진에 대해 관측소 A, B에서 각각 구한 진원 거리를 이용하여 지표면에 그린 원을 나타낸 것이고, 표는 이 지진에 의해 발생한 S파가 관측소 A, B에 최초로 도달하는 데 걸린 시간(t), PS 시, 관측소 C로부터의 거리 d를 나타낸 것이다. P파와 S파 속도는 각각 일정하고, P파 속도는 6 km/s 이다.

세 관측소에서 진원 거리를 반지름으로 하는 원을 그렸을 때 세 공통 현의 교점이 진앙이다.

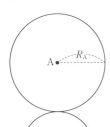

관측소	t(초)	PS시(초)	d(km)
A	30	15	90
B	20	㉠	120

이에 대한 설명으로 옳은 것만을 〈보기〉에서 있는 대로 고른 것은?

● 보기 ●

ㄱ. ㉠은 10이다.

ㄴ. 진원의 깊이는 50 km 이상이다.

ㄷ. 관측소 C의 위치는 관측소 A에서 진원 거리를 이용하여 지표면에 그린 원 위에 존재한다.

① ㄱ   ② ㄴ   ③ ㄱ, ㄷ   ④ ㄴ, ㄷ   ⑤ ㄱ, ㄴ, ㄷ

[24030-0029]

S파 암영대는 진앙으로부터
의 각거리가 약 103°~180°
인 지역으로, S파가 도달하지
않는다. P파 암영대는 진앙
으로부터의 각거리가 약 103°
~142°인 지역으로, P파가 도
달하지 않는다.

09 그림은 어느 지진이 발생했을 때 이 지진을 기록한 관측소 **A~D**의 관측 기록을, 표는 이 지진의
P파와 **S파**가 각 관측소에 도달했는지 여부를 나타낸 것이다.

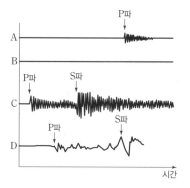

관측소	P파	S파
A	○	×
B	×	×
C	○	○
D	○	○

(○: 도달함, ×: 도달하지 않음)

이에 대한 설명으로 옳은 것만을 〈보기〉에서 있는 대로 고른 것은?

● 보기 ●

ㄱ. 진앙과의 각거리가 142°보다 큰 관측소는 A와 B이다.

ㄴ. $\dfrac{진앙\ 거리}{진원\ 거리}$ 값은 관측소 A가 C보다 크다.

ㄷ. 진앙과의 각거리가 가장 작은 관측소는 C이다.

① ㄱ   ② ㄷ   ③ ㄱ, ㄴ   ④ ㄴ, ㄷ   ⑤ ㄱ, ㄴ, ㄷ

[24030-0030]

지진 기록을 해석하여 PS시
를 구한 후 주시 곡선에서 PS
시에 해당하는 가로축의 거리
값을 읽으면 진앙까지의 거리
를 알아낼 수 있다.

10 그림은 어느 지진의 P파와 S파의 주시 곡선을, 표는 이 지진의 S파가 세 관측소 **A, B, C**에 **최초**
로 도달하는 데 걸린 시간을 나타낸 것이다.

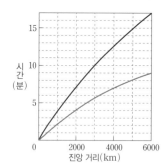

관측소	시간
A	1분 32초
B	6분 00초
C	12분 41초

이에 대한 설명으로 옳은 것만을 〈보기〉에서 있는 대로 고른 것은?

● 보기 ●

ㄱ. PS시가 가장 짧은 관측소는 A이다.

ㄴ. $\dfrac{관측소\ C의\ 진앙\ 거리}{관측소\ B의\ 진앙\ 거리} > 2$이다.

ㄷ. 세 관측소 모두 진앙과의 각거리가 103°보다 작다.

① ㄱ   ② ㄴ   ③ ㄱ, ㄷ   ④ ㄴ, ㄷ   ⑤ ㄱ, ㄴ, ㄷ

[24030–0031]

11 그림 (가)는 어느 지역에서 물질 분포의 연직 단면을, (나)는 이 지역에 퇴적물이 유입되고 물이 증발한 후의 연직 단면을 나타낸 것이다. (가)와 (나)는 지각 평형을 이룬 상태이다.

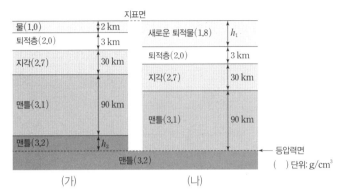

(가)   (나)

이 자료에 대한 설명으로 옳은 것만을 〈보기〉에서 있는 대로 고른 것은?

● 보기 ●

ㄱ. 새로운 퇴적물이 쌓이면서 지각이 침강하였다.

ㄴ. (나)의 새로운 퇴적물이 모두 침식되면 모호면은 깊어진다.

ㄷ. $\dfrac{h_1}{h_2}=2$이다.

① ㄱ   ② ㄷ   ③ ㄱ, ㄴ   ④ ㄴ, ㄷ   ⑤ ㄱ, ㄴ, ㄷ

어느 지역의 지각이 풍화와 침식을 받으면 모호면은 융기하고, 퇴적물 유입과 빙하의 생성 등으로 지각 위에 물질이 쌓이면 모호면은 침강한다.

[24030–0032]

12 그림 (가)와 (나)는 밑면적과 높이가 같고 밀도가 동일한 직육면체 모양의 나무토막을 밀도가 서로 다른 액체에 넣었을 때 평형을 이루며 떠 있는 모습을 나타낸 것이다.

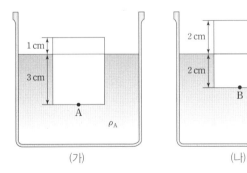

(가)   (나)

이에 대한 설명으로 옳은 것만을 〈보기〉에서 있는 대로 고른 것은?

● 보기 ●

ㄱ. 지점 A와 B에서 압력은 서로 같다.

ㄴ. 나무토막의 밀도 : $\rho_A = 3 : 4$이다.

ㄷ. $\rho_A : \rho_B = 2 : 3$이다.

① ㄱ   ② ㄴ   ③ ㄱ, ㄷ   ④ ㄴ, ㄷ   ⑤ ㄱ, ㄴ, ㄷ

지각 평형설은 밀도가 작은 지각이 밀도가 큰 맨틀 위에 떠서 평형을 이룬다는 이론이다.

[24030-0033]

13 다음은 지각 평형의 원리를 알아보기 위한 실험이다.

밀도가 서로 다른 지각이 맨틀 위에 떠 있고, 밀도가 작은 지각일수록 지각의 해발 고도는 높지만 밀도에 관계없이 해수면을 기준으로 한 모호면의 깊이가 같다고 설명하는 것은 프래트의 지각 평형설이다.

[준비물]
투명 수조, 자, 물(밀도 1.0 g/cm³), 단면적과 재질이 같고 높이가 다른 나무토막 A, B
[실험 과정]
Ⅰ. 수조에 물을 적당히 채우고, 그림 (가)와 같이 나무토막을 물에 띄운 후, 나무토막 전체 높이와 수면 아래 나무토막의 깊이를 측정한다.

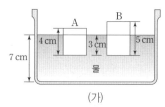
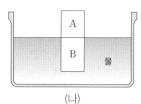

(가)　　　　　(나)

Ⅱ. 그림 (나)와 같이 B 위에 A를 살며시 올려놓은 후, 나무토막 전체 높이와 수면 아래 나무토막의 깊이를 측정한다.

이에 대한 설명으로 옳은 것만을 〈보기〉에서 있는 대로 고른 것은? (단, (나)의 나무토막은 평형 상태에 도달하지 않았다.)

● 보기 ●
ㄱ. 나무토막의 밀도는 A가 B보다 작다.
ㄴ. 실험 과정 Ⅰ의 결과는 프래트설로 설명이 가능하다.
ㄷ. 실험 과정 Ⅱ에서 나무토막이 평형 상태에 도달하였을 때, 수면 아래 나무토막의 깊이는 5 cm이다.

① ㄱ ② ㄴ ③ ㄱ, ㄷ ④ ㄴ, ㄷ ⑤ ㄱ, ㄴ, ㄷ

[24030-0034]

14 그림은 어느 해 스칸디나비아 반도 지역의 해수면 기준 지면 상승률을 나타낸 것이다. A 지점과 C 지점의 중력 이상은 같다.
이에 대한 설명으로 옳은 것만을 〈보기〉에서 있는 대로 고른 것은?

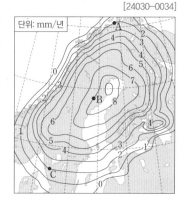

단위: mm/년

빙하가 쌓이는 지역은 해수면 기준 지면 상승률이 (−)이고, 빙하가 녹는 지역은 해수면 기준 지면 상승률이 (+)이다.

● 보기 ●
ㄱ. 해발 고도 상승률은 A 지점이 B 지점보다 크다.
ㄴ. 실측 중력은 A 지점이 C 지점보다 크다.
ㄷ. B 지점과 C 지점 모두 모호면 깊이는 얕아지고 있다.

① ㄱ ② ㄴ ③ ㄱ, ㄷ ④ ㄴ, ㄷ ⑤ ㄱ, ㄴ, ㄷ

15 그림 (가)는 위도가 동일한 어느 지역의 암석 ㉠, ㉡의 분포를, (나)는 (가)의 A와 B에서 측정한 단진자 길이에 따른 주기를 a와 b로 나타낸 것이다. C는 A에서 연직 방향으로 h만큼 떨어진 지점이다.

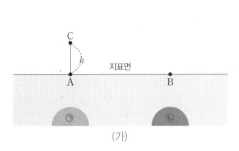

(가)

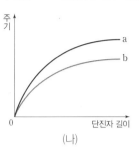

(나)

단진자의 길이를 l이라고 하면, 단진자의 주기(T)는 $T = 2\pi\sqrt{\dfrac{l}{g}}$이므로 중력 가속도($g$)는 $g = \dfrac{4\pi^2 l}{T^2}$이다.

이에 대한 설명으로 옳은 것만을 〈보기〉에서 있는 대로 고른 것은?

● 보기 ●

ㄱ. 중력 이상은 A가 B보다 크다.

ㄴ. 암석의 밀도는 ㉠이 ㉡보다 작다.

ㄷ. 단진자의 길이가 같다면 A와 C에서 측정한 단진자의 주기는 A가 C보다 길다.

---

① ㄱ   ② ㄴ   ③ ㄱ, ㄷ   ④ ㄴ, ㄷ   ⑤ ㄱ, ㄴ, ㄷ

16 그림은 우리나라 어느 지역의 중력 이상 분포를 나타낸 것이다.

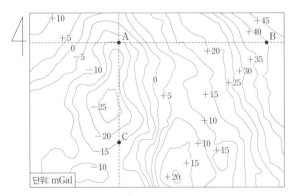

단위: mGal

중력은 측정 지점의 해발 고도, 지형의 기복, 지하 물질의 밀도 등에 따라 달라지는데, 관측된 실측 중력에서 이론적으로 구한 표준 중력을 뺀 값을 중력 이상이라고 한다.

이에 대한 설명으로 옳은 것만을 〈보기〉에서 있는 대로 고른 것은?

● 보기 ●

ㄱ. 중력 이상은 A가 B보다 작다.

ㄴ. 표준 중력의 크기는 A와 C가 같다.

ㄷ. A, B, C 중 실측 중력의 크기가 가장 작은 곳은 C이다.

---

① ㄱ   ② ㄴ   ③ ㄱ, ㄷ   ④ ㄴ, ㄷ   ⑤ ㄱ, ㄴ, ㄷ

지하에 철광석과 같은 밀도가 큰 물질이 매장되어 있으면 밀도 차이에 의한 중력 이상은 (+), 석유나 암염 같은 밀도가 작은 물질이 매장되어 있으면 (−)로 나타난다.

[24030-0037]

17 그림 (가)와 (나)는 위도가 동일한 두 지역의 지구 자기장 방향, 지하 구조, 중력 이상을 나타낸 것이다.

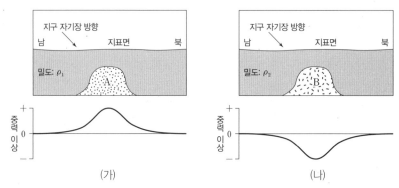

(가)   (나)

이에 대한 설명으로 옳은 것만을 〈보기〉에서 있는 대로 고른 것은? (단, 밀도 ρ_1과 ρ_2는 같다.)

┌─ 보기 ─────────────────────────────────┐
ㄱ. (가)와 (나)는 자기 적도보다 남쪽에서 측정한 것이다.

ㄴ. A는 B보다 밀도가 크다.

ㄷ. 두 지역의 표준 중력 방향은 지구 중심 방향이다.
└───────────────────────────────────────┘

① ㄱ   ② ㄴ   ③ ㄱ, ㄷ   ④ ㄴ, ㄷ   ⑤ ㄱ, ㄴ, ㄷ

지구 내부의 변화 때문에 지구 자기장의 방향과 세기가 긴 기간에 걸쳐 서서히 변하는 현상을 영년 변화라고 한다.

[24030-0038]

18 그림은 1600년부터 1950년까지 어느 지역의 지구 자기장 영년 변화를 나타낸 것이다.

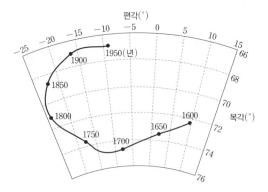

이 자료에 대한 설명으로 옳은 것만을 〈보기〉에서 있는 대로 고른 것은?

┌─ 보기 ─────────────────────────────────┐
ㄱ. 편각 변화의 주된 원인은 지구 내부의 변화이다.

ㄴ. 1800년~1900년 기간 동안 이 지역에서의 $\dfrac{\text{연직 자기력}}{\text{전 자기력}}$ 은 증가했다.

ㄷ. 1600년~1800년 기간 동안 나침반의 자침은 진북을 기준으로 시계 방향으로 변하였다.
└───────────────────────────────────────┘

① ㄱ   ② ㄴ   ③ ㄱ, ㄷ   ④ ㄴ, ㄷ   ⑤ ㄱ, ㄴ, ㄷ

19 그림 (가)는 지난 3000년 동안 한반도 어느 지역의 편각과 복각의 변화를, (나)는 한반도 주변 현재의 복각 분포를 나타낸 것이다.

[24030-0039]

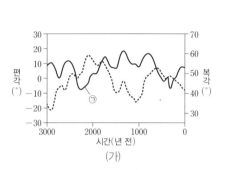 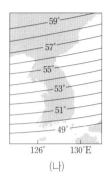

(가) (나)

이에 대한 설명으로 옳은 것만을 〈보기〉에서 있는 대로 고른 것은?

● 보 기 ●
ㄱ. ㉠은 지구 자기장의 방향이 수평면에 대하여 기울어진 각이다.
ㄴ. 이 기간 동안 편각의 부호가 바뀌는 시기가 3회 이상 있다.
ㄷ. 이 기간 동안 지자기 역전이 일어났다.

① ㄱ ② ㄷ ③ ㄱ, ㄴ ④ ㄴ, ㄷ ⑤ ㄱ, ㄴ, ㄷ

복각은 지구 자기장의 방향이 수평면에 대하여 기울어진 각으로, 자침의 N극이 아래로 향하면 (＋), 위로 향하면 (－)로 표시한다.

20 그림은 위도가 다른 지역 (가)와 (나)에서 어느 시기의 지구 자기장 방향을 화살표로 나타낸 것이다.

[24030-0040]

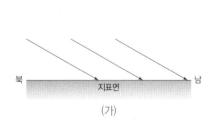 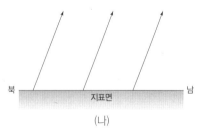

(가) (나)

이 자료에 대한 설명으로 옳은 것만을 〈보기〉에서 있는 대로 고른 것은?

● 보 기 ●
ㄱ. (가)는 남반구에 위치한다.
ㄴ. 현재 지리상 북극으로부터의 최단 거리는 (가)가 (나)보다 가깝다.
ㄷ. 이 시기에 $\frac{\text{수평 자기력}}{\text{전 자기력}}$ 은 (가)가 (나)보다 작다.

① ㄱ ② ㄴ ③ ㄱ, ㄷ ④ ㄴ, ㄷ ⑤ ㄱ, ㄴ, ㄷ

어느 지점에서 지구 자기장의 세기를 전 자기력이라 하며, 지구 자기장의 수평 성분의 세기를 수평 자기력이라고 한다. 수평 자기력은 자극에서 0이고, 자기 적도에서 최대이다.

02 광물

1 광물의 성질

(1) 광물의 정의와 구조

① **광물**: 암석을 이루는 무기물의 고체로, 광물마다 고유의 화학 조성과 결정 구조가 있어 서로 다른 특징을 가진다. 암석을 이루는 대표적인 조암 광물로는 감람석, 휘석, 각섬석, 흑운모, 장석, 석영 등이 있다.
  - 결정질: 원자나 이온의 배열 상태가 규칙적인 물질이다. ᗮ 석영, 장석 등 대부분의 광물
  - 비결정질: 원자나 이온의 배열 상태가 불규칙적인 물질이다. ᗮ 단백석, 흑요석

② **광물의 결정형과 결정 형태**: 광물의 독특한 외부 형태를 결정형이라 하고, 결정면의 배열에 따라 나타나는 광물의 여러 가지 모양을 결정 형태라고 한다.

자형(a)	고유한 결정면을 가진 형태로, 고온에서 정출된다.
반자형(b)	고온에서 먼저 생긴 광물의 부분적인 방해로 일부만 고유한 결정면을 가진 형태이다.
타형(c)	먼저 생긴 광물의 결정들 사이에서 성장하여 고유한 결정면을 갖추지 못한 형태로, 저온에서 정출된다.

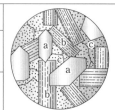

③ **광물의 내부 구조**: 광물에 X선을 투과시키면 규칙적으로 배열된 점무늬가 나타나는데, 이를 라우에 점무늬라고 한다. 라우에 점무늬로 광물 내부의 원자나 이온의 배열 상태를 알 수 있다.

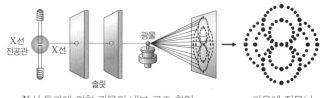

X선 투과에 의한 광물의 내부 구조 확인   라우에 점무늬

(2) 광물의 물리적 성질: 색, 조흔색, 쪼개짐과 깨짐, 굳기, 광택, 비중 등이 있다.

① **색**: 순수한 광물이 갖는 고유의 색을 자색, 불순물이 섞여 달라진 색을 타색이라고 한다.

② **조흔색**: 광물 가루의 색으로, 주로 조흔판에 긁어서 확인한다.

③ **쪼개짐과 깨짐**: 광물에 충격을 가했을 때 결합력이 약한 부분을 따라 규칙성을 가지고 평탄하게 갈라지면 쪼개짐(ᗮ 흑운모: 1방향, 장석: 2방향, 방해석: 3방향), 불규칙하게 부서지면 깨짐(ᗮ 석영, 감람석)이라고 한다.

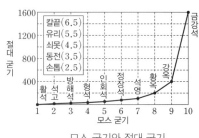

모스 굳기와 절대 굳기

④ **굳기**: 광물의 단단한 정도를 말한다. ➡ 두 종류의 광물을 서로 마찰시킬 때의 상대적인 단단함을 나타내는 것으로, 모스 굳기계를 이용한다.

---

(3) 광물의 분류

① **규산염 광물**: 1개의 규소와 4개의 산소가 결합된 SiO_4 사면체를 기본 단위로 하며, SiO_4 사면체가 다른 이온과 결합되어 이루어진 광물이다. ➡ 조암 광물의 대부분은 규산염 광물이다.

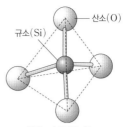

규소(Si) — 산소(O)

SiO_4 사면체 구조

- SiO_4 사면체의 공유 산소 수는 저온에서 정출된 광물일수록 증가한다.
- Fe, Mg이 많이 함유된 광물(감람석, 휘석, 각섬석, 흑운모)은 색이 어둡고 밀도가 크며, Si, Na, K이 많이 함유된 광물(장석, 석영)은 색이 밝고 밀도가 작다.

구분	독립형 구조	단사슬 구조	복사슬 구조	판상 구조	망상 구조
Si : O	1 : 4	1 : 3	4 : 11	2 : 5	1 : 2
광물	감람석	휘석	각섬석	흑운모	석영
	$(Mg, Fe)_2$ $-SiO_4$	(Mg, Fe) $-SiO_3$	$Ca_2(Mg, Fe)_5$ $-(Al, Si)_8O_{22}(OH)_2$	$K(Mg, Fe)_3AlSi_3O_{10}(OH)_2$	SiO_2
결합 구조	규소(Si) 산소(O)				

② **비규산염 광물**: 규산염 광물을 제외한 원소 광물, 산화 광물, 황화 광물, 탄산염 광물 등을 비규산염 광물이라고 한다.

구분	음이온	예
원소 광물	—	금강석(C), 흑연(C), 금(Au)
황화 광물	S^{2-}	황철석(FeS_2)
산화 광물	O^{2-}	자철석(Fe_3O_4)
할로젠화 광물	F^-, Cl^-, Br^-, I^-	암염(NaCl)
탄산염 광물	CO_3^{2-}	방해석($CaCO_3$)
황산염 광물	SO_4^{2-}	중정석($BaSO_4$)
인산염 광물	PO_4^{3-}	인회석[$Ca_5(PO_4)_3(F, Cl, OH)$]

- 원소 광물은 다른 원소와 결합하지 않고 한 종류의 원소만으로 산출되는 광물로서, 금(Au), 은(Ag), 구리(Cu), 황(S) 등이 있다.
- 산화 광물은 자철석(Fe_3O_4), 적철석(Fe_2O_3), 강옥(Al_2O_3) 등과 같이 산소가 금속 원소와 결합된 화합물이다.
- 탄산염 광물은 CO_3^{2-}을 포함하는 광물로, 방해석과 같은 탄산염 광물에 묽은 염산을 떨어뜨리면 이산화 탄소 기포가 발생한다.
  ➡ $CaCO_3 + 2HCl \longrightarrow CaCl_2 + H_2O + CO_2(\uparrow)$

개념 체크

○ **규산염 광물**: SiO_4 사면체를 기본 단위로 하며, SiO_4 사면체가 다른 이온과 결합되어 이루어진 광물

○ **유색(어두운색) 광물의 예**: 감람석, 휘석, 각섬석, 흑운모

○ **무색(밝은색) 광물의 예**: 사장석, 정장석, 석영

1. SiO_4 사면체의 공유 산소 수는 저온에서 정출된 광물일수록 ( ).

2. Fe, Mg이 많이 함유된 광물은 색이 어둡고 밀도가 ( ), Si, Na, K이 많이 함유된 광물은 색이 밝고 밀도가 ( ).

3. ( )은 자철석(Fe_3O_4), 적철석(Fe_2O_3), 강옥(Al_2O_3) 등과 같이 산소가 금속 원소와 결합된 화합물이다.

정답
1. 증가한다
2. 크고, 작다
3. 산화 광물

개념 체크

○ 투명 광물과 불투명 광물
· 투명 광물: 박편 상태에서 빛이 투과하는 광물
· 불투명 광물: 박편 상태에서 빛이 투과하지 못하는 광물

1. 석영, 장석 등과 같은 비금속 광물은 얇게 가공하면 빛을 투과시키므로 ( ) 광물이라 하고, 금, 은 등의 금속 광물은 얇게 가공하더라도 빛을 투과시키지 못하므로 ( ) 광물이라고 한다.

2. 광물 내에서 방향에 관계없이 빛의 통과 속도가 일정한 광물은 광학적 ( )이고, 속도가 달라져 굴절률에 차이가 생기는 광물은 광학적 ( )이다.

3. 개방 니콜에서 유색의 광학적 이방체 광물의 박편을 재물대 위에 놓고 회전시킬 때, 광물의 색과 밝기가 일정한 범위에서 변하는 현상을 ( )이라고 한다.

4. 간섭색은 ( ) 니콜에서 관찰되는 색으로, 복굴절된 빛의 간섭에 의해 생긴다.

정답
1. 투명, 불투명
2. 등방체, 이방체
3. 다색성
4. 직교

2 편광 현미경을 이용한 광물 관찰

(1) 광물의 광학적 성질

① **투명 광물과 불투명 광물**: 석영, 장석 등과 같은 비금속 광물은 얇게 가공하면 빛을 투과시키므로 투명 광물이라고 한다. 한편 금, 은 등의 금속 광물은 얇게 가공하더라도 빛을 투과시키지 못하므로 불투명 광물이라고 한다.

② **복굴절**: 빛이 투명 광물을 통과할 때 진동 방향이 서로 수직인 두 개의 광선으로 나뉘어 굴절하는 현상이다. 빛이 두 갈래로 갈라져 굴절되기 때문에 광물 아래의 물체가 이중으로 보인다.
· **광학적 등방체**: 광물 내에서 방향에 관계없이 빛의 통과 속도가 일정한 광물로, 단굴절을 일으킨다. **예** 석류석, 금강석, 암염 등
· **광학적 이방체**: 광물 내에서 방향에 따라 빛의 통과 속도가 달라져서 굴절률에 차이가 생기는 광물로, 복굴절을 일으킨다. **예** 방해석, 흑운모 등

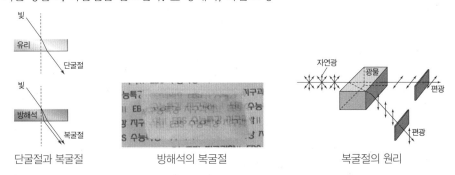

단굴절과 복굴절   방해석의 복굴절   복굴절의 원리

(2) 편광 현미경을 이용한 광물 관찰

① **편광 현미경의 구조**: 상부 편광판을 뺀 상태를 개방 니콜, 상부 편광판을 넣은 상태를 직교 니콜이라고 한다.

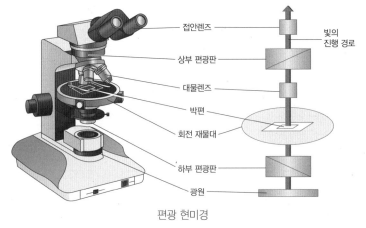

편광 현미경

② **편광 현미경을 이용한 광물 관찰**
· **다색성**: 개방 니콜에서 유색의 광학적 이방체 광물의 박편을 재물대 위에 놓고 회전시킬 때, 광물의 색과 밝기가 일정한 범위에서 변하는 현상이다.
· **간섭색**: 직교 니콜에서 광학적 이방체 광물의 박편을 재물대 위에 놓았을 때 관찰되는 색으로, 복굴절된 빛의 간섭에 의해 생긴다.

- 소광 현상: 직교 니콜에서 광학적 이방체 광물의 박편을 재물대 위에 놓고 회전시키면 간섭색이 변하는데, 어느 각도에서는 빛이 통과하지 않는 소광 현상이 일어난다. 재물대를 회전시킬 때 90° 간격으로 소광 현상이 일어난다. ➡ 광학적 등방체 광물을 직교 니콜에서 관찰하면 완전 소광이 일어난다.

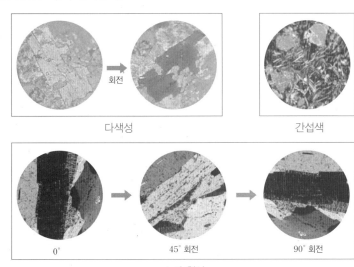

다색성　　　　　　　　간섭색

0°　　　　45° 회전　　　　90° 회전

소광 현상

❸ 암석의 조직과 분류

(1) 화성암

① **화성암의 조직**: 심성암에서는 입자의 크기가 크고 비교적 고른 조립질 조직을 관찰할 수 있고, 화산암에서는 대부분 결정이 없는 유리질 조직이나 결정의 크기가 매우 작은 세립질 조직을 관찰할 수 있다. 또, 반심성암에서는 유리질 조직이나 세립질 조직 바탕에 결정의 크기가 큰 반정이 섞여 있는 반상 조직을 관찰할 수 있다.

조립질 조직

세립질 조직

반상 조직

② **화성암의 분류**

조직에 의한 분류	성질	화학 조성에 의한 분류		염기성암	중성암	산성암
		SiO$_2$ 함량		적음 ◄──── 52 % ────── 63 % ──► 많음		
		많은	색	어두운색 ◄────── 중간 ──────► 밝은색		
		냉각 속도	원소	Ca, Fe, Mg		Na, K, Si
			밀도	큼 ◄──────────────► 작음		
화산암	세립질 조직	빠르다		현무암	안산암	유문암
심성암	조립질 조직	느리다		반려암	섬록암	화강암

1. 지표에 노출된 암석이 풍화 작용을 받아 생긴 쇄설물들이 운반된 후 퇴적되어 형성된 퇴적암을 (　　　) 퇴적암이라고 한다.

2. 쇄설성 퇴적암에서 퇴적물들이 평행한 층상 구조를 이루는데, 이를 (　　　)라고 한다.

3. 해양 환경에서 탄산칼슘이나 생물체의 유해가 가라앉아 형성된 퇴적암을 (　　　) 퇴적암이라고 한다.

과학 돋보기 | **마그마의 냉각 속도와 화성암의 조직**

화성암의 조직

- 화성암의 조직 차이는 마그마의 냉각 속도와 관련이 있다.
- 유리질 조직이나 세립질 조직은 마그마가 지표 부근에서 빠르게 식어 형성되며, 비결정질이거나 결정이 매우 작다. ➡ 유리질 조직 및 세립질 조직은 화산암의 특징
- 반상 조직은 지하 깊은 곳에서 서서히 식어가던 마그마가 상승하여 빠르게 식어 형성된다. ➡ 큰 입자를 반정, 작은 입자를 석기라고 한다.
- 조립질 조직은 마그마가 지하 깊은 곳에서 천천히 식어 형성되며, 입자가 크고 비교적 고르다. ➡ 조립질 조직은 심성암의 특징

(2) 퇴적암

① 퇴적암의 조직

- **쇄설성 퇴적암**: 지표에 노출된 암석이 풍화 작용을 받아 생긴 쇄설물들이 운반된 후 퇴적되어 형성된다. ➡ 역암, 사암, 셰일 등의 쇄설성 퇴적암을 관찰하면 입자의 모서리가 마모되어 있고, 입자 사이에 방해석, 점토 광물, 불투명 광물 등의 교결 물질이 채워져 있는 쇄설성 조직을 볼 수 있다. 또한 퇴적물들이 평행한 층상 구조를 이루는데, 이를 층리라고 한다.

- **화학적 퇴적암**: 화학적 풍화 작용으로 생성된 이온 등의 반응으로 광물이 침전하여 생성된다. ➡ 흔히 해양 환경에서 생성되며 침전에 의해 형성된 석회암, 건조한 기후에서 바닷물의 증발로 만들어진 석고, 암염 등이 있다.

- **유기적 퇴적암**: 해양 환경에서 탄산칼슘이나 생물체의 유해가 가라앉아 형성된다. ➡ 석회암을 관찰하면 크고 작은 탄산칼슘의 입자들 사이에 생물의 골격이나 껍데기의 파편이 관찰되는 경우가 많다.

쇄설성 조직(역암)

쇄설성 조직(사암)

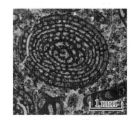
비쇄설성 조직(화석이 포함된 석회암)

② 퇴적암의 분류

입자의 크기	퇴적물	퇴적암	
2 mm 이상	자갈	역암, 각력암	
$\frac{1}{16} \sim 2$ mm	모래	사암	
$\frac{1}{256} \sim \frac{1}{16}$ mm	실트	이암, 셰일	실트암
$\frac{1}{256}$ mm 이하	점토		점토암

기원 물질	퇴적암	주 화학 성분
식물체	석탄	C
산호, 패각류, 방추충	석회암	$CaCO_3$
규질 생명체	규조토, 처트	SiO_2

(3) 변성암

① 변성암의 조직

- 변성암은 마그마와의 접촉부에서 주로 열을 받아 생성된 접촉 변성암과 지하 깊은 곳에서 열과 압력을 받아 생성된 광역 변성암이 있다.
- 접촉 변성암에서는 치밀하고 단단한 혼펠스 조직이나 입자의 크기가 비슷하고 조립질로 구성된 입상 변정질 조직이 나타난다.
- 광역 변성암에서는 고온·고압 상태에서 새로운 온도와 압력 조건에 맞는 광물이 만들어지거나 광물의 크기가 커지는 재결정 작용이 일어난다. 또, 흑운모나 백운모와 같은 판상의 광물이 압력에 수직인 방향으로 나란하게 배열된 엽리(편리, 편마 구조)를 볼 수 있다. 셰일이 열과 압력을 받아 생성된 변성암은 변성 정도가 증가함에 따라 세립질의 입자에서 조립질의 입자로 변한 것을 볼 수 있다.

혼펠스 조직

입상 변정질 조직

엽리

② 변성암의 분류

변성 작용	원암	변성암
접촉 변성 작용	셰일	혼펠스
	사암	규암
	석회암	대리암
광역 변성 작용	셰일	점판암(슬레이트) → 천매암 → 편암 → 편마암
	사암	규암
	석회암	대리암
	화강암	화강 편암 → 화강 편마암

01 [24030-0041] 표는 광물 A, B, C의 특성을 나타낸 것이다. A, B, C는 각각 방해석, 석영, 정장석 중 하나이다.

광물	모스 굳기	규산염 광물/ 비규산염 광물	쪼개짐/깨짐
A	6	규산염 광물	( )
B	( )	㉠	3방향 쪼개짐
C	( )	( )	㉡

이에 대한 설명으로 옳은 것만을 〈보기〉에서 있는 대로 고른 것은?

⦁ 보기 ⦁
ㄱ. ㉠은 비규산염 광물이다.
ㄴ. ㉡은 깨짐이다.
ㄷ. 모스 굳기는 B가 C보다 작다.

① ㄱ ② ㄴ ③ ㄱ, ㄷ
④ ㄴ, ㄷ ⑤ ㄱ, ㄴ, ㄷ

02 [24030-0042] 그림은 방해석, 흑운모, 자철석을 광물의 특징에 따라 구분한 것이다.

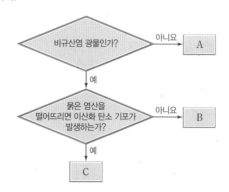

A, B, C에 해당하는 광물을 옳게 짝지은 것은?

	A	B	C
①	방해석	흑운모	자철석
②	방해석	자철석	흑운모
③	자철석	흑운모	방해석
④	흑운모	자철석	방해석
⑤	흑운모	방해석	자철석

03 [24030-0043] 그림은 규산염 광물의 SiO_4 사면체 결합 구조 중 일부를 나타낸 것이다. A, B, C는 각각 휘석, 각섬석, 석영 중 하나이다.

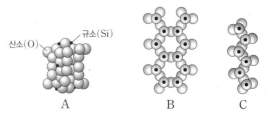

이에 대한 설명으로 옳은 것만을 〈보기〉에서 있는 대로 고른 것은?

⦁ 보기 ⦁
ㄱ. A는 석영이다.
ㄴ. $\dfrac{O\ 원자\ 수}{Si\ 원자\ 수}$ 는 B가 C보다 크다.
ㄷ. B와 C 모두 두 방향의 쪼개짐이 발달한다.

① ㄱ ② ㄴ ③ ㄱ, ㄷ
④ ㄴ, ㄷ ⑤ ㄱ, ㄴ, ㄷ

04 [24030-0044] 그림 (가)와 (나)는 편광 현미경으로 광물의 박편을 관찰하는 모습을 나타낸 것이다.

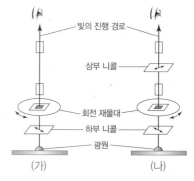

이에 대한 설명으로 옳은 것만을 〈보기〉에서 있는 대로 고른 것은?

⦁ 보기 ⦁
ㄱ. (가)는 직교 니콜이다.
ㄴ. (가)의 방법으로 광학적 이방체 광물의 다색성을 관찰할 수 있다.
ㄷ. (나)를 통해 광학적 등방체·광물의 완전 소광을 관찰할 수 있다.

① ㄱ ② ㄴ ③ ㄱ, ㄷ
④ ㄴ, ㄷ ⑤ ㄱ, ㄴ, ㄷ

05 그림 (가)와 (나)는 편광 현미경을 이용하여 개방 니콜과 직교 니콜 상태에서 석류석 박편을 관찰한 모습을 순서 없이 나타낸 것이다. (나) 상태에서 재물대를 회전하여도 석류석은 변화 없이 검게 보인다.

[24030-0045]

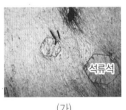 

(가)   (나)

이에 대한 설명으로 옳은 것만을 〈보기〉에서 있는 대로 고른 것은?

● 보기 ●
ㄱ. (가)는 개방 니콜에서 관찰한 것이다.
ㄴ. 석류석은 불투명 광물이다.
ㄷ. 석류석은 직교 니콜에서 간섭색을 관찰할 수 있다.

① ㄱ   ② ㄴ   ③ ㄱ, ㄷ
④ ㄴ, ㄷ   ⑤ ㄱ, ㄴ, ㄷ

06 그림 (가)와 (나)는 동일한 배율의 편광 현미경으로 관찰한 화강암과 현무암의 박편 사진을 순서 없이 나타낸 것이다.

[24030-0046]

(가)   (나)

이에 대한 설명으로 옳은 것만을 〈보기〉에서 있는 대로 고른 것은?

● 보기 ●
ㄱ. (가)와 (나) 모두 개방 니콜에서 관찰한 것이다.
ㄴ. (나)는 (가)보다 깊은 곳에서 생성되었다.
ㄷ. (가)와 (나) 모두 주요 구성 광물은 석영, 장석이다.

① ㄱ   ② ㄴ   ③ ㄱ, ㄷ
④ ㄴ, ㄷ   ⑤ ㄱ, ㄴ, ㄷ

07 그림 (가)와 (나)는 편광 현미경으로 관찰한 사암과 편암의 박편 사진을 순서 없이 나타낸 것이다.

[24030-0047]

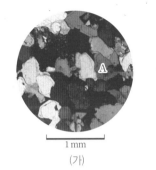 

(가)   (나)

이에 대한 설명으로 옳은 것만을 〈보기〉에서 있는 대로 고른 것은?

● 보기 ●
ㄱ. A에 입사한 빛은 진동 방향이 서로 다른 두 개의 광선으로 갈라진다.
ㄴ. (가)는 직교 니콜에서 관찰한 것이다.
ㄷ. (가)는 (나)보다 높은 압력에서 생성되었다.

① ㄱ   ② ㄷ   ③ ㄱ, ㄴ
④ ㄴ, ㄷ   ⑤ ㄱ, ㄴ, ㄷ

08 그림 (가), (나), (다)는 각각 직교 니콜에서 관찰한 화성암, 퇴적암, 변성암의 박편 사진을 나타낸 것이다.

[24030-0048]

(가) 반상 조직   (나) 쇄설성 조직   (다) 입상 변정질 조직

이에 대한 설명으로 옳은 것만을 〈보기〉에서 있는 대로 고른 것은?

● 보기 ●
ㄱ. A는 반정이다.
ㄴ. 쇄설성 조직을 관찰할 수 있는 퇴적암은 화학적 퇴적암으로 분류할 수 있다.
ㄷ. 입상 변정질 조직을 관찰할 수 있는 변성암은 접촉 변성 작용을 받았다.

① ㄱ   ② ㄴ   ③ ㄷ
④ ㄱ, ㄷ   ⑤ ㄴ, ㄷ

1개의 규소와 4개의 산소가 결합된 SiO_4 사면체를 기본 단위로 하는 광물을 규산염 광물이라 하고, 규산염 광물을 제외한 원소 광물, 산화 광물 등을 비규산염 광물이라고 한다.

[24030–0049]

01 표는 광물 A, B, C의 특징을 나타낸 것이다. A, B, C는 각각 금, 석고, 각섬석 중 하나이다.

광물	모스 굳기	조흔색	규산염/비규산염 광물
A	2	흰색	비규산염 광물
B	5~6	회록색, 암녹색	규산염 광물
C	2.5	금색	비규산염 광물

이에 대한 설명으로 옳은 것만을 〈보기〉에서 있는 대로 고른 것은?

● 보기 ●
ㄱ. A는 황산염 광물이다.
ㄴ. B는 두 방향의 쪼개짐이 나타난다.
ㄷ. C는 불투명 광물이다.

① ㄱ ② ㄷ ③ ㄱ, ㄴ ④ ㄴ, ㄷ ⑤ ㄱ, ㄴ, ㄷ

각섬석은 Si : O = 4 : 11이고 두 방향의 쪼개짐이 발달하지만, 감람석은 Si : O = 1 : 4이고 깨짐이 발달한다.

[24030–0050]

02 표는 규산염 광물 A, B, C의 특징을 나타낸 것이고, 그림 (가)와 (나)는 광물 A, B, C 중 두 광물의 SiO_4 사면체 결합 구조를 나타낸 것이다. 광물 A, B, C는 각각 각섬석, 감람석, 흑운모 중 하나이다.

광물	쪼개짐	$\dfrac{\text{O 원자 수}}{\text{Si 원자 수}}$
A	없음	4
B	있음	2.75
C	있음	㉠

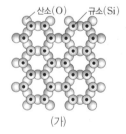
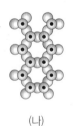

산소(O) 규소(Si)

(가) (나)

이 자료에 대한 설명으로 옳은 것만을 〈보기〉에서 있는 대로 고른 것은?

● 보기 ●
ㄱ. ㉠은 2이다.
ㄴ. A는 (나)의 결합 구조를 가진 광물이다.
ㄷ. 결합 구조에서 방향에 따른 결합력의 차이는 A가 C보다 작다.

① ㄱ ② ㄷ ③ ㄱ, ㄴ ④ ㄴ, ㄷ ⑤ ㄱ, ㄴ, ㄷ

03 다음은 편광 현미경의 직교 니콜 상태에서 관찰한 어느 암석 박편의 모습과 특징이다. A, B, C는 각각 사장석, 석영, 흑운모 중 하나이다. 결정 구조에서 방향에 따른 결합력 차이는 A가 B보다 작다.

[24030-0051]

- A는 재물대를 360° 회전시키는 동안 소광 현상이 4회 일어났다.
- B는 다양한 색깔의 간섭색을 관찰할 수 있다.
- C는 흰색, 회색 등 단조로운 색깔의 간섭색을 관찰할 수 있다.

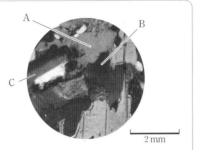

2 mm

이에 대한 설명으로 옳은 것만을 〈보기〉에서 있는 대로 고른 것은?

┌─ 보 기 ●────────────────────
ㄱ. A는 투명 광물이다.
ㄴ. B는 한 방향의 쪼개짐이 나타난다.
ㄷ. A, B, C 모두 광학적 이방체이다.
└────────────────────────

① ㄱ   ② ㄷ   ③ ㄱ, ㄴ   ④ ㄴ, ㄷ   ⑤ ㄱ, ㄴ, ㄷ

> 간섭색은 직교 니콜에서 광학적 이방체 광물의 박편을 재물대 위에 놓았을 때 관찰되는 색으로, 복굴절된 빛의 간섭에 의해 생긴다.

---

04 그림 (가)는 암석 ㉠과 ㉡의 주요 광물 조성비를 나타낸 것이고, (나)는 두 암석의 박편을 동일한 배율의 편광 현미경으로 직교 니콜에서 관찰한 모습을 나타낸 것이다. 두 암석은 모두 화성암이다.

[24030-0052]

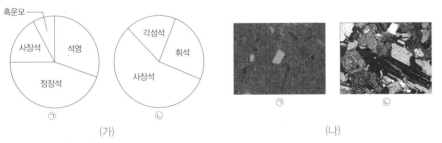

(가)   (나)

이에 대한 설명으로 옳은 것만을 〈보기〉에서 있는 대로 고른 것은?

┌─ 보 기 ●────────────────────
ㄱ. 유색 광물의 비율은 암석 ㉠이 ㉡보다 높다.
ㄴ. 암석 ㉠은 ㉡보다 지하 깊은 곳에서 형성되었다.
ㄷ. 암석 ㉠과 ㉡ 모두 광학적 이방체 광물을 포함하고 있다.
└────────────────────────

① ㄱ   ② ㄷ   ③ ㄱ, ㄴ   ④ ㄴ, ㄷ   ⑤ ㄱ, ㄴ, ㄷ

> 심성암에서는 입자의 크기가 크고 비교적 고른 조립질 조직을 관찰할 수 있고, 화산암에서는 대부분 결정이 없는 유리질 조직이나 결정의 크기가 매우 작은 세립질 조직을 관찰할 수 있다.

해양 환경에서 탄산칼슘이나 생물체의 유해가 가라앉아 형성되는 퇴적암을 유기적 퇴적암이라고 한다. 특히, 석회암을 관찰하면 크고 작은 탄산칼슘의 입자들 사이에 생물의 골격이나 껍데기의 파편이 관찰되는 경우가 많다.

[24030-0053]

05 표는 서로 다른 두 암석 A, B의 박편을 편광 현미경의 재물대를 돌리면서 관찰하는 과정이다. A, B는 각각 석회암과 편마암 중 하나이다.

회전각	A	B
0°		㉠
45°		㉠

이에 대한 설명으로 옳은 것만을 〈보기〉에서 있는 대로 고른 것은?

─● 보기 ●─
ㄱ. A에서 쇄설성 조직을 관찰할 수 있다.
ㄴ. B는 광역 변성 작용을 받아 만들어진 암석이다.
ㄷ. ㉠에 입사한 빛은 진동 방향이 서로 다른 두 개의 광선으로 갈라진다.

① ㄱ   ② ㄴ   ③ ㄱ, ㄷ   ④ ㄴ, ㄷ   ⑤ ㄱ, ㄴ, ㄷ

접촉 변성암에는 치밀하고 단단한 혼펠스 조직이나 입자의 크기가 비슷하고 조립질로 구성된 입상 변정질 조직이 나타난다.

[24030-0054]

06 그림 (가), (나), (다)는 규암, 사암, 화강암의 박편을 편광 현미경으로 관찰한 결과를 순서 없이 나타낸 것이다.

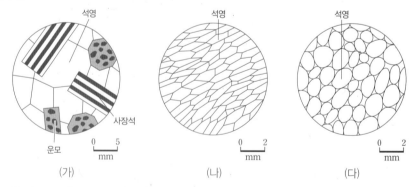

(가)   (나)   (다)

이에 대한 설명으로 옳은 것만을 〈보기〉에서 있는 대로 고른 것은?

─● 보기 ●─
ㄱ. (가)는 화강암이다.
ㄴ. (나)는 쇄설성 퇴적암이다.
ㄷ. (다)는 (나)보다 높은 압력에서 생성되었다.

① ㄱ   ② ㄷ   ③ ㄱ, ㄴ   ④ ㄴ, ㄷ   ⑤ ㄱ, ㄴ, ㄷ

07 다음은 방해석과 암염의 광학적 성질을 알아보기 위한 탐구 과정이다.

[24030-0055]

빛이 투명 광물을 통과할 때 진동 방향이 서로 수직인 두 개의 광선으로 나뉘어 굴절하는 현상을 복굴절이라고 한다.

[탐구 과정]

Ⅰ. 종이 위에 직선을 그린 후, (가)와 같이 투명한 방해석과 암염을 종이 위에 놓고 직선을 관찰한다.

Ⅱ. (나)와 같이 평면상에서 방해석과 암염을 360° 회전시키면서 직선의 변화를 관찰한다.

Ⅲ. (다)와 같이 방해석 위에 편광판을 놓고 관찰한다.

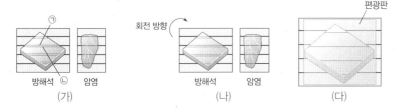

이에 대한 설명으로 옳은 것만을 〈보기〉에서 있는 대로 고른 것은?

● 보기 ●

ㄱ. 과정 Ⅰ을 통해 방해석은 광학적 이방체임을 알 수 있다.

ㄴ. 암염은 과정 Ⅱ에서 직선이 보이지 않는 현상이 4번 발생한다.

ㄷ. 과정 Ⅲ에서 편광판을 90° 회전시킨 후 관찰하면, ㉠과 ㉡ 모두 관찰될 것이다.

① ㄱ   ② ㄴ   ③ ㄱ, ㄷ   ④ ㄴ, ㄷ   ⑤ ㄱ, ㄴ, ㄷ

[24030-0056]

08 표는 규산염 광물 A~D의 물리적 특징을 나타낸 것이다. 광물 A~D는 각각 각섬석, 감람석, 정장석, 흑운모 중 하나이다.

Fe, Mg이 많이 함유된 광물은 Si, Na, K이 많이 함유된 광물보다 색이 어둡고 밀도가 크다.

광물	A	B	C	D
색	암갈색	무색, 백색, 분홍색	황록색, 흰색	암갈색 또는 녹흑색
밀도(g/cm^3)	2.7~3.3	2.5~2.6	3.2~4.4	3.1~3.3
쪼개짐 방향		90°	없음	
	한 방향	두 방향	−	두 방향

이에 대한 설명으로 옳은 것만을 〈보기〉에서 있는 대로 고른 것은?

● 보기 ●

ㄱ. 광물의 정출 온도는 C가 B보다 높다.

ㄴ. $\dfrac{Si\ 원자\ 수}{O\ 원자\ 수}$ 는 A가 D보다 크다.

ㄷ. B와 D의 SiO_4 사면체 결합 구조는 단사슬 구조이다.

① ㄱ   ② ㄷ   ③ ㄱ, ㄴ   ④ ㄴ, ㄷ   ⑤ ㄱ, ㄴ, ㄷ

03 지구의 자원

1. 땅속에 묻혀 있는 채취 가능한 자원을 (   )이라고 한다.

2. 광물이 채굴이 가능할 정도로 농집되어 있는 장소를 (   )이라 하고, 이곳에서 채굴한 경제성 있는 암석을 (   )이라고 한다.

3. (   ) 광상은 마그마에 있던 수증기와 휘발 성분이 주위의 암석을 뚫고 들어가 일부를 녹이고 침전하여 형성된 광상이다.

4. 화성 광상 중 가장 높은 온도에서 형성되는 광상은 (   ) 광상이다.

1 광상

(1) 자원과 광상

① **지하자원**: 자원은 인간 활동과 생산에 필요한 모든 것으로, 인간에게 유용하고 가치 있는 물질 및 에너지로 쓸 수 있는 원료를 말한다. 특히 땅속에 묻혀 있는 채취 가능한 자원을 지하자원이라고 한다.

② **광물 자원**: 여러 종류의 자원 중 금, 구리, 아연과 같은 금속 광물과 고령토, 석회석과 같은 비금속 광물을 통칭하여 광물 자원이라고 한다.

③ **광상과 광산**: 광물 자원이 지각 내에 채굴이 가능할 정도로 농집되어 있는 장소를 광상이라 하고, 광상에서 채굴한 경제성이 있는 암석을 광석이라고 한다. 광상에서 광석을 채굴하는 곳을 광산이라고 한다.

(2) 화성 광상: 마그마가 냉각되는 과정에서 마그마 속에 포함된 유용한 원소들이 분리되거나 한 곳에 집적되어 형성되는 광상을 화성 광상이라고 한다.

① **정마그마 광상**: 고온의 마그마가 냉각되는 초기에 용융점이 높고 밀도가 큰 광물들이 정출되어 형성된 광상으로 자철석, 크로뮴철석, 백금, 니켈 등이 산출된다.

② **페그마타이트 광상**: 마그마 냉각 말기에 마그마가 주변의 암석을 뚫고 들어가서 형성된 광상으로 석영, 장석, 운모, 녹주석 등의 광물과 희토류 원소들이 산출된다. 이 광상에는 석영·운모 광상, 리튬·베릴륨 광상, 희유 원소 광물의 광상, 녹주석·전기석 등의 보석 광상과 철, 텅스텐, 몰리브데넘, 금 등의 금속 광물 광상이 있다.

③ **기성 광상**: 마그마에 있던 수증기와 휘발 성분이 주위의 암석을 뚫고 들어가 일부를 녹이고 침전하여 형성된 광상으로 주석, 몰리브데넘, 망가니즈, 텅스텐 등이 산출된다.

④ **열수 광상**: 마그마가 냉각되면서 여러 가지 광물이 정출되고 남은 열수 용액이 주변 암석의 틈을 따라 이동하여 형성된 광상으로 석영맥과 함께 금, 은, 구리, 납, 아연 등을 포함하는 광물이 산출된다.

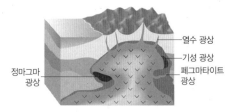

화성 광상의 종류

정마그마 광상 / 페그마타이트 광상 / 기성 광상 / 열수 광상

🔍 **과학 돋보기** | **해저 열수 광상**

지하로 스며든 해수가 마그마의 영향으로 변화된 열수 용액이 만들어지고, 이 용액이 순환되는 과정에 의해 형성되는 광상을 해저 열수 광상이라고 한다. 해저 열수 광상은 주로 중앙 해령의 정상부, 해구와 호상 열도의 주변부에서 연간 수십 cm에서 수 m의 속도로 생성된다.

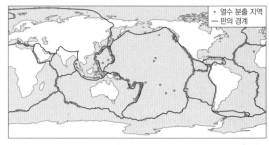

열수 분출 지역과 판의 경계

• 열수 분출 지역
— 판의 경계

---

(3) **퇴적 광상**: 지표의 광상이나 암석이 풍화, 침식, 운반되는 과정 중에 유용 광물이 집중적으로 집적되어 형성된 광상이다.

① **표사 광상**: 광상이나 암석 중에 있던 광물들이 풍화 작용으로 분리되고 침식 작용으로 깎여 나가 강바닥으로 운반된 후, 모래 사이로 가라앉아 진흙층이나 기반암 위에 모여서 만들어진 광상이다. 표사 광상에서는 금이나 백금, 금강석, 주석 등이 산출된다.

사금 채취 　　　금강석 채취

② **풍화 잔류 광상**: 기존의 암석이 풍화 작용을 받은 후 풍화의 산물이 그 자리에 남아서 만들어진 광상이다. 풍화 잔류 광상에서는 장석이 풍화 작용을 받아 만들어진 고령토, 고령토가 풍화 작용을 받아 만들어진 보크사이

고령토 　　　보크사이트

트, 철분이 많이 포함된 암석이 풍화되어 생성된 갈철석이나 적철석 등이 산출된다.

③ **침전 광상**: 해수가 증발하면서 해수에 녹아 있는 물질이 침전되어 형성된 광상으로 석회석, 암염, 망가니즈 단괴, 석고, 황산 나트륨 등이 산출된다. 호상 철광층은 적철석, 자철석 등의 침전으로 형성된 것이다.

과학 돋보기　철 광상

철 광상은 마그마 기원의 화성 광상으로 만들어지기도 하지만, 대부분 퇴적 광상(침전 광상)으로 만들어진다. 현재 생산되는 철은 대부분 약 25억 년 전~약 18억 년 전 선캄브리아 시대에 만들어진 철 광상에서 채굴된다. 이 광상은 바다에서 해수에 용해된 철 이온(Fe^{3+})이 남세균류가 광합성으로 생성한 산소와 결합하여 만들어진 것이다.

 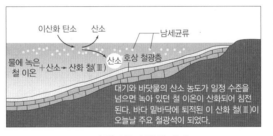
오스트레일리아의 호상 철광층 　　　호상 철광층의 형성 과정

(4) **변성 광상**: 광물이 변성 작용을 받는 과정에서 재배열됨으로써 새로운 광물이 농집되거나 기존의 광상이 변성 작용을 받아 광물의 조성이 달라져 형성된 광상이다.

① **광역 변성 광상**: 광역 변성 작용이 일어날 때는 광물들이 한 곳에 모이기 어렵지만 광역 변성 작용이 일어나면서 물과 휘발 성분이 빠져나와 생긴 열수에 의해 광상이 형성되기도 한다. 이 광상에서는 우라늄, 흑연, 활석, 석면, 남정석 등이 산출된다.

② **접촉 교대 광상**: 석회질 퇴적암에 화성암체가 관입한 접촉부에서는 석회질 물질과 고온의 규산염 용액이 반응하여 새로운 광물이 침전되어 기존 광물을 교대하여 광상이 형성되는데, 이를 접촉 교대 광상이라고 한다. 이 광상에서는 철, 구리, 텅스텐, 납, 아연, 몰리브데넘, 주석 등이 산출된다. (암석학적으로는 변성 광상이지만 광상학에서는 화성 광상으로 분류한다.)

개념 체크

◐ **제련**: 용광로 등을 활용하여 광석을 녹여낸 후, 원하는 금속 광물을 추출해 낸다.

◐ **희토류**: 란타넘족 원소 15개에 원자 번호 21번인 스칸듐(Sc), 39번인 이트륨(Y)을 더한 총 17개 원소를 말한다. '자연계에 매우 드물게 존재하는 금속 원소'라는 의미로, 경제성이 있을 정도의 농축된 형태로 산출되는 경우는 매우 드물다. 희토류는 LED, 스마트폰, 컴퓨터 등 첨단 산업에서 중요하게 이용되고 있다.

1. 철, 알루미늄, 구리 등은 ( ) 광물 자원이다.

2. ( )는 금속 광물로 경제성이 있을 정도로 농축되어 산출되는 경우는 매우 드물다.

3. 종이, 도자기, 시멘트의 원료로 사용되는 비금속 광물은 ( )이다.

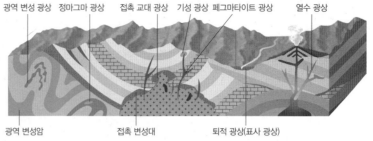

광상의 분포

2 광물과 암석의 이용

(1) 금속 광물 자원

① 금속이 주성분으로 함유된 광물이다.

② 특징
   • 대체로 금속 광택이 나고, 불투명하다.
   • 제련 과정을 거쳐야 한다.
   • 전기와 열을 잘 전달한다.

③ 금속 광물에는 철, 알루미늄, 구리, 아연, 금, 은, 망가니즈, 텅스텐, 희토류, 리튬 등이 있다.

금속 광물	이용
철	기계, 자동차, 건축, 조선 등
구리	전선, 전자 부품, 합금 등
알루미늄	고압 전선, 합금, 우주 항공 산업, 창틀, 건축 재료, 알루미늄 캔, 주방 용기 제작 등
망가니즈	강철 합금, 의약품, 건전지 등
금	보석, 치과 재료, 화폐, 전자 제품
은	보석, 사진 재료, 식기
납	도료, 전지
리튬	전지 원료
희토류	전자 산업, 항공 우주 산업 등

(2) 비금속 광물 자원

① 주로 비금속 원소로 이루어진 광물이다.

② 특징
   • 제련 과정이 필요 없다.
   • 암석으로부터 유용한 성분을 분리하거나 이용하기 쉽게 분쇄하는 과정이 필요하다.

③ 비금속 광물에는 석회석, 고령토, 점토, 규사, 운모, 장석, 금강석, 흑연 등이 있다.

비금속 광물	이용
고령토	종이, 도자기, 시멘트의 원료 등
규사	유리, 도자기, 반도체 소자, 내화 벽돌의 원료 등
유황	화학 공업 원료
형석	알루미늄 제련, 의약품
점토 광물	도자기, 내화 벽돌, 종이
석영	유리 원료, 광학 기구, 전자 부품 등
장석	유리, 에나멜, 유약, 치과용 재료 등
활석	종이, 페인트, 화장품의 원료 등
운모	단열재, 절연체 등

(3) 광물의 이용 예

금속 광물	구리로 만든 전선	희토류가 사용된 전자 부품	알루미늄 깡통
비금속 광물	규사로 만든 유리	고령토로 만든 도자기	운모로 만든 절연체

정답
1. 금속
2. 희토류
3. 고령토

탐구자료 살펴보기 ▷ 자동차에 사용되는 광물 자원

탐구 자료

다음은 자동차에 사용되는 광물 자원을 나타낸 것이다.

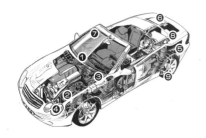

	광물	용도
❶	희토류	네비게이션의 액정판에 이용
❷	구리	전기 배선에 이용
❸	납, 아연	축전지에 이용
❹	텅스텐	전구에 이용
❺	백금	탈황 장치에 이용
❻	철, 알루미늄	차체를 만드는 데 이용
❼	규사	유리의 재료
❽	석고, 규사	페인트의 안료로 이용
❾	고령토, 활석	타이어의 고무를 만드는 데 이용

자료 해석

• 자동차에 사용되는 금속 광물 자원은 희토류, 구리, 납, 아연, 텅스텐, 백금, 철, 알루미늄 등이 있다.
• 자동차에 사용되는 비금속 광물 자원은 규사, 석고, 고령토, 활석 등이 있다.

분석 point

자동차를 만드는 데에는 다양한 광물 자원이 사용된다.

(4) 암석의 이용 예

암석	이용
화강암	건축 자재
대리암	건축 자재, 조각 재료
석회암	비료, 시멘트, 화학 공업 원료
현무암	건축 자재, 맷돌 등
반려암	돌그릇

화강암 탑

현무암 돌하르방

③ 해양 자원

(1) 해양 에너지 자원

① **가스수화물**: 메테인이 주성분인 천연가스가 저온·고압의 환경에서 물 분자와 결합한 고체 물질로, 전 세계에 약 10조 톤이 매장된 것으로 추산되며, 우리나라 동해 울릉 분지에도 6억 톤가량 매장되어 있는 것으로 알려져 있다.

(출처: 미국지질조사국(USGS) 자료 재구성, 2016)
가스수화물의 분포

동해 가스수화물 발견

② **화석 연료**: 전 세계의 대륙붕에는 아직 개발되지 않은 많은 양의 석탄, 석유, 천연가스가 매장되어 있고, 석유의 경우 현재 산유량의 약 50 % 이상을 해저 유전에서 생산하고 있다. 화석

개념 체크

◑ **대리암**: 석회암이 변성 작용을 받아 생긴 변성암의 한 종류이다. 흰색과 갈색, 그리고 독특한 무늬를 띠고 있다. 대리암은 건축 자재를 비롯하여 조각용, 도예용 등으로 이용된다. 가장 좋은 대리암이 채굴되는 곳은 이탈리아이다.

◑ **가스수화물**: 영구 동토 지역이나 깊은 바닷속같이 저온·고압 환경에 존재하고 있으며 매장량은 현재까지 확인된 지구 전체 화석 연료의 2배 정도의 양인 약 10조 톤으로 추정된다.

1. ( )이 변성 작용을 받아 생성되는 대리암은 건축 자재, 조각 재료 등으로 사용된다.

2. 제주도의 돌하르방을 만드는 데 이용된 암석은 ( )이다.

3. ( )은 메테인이 주성분인 천연가스가 물 분자와 결합한 고체 물질이다.

정답
1. 석회암
2. 현무암
3. 가스수화물

○ **조류**: 간조에서 만조까지 바닷물이 밀려들어오는 것을 밀물, 만조에서 간조까지 바닷물이 빠지는 것을 썰물이라고 한다. 밀물과 썰물 시 일어나는 해수의 흐름을 조류라고 한다.

1. 석유, 석탄, 천연가스 등의 ( )는 이산화 탄소를 발생하여 지구 온난화를 일으킨다.

2. 조력 발전은 해수면의 높이 차를 이용하여 ( ) 에너지를 전기 에너지로 전환하는 발전 방식이다.

3. 파력 발전은 ( )에 의해 생기는 파도의 상하좌우 운동을 이용하는 것이다.

연료는 연소 과정에서 이산화 탄소가 발생하여 지구 온난화를 일으키며, 각종 오염 물질을 배출한다. 또, 자원의 양이 한정되어 있어 언젠가는 고갈되는 문제점이 있다.

③ **조력 발전**
- 달과 태양의 인력에 의해 발생하는 만조와 간조 때 해수면의 높이 차를 이용한다.
- 만조와 간조 때 발생하는 해수면의 높이 차를 이용하여 위치 에너지를 전기 에너지로 전환하는 발전 방식이다.
- 우리나라의 서해안은 조석 간만의 차가 커서 조력 발전을 하기에 적합하다.
- 장점: 날씨나 계절에 관계없이 항상 발전할 수 있고, 조석 간만의 차를 알면 발전량 예측이 가능하며, 대규모의 전력 생산이 가능하다.
- 단점: 제방 안쪽에 해수가 갇힘으로써 갯벌이 사라지고, 염분 농도가 변하며, 해양 생태계에 좋지 않은 영향을 줄 수 있다.

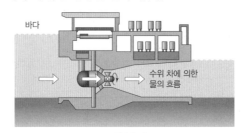

조력 발전

시화호 조력 발전소

④ **조류 발전**
- 조석에 의해 자연적으로 발생하는 빠른 흐름인 조류에 직접 터빈을 설치함으로써 해수의 수평 흐름을 회전 운동으로 변환시켜 전기 에너지를 생산하는 방식이다. 운동 에너지를 직접 이용한다는 점에서 풍력 발전과 원리가 동일하다.
- 장점: 날씨나 계절에 관계없이 항상 발전할 수 있고, 특정 지역의 시간대별 유속을 알면 발전량 예측이 가능하며, 조력 발전보다 생태계에 미치는 영향이 적다.
- 단점: 조류의 흐름이 빠른 해역에서만 효과가 크다.

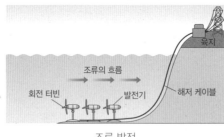

조류 발전

울돌목 조류 발전소

⑤ **파력 발전**
- 바람에 의해 생기는 파도의 상하좌우 운동을 이용하는 것이다.
- 바다에 부표나 원통형 실린더를 띄워 놓고 여기에 발전기를 설치하여 파도가 칠 때 전기 에너지를 생산하는 방식(부유식)과 파도의 운동에 의해 얻어지는 압축 공기를 이용하여 터빈을 돌려서 전기 에너지를 생산하는 방식(고정식) 등이 있다.
- 동해와 제주도 주변 해역은 강한 파도가 발생하는 곳으로 파력 발전에 적합한 조건을 가지고 있다.

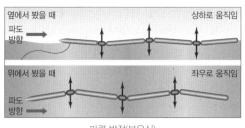

| 파력 발전(부유식) | 파력 발전(고정식) |

⑥ 해양 온도 차 발전

- 표층수와 심층수의 온도 차이를 이용하여 전기를 생산하는 방법으로, 표층수의 따뜻한 열로 액체를 기화시켜 터빈을 돌려서 전기를 생산하고, 사용한 기체를 온도가 낮은 심층수로 다시 액화시킨다.
- 장점: 에너지 공급원이 무한하고, 이산화 탄소를 발생시키지 않는 청정 자연 에너지이다. 밤낮 구별 없이 전력 생산이 가능한 안정적인 에너지원이다. 특별한 저장 시설이 필요 없으며 계절적인 변동을 사전에 감안해 계획적인 발전이 가능하다.

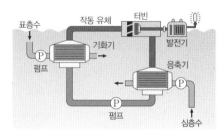

해양 온도 차 발전

- 단점: 바닷물에 의해 부식이 잘 일어나지 않는 재료로 발전 설비를 만들어야 한다.
- 현재 미국과 일본, 프랑스는 해양 온도 차 발전소를 건설해 운영하고 있다.

(2) 해양 생물 자원

① 바다에는 약 30만 종의 생물군이 분포하며, 해마다 약 6500만 톤의 식량을 공급받고 있다.

② 해양 생물은 육상 생물에 비하여 재생산력이 약 5~7배에 달하는데, 이와 같은 특징을 이용하여 바다 목장을 운영하기도 한다.

③ 생물 자원의 대부분은 식용으로 이용되지만 최근에는 의약품 원료, 공업 원료, 공예품 원료로 이용되고 있으며, 고부가가치 산업인 해양 신소재 개발이나 해양 바이오 산업에 활용되고 있다.

해양 생물 자원(바다 목장)

(3) 해양 광물 자원

① 해수 속의 광물 자원으로는 소금, 브로민, 마그네슘, 금, 은, 우라늄, 리튬 등이 있으며, 세계에서 사용되고 있는 소금의 약 30 %는 바다에서 채취된다.

② 해양의 광물 자원
- 브로민: 주로 이온 형태로 물에 녹아 존재하며, 대부분은 염수 호수나 해수로부터 채취한다.
- 마그네슘: 해수로부터 식용 소금을 제조하는 과정에서 부산물로 얻을 수 있다.
- 우라늄: 해수 중에 약 0.003 ppm 녹아 있다.

개념 체크

○ **터빈**: 물·가스·증기 등의 유체가 가지는 에너지를 유용한 기계적 일로 변환시키는 기계로, 회전 운동을 하는 것이 특징이다.
○ **해양 생물 자원**: 인류의 주요한 단백질 공급원으로 인류 전체 동물성 단백질 공급량의 약 15 %를 차지한다.

1. 해양 온도 차 발전은 표층수의 따뜻한 열로 액체를 (　　)시켜 터빈을 돌려서 전기를 생산한다.

2. (　　)은 바다에 물고기들이 모여 살 수 있는 환경을 만들어 양식하는 어업이다.

정답
1. 기화
2. 바다 목장

개념 체크

◐ **망가니즈 단괴**: 망가니즈 단괴 속에는 망가니즈, 철, 구리, 니켈, 코발트 등의 원소가 있으며 보통 수심 4000 m 이상의 심해저에서 발견된다.

◐ **해수 담수화**: 생활용수나 공업 용수로 직접 사용하기 힘든 바닷물로부터 염분을 포함한 용해 물질을 제거하여 순도 높은 음용수 및 생활용수, 공업용수 등을 얻어내는 해수 처리 과정을 말한다.

1. 해수에 녹아 있던 망가니즈, 철, 구리, 니켈, 코발트 등이 침전하여 공 모양의 덩어리로 성장한 것이 (   )이다.

2. 해양에는 석유와 천연가스, 가스수화물 등의 (   ) 자원이 있다.

• 망가니즈 단괴: 태평양의 심해저에는 해수에 녹아 있던 망가니즈, 철, 구리, 니켈, 코발트 등이 침전하여 공 모양의 덩어리로 성장한 것이 있는데, 이를 망가니즈 단괴라고 한다. 우리나라는 태평양의 클라리온−클리퍼턴 해역을 탐사하여 망가니즈 단괴 단독 개발권을 확보하였다.

(4) 해양 자원 개발의 필요성

① 급격한 인구 증가와 산업화의 영향으로 환경 오염, 식량 자원 고갈 등의 문제점이 대두되며, 새로운 광물과 에너지 자원 확보 등의 해결 방안을 해양에서 찾을 수 있다.
② 지구 표면의 70 % 이상이 해양이며, 해양에는 석유와 천연가스, 가스수화물 등의 에너지 자원과 망가니즈 단괴와 같은 광물 자원 및 다양한 생물 자원이 있다.
③ 해수 1 kg 중에는 다양한 공업 원료로 사용되는 염류가 평균 35 g 정도 녹아 있다.
④ 해수를 담수화시켜 물 부족 문제를 해결할 가능성이 높다.

🧪 탐구자료 살펴보기   해양 에너지 자원을 이용한 발전 방식

탐구 자료

그림 (가)와 (나)는 각각 2019년 전 세계 해양 에너지 자원을 이용한 발전 방식의 설비 용량과 잠재적 발전 가능량을 나타낸 것이다. 2019년 전 세계 전력 수요량은 25814 TWh이다.

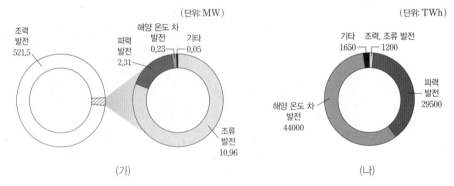

(가)   (나)

자료 해석

1. 2019년 전 세계 해양 에너지 자원을 이용한 발전 방식 중 설비 용량은 조력 발전 > 조류 발전 > 파력 발전 > 해양 온도 차 발전이다.
2. 2019년 전 세계 해양 에너지 자원을 이용한 발전 방식 중 잠재적 발전 가능량은 해양 온도 차 발전 > 파력 발전 > 조력, 조류 발전이다.
3. 2019년 전 세계 해양 에너지 자원을 이용한 발전 방식의 잠재적 발전 가능량은 같은 해 전 세계 전력 수요량보다 크다.

분석 point

잠재량이 큰 해양 에너지 자원을 개발하면 미래의 전력 수요를 충족하는 데 도움이 된다.

정답
1. 망가니즈 단괴
2. 에너지

01 다음은 지하자원에 대한 설명이다.

[24030–0057]

> 땅속에 묻혀 있는 채취 가능한 자원을 지하자원이라고 하는데, 여러 종류의 자원 중 아연, 텅스텐 등의 (㉠) 광물과 고령토, 석회석 등의 (㉡) 광물을 통칭하여 광물 자원이라고 한다. 또한 (㉢)에서 채굴한 경제성 있는 암석을 (㉣)이라고 한다.

이에 대한 설명으로 옳은 것만을 〈보기〉에서 있는 대로 고른 것은?

> **● 보기 ●**
> ㄱ. ㉠은 비금속이다.
> ㄴ. ㉡을 이용하기 위해서는 제련 과정이 필요하다.
> ㄷ. 광상은 ㉢, 광석은 ㉣에 해당한다.

① ㄱ   ② ㄷ   ③ ㄱ, ㄴ
④ ㄴ, ㄷ   ⑤ ㄱ, ㄴ, ㄷ

02 그림은 광상에서 산출되는 자원을 분류하는 과정을 나타낸 것이다.

[24030–0058]

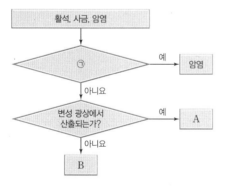

이에 대한 설명으로 옳은 것만을 〈보기〉에서 있는 대로 고른 것은?

> **● 보기 ●**
> ㄱ. '침전 광상에서 산출되는가?'는 ㉠에 해당한다.
> ㄴ. A는 유리의 주원료이다.
> ㄷ. B는 비금속 광물이다.

① ㄱ   ② ㄷ   ③ ㄱ, ㄴ
④ ㄴ, ㄷ   ⑤ ㄱ, ㄴ, ㄷ

03 그림은 서로 다른 네 종류의 화성 광상을 나타낸 것이다. A와 B는 각각 열수 광상과 정마그마 광상 중 하나이다.

[24030–0059]

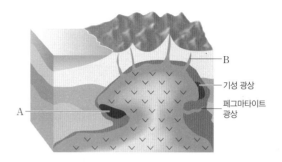

이에 대한 설명으로 옳은 것만을 〈보기〉에서 있는 대로 고른 것은?

> **● 보기 ●**
> ㄱ. A는 열수 용액이 순환되는 과정에서 형성된다.
> ㄴ. 희토류의 산출 가능성이 가장 높은 광상은 B이다.
> ㄷ. 마그마의 온도는 A가 B보다 높다.

① ㄱ   ② ㄷ   ③ ㄱ, ㄴ
④ ㄴ, ㄷ   ⑤ ㄱ, ㄴ, ㄷ

04 다음은 광물 자원 ㉠, ㉡과 보크사이트에 대한 설명이다.

[24030–0060]

> 보크사이트는 (㉠)의 주원료가 되는 광석이다. 회색, 황색 등의 색을 띠며 적철석이나 침철석 등이 소량 섞여서 갈색을 보이는 경우도 있다. 장석이 풍화 작용을 받아 (㉡)가 만들어지고, (㉡)가 풍화 작용을 받아 보크사이트가 만들어진다. 주요 산출지는 남프랑스, 그리스, 오스트레일리아, 자메이카, 인도네시아, 말레이시아 등이다.

이에 대한 설명으로 옳은 것만을 〈보기〉에서 있는 대로 고른 것은?

> **● 보기 ●**
> ㄱ. ㉠은 구리이다.
> ㄴ. ㉡은 비금속 광물 자원이다.
> ㄷ. 보크사이트는 고위도 지방보다 저위도 지방에서 잘 생성된다.

① ㄱ   ② ㄴ   ③ ㄱ, ㄷ
④ ㄴ, ㄷ   ⑤ ㄱ, ㄴ, ㄷ

[24030-0061]

05 그림은 오스트레일리아의 호상 철광층을 나타낸 것이다.

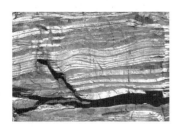

이에 대한 설명으로 옳은 것만을 〈보기〉에서 있는 대로 고른 것은?

보기

ㄱ. 호상 철광층은 선캄브리아 시대에 만들어졌다.

ㄴ. 호상 철광층에는 남세균이 생성한 산소가 포함되어 있다.

ㄷ. 호상 철광층은 대부분 광역 변성 광상에서 발견된다.

① ㄱ ② ㄷ ③ ㄱ, ㄴ
④ ㄴ, ㄷ ⑤ ㄱ, ㄴ, ㄷ

[24030-0062]

06 그림 (가)와 (나)는 광물 자원을 실생활에 이용한 예이다.

(가) 유리컵 　　　　(나) 구리 전선

이에 대한 설명으로 옳은 것만을 〈보기〉에서 있는 대로 고른 것은?

보기

ㄱ. (가)는 규산염 광물을 포함한다.

ㄴ. (나)의 구리를 얻기 위해서는 제련 과정을 거쳐야 한다.

ㄷ. (가)의 유리는 비금속 광물, (나)의 구리는 금속 광물 이다.

① ㄱ ② ㄷ ③ ㄱ, ㄴ
④ ㄴ, ㄷ ⑤ ㄱ, ㄴ, ㄷ

[24030-0063]

07 표는 2020년 우리나라의 금속 광물 매장량을 나타낸 것 이다.

광물	매장량	광물	매장량
금	5922	몰리브데넘	5771
은	7738	망가니즈	360
동	2319	주석	436
연, 아연	17014	사금	2857
철	41649	희토류	25972
텅스텐	15373	소계	125412

(단위: 천 톤, 사금은 kg)

이에 대한 설명으로 옳은 것만을 〈보기〉에서 있는 대로 고른 것은?

보기

ㄱ. 우리나라에 가장 많이 매장된 금속 광물은 주로 퇴적 광상에 분포한다.

ㄴ. 전체 금의 약 25 %는 표사 광상에 분포한다.

ㄷ. 금속 광물 자원은 모두 무한히 재생 가능하다.

① ㄱ ② ㄴ ③ ㄱ, ㄷ
④ ㄴ, ㄷ ⑤ ㄱ, ㄴ, ㄷ

[24030-0064]

08 그림은 전 세계 가스수화물의 분포를 나타낸 것이다.

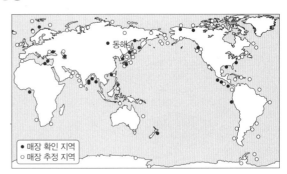

이에 대한 설명으로 옳은 것만을 〈보기〉에서 있는 대로 고른 것은?

보기

ㄱ. 가스수화물은 고체 물질이다.

ㄴ. 가스수화물은 고온 · 저압의 환경에서 안정하다.

ㄷ. 가스수화물의 분포 지역은 망가니즈 단괴의 분포 지 역과 유사하다.

① ㄱ ② ㄴ ③ ㄱ, ㄷ
④ ㄴ, ㄷ ⑤ ㄱ, ㄴ, ㄷ

09 그림은 지하자원을 세 가지로 분류하고 그 예를 나타낸 것이다.

이에 대한 설명으로 옳은 것만을 〈보기〉에서 있는 대로 고른 것은?

```
● 보 기 ●
ㄱ. A의 대부분은 육지에 분포한다.
ㄴ. ㉠은 동해 심해저에 풍부하게 분포한다.
ㄷ. 활석은 ㉡에 해당한다.
```

① ㄱ   ② ㄷ   ③ ㄱ, ㄴ
④ ㄴ, ㄷ   ⑤ ㄱ, ㄴ, ㄷ

10 그림은 어느 해 제주도 주변 해역에서의 연평균 파력 에너지 밀도를 나타낸 것이다.

이에 대한 설명으로 옳은 것만을 〈보기〉에서 있는 대로 고른 것은?

```
● 보 기 ●
ㄱ. 파력 발전 후보지로는 A 해역이 B 해역보다 적합하다.
ㄴ. 파력 에너지의 근원은 조력 에너지이다.
ㄷ. A와 B 해역의 평균 파력 에너지 밀도는 여름철이 겨울철보다 클 것이다.
```

① ㄱ   ② ㄴ   ③ ㄱ, ㄷ
④ ㄴ, ㄷ   ⑤ ㄱ, ㄴ, ㄷ

11 그림은 해양 에너지 자원을 이용한 어떤 발전 방식을 나타낸 것이다.

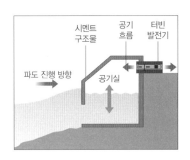

이에 대한 설명으로 옳은 것만을 〈보기〉에서 있는 대로 고른 것은?

```
● 보 기 ●
ㄱ. 에너지를 전환하는 방식이 수력 발전과 같다.
ㄴ. 에너지의 근원은 태양 에너지이다.
ㄷ. 바람이 강하게 부는 지역일수록 발전에 적합하다.
```

① ㄱ   ② ㄴ   ③ ㄱ, ㄷ
④ ㄴ, ㄷ   ⑤ ㄱ, ㄴ, ㄷ

12 그림 (가)와 (나)는 해양에서 얻을 수 있는 두 가지 자원을 나타낸 것이다.

(가) 브로민   (나) 바다 목장

이에 대한 설명으로 옳은 것만을 〈보기〉에서 있는 대로 고른 것은?

```
● 보 기 ●
ㄱ. (가)는 금속 광물 자원이다.
ㄴ. (가)는 상온에서 고체 상태로 존재한다.
ㄷ. (나)에서는 해양 생물 자원을 공급받을 수 있다.
```

① ㄱ   ② ㄷ   ③ ㄱ, ㄴ
④ ㄴ, ㄷ   ⑤ ㄱ, ㄴ, ㄷ

열수는 암석의 틈을 지나가며 주변 암석과 반응하여 다양한 금속 광물을 용해시킨다.

[24030-0069]

01 그림은 전 세계에 분포하는 열수 분출 지역을 나타낸 것이다.

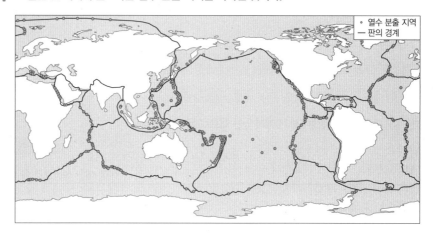

이에 대한 설명으로 옳은 것만을 〈보기〉에서 있는 대로 고른 것은?

● 보기 ●

ㄱ. 열수 분출 지역 주변에서는 화성 광상이 형성될 수 있다.

ㄴ. 열수 분출 지역은 판의 보존형 경계보다 발산형 경계에 많이 분포한다.

ㄷ. 열수 분출 지역은 주로 대륙붕에 존재한다.

① ㄱ   ② ㄷ   ③ ㄱ, ㄴ   ④ ㄴ, ㄷ   ⑤ ㄱ, ㄴ, ㄷ

고령토는 장석이 화학적 풍화 작용을 받아 형성되므로 퇴적 광상에서 산출된다.

[24030-0070]

02 표는 세 광상 A, B, C의 생성 과정과 산출 광물을 나타낸 것이다. A, B, C는 각각 화성 광상, 퇴적 광상, 변성 광상 중 하나이다.

광상	생성 과정	산출 광물
A	마그마가 고결될 때 분화하여 생긴 광상으로 화학 조성에 따라 분리되는 과정에서 유용 광물이 농집되어 생성된다.	금, 구리, 희유 원소
B	기존의 광상이 지하의 높은 압력이나 변위에 따른 기계적인 작용에 의해 재결정되거나 광물 조성이 변화하여 생성된다.	㉠
C	층상을 이루고 있는 광상으로, 풍화, 기계적 또는 화학적인 침전, 증발에 의해 유용 광물이 집중되어 생성된다.	금강석, ㉡고령토, 석고

이에 대한 설명으로 옳은 것만을 〈보기〉에서 있는 대로 고른 것은?

● 보기 ●

ㄱ. A는 화성 광상이다.

ㄴ. 석회석, 암염, 망가니즈 단괴는 ㉠에 해당한다.

ㄷ. ㉡은 주로 표사 광상에서 산출된다.

① ㄱ   ② ㄴ   ③ ㄱ, ㄷ   ④ ㄴ, ㄷ   ⑤ ㄱ, ㄴ, ㄷ

[24030-0071]

03 그림은 여러 광물 자원들을 A, B로 분류하여 나타낸 것이다.

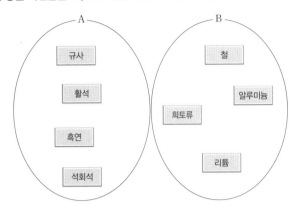

이에 대한 설명으로 옳은 것만을 〈보기〉에서 있는 대로 고른 것은?

● 보 기 ●

ㄱ. A는 전기와 열이 잘 전달되지 않는 비금속 광물이다.

ㄴ. B의 광물들을 이용하기 위해서는 제련 과정이 필요하다.

ㄷ. A의 흑연과 B의 희토류는 대부분 변성 광상에서 산출된다.

① ㄱ   ② ㄷ   ③ ㄱ, ㄴ   ④ ㄴ, ㄷ   ⑤ ㄱ, ㄴ, ㄷ

규사, 활석, 흑연, 석회석은 비금속 광물 자원이고, 철, 알루미늄, 리튬, 희토류는 금속 광물 자원이다.

[24030-0072]

04 그림 (가)와 (나)는 2016년 국가별 희토류 추정 매장량과 생산량을 순서 없이 나타낸 것이다.

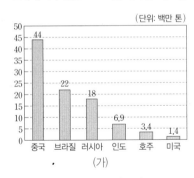

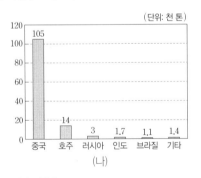

이에 대한 설명으로 옳은 것만을 〈보기〉에서 있는 대로 고른 것은?

● 보 기 ●

ㄱ. (가)는 추정 매장량이다.

ㄴ. $\dfrac{생산량}{추정\ 매장량}$ 은 중국이 호주보다 크다.

ㄷ. 희토류는 덩어리 형태로 농축되어 산출된다.

① ㄱ   ② ㄷ   ③ ㄱ, ㄴ   ④ ㄴ, ㄷ   ⑤ ㄱ, ㄴ, ㄷ

희토류는 스마트폰, 태블릿 PC, 디스플레이, 전기자동차와 같은 고부가가치 제품을 만드는 데 쓰이는 필수 원료이다.

[24030-0073]

우리나라는 비금속 광물보다 금속 광물 자급률이 매우 낮게 나타난다.

05 그림은 2014년 우리나라의 광물 자원 자급률을 나타낸 것이다.

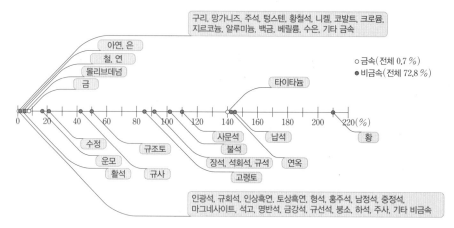

이 자료에 대한 설명으로 옳은 것만을 〈보기〉에서 있는 대로 고른 것은?

● 보기 ●
ㄱ. 비금속 광물보다 금속 광물의 자급률이 높다.
ㄴ. 자급률이 100 % 이상인 광물은 대부분 비금속 광물이다.
ㄷ. 배터리, 전기차 등에 필수적인 리튬, 희토류, 백금, 코발트, 흑연 등은 거의 수입에 의존해야 한다.

① ㄱ   ② ㄷ   ③ ㄱ, ㄴ   ④ ㄴ, ㄷ   ⑤ ㄱ, ㄴ, ㄷ

[24030-0074]

조력 발전과 조류 발전의 에너지 근원은 조력 에너지이고 파력 발전의 에너지 근원은 태양 에너지이다.

06 그림은 몇 가지 발전 방식을 구분하여 나타낸 것이다.

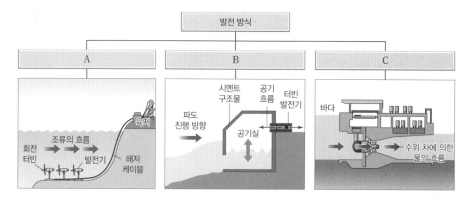

이에 대한 설명으로 옳은 것만을 〈보기〉에서 있는 대로 고른 것은?

● 보기 ●
ㄱ. A는 B보다 전기를 생산할 때 날씨와 계절의 영향을 적게 받는다.
ㄴ. A는 C보다 생태계에 미치는 부정적 영향이 크다.
ㄷ. B와 C의 근원 에너지는 같다.

① ㄱ   ② ㄷ   ③ ㄱ, ㄴ   ④ ㄴ, ㄷ   ⑤ ㄱ, ㄴ, ㄷ

07 그림 (가), (나), (다)는 각각 화강암, 현무암, 대리암으로 이루어진 예술품을 순서 없이 나타낸 것이다.

[24030-0075]

(가)　　　　　　　(나)　　　　　　　(다)

이에 대한 설명으로 옳은 것만을 〈보기〉에서 있는 대로 고른 것은?

┌─ 보기 ●

ㄱ. (가)의 암석은 대리암이다.

ㄴ. (나)의 암석은 변성 작용을 받아 형성되었다.

ㄷ. (가), (나), (다)의 암석은 모두 건축 자재로 쓰인다.

① ㄱ　　　② ㄷ　　　③ ㄱ, ㄴ　　　④ ㄴ, ㄷ　　　⑤ ㄱ, ㄴ, ㄷ

화강암은 조립질 조직을, 현무암은 세립질 조직을, 대리암은 입상 변정질 조직을 보인다.

08 그림은 2023년 2월 25일 두 지역 A, B에서의 조석 자료를 나타낸 것이다.

[24030-0076]

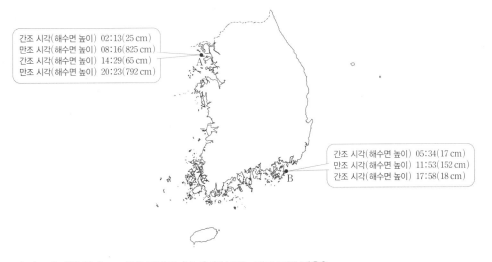

간조 시각(해수면 높이) 02:13(25 cm)
만조 시각(해수면 높이) 08:16(825 cm)
간조 시각(해수면 높이) 14:29(65 cm)
만조 시각(해수면 높이) 20:23(792 cm)

간조 시각(해수면 높이) 05:34(17 cm)
만조 시각(해수면 높이) 11:53(152 cm)
간조 시각(해수면 높이) 17:58(18 cm)

이 자료에 대한 설명으로 옳은 것만을 〈보기〉에서 있는 대로 고른 것은?

┌─ 보기 ●

ㄱ. 조력 발전 후보지로는 A가 B보다 적합하다.

ㄴ. 16시에 A는 밀물 때이고, B는 썰물 때이다.

ㄷ. 조력 발전은 풍력 발전보다 생산 가능 전력량 예측이 어렵다.

① ㄱ　　　② ㄷ　　　③ ㄱ, ㄴ　　　④ ㄴ, ㄷ　　　⑤ ㄱ, ㄴ, ㄷ

조력 발전은 달과 태양의 인력에 의해 발생하는 밀물과 썰물의 높이 차를 이용한다.

독도 주변의 해역에는 가스수화물, 해양 심층수 등의 해양 자원이 풍부하다. 망가니즈 단괴는 망가니즈, 철, 코발트, 카드뮴 등이 포함된 금속 광물 자원이다.

[24030-0077]

09 그림 (가)는 동해 울릉 분지의 가스수화물 시추 지역(A)을, (나)는 클라리온 – 클리퍼턴 광구의 망가니즈 단괴 분포 지역(B)을 나타낸 것이다.

(가)   (나)

이에 대한 설명으로 옳은 것만을 〈보기〉에서 있는 대로 고른 것은?

보기

ㄱ. A와 B는 판의 경계 부근에 분포한다.

ㄴ. A의 가스수화물은 고온 · 저압 환경에서 안정하다.

ㄷ. B의 망가니즈 단괴는 금속 광물 자원이다.

① ㄱ   ② ㄷ   ③ ㄱ, ㄴ   ④ ㄴ, ㄷ   ⑤ ㄱ, ㄴ, ㄷ

금속 광물은 금속이 주성분으로 함유된 광물이고 비금속 광물은 주로 비금속 원소로 이루어진 광물이다.

[24030-0078]

10 그림 (가)와 (나)는 2020년 우리나라의 주요 금속 광물과 비금속 광물 매장량을 순서 없이 나타낸 것이다. ㉠은 지구의 핵을 구성하는 주요 원소이고, ㉡은 탄산칼슘을 주성분으로 하는 퇴적암이다.

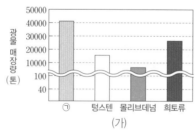 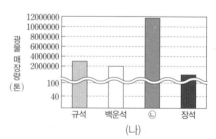

(가)   (나)

이에 대한 설명으로 옳은 것만을 〈보기〉에서 있는 대로 고른 것은?

보기

ㄱ. ㉠은 대부분 변성 광상에서 생성된다.

ㄴ. ㉡의 대부분은 대륙보다 해양에서 생성된다.

ㄷ. 총 매장량은 금속 광물이 비금속 광물보다 많다.

① ㄱ   ② ㄴ   ③ ㄱ, ㄷ   ④ ㄴ, ㄷ   ⑤ ㄱ, ㄴ, ㄷ

11 그림은 해양에 설치하는 발전 방식 중 하나를 나타낸 것이다.

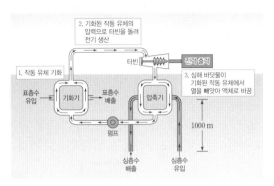

이에 대한 설명으로 옳은 것만을 〈보기〉에서 있는 대로 고른 것은?

● 보 기 ●
ㄱ. 작동 유체의 끓는점이 높을수록 발전에 유리하다.
ㄴ. 표층수와 심층수의 온도 차가 작을수록 발전량이 많다.
ㄷ. 계절적인 변동을 사전에 감안해 계획적인 발전을 할 수 있다.

① ㄱ　　　　② ㄷ　　　　③ ㄱ, ㄴ　　　　④ ㄴ, ㄷ　　　　⑤ ㄱ, ㄴ, ㄷ

해양 온도 차 발전은 표층수와 심층수의 온도 차를 이용하여 전기를 생산하는 방법이다.

[24030-0080]

12 그림은 2018년 국가별 1차 에너지 소비 비율을 나타낸 것이다.

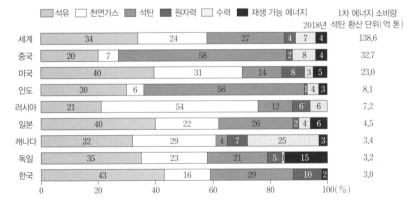

이에 대한 설명으로 옳은 것만을 〈보기〉에서 있는 대로 고른 것은?

● 보 기 ●
ㄱ. 1차 에너지 소비량이 가장 많은 국가는 중국이다.
ㄴ. $\dfrac{\text{재생 가능 에너지}}{\text{총 에너지}}$ 가 가장 큰 국가는 독일이다.
ㄷ. $\dfrac{\text{화석 연료}}{\text{총 에너지}}$ 는 러시아가 캐나다보다 크다.

① ㄱ　　　　② ㄷ　　　　③ ㄱ, ㄴ　　　　④ ㄴ, ㄷ　　　　⑤ ㄱ, ㄴ, ㄷ

화석 연료는 연소 과정에서 이산화 탄소가 발생하여 지구 온난화를 일으킨다.

04 한반도의 지질

▶ **노두**: 암석이나 지층이 지표에 드러난 것으로, 산과 해안 지역의 절벽, 계곡, 절개지 등에 잘 나타난다.

▶ **클리노미터의 방향 표시**: 클리노미터에 표시된 E, W를 보면 보통 나침반과는 반대로 되어 있다. 이는 주향을 측정할 때 편각이 0°인 경우 자침이 가리키는 방향을 그대로 읽으면 주향이 되도록 편의상 바꾸어 놓은 것이다.

1. 지질 조사는 암석이나 지층이 지표로 노출된 부분인 ( )를 따라 진행한다.

2. 지층면이 수평면과 만나서 이루는 교선을 ( )이라고 한다.

3. 지층의 경사각은 지층의 층리면과 ( )이 이루는 각이다.

4. ( )은 클리노미터의 자침이 가리키는 바깥쪽 눈금을 읽는다.

1 지질 조사와 지질도

(1) 지질 조사의 목적과 순서

① **지질 조사의 목적**: 어떤 지역에서 암석의 종류와 분포, 지질 구조 등을 조사하여 암석의 생성 원인과 생성 환경 및 역사를 밝히는 활동을 지질 조사라고 한다. 지질 조사는 지구의 역사를 규명하는 연구 외에 유용한 광상이나 지하수의 개발, 지반 조사, 자연 재해 예방 등을 목적으로 수행한다.

② **지질 조사의 순서**: 문헌 조사 → 노두 조사(주향과 경사 측정, 표본 채취, 암상 기재) → 노선 지질도 작성 → 지질도 작성 → 지질 단면도 작성 → 지질 주상도 작성

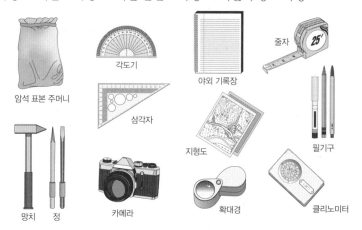

암석 표본 주머니 · 각도기 · 야외 기록장 · 줄자 · 삼각자 · 지형도 · 필기구 · 망치 · 정 · 카메라 · 확대경 · 클리노미터

(2) 지질 조사의 방법

① **주향과 경사의 측정**: 클리노미터를 이용하여 지층의 주향과 경사를 측정한다.

· **주향**: 진북을 기준으로 지층면과 수평면의 교선(주향선)이 가리키는 방향으로, 지층면에 클리노미터의 긴 모서리를 수평으로 대고 북쪽을 기준으로 자침이 가리키는 바깥쪽 눈금을 읽는다.

➡ 클리노미터에서 읽은 주향은 조사 지역의 편각을 고려하여 보정한다.

· **경사**: 경사각은 지층면과 수평면이 이루는 각으로, 주향선에 수직이 되도록 클리노미터의 긴 모서리가 있는 면을 밀착시킨 후 경사추가 가리키는 안쪽 눈금을 읽는다.

➡ 지층면이 기울어진 방향인 경사 방향은 주향에 직각으로 실제 방위에서 판단한다.

주향 눈금
경사 눈금
주향을 재는 자침
경사각을 재는 경사추
수준기
기포

클리노미터

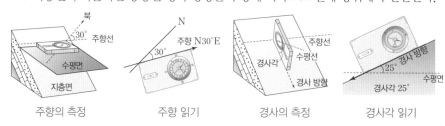

주향의 측정 · 주향 읽기 · 경사의 측정 · 경사각 읽기

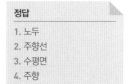
1. 노두
2. 주향선
3. 수평면
4. 주향

② 주향과 경사의 표시

- **주향의 표시**: 주향은 진북을 기준으로 하여 주향선이 동쪽 또는 서쪽으로 몇 도(°) 돌아가 있는지를 나타낸다. **예** 주향선이 진북에 대하여 30° 동쪽을 향하고 있다면 주향은 N30°E 이다.
- **경사의 표시**: 경사는 경사 방향과 경사각으로 표시한다. ➡ 경사 방향은 항상 주향에 직각 이다. 따라서 주향이 NS라면 가능한 경사의 방향은 E 또는 W이다. **예** 경사의 방향은 북 서쪽이고 경사각이 45°라면 경사는 45°NW이다.

표시법	기호	표시법	기호	표시법	기호
수평층	⊕ 또는 ＋	주향 EW 경사 30°S	⊤ 30	주향 N60°E 경사 90°	╱ 60
수직층	─┼─	주향 N45°E 경사 60°SE	45 ╲ 60	주향 N45°W 경사 30°NE	45 ╲ 30

주향과 경사의 표시법

셰일		이암		화산암	주향·경사	향사	배사
석회암		변성암		맥암	수평층	수직층	역전층
역암		사암		화강암	단층	추정 단층	화석 산지

지질도에 사용하는 일반적인 기호

(3) 지질도 해석

① 등고선과 지층 경계선의 관계

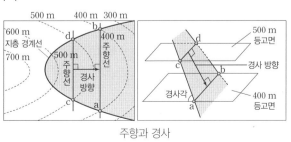

수평층	수직층	경사층	
지층 경계선이 등고선과 나란	지층 경계선이 직선	지층 경계선과 등고선이 서로 교차	

② 지질도에서 지층의 주향과 경사 구하기

- **주향**: 지층 경계선이 같은 고도의 등고선과 만나는 두 점을 연결한 직선(주향선)의 방향
- **경사 방향**: 어떤 지층 경계선 상에서 고도가 높은 주향선에서 낮은 주향선 쪽으로 주향선에 수직이 되도록 그은 화살표의 방향

주향과 경사

1. 수직층의 지질 기호는 ( )이다.

2. 주향이 EW라면 가능한 경사 방향은 ( ) 또는 ( )이다.

3. 주향선이 진북에 대하여 10° 동쪽을 향하고 있다면 주향은 ( )이다.

4. 지질도에서 경사 방향은 고도가 ( )은 주향선에서 고도가 ( )은 주향선 쪽으로 수직이 되도록 그은 화살표의 방향이다.

정답

1. ─┼─
2. N, S
3. N10°E
4. 높, 낮

개념 체크

○ **지질도에서의 주향**: 지층 경계선이 같은 고도의 등고선과 만나는 두 점을 연결한 직선을 '주향선'이라 하고, 주향선의 방향을 '주향'이라고 한다.

○ **지질도에서의 경사 방향**: 하나의 지층 경계선이 만드는 주향선 중 고도가 높은 주향선에서 고도가 낮은 주향선 쪽으로 수직이 되도록 그은 화살표의 방향

1. 지질도에서 지층 경계선이 대체로 대칭을 이루며, 대칭축을 중심으로 경사의 방향이 반대이면 이 지질 구조는 ( )이다.

2. 지질도에서 지층 경계선이 끊어져 있고, 끊어진 선을 경계로 같은 지층이 반복되면 이 지질 구조는 ( )이다.

3. 육괴는 주로 ( ) 시대의 암석으로 이루어져 있다.

4. 한반도 암석의 종류별 분포에서 가장 높은 비율을 차지하는 암석은 ( ) 암이다.

정답
1. 습곡
2. 단층
3. 선캄브리아
4. 변성

③ 지질도에서 지질 구조 해석

습곡	부정합	단층
지층 경계선이 습곡축을 중심으로 대체로 대칭을 이루며, 습곡축을 중심으로 경사의 방향은 반대이다.	한 지층 경계선이 다른 지층 경계선을 덮으며, 덮은 선을 경계로 다른 지층이 나타난다.	지층 경계선이 끊어져 있고, 끊어진 선을 경계로 같은 지층이 반복된다.

2 한반도의 지질

(1) 한반도의 지체 구조

① **지체 구조**: 암석의 종류와 연령, 지각 변동에 의한 특징적인 지질 구조 등에 따라 여러 지역으로 나눈 것

② **육괴**: 지형적으로나 구조적으로 특정한 방향성을 나타내지 않는 암석들이 모여 있는 지역이다. 주로 선캄브리아 시대의 암석으로 이루어져 있으며, 고생대 이후에는 대체로 육지로 드러나 있었다. 우리나라에서는 낭림 육괴, 경기 육괴, 영남 육괴 등이 발달해 있다. 이 지역들은 주로 선캄브리아 시대의 변성암류인 편마암과 편암 및 이들을 관입한 중생대의 화강암류로 구성되어 있다.

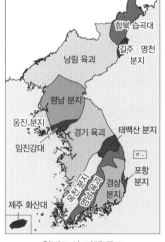

한반도의 지체 구조

③ **퇴적 분지**: 고생대 이후에 바다나 호수에 퇴적층이 쌓여 형성된 곳으로, 퇴적암이 발달해 있다. 태백산 분지는 영월−태백 지역에 위치하고, 평남 분지는 고생대에 생성된 퇴적암으로 이루어져 있으며, 경상 분지는 백악기에 하천과 호수에서 생성된 퇴적암과 화산암으로 이루어져 있다. 또, 동해안 쪽에 소규모로 분포하는 포항 분지와 길주 · 명천 분지에는 신생대(네오기)의 퇴적암이 쌓여 있다.

④ **습곡대**: 암석이 습곡이나 단층에 의해 복잡하게 변형된 지역이다. 북동−남서 방향으로 길게 분포하는 옥천 습곡대는 북동부의 비변성대인 태백산 분지와 남서부의 변성대인 옥천 분지로 구분되고, 임진강대는 옥천대와 같이 습곡 작용을 받은 지역이다.

(2) 한반도의 시대별 지질 분포

① **한반도의 암석 분포**
- 지질 시대별 분포: 선캄브리아 시대(약 43 %)>중생대(약 40 %)>고생대(약 11 %)>신생대(약 6 %)
- 암석의 종류별 분포: 변성암(약 40 %)>화성암(약 35 %)>퇴적암(약 25 %)

지질 시대별 암석 분포

종류별 암석 분포

② **선캄브리아 시대**
- 경기 육괴, 영남 육괴, 낭림 육괴에 널리 분포한다. ➡ 구성 암석이 다양하며, 지층이 심하게 변형되어 지질 구조가 복잡하고 화석이 거의 산출되지 않는다.
- 선캄브리아 변성암 복합체: 지층의 선후 관계와 정확한 지질 시대를 파악하기 어려운데, 이 시기의 암석을 선캄브리아 변성암 복합체라고 한다.
- 시생 누대의 암석: 인천광역시 대이작도에서 발견된 혼성암이 있으며 약 25억 년 전에 생성되었다.
- 원생 누대의 암석: 평안남도와 황해도 일부, 인천광역시의 백령도, 대청도, 소청도 일대에 분포하며, 규암, 석회암, 점판암 등으로 구성되어 있다. 소청도의 대리암층에서는 원생 누대 후기에 남세균의 활동으로 형성된 스트로마톨라이트가 산출된다.

③ **고생대**: 조산 운동과 같은 큰 지각 변동이 일어나지 않았던 평온한 시기였다.

구분	조선 누층군	평안 누층군
퇴적 시기	캄브리아기 ~ 오르도비스기 중기	석탄기 ~ 트라이아스기 전기
지층	석회암, 사암, 셰일 등의 두꺼운 해성층	• 상부: 사암, 셰일 등의 육성층, 양질의 무연탄층 • 하부: 사암, 셰일, 석회암 등의 해성층
화석	삼엽충, 완족류, 필석류, 코노돈트	양치식물, 완족류, 방추충, 산호

- 회동리층: 강원도 정선 부근에서 실루리아기의 코노돈트 화석이 발견된 지층이다.
- 고생대 중기까지 해침과 해퇴가 반복되던 한반도 일부 지역이 고생대 후기에 육지로 드러났다.

④ **중생대**: 현생 누대 중 조산 운동과 화성 활동이 가장 활발했던 시기로, 중생대 지층은 모두 육성층이다.

구분	대동 누층군	경상 누층군
퇴적 시기	트라이아스기 후기 ~ 쥐라기 중기	백악기
지층	사암, 셰일, 역암, 석탄층	사암, 셰일, 역암, 응회암, 화산암
화석	담수 연체동물, 민물고기, 소철류, 은행류	민물조개, 공룡의 뼈와 발자국, 연체동물, 절지동물, 새의 발자국

- 송림 변동: 트라이아스기, 고생대층이 습곡과 단층 작용을 받아 복잡하게 변형되었고, 단층선을 따라 퇴적 분지가 만들어졌다.
- 대보 조산 운동: 쥐라기 이전에 퇴적되었던 고생대 지층과 대동 누층군의 지층이 크게 변형되었으며, 대규모의 화강암류가 관입하였다. 이 화강암은 북동-남서 방향으로 분포하는데, 이를 대보 화강암이라고 한다.
- 불국사 변동: 백악기 후기에 일어나 한반도 남부를 중심으로 화강암의 관입과 화산암의 분출이 활발하게 일어났다. 이 변동으로 경상 분지를 중심으로 여러 지역에 화강암류가 관입하였는데, 이 화강암을 불국사 화강암이라고 한다.

⑤ **신생대**: 주로 동해안을 따라 작은 규모로 분포하며, 소규모의 화산 활동이 일어났다.
- 네오기 지층: 함경북도, 평안남도, 황해도 일대에 소규모의 육성층이 분포한다. 길주·명천 분지와 포항 분지 등에 해성층이 퇴적되었다. 주로 사암, 셰일, 역암 및 응회암으로 이루어져 있으며, 유공충과 연체동물, 규화목 및 식물 화석이 발견된다.

개념 체크

◑ **우리나라의 지질 계통**
- 선캄브리아 시대: 경기 변성암 복합체, 시생 누대의 암석, 원생 누대의 암석
- 고생대: 조선 누층군 → (회동리층) → 평안 누층군
- 중생대: 대동 누층군 → 경상 누층군
- 신생대: 연일층군 → 제4기층
◑ **결층**: 현재까지 발견하지 못한 층
◑ **육성층**: 육지에서 퇴적된 지층
◑ **해성층**: 바다에서 퇴적된 지층
◑ **우리나라의 주요 화성암**

■ 신생대 화산암
■ 불국사 화강암
□ 대보 화강암

1. 인천광역시 대이작도에서 발견된 (　)은 약 25억 년 전 (　) 누대에 생성되었다.

2. 고생대 전기의 퇴적층은 (　) 누층군, 후기의 퇴적층은 (　) 누층군이다.

3. 쥐라기 말의 (　) 운동으로 쥐라기 이전의 고생대 지층과 대동 누층군이 크게 변형되었다.

정답
1. 혼성암, 시생
2. 조선, 평안
3. 대보 조산

개념 체크

○ **층, 층군, 누층군**
· 층: 암석의 층서 단위에서 가장 기본이 되는 것
· 층군: 2개 이상의 층을 묶은 것
· 누층군: 2개 이상의 층군을 묶은 것

○ **대보 조산 운동**: 한반도에서 일어났던 지각 변동 중 가장 격렬했던 것으로 쥐라기에 일어났다.

1. 신생대 ( )기의 화산 활동으로 백두산, 울릉도, 독도, 제주도, 철원 등에 현무암이 형성되었다.

2. 한반도 지층은 ( )대 ( )기 때 가장 격렬한 지각 변동을 겪었다.

3. 석탄층은 ( ) 누층군과 ( ) 누층군에서 주로 나타난다.

· 제4기 지층과 암석: 제주도 서귀포와 성산포 일대에 분포한다. 특히 서귀포 일대에서는 이매패류, 완족류, 산호, 유공충 등의 화석이 풍부하게 발견된다. 화산 활동으로 백두산, 울릉도와 독도, 제주도, 철원 등에 현무암이 형성되었다.

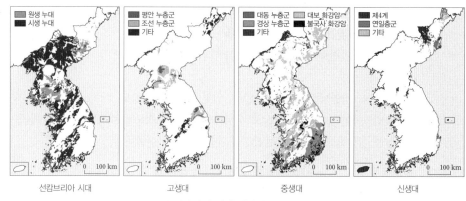

우리나라의 지질 시대별 암석 분포

지질 시대		지질 계통	특징
신생대	제4기		
	네오기	연일층군	육성층/해성층
	팔레오기		← 부정합 ── 결층
중생대	백악기	경상 누층군	불국사 화강암 관입 / 불국사 변동 ── 육성층, 공룡 화석
	쥐라기		← 부정합 / 대보 조산 운동 ── 결층
	트라이아스기	대동 누층군	육성층, 석탄층
			← 부정합 / 송림 변동 ── 결층
고생대	페름기	평안 누층군	육성층, 석탄층
	석탄기		해성층, 석회암
	데본기		← 부정합 ── 결층
	실루리아기	화동리층(실루리아계)	해성층
	오르도비스기		← 부정합 ── 결층
	캄브리아기	조선 누층군	해성층, 석회암
			← 부정합
선캄브리아 시대 (시생 누대, 원생 누대)		선캄브리아 시대층	변성암 복합체

우리나라의 지질 계통과 특징

정답

1. 제4
2. 중생, 쥐라
3. 평안, 대동

③ 한반도의 형성

(1) 고생대의 한반도: 고지자기 분석에 의하면 한반도는 적도 부근에 위치한 곤드와나 대륙의 주변에 있었다. 바다에서 번성했던 삼엽충과 온난 다습한 곳에 살았던 고사리 화석이 강원도 일대에서 많이 발견된 것을 통해 고생대에 이 지역은 저위도에 있었으며, 한때 바다에 잠겨 있었을 것으로 추정된다.

(2) 중생대의 한반도

① 고생대 곤드와나 대륙은 남반구에 위치해 있었다. 고생대 후기에 들어 곤드와나 대륙이 분리되기 시작하여, 약 2억 6천만 년 전 곤드와나 대륙 북쪽 가장자리에서 한중 지괴와 남중 지괴들이 떨어져 나가 북쪽으로 이동하다가 중생대에 서로 충돌하여 합쳐지면서 지각 변동이 활발하게 일어났다.

② 트라이아스기에는 두 지괴가 충돌하여 송림 변동이 일어나 많은 고생대 지층이 변형되었다.

③ 쥐라기에는 두 지괴가 합쳐지면서 대보 조산 운동이 일어났으며, 이 과정에서 일어난 화성 활동으로 대보 화강암이 만들어졌다. 북한산과 계룡산을 비롯한 여러 지역에서는 대보 화강암으로 이루어진 지형을 관찰할 수 있다. 하나로 합쳐진 두 지괴는 계속 북쪽으로 이동하여 유라시아 대륙과 충돌하면서 한반도를 비롯

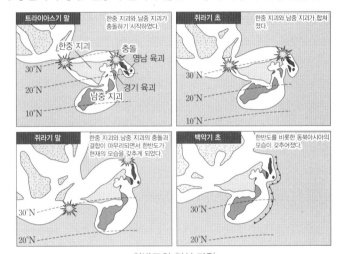

한반도의 형성 과정

한 동북아시아의 모습이 점차 현재와 비슷한 모습이 되었다.

④ 백악기에는 고태평양판이 한반도 아래로 섭입되면서 마그마의 관입과 분출이 활발하게 일어나 불국사 화강암과 화산 퇴적물이 만들어졌다. 불국사 화강암과 화산 퇴적물은 이 시기에 형성된 경상 분지에 주로 분포한다.

(3) 신생대의 한반도

① 약 2천 5백만 년 전에 태평양판이 일본 아래로 섭입하면서 동해가 형성되기 시작하였고, 확장되었다.

동해의 형성 과정

② 약 450만 년 전에 화산 분출이 일어나 독도가 만들어졌고, 이후 울릉도가 형성되기 시작하였다.

③ 백두산이 형성되기 시작하였고, 한라산은 약 170만 년 전에 일어난 화산 활동으로 만들어졌다.

개념 체크

○ **한반도의 형성 과정**: 한중 지괴와 남중 지괴의 봉합이 진행되면서 격렬한 조산 운동이 진행되었고, 북동−남서 방향의 한반도 주요 산맥이 형성되었다.

1. 고지자기 분석에 의하면 고생대에 한반도는 적도 부근에 위치한 (　　　) 대륙의 주변에 있었다.

2. 불국사 화강암은 백악기에 형성된 (　　　) 분지에 주로 분포한다.

3. 신생대에는 한반도와 일본의 사이가 열리면서 (　　　)가 형성되었다.

정답
1. 곤드와나
2. 경상
3. 동해

4 한반도의 변성 작용

(1) 변성 작용

① **접촉 변성 작용**: 마그마가 관입할 때 방출된 열에 의해 마그마와의 접촉부를 따라 일어나는 변성 작용으로, 혼펠스 조직이나 입상 변정질 조직이 발달할 수 있다.

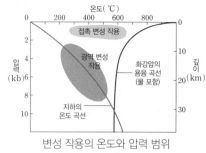
변성 작용의 온도와 압력 범위

- **혼펠스 조직**: 입자의 방향성이 없으며, 치밀하고 균질하게 짜여진 조직 ➡ 셰일이 접촉 변성 작용을 받아 생성된 혼펠스에서 잘 나타난다.
- **입상 변정질 조직**: 방향성이 없이 원암의 구성 광물들이 재결정되어 크기가 커진 조직 ➡ 대리암이나 규암에서 잘 나타난다.

② **광역 변성 작용**: 조산 운동이 일어나는 지역에서 넓은 범위에 걸쳐 열과 압력에 의해 일어나는 변성 작용으로, 엽리(편리, 편마 구조)가 발달할 수 있다.

- **엽리**: 광물들이 압력이 작용한 방향의 직각 방향으로 배열되어 방향성을 갖는 조직을 엽리라고 한다. ➡ 엽리는 줄무늬의 두께에 따라 편리와 편마 구조로 구분할 수 있다.
  - **편리**: 유색 광물과 무색 광물이 재배열되면서 얇은 줄무늬를 갖는 구조
  - **편마 구조**: 유색 광물과 무색 광물이 재배열되면서 두꺼운 줄무늬를 갖는 구조

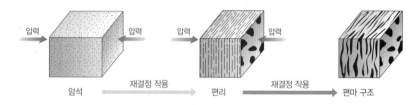

(2) 변성 작용과 변성암의 종류

변성 작용	원래의 암석	변성암			
		변성 후 암석	조직		엽리 유무
접촉 변성 작용	사암	규암	입상 변정질 조직		엽리 없음
	석회암	대리암			
	셰일	혼펠스	혼펠스 조직		
광역 변성 작용	셰일	점판암	쪼개짐	세립질	엽리 발달
		천매암		↕	
		편암	편리		
		편마암	편마 구조	조립질	
	현무암	각섬암	엽리		
	화강암	(화강) 편마암			

(※ 규암과 대리암은 광역 변성 작용에 의해서도 만들어질 수 있음)

(3) 한반도의 변성암

① 한반도에서 가장 오래된 암석은 선캄브리아 시대의 경기 육괴에 속하며, 인천 앞바다에 있는 대이작도를 구성하는 혼성암이다. ➡ 이 혼성암은 약 25억 년 전에 광역 변성 작용을 받아 형성되었다.

② 경기 육괴와 영남 육괴에 분포하는 대부분의 편마암들은 약 18억 년 전~20억 년 전에 광역 변성 작용을 받아 다양한 형태의 지질 구조로 형성되었다.

③ 태백산 분지, 옥천 분지, 임진강대, 경기 육괴 등에 분포하는 기존의 암석들은 고생대 말에서 중생대 초기까지 한반도에 영향을 준 송림 변동에 의해 광역 변성 작용을 받았다.

④ 중생대 중기와 말기 동안 일어난 대보 조산 운동과 불국사 변동은 접촉 변성 작용을 수반하였다. 그 결과 관입한 화성암체와 접하고 있는 기존의 이암과 같은 퇴적암들은 고온의 마그마와 유체 때문에 변성되어 조직이 치밀하고 단단한 혼펠스로 변성되었다.

선캄브리아 시대 변성암

• 암석: 편마암, 편암, 규암
• 조직: 편리나 편마 구조와 같은 엽리가 뚜렷하게 나타난다.
• 기타: 변성암 분포 지역이 북북동-남남서의 방향성을 보인다.

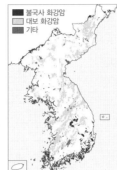

중생대 화성암

• 암석: 화강암, 이암, 혼펠스
• 조직: 화강암과 이암 경계부에서 혼펠스가 나타난다.
• 기타: 화강암류의 분포가 북동-남서의 방향성을 보이며, 동해안과 남부 지방에도 곳곳에서 나타난다.

개념 체크

◐ 편마암: 조립질 암석이 압력을 받거나 편리가 발달한 암석이 더욱 심한 압력과 열을 받으면 재결정 작용으로 결정이 커지며 불규칙한 평행 구조가 나타나는데 이것을 편마 구조라 하고 편마 구조가 발달한 암석을 편마암이라고 한다.

◐ 혼펠스: 접촉 변성 작용에 의해 만들어진 변성암에서 기존의 암석보다 치밀하고 단단한 세립질 조직이 나타나는데, 이것을 혼펠스 조직이라 하고, 그러한 변성암을 혼펠스라고 한다.

1. 선캄브리아 시대 변성암에는 편리나 (   ) 구조와 같은 엽리가 뚜렷이 나타난다.

2. 대보 조산 운동과 불국사 변동으로 관입한 화성암체와 접하고 있는 기존의 이암과 같은 퇴적암들은 (   )로 변성되었다.

🧪 탐구자료 살펴보기 ▷ **판 경계에서의 변성 작용 알아보기**

탐구 자료

그림 (가)는 수렴형 경계 부근의 서로 다른 위치에서 일어나는 변성 작용을, (나)는 (가)의 A, B에서 일어나는 변성 과정을 온도-압력 그래프에 나타낸 것이다.

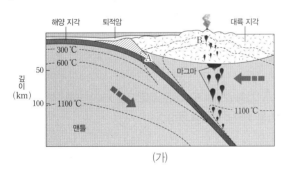

(가)

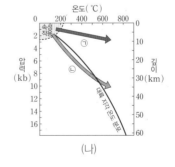

(나)

자료 해석

1. A는 해양판이 대륙판 아래로 섭입하면서 횡압력을 받아 변성 작용이 일어나는 지역으로, 섭입에 따른 온도 증가와 함께 압력이 크게 작용하는 것을 알 수 있다.

2. B는 암석이 마그마와 접촉하여 변성 작용이 일어나는 지역으로, 압력의 증가보다 온도의 증가가 크게 영향을 주는 것을 알 수 있다.

분석 point

1. A는 횡압력을 받아 압력이 커지고 온도도 상승하여 변성 작용이 일어난다. ➡ (가)의 A 구역에서의 변성 작용은 (나)의 ⓒ 과정으로 일어난다.

2. B는 마그마와 접촉하는 지역으로 고온 저압형의 접촉 변성 작용이 일어난다. ➡ (가)의 B 구역에서의 변성 작용은 (나)의 ㉠ 과정으로 일어난다.

정답

1. 편마

2. 혼펠스

01 그림 (가)와 (나)는 어느 지역에서 주향과 경사의 측정 방법을 순서 없이 나타낸 것이다. 이 지역의 편각은 0°이다.

[24030–0081]

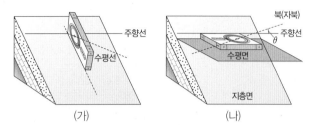

(가)   (나)

이에 대한 설명으로 옳은 것만을 〈보기〉에서 있는 대로 고른 것은?

● 보기 ●
ㄱ. (가)는 경사를 측정하는 방법이다.
ㄴ. 이 지역의 주향은 Nθ°W로 표시된다.
ㄷ. 이 지역의 경사 방향은 SW이다.

① ㄱ   ② ㄴ   ③ ㄱ, ㄷ
④ ㄴ, ㄷ   ⑤ ㄱ, ㄴ, ㄷ

02 그림 (가)와 (나)는 클리노미터로 어느 지점의 주향과 경사를 측정한 결과를 나타낸 것이다. 이 지역의 편각은 0°이다.

[24030–0082]

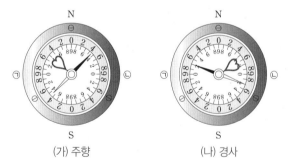

(가) 주향   (나) 경사

이에 대한 설명으로 옳은 것만을 〈보기〉에서 있는 대로 고른 것은?

● 보기 ●
ㄱ. ㉠은 W이다.
ㄴ. 주향은 N45°W이다.
ㄷ. 경사각은 약 70°이다.

① ㄱ   ② ㄴ   ③ ㄱ, ㄷ
④ ㄴ, ㄷ   ⑤ ㄱ, ㄴ, ㄷ

03 그림은 고도가 일정한 어느 지역의 노선 지질도를 나타낸 것이다.

[24030–0083]

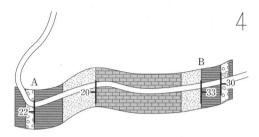

이에 대한 설명으로 옳은 것만을 〈보기〉에서 있는 대로 고른 것은?

● 보기 ●
ㄱ. A 지점의 주향은 NS이다.
ㄴ. A 지점에는 B 지점보다 오래된 암석이 존재한다.
ㄷ. A와 B 지점 사이에는 배사 구조가 나타난다.

① ㄱ   ② ㄴ   ③ ㄱ, ㄷ
④ ㄴ, ㄷ   ⑤ ㄱ, ㄴ, ㄷ

04 그림 (가), (나), (다)는 서로 다른 세 지층에서 측정한 주향과 경사를 기호로 나타낸 것이다.

[24030–0084]

(가)   (나)   (다)

이에 대한 설명으로 옳은 것만을 〈보기〉에서 있는 대로 고른 것은?

● 보기 ●
ㄱ. (가)의 주향은 N60°W이다.
ㄴ. (다)의 경사 방향은 S이다.
ㄷ. 경사각은 (가)가 (나)보다 크다.

① ㄱ   ② ㄷ   ③ ㄱ, ㄴ
④ ㄴ, ㄷ   ⑤ ㄱ, ㄴ, ㄷ

[24030-0085]

05 그림은 어느 지역의 지질도를 나타낸 것이다.

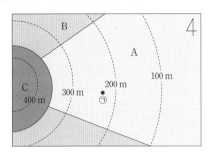

이에 대한 설명으로 옳은 것만을 〈보기〉에서 있는 대로 고른 것은?

●── 보 기 ●──

ㄱ. A는 B보다 먼저 생성되었다.

ㄴ. C는 수직층보다 수평층에 가깝다.

ㄷ. ㉠에서 연직 방향으로 시추하면 A와 B를 모두 만난다.

① ㄱ　　　② ㄴ　　　③ ㄱ, ㄷ

④ ㄴ, ㄷ　　　⑤ ㄱ, ㄴ, ㄷ

[24030-0087]

07 그림은 우리나라의 지체 구조를 나타낸 것이다.

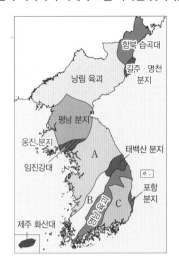

이에 대한 설명으로 옳은 것만을 〈보기〉에서 있는 대로 고른 것은?

●── 보 기 ●──

ㄱ. A는 경기 육괴, B는 옥천 분지이다.

ㄴ. A는 C보다 평균 생성 시기가 빠른 암석으로 이루어져 있다.

ㄷ. B를 구성하는 암석은 습곡이나 단층 작용을 거의 받지 않았다.

① ㄱ　　　② ㄷ　　　③ ㄱ, ㄴ

④ ㄴ, ㄷ　　　⑤ ㄱ, ㄴ, ㄷ

[24030-0086]

06 그림 (가)와 (나)는 서로 다른 지질 구조가 존재하는 지질도를 나타낸 것이다.

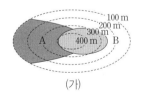 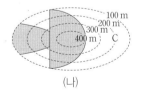

(가)　　　　　　　(나)

이에 대한 설명으로 옳은 것만을 〈보기〉에서 있는 대로 고른 것은?

●── 보 기 ●──

ㄱ. (가)에는 부정합이 나타난다.

ㄴ. 지층의 생성 순서는 (가)의 A가 B보다 나중이다.

ㄷ. (나)의 단층 작용은 C가 퇴적되기 전에 일어났다.

① ㄱ　　　② ㄷ　　　③ ㄱ, ㄴ

④ ㄴ, ㄷ　　　⑤ ㄱ, ㄴ, ㄷ

[24030-0088]

08 그림은 우리나라 지질 계통의 일부를 나타낸 것이다.

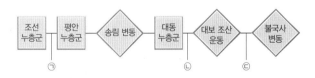

이에 대한 설명으로 옳은 것만을 〈보기〉에서 있는 대로 고른 것은?

●── 보 기 ●──

ㄱ. 회동리층은 ㉠ 시기에 형성되었다.

ㄴ. ㉡ 시기에는 퇴적 환경이 육상에서 해양으로 변하였다.

ㄷ. ㉢ 시기에 형성된 연일층군은 주로 동해안을 따라 작은 규모로 분포한다.

① ㄱ　　　② ㄴ　　　③ ㄱ, ㄷ

④ ㄴ, ㄷ　　　⑤ ㄱ, ㄴ, ㄷ

09 그림은 우리나라 어느 지질 시대의 암석 분포를 나타낸 것이다.

0   100 km

이에 대한 설명으로 옳은 것만을 〈보기〉에서 있는 대로 고른 것은?

• 보기 •

ㄱ. 지질 구조가 단순하고 다양한 화석이 산출된다.
ㄴ. 경기 육괴, 영남 육괴, 낭림 육괴에 널리 분포한다.
ㄷ. 암석의 종류별로는 화성암이 가장 많이 분포한다.

① ㄱ   ② ㄴ   ③ ㄱ, ㄷ
④ ㄴ, ㄷ   ⑤ ㄱ, ㄴ, ㄷ

10 그림은 우리나라 지질 계통의 일부를 분류하는 과정을 나타낸 것이다.

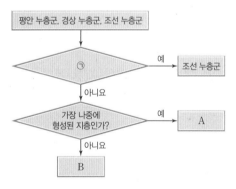

이에 대한 설명으로 옳은 것만을 〈보기〉에서 있는 대로 고른 것은?

• 보기 •

ㄱ. '모두 육성층인가?'는 ⊙에 해당할 수 있다.
ㄴ. A는 대보 조산 운동의 영향을 받았다.
ㄷ. B에서는 양치식물, 완족류 화석이 발견될 수 있다.

① ㄱ   ② ㄷ   ③ ㄱ, ㄴ
④ ㄴ, ㄷ   ⑤ ㄱ, ㄴ, ㄷ

11 그림은 백악기 초 한반도와 동북아시아의 모습을 나타낸 것이다.

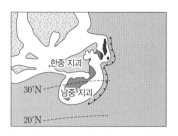

이에 대한 설명으로 옳은 것만을 〈보기〉에서 있는 대로 고른 것은?

• 보기 •

ㄱ. 이 시기 이후 한반도에서 형성된 지층은 모두 육성층이다.
ㄴ. 이 시기에 형성된 화강암은 북동-남서 방향으로 분포한다.
ㄷ. 백악기 후기에 형성된 화강암과 화산 퇴적물은 주로 경상 분지에 분포한다.

① ㄱ   ② ㄴ   ③ ㄱ, ㄷ
④ ㄴ, ㄷ   ⑤ ㄱ, ㄴ, ㄷ

12 그림 (가)와 (나)는 동해의 형성 과정을 순서 없이 나타낸 것이다.

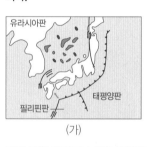 

(가)   (나)

이에 대한 설명으로 옳은 것만을 〈보기〉에서 있는 대로 고른 것은?

• 보기 •

ㄱ. 태평양판이 유라시아판 아래로 섭입하면서 동해가 형성되기 시작하였다.
ㄴ. 동해는 (가) → (나)의 순으로 형성되었다.
ㄷ. (가)와 (나)의 시기는 모두 중생대이다.

① ㄱ   ② ㄴ   ③ ㄱ, ㄷ
④ ㄴ, ㄷ   ⑤ ㄱ, ㄴ, ㄷ

[24030-0093]

13 그림은 서로 다른 변성 작용이 일어나는 환경 A와 B를 나타낸 것이다.

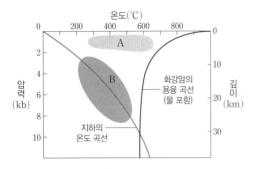

이에 대한 설명으로 옳은 것만을 〈보기〉에서 있는 대로 고른 것은?

● 보 기 ●

ㄱ. A의 환경에서 치밀하고 균질하게 짜여진 조직이 나타날 수 있다.

ㄴ. B의 환경에서 엽리가 발달할 수 있다.

ㄷ. A는 B보다 압력이 낮은 조건에서 우세하게 일어난다.

① ㄱ   ② ㄴ   ③ ㄱ, ㄷ

④ ㄴ, ㄷ   ⑤ ㄱ, ㄴ, ㄷ

[24030-0094]

14 그림 (가)와 (나)는 두 암석 박편을 편광 현미경으로 관찰하여 스케치한 것이다. 두 암석은 각각 변성암과 화성암 중 하나이다.

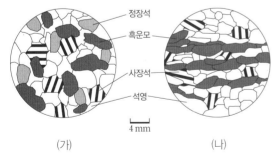

(가)   (나)

이에 대한 설명으로 옳은 것만을 〈보기〉에서 있는 대로 고른 것은?

● 보 기 ●

ㄱ. (가)는 화성암이다.

ㄴ. (나)는 엽리가 발달한다.

ㄷ. (나)는 접촉 변성 작용에 의해 형성되었다.

① ㄱ   ② ㄷ   ③ ㄱ, ㄴ

④ ㄴ, ㄷ   ⑤ ㄱ, ㄴ, ㄷ

[24030-0095]

15 그림은 원암과 변성 작용 A, B에 따라 생성되는 변성암의 종류를 나타낸 것이다.

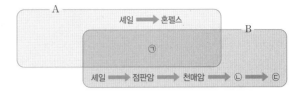

이에 대한 설명으로 옳은 것만을 〈보기〉에서 있는 대로 고른 것은?

● 보 기 ●

ㄱ. A에서는 광역 변성암이, B에서는 접촉 변성암이 생성된다.

ㄴ. ㉠에서 생성되는 변성암은 온도와 압력이 모두 낮은 환경일수록 잘 생성된다.

ㄷ. ㉡과 ㉢에는 엽리가 발달한다.

① ㄱ   ② ㄷ   ③ ㄱ, ㄴ

④ ㄴ, ㄷ   ⑤ ㄱ, ㄴ, ㄷ

[24030-0096]

16 그림은 어느 판의 경계 지역에서 지하 온도 분포를 나타낸 것이다.

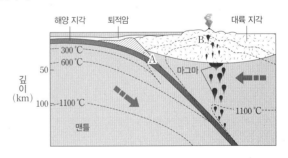

이에 대한 설명으로 옳은 것만을 〈보기〉에서 있는 대로 고른 것은?

● 보 기 ●

ㄱ. 이 지역은 판의 발산형 경계 부근이다.

ㄴ. A에서는 암석에 장력이 작용한다.

ㄷ. 광역 변성 작용은 B보다 A에서 활발하게 일어난다.

① ㄱ   ② ㄷ   ③ ㄱ, ㄴ

④ ㄴ, ㄷ   ⑤ ㄱ, ㄴ, ㄷ

[24030-0097]

지질 조사에서 지질도의 작성은 노선 지질도 → 지질도 → 지질 단면도 → 지질 주상도의 순으로 이루어진다.

01 그림 (가)~(라)는 서로 다른 네 종류의 지질도를 나타낸 것이다.

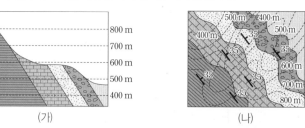

(가)

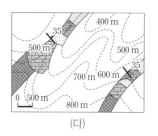

(다)

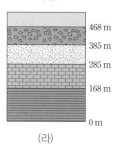

(나)

(라)

지질 조사에 따라 작성되는 순서를 옳게 나열한 것은?

① (가) → (나) → (다) → (라)
② (가) → (다) → (나) → (라)
③ (나) → (가) → (라) → (다)
④ (다) → (가) → (라) → (나)
⑤ (다) → (나) → (가) → (라)

[24030-0098]

이 지역에서 화강암을 제외한 모든 지층은 남서쪽으로 기울어져 있다.

02 그림은 어느 지역의 지질도를 나타낸 것이다.

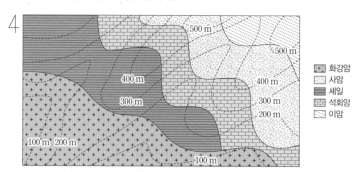

화강암
사암
셰일
석회암
이암

이에 대한 설명으로 옳은 것만을 〈보기〉에서 있는 대로 고른 것은?

● 보기 ●

ㄱ. 역단층이 나타난다.
ㄴ. 사암층의 경사 방향은 남서쪽이다.
ㄷ. 가장 먼저 퇴적된 지층은 셰일층이다.

① ㄱ   ② ㄴ   ③ ㄱ, ㄷ   ④ ㄴ, ㄷ   ⑤ ㄱ, ㄴ, ㄷ

03 그림은 인접한 세 지역의 지질 주상도를 나타낸 것이다. 세 지역에서 같은 종류의 암석은 생성 시기가 같다.

[24030-0099]

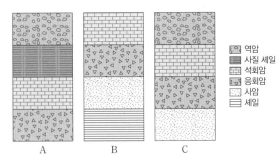

범례:
- 역암
- 사질 셰일
- 석회암
- 응회암
- 사암
- 셰일

A   B   C

이에 대한 설명으로 옳은 것만을 〈보기〉에서 있는 대로 고른 것은?

─● 보 기 ●─

ㄱ. 가장 새로운 지층은 A, B, C 지역에 모두 나타난다.

ㄴ. 사암층은 사질 셰일층보다 먼저 퇴적되었다.

ㄷ. C 지역에서는 과거에 퇴적이 중단된 적이 있다.

① ㄱ   ② ㄷ   ③ ㄱ, ㄴ   ④ ㄴ, ㄷ   ⑤ ㄱ, ㄴ, ㄷ

> 지질 주상도는 어떤 지역의 지층이 연직 방향으로 분포하는 상태 또는 겹쳐진 상태를 나타낸 그림이다.

04 그림은 어느 지역의 노선 지질도를 나타낸 것이다.

[24030-0100]

190 m
180 m
170 m
160 m
150 m

40
39
40
39
39
40

범례:
- 역암
- 사암
- 셰일

이에 대한 설명으로 옳은 것만을 〈보기〉에서 있는 대로 고른 것은?

─● 보 기 ●─

ㄱ. 셰일층의 주향은 EW이다.

ㄴ. 이 지역에는 향사 구조가 나타난다.

ㄷ. 역암층, 사암층, 셰일층 중 가장 나중에 형성된 지층은 역암층이다.

① ㄱ   ② ㄷ   ③ ㄱ, ㄴ   ④ ㄴ, ㄷ   ⑤ ㄱ, ㄴ, ㄷ

> 노선 지질도(route map)는 지질 조사를 할 때 도로나 골짜기 같은 노선을 따라 조사한 내용을 나타낸 것이다.

이 지역에서 지층의 주향은 동서 방향이고, 경사 방향은 남쪽이다.

[24030-0101]

05 그림은 어느 지역의 지질도를 나타낸 것이다.

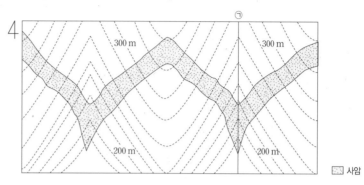

이에 대한 설명으로 옳은 것만을 〈보기〉에서 있는 대로 고른 것은?

┌─ 보기 ●────────────────────────────
ㄱ. 사암층의 주향은 NS이다.
ㄴ. 사암층의 경사 방향은 남쪽이다.
ㄷ. ㉠ 선을 따라 산등성이가 나타난다.
└──────────────────────────────────

① ㄱ   ② ㄴ   ③ ㄱ, ㄷ   ④ ㄴ, ㄷ   ⑤ ㄱ, ㄴ, ㄷ

단층은 지층 경계선이 끊어져 있고, 끊어진 선을 경계로 같은 지층이 반복된다.

[24030-0102]

06 그림은 어느 지역의 지질도를 나타낸 것이다.

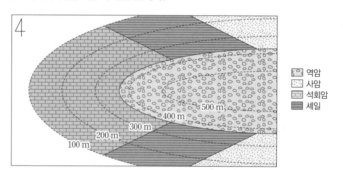

역암
사암
석회암
셰일

이에 대한 설명으로 옳은 것만을 〈보기〉에서 있는 대로 고른 것은?

┌─ 보기 ●────────────────────────────
ㄱ. 역암층의 주향과 경사를 기호로 나타내면 ──┼── 이다.
ㄴ. 사암층은 석회암층보다 먼저 생성되었다.
ㄷ. 이 지역에는 단층 구조가 나타난다.
└──────────────────────────────────

① ㄱ   ② ㄴ   ③ ㄱ, ㄷ   ④ ㄴ, ㄷ   ⑤ ㄱ, ㄴ, ㄷ

07 그림은 A, B, C 지역에서 산출되는 화석을 나타낸 것이다. A 지역의 지층은 석회암이다.

[24030–0103]

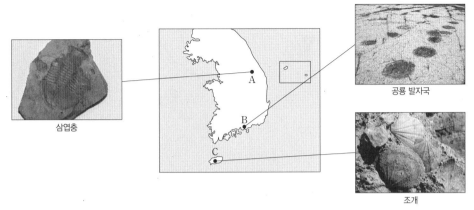

삼엽충

공룡 발자국

조개

삼엽충은 고생대 해성층에서, 공룡은 중생대 육성층에서 산출되는 표준 화석이다.

이에 대한 설명으로 옳은 것만을 〈보기〉에서 있는 대로 고른 것은?

> ● 보기 ●
> ㄱ. A에서는 시멘트 산업의 원료가 되는 암석이 산출된다.
> ㄴ. A, B, C의 지층은 모두 육지에서 형성되었다.
> ㄷ. 화석이 포함된 지층의 생성 순서는 A → B → C이다.

① ㄱ   ② ㄴ   ③ ㄱ, ㄷ   ④ ㄴ, ㄷ   ⑤ ㄱ, ㄴ, ㄷ

08 그림은 중생대 암석 및 지층의 분포를 나타낸 것이다.
이에 대한 설명으로 옳은 것만을 〈보기〉에서 있는 대로 고른 것은?

[24030–0104]

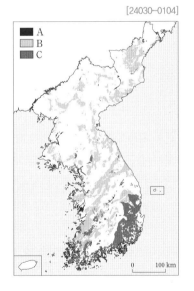

A
B
C

0   100 km

대동 누층군은 중생대 트라이아스기~쥐라기에, 경상 누층군은 중생대 백악기의 지층에 해당한다.

> ● 보기 ●
> ㄱ. A, B, C를 구성하는 암석은 모두 퇴적암이다.
> ㄴ. B는 북동−남서 방향으로 분포한다.
> ㄷ. A와 C는 하천 또는 호수 등에서 퇴적된 육성층이다.

① ㄱ   ② ㄷ   ③ ㄱ, ㄴ   ④ ㄴ, ㄷ   ⑤ ㄱ, ㄴ, ㄷ

조선 누층군과 평안 누층군은 고생대에, 연일층군과 제4계는 신생대에 형성되었다.

[24030-0105]

09 그림 (가)와 (나)는 우리나라의 서로 다른 지질 시대에 형성된 암석 분포를 나타낸 것이다.

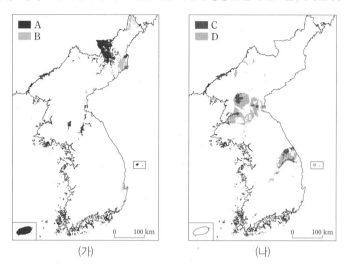

이에 대한 설명으로 옳은 것만을 〈보기〉에서 있는 대로 고른 것은?

┌─────── 보기 ───────
ㄱ. A에는 화산 활동의 영향을 받아 형성된 지층이 있다.
ㄴ. B에서는 식물 화석, 유공충 화석, 규화목이 산출된다.
ㄷ. D는 C보다 먼저 형성되었다.
└──────────────────

① ㄱ   ② ㄷ   ③ ㄱ, ㄴ   ④ ㄴ, ㄷ   ⑤ ㄱ, ㄴ, ㄷ

대동 누층군은 트라이아스기 후기~쥐라기 중기에, 평안 누층군은 석탄기~트라이아스기 전기에 형성되었다.

[24030-0106]

10 표는 우리나라의 서로 다른 지질 시대에 형성된 누층군의 특징을 나타낸 것이다. (가)와 (나)는 각각 대동 누층군과 평안 누층군 중 하나이다.

구분	(가)	(나)
지층	사암, 셰일, 역암, 석탄층	사암, 셰일, 석회암, 무연탄 등
화석	담수 연체동물, 민물고기, 소철류	양치식물, 완족류, 방추충, 산호

이에 대한 설명으로 옳은 것만을 〈보기〉에서 있는 대로 고른 것은?

┌─────── 보기 ───────
ㄱ. (가)는 해성층, (나)는 육성층이다.
ㄴ. (가)가 형성된 지질 시대는 (나)의 대부분이 형성된 지질 시대보다 조산 운동과 화성 활동이 활발했다.
ㄷ. 지층의 생성 순서는 (가) → (나)이다.
└──────────────────

① ㄱ   ② ㄴ   ③ ㄱ, ㄷ   ④ ㄴ, ㄷ   ⑤ ㄱ, ㄴ, ㄷ

11 그림은 우리나라의 지질 계통을 간략히 나타낸 것이다. [24030-0107]

지질 시대	고생대						중생대			신생대		
	캄 브 리 아 기	오 르 도 비 스 기	실 루 리 아 기	데 본 기	석 탄 기	페 름 기	트 라 이 아 스 기	쥐 라 기	백 악 기	팔 레 오 기	네 오 기	제 4 기
지질 계통	A		회 동 리 층			평 안 누 층 군	B		경 상 누 층 군	C		

■ 결층

이에 대한 설명으로 옳은 것만을 〈보기〉에서 있는 대로 고른 것은?

● 보기 ●
ㄱ. A에는 석회암층이 분포한다.
ㄴ. B와 C에는 모두 해성층이 분포한다.
ㄷ. C는 송림 변동의 영향으로 변형되었다.

① ㄱ   ② ㄷ   ③ ㄱ, ㄴ   ④ ㄴ, ㄷ   ⑤ ㄱ, ㄴ, ㄷ

중생대 트라이아스기에 있었던 송림 변동으로 트라이아스기와 고생대층이 복잡하게 변형되었다.

12 그림 (가)는 서로 다른 시기에 생성된 화성암 A, B, C의 분포를, (나)는 (가)의 어느 한 곳에서 발견되는 화산 쇄설암을 나타낸 것이다. [24030-0108]

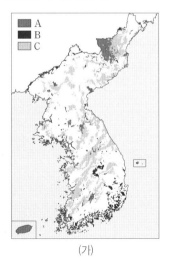

■ A
■ B
■ C

(가)

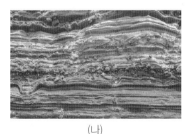

(나)

이에 대한 설명으로 옳은 것만을 〈보기〉에서 있는 대로 고른 것은?

● 보기 ●
ㄱ. 암석의 생성 순서는 C → B → A이다.
ㄴ. (나)는 (가)의 A가 분포하는 지역에서 발견된다.
ㄷ. B에 의해 경상 누층군이 교란되었다.

① ㄱ   ② ㄷ   ③ ㄱ, ㄴ   ④ ㄴ, ㄷ   ⑤ ㄱ, ㄴ, ㄷ

대보 조산 운동은 중생대 쥐라기 말에 일어났고, 불국사 변동은 중생대 백악기 말에 일어났다.

고생대에 동아시아 땅덩어리들은 남반구에 있었던 곤드와나 대륙의 북쪽에 속해 있었다.

[24030–0109]

13 그림 (가)와 (나)는 중생대의 서로 다른 시기에 한반도의 형성 과정을 나타낸 것이다.

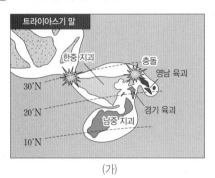
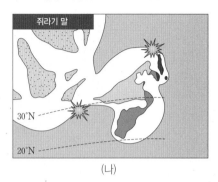

(가)　　　　　　　　　　　(나)

이에 대한 설명으로 옳은 것만을 〈보기〉에서 있는 대로 고른 것은?

─● 보기 ●─
ㄱ. 고생대에 한중 지괴와 남중 지괴는 (가)보다 저위도에 위치했다.
ㄴ. (가) 시기에 한중 지괴와 남중 지괴가 충돌하여 송림 변동이 일어났다.
ㄷ. (나) 시기에 한중 지괴와 남중 지괴가 합쳐지면서 일어난 화성 활동으로 대보 화강암이 형성되었다.

① ㄱ　　　　② ㄷ　　　　③ ㄱ, ㄴ　　　　④ ㄴ, ㄷ　　　　⑤ ㄱ, ㄴ, ㄷ

A에서는 판의 섭입에 의한 온도와 압력 상승으로, B에서는 마그마와의 접촉으로 변성 작용이 일어난다.

[24030–0110]

14 그림 (가)는 판의 경계 부근에서 변성 작용이 일어나는 서로 다른 위치 A, B를, (나)의 ㉠, ㉡은 혼펠스와 편마암을 순서 없이 나타낸 것이다.

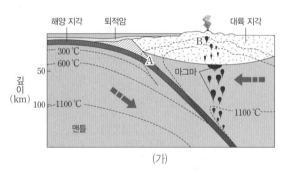

(가)　　　　　　　　　　　(나)

이에 대한 설명으로 옳은 것만을 〈보기〉에서 있는 대로 고른 것은?

─● 보기 ●─
ㄱ. A는 B보다 압력이 낮다.
ㄴ. B에서는 A에서보다 고온 저압형의 변성 작용이 일어난다.
ㄷ. A에서는 ㉡이, B에서는 ㉠이 잘 생성된다.

① ㄱ　　　　② ㄴ　　　　③ ㄱ, ㄷ　　　　④ ㄴ, ㄷ　　　　⑤ ㄱ, ㄴ, ㄷ

[24030-0111]

15 그림 (가)와 (나)는 편광 현미경으로 관찰한 석회암과 대리암을 순서 없이 나타낸 것이다.

(가)

(나)

석회암이 접촉 변성 작용을 받으면 입상 변정질 조직이 나타나는 대리암이 생성된다.

이에 대한 설명으로 옳은 것만을 〈보기〉에서 있는 대로 고른 것은?

● 보기 ●
ㄱ. (가)에는 입상 변정질 조직이 나타난다.
ㄴ. 화석은 (가)보다 (나)에서 잘 관찰된다.
ㄷ. (가)와 (나)의 주요 구성 광물은 방해석이다.

① ㄱ   ② ㄷ   ③ ㄱ, ㄴ   ④ ㄴ, ㄷ   ⑤ ㄱ, ㄴ, ㄷ

[24030-0112]

16 그림은 퇴적 작용, 변성 작용, 화성 작용이 일어나는 온도−압력 범위를 나타낸 것이다.

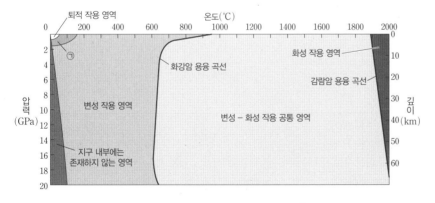

대부분 암석의 용융 조건은 화강암과 감람암의 용융 곡선 사이에 존재한다.

이에 대한 설명으로 옳은 것만을 〈보기〉에서 있는 대로 고른 것은?

● 보기 ●
ㄱ. ㉠은 마그마가 생성되는 영역이다.
ㄴ. 대륙 지각은 맨틀보다 구성 암석의 용융점이 낮다.
ㄷ. 변성 작용이 일어나는 최대 온도−압력 경계는 암석의 용융 곡선과의 경계이다.

① ㄱ   ② ㄴ   ③ ㄱ, ㄷ   ④ ㄴ, ㄷ   ⑤ ㄱ, ㄴ, ㄷ

Ⅱ 대기와 해양

2024학년도 대학수학능력시험 4번

4. 그림은 어느 지역에서 3일 동안 조석에 의한 해수면의 높이 변화를 나타낸 것이다.

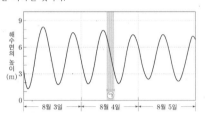

이 자료에 대한 설명으로 옳은 것만을 <보기>에서 있는 대로 고른 것은? [3점]

<보 기>
ㄱ. 8월 3일에 고조(만조) 때의 해수면 높이는 9m보다 높다.
ㄴ. 8월 4일의 ㉠ 시기에 썰물이 나타난다.
ㄷ. 8월 5일에 조차는 3m보다 작다.

① ㄱ   ② ㄴ   ③ ㄷ   ④ ㄱ, ㄴ   ⑤ ㄴ, ㄷ

2024학년도 EBS 수능완성 57쪽 10번

10   ▶23073-0109

그림은 서로 다른 지역 (가)와 (나)에서 관측한 조석 곡선을 나타낸 것이다.

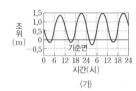 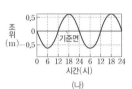

(가)   (나)

이에 대한 설명으로 옳은 것만을 <보기>에서 있는 대로 고른 것은? (단, 달에 의한 기조력 이외의 조석 변동 요인은 고려하지 않는다.)

보기
ㄱ. 위도는 (가)가 (나)보다 높다.
ㄴ. 조석 주기는 (가)가 (나)보다 길다.
ㄷ. 조차는 (가)가 (나)보다 크다.

① ㄱ   ② ㄷ   ③ ㄱ, ㄴ
④ ㄴ, ㄷ   ⑤ ㄱ, ㄴ, ㄷ

연계 분석 수능 4번 문제는 수능완성 57쪽 10번 문제와 연계하여 출제되었다. 수능 문제는 수능완성 문제의 자료에서 조석 주기 중 반일주조에 해당하는 (가) 그림을 실제 측정 자료로 대체하여 제시하면서 만조 때와 간조 때 해수면의 높이 차이인 조차에 관해 묻고 있다는 점에서 유사성을 보이고 있다. 하지만 수능 문제에서는 조석에 의해 나타나는 밀물·썰물과 같은 수평 방향의 해수 흐름을 묻고 있고, 수능완성 문제에서는 위도에 따른 조석 형태를 알고 있는지를 묻고 있다는 점에서 차이가 있다.

학습 대책 수능 문제에서는 EBS 문제에서 사용된 자료와 동일하게 연계되어 출제되는 경우도 있지만, 사용된 자료의 일부를 변형하여 출제하거나 조건을 조금 다르게 하여 출제되는 경우도 상당히 많다. 그러므로 수능특강과 수능완성 등 EBS 연계 교재를 학습할 때에는 단순히 제시된 관련 개념을 암기하거나 문제의 정답을 찾는 것에만 집중하지 말고, 관련 개념에 대한 정확한 이해를 바탕으로 제시된 자료를 분석하고 올바른 개념을 적용할 수 있도록 학습해야 한다.

2024학년도 대학수학능력시험 14번

14. 그림은 어느 지역의 고도에 따른 기온 분포를 단열선도에 나타낸 것이다. 지표에서 공기 덩어리 A가 30 ℃로 가열된 후 자발적으로 상승하여 고도 1km에서부터 구름이 생성되기 시작하였다.

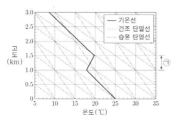

이 자료에 대한 설명으로 옳은 것만을 <보기>에서 있는 대로 고른 것은? (단, 이슬점 감률은 2 ℃/km이다.) [3점]

─────〈보 기〉─────
ㄱ. 지표에서 A의 이슬점은 20 ℃이다.
ㄴ. ⊙구간에서 대기 안정도는 절대 안정이다.
ㄷ. 생성된 구름의 두께는 500m보다 얇다.

① ㄱ   ② ㄴ   ③ ㄱ, ㄷ   ④ ㄴ, ㄷ   ⑤ ㄱ, ㄴ, ㄷ

2024학년도 EBS 수능완성 67쪽 4번

04 ▶23073-0132

그림은 어느 지역의 높이에 따른 기온 분포를 단열선도에 나타낸 것이다. 지표에 있는 공기 덩어리 A와 B의 기온은 각각 25 ℃, 27 ℃이며, 두 공기 덩어리의 이슬점은 21 ℃로 같다.

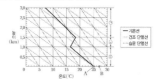

이에 대한 설명으로 옳은 것만을 〈보기〉에서 있는 대로 고른 것은? (단, 이슬점 감률은 2 ℃/km이다.)

〈보기〉
ㄱ. A의 상승 응결 고도는 0.5 km이다.
ㄴ. A와 B의 절대 습도는 같다.
ㄷ. ⊙, ⊙, ⊙ 기층의 안정도는 모두 조건부 불안정이다.

① ㄱ   ② ㄷ   ③ ㄱ, ㄴ   ④ ㄴ, ㄷ   ⑤ ㄱ, ㄴ, ㄷ

연계 분석 수능 14번 문제는 수능완성 67쪽 4번 문제와 연계하여 출제되었다. 수능 문제에 제시된 자료는 수능완성 문제의 자료를 조금 수정하여 기온 분포선과 단열 감률선을 직접 비교할 수 있도록 표시하였고, 역전층이 나타나는 기층에서의 대기 안정도를 묻고 있다는 점에서 연계성이 매우 높다고 볼 수 있다. 하지만 수능 문제에서는 상승 응결 고도를 문두에 제시하면서 형성되는 구름의 두께에 대해서 묻고 있고, 수능완성 문제에서는 문두에 지표의 두 공기 덩어리 A와 B의 이슬점을 제시하면서 상승 응결 고도에 대해서 묻고 있다는 점에서 차이가 있다.

학습 대책 수능 문제는 수능완성 문제와 거의 동일한 자료를 사용하였고, 묻고 있는 핵심 내용도 거의 비슷하다. 수능과 수능완성 문제에서 묻고 있는 핵심 내용은 상승 응결 고도를 구하는 식을 정확하게 이해하고 있는지이다. 또한 기온 분포선과 단열 감률선을 통해 기층의 대기 안정도를 해석할 수 있는지이다. 수능완성 문제를 학습하면서 상승 응결 고도와 기층의 대기 안정도에 대해서 정확하게 이해했다면 수능 문제도 어렵지 않게 해결할 수 있었을 것이다. 이와 같이 평소에 수능 연계 교재를 통해 기본 개념을 정확하게 이해하는 것이 수능에서 좋은 결과를 얻을 수 있는 방법이다.

1. 해수의 정역학 평형은 (　　)과 (　　)이 평형을 이룬 상태이다.

2. 해수면에 경사가 있으면 해수면 아래의 물에서는 수평 방향으로 (　　)이 생긴다.

3. 수평 수압 경도력은 수압이 (　　) 곳에서 (　　) 곳으로 작용한다.

4. 수평 수압 경도력의 크기는 두 지점 사이의 (　　)에 비례하고, 수평 (　　)에 반비례한다.

5. 수평 수압 경도력은 해수면의 경사가 클수록 (　　).

1 해수를 움직이는 힘

(1) 정역학 평형: 물속 한 지점에서 위쪽 방향으로 작용하는 연직 수압 경도력과 아래쪽 방향으로 작용하는 중력이 평형을 이루고 있는 상태이다. ➡ 연직 수압 경도력＝중력

① **연직 수압 경도력**: 해수의 깊이에 따른 수압 차 때문에 생기는 힘으로, 아래에서 위로 작용한다.

　➡ 단위 질량의 해수에 작용하는 연직 수압 경도력＝$-\dfrac{1}{\rho} \cdot \dfrac{\Delta P}{\Delta z}$

② **중력**: 해수를 지구가 당기는 힘으로, 위에서 아래로 작용한다. ➡ 단위 질량의 해수에 작용하는 중력＝g

③ **정역학 방정식**: 정역학 평형 상태의 연직 수압 경도력과 중력의 관계를 식으로 나타낸 것이다. ➡ $\Delta P = -\rho g \Delta z$
　➡ 수심이 10 m 깊어질 때마다 수압은 약 1기압씩 증가한다.

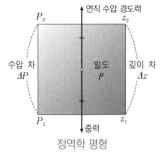

정역학 평형

(2) 수압: 물속의 한 점에서 받는 압력의 세기로, 모든 방향에서 같은 세기의 압력을 받는다.

① **크기**: $P = \rho g z$ (P: 수압, ρ: 해수의 밀도, g: 중력 가속도, z: 해수면에서부터의 깊이)

② **특징**: 해수의 밀도(ρ)가 일정하다고 가정하면 수압은 깊이에 비례한다.

(3) 해수에 작용하는 힘

① **수평 수압 경도력**: 해수의 수평 방향으로의 수압 차 때문에 생기는 힘이다.

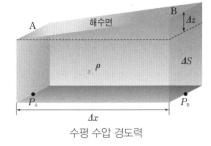

수평 수압 경도력

• 밀도가 일정한 해수에서 해수면이 경사져 있을 때 수평 거리 Δx만큼 떨어진 두 지점 A와 B의 해수면 아래 임의의 지점에서의 수압을 각각 P_A, P_B라 하면 두 지점 사이의 수압 차(ΔP)는 $\Delta P = P_B - P_A = \rho g \Delta z$이다.

이때 수압 차에 의해 작용하는 수압 경도력은 $\Delta P \times \Delta S$이고, 해수의 질량(m)은 $\rho \times \Delta x \times \Delta S$이다. 따라서 단위 질량에 작용하는 수압 경도력은 $\dfrac{1}{m} \times \Delta P \times \Delta S = \dfrac{\Delta P \times \Delta S}{\rho \times \Delta x \times \Delta S}$

$= \dfrac{1}{\rho} \times \dfrac{\Delta P}{\Delta x}$로 표현된다.

• $\Delta P = P_B - P_A = \rho g \Delta z$이므로 단위 질량에 작용하는 수압 경도력은 $\dfrac{1}{\rho} \times \dfrac{\rho \times g \times \Delta z}{\Delta x}$

$= g \cdot \dfrac{\Delta z}{\Delta x}$로 나타낼 수 있다.

➡ 단위 질량의 해수에 작용하는 수평 수압 경도력의 크기: $g \cdot \dfrac{\Delta z}{\Delta x}$

➡ 수평 수압 경도력의 크기는 해수면 경사$\left(\dfrac{\Delta z}{\Delta x}\right)$에 비례한다.

➡ 수평 수압 경도력은 수압이 높은 곳에서 낮은 곳으로 작용한다.

탐구자료 살펴보기 수압 차에 의한 물의 흐름

탐구 과정

1. 그림과 같이 U자관을 스탠드에 연결한 후, 가운데 콕을 잠근다.
2. 동일한 밀도의 물을 U자관의 왼쪽에는 많이 넣고, U자관의 오른쪽에는 조금 넣어 수면의 높이를 다르게 한 후 콕을 열고 물의 이동을 관찰한다.

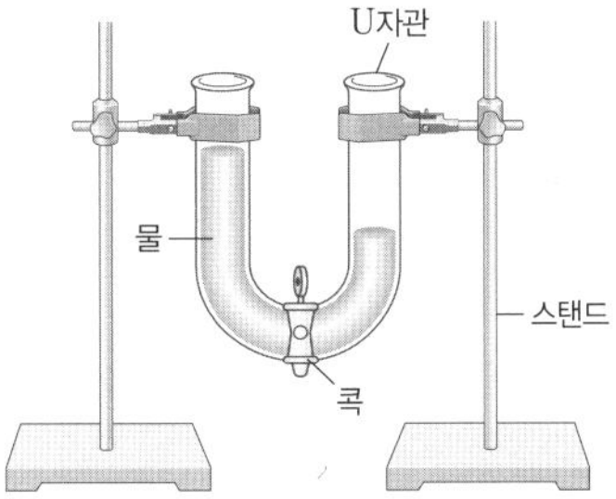

탐구 결과

물은 왼쪽에서 오른쪽으로 이동하며, 물의 높이는 U자관의 왼쪽에서는 낮아지고, U자관의 오른쪽에서는 높아져서 같은 높이가 된다.

분석 point

물이 많은 쪽의 수압이 적은 쪽의 수압보다 높기 때문에, 물은 수압이 높은 쪽에서 낮은 쪽으로 이동한다. ➡ 수면의 높이가 같아지면 수압도 같아져 더 이상 물이 이동하지 않는다.

② **전향력**: 지구 자전에 의해 나타나는 가상의 힘으로 지구상에서 운동하는 모든 물체에 작용한다.(단, 적도는 제외)

- 방향: 북반구에서는 물체 운동 방향의 오른쪽 직각 방향으로, 남반구에서는 물체 운동 방향의 왼쪽 직각 방향으로 작용한다.
- 크기: $C=2v\Omega\sin\varphi$ (C: 단위 질량의 해수에 작용하는 전향력, v: 해수의 속력, Ω: 지구 자전 각속도, φ: 위도)
  - ➡ 전향력은 해수의 속력이 빠를수록, 위도가 높을수록 크게 작용한다.
  - ➡ 정지한 해수, 그리고 적도(위도 0°)에서는 전향력이 작용하지 않는다.

과학 돋보기 전향력의 방향과 크기

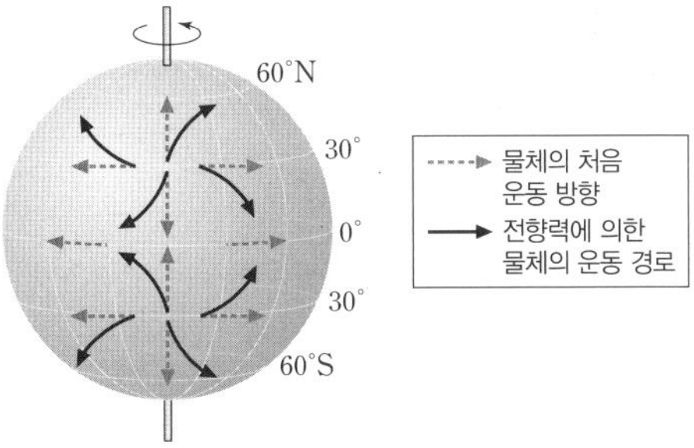

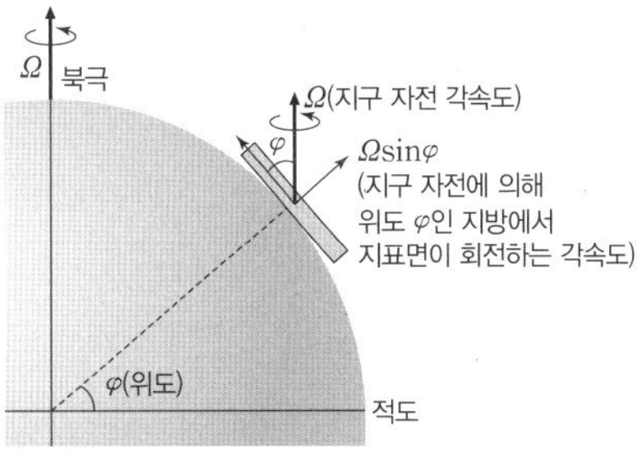

- 지구는 북극을 기준으로 시계 반대 방향으로 자전한다.
- 지구상의 각 지점에서 지구 자전 각속도는 같지만, 극에서 적도로 갈수록 회전 반경이 커지므로 지구 표면의 각 지점에서 자전 속도가 커진다.
- 북극에서 적도로 운동하는 물체는 목표 지점보다 오른쪽인 서쪽에 도착한다.
- 북반구에서 위도의 접선 방향으로 동쪽으로 운동하는 물체는 목표 지점보다 오른쪽인 남쪽에 도착한다.
- 전향력은 북반구에서는 물체 운동 방향의 오른쪽 직각 방향으로 작용한다.
- 전향력은 작은 규모에서는 무시할 만큼 작으며 태풍, 해류와 같이 운동 규모가 수백 km 이상일 때 나타난다.
- 전향력은 움직이는 물체에만 작용하는 힘이며, 운동 방향을 변화시킬 뿐 속력을 변화시키지는 못한다.

개념 체크

전향력: 지구 자전에 의해 발생하는 가상의 힘으로 움직이는 물체의 편향을 수학적으로 계산한 프랑스의 물리학자 코리올리(Coriolis, G. G., 1792~1843)의 이름을 붙여 코리올리의 힘이라고도 한다.

1. 전향력은 북반구에서는 물체 운동 방향의 (   ) 직각 방향으로, 남반구에서는 물체 운동 방향의 (   ) 직각 방향으로 작용한다.

2. 전향력의 크기는 운동 속력에 (   )하고, 고위도 지방으로 갈수록 (   ) 진다.

정답
1. 오른쪽, 왼쪽
2. 비례, 커

개념 체크

○ **에크만 수송**: 마찰층 내에서 평균적인 해수의 이동을 말하며, 북반구에서 바람 방향의 오른쪽 직각(90°) 방향으로 나타난다.

○ **마찰 저항 심도**: 에크만 나선에서 해수의 이동 방향이 표면 해수의 이동 방향과 전반대가 되는 깊이이다.

○ **에크만층 또는 마찰층**: 해수면에서 마찰 저항 심도까지의 구간으로, 에크만층이 나타나는 깊이는 바람이 강할수록, 전향력이 약할수록, 해수의 점성이 클수록 깊다.

1. 에크만 나선에서 해수의 이동 방향이 표면 해수의 이동 방향과 전반대가 되는 깊이를 (　　　)라고 한다.

2. 마찰층 내에서 평균적인 해수의 이동은 북반구의 경우 바람 방향의 (　　　)쪽 90° 방향으로 나타난다.

3. 지형류는 북반구에서 수압 경도력의 (　　　)쪽 90° 방향으로, 남반구에서 (　　　)쪽 90° 방향으로 흐른다.

② 에크만 수송과 지형류

(1) 에크만 수송: 마찰층 내에서 해수의 평균적인 이동은 북반구의 경우 바람 방향의 오른쪽 90° 방향으로 나타나는데, 이를 에크만 수송이라고 한다.

① **에크만 나선**: 해수면 위에서 바람이 일정하게 계속 불면 북반구에서 표면 해수는 전향력의 영향으로 바람 방향의 오른쪽으로 약 45° 편향되어 흐른다. 또한 수심이 깊어짐에 따라 해수의 흐름은 오른쪽으로 더 편향되고 유속이 느려져 해수의 이동 형태가 나선형을 이루는데 이를 에크만 나선이라고 한다.

② **마찰 저항 심도**: 해수의 이동 방향이 표면 해수의 이동 방향과 전반대가 되는 깊이를 마찰 저항 심도라고 한다. 마찰 저항 심도까지의 층을 마찰층 또는 에크만층이라고 한다.

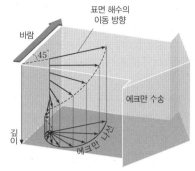

에크만 수송(북반구)

(2) 지형류: 수압 경도력과 전향력이 평형을 이루는 상태에서 흐르는 해류를 지형류라고 한다.

① **지형류의 발생 과정**

> 북반구의 해양에서 수압 경도력에 의해 수압이 낮아지는 방향으로 해수가 이동하면 전향력에 의해 해수가 오른쪽으로 편향된다.

⬇

> 수압 경도력에 의해 해수의 유속이 점차 빨라지고 전향력은 더욱 커지면서 운동 방향은 오른쪽으로 계속해서 편향된다.

⬇

> 빨라진 유속에 비례해 커진 전향력은 수압 경도력과 크기는 같고 방향이 정반대로 되어 두 힘은 평형을 이루게 되므로 지형류가 형성된다.

② **지형류의 방향과 유속**

지형류의 발생 과정(북반구)

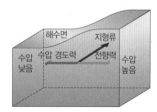

지형류(북반구)

• **지형류의 방향**: 북반구에서는 수압 경도력의 오른쪽 90° 방향으로, 남반구에서는 수압 경도력의 왼쪽 90° 방향으로 등수압선과 나란하게 흐른다.

• **지형류의 유속**(v): $v = \dfrac{1}{2\Omega\sin\varphi} \cdot g \cdot \dfrac{\Delta z}{\Delta x}$ (Ω: 지구 자전 각속도, φ: 위도, g: 중력 가속도, Δz: 해수면 높이 차, Δx: 수평 거리 차)

➡ 위도가 낮을수록, 해수면의 경사가 급할수록 빠르다.

정답
1. 마찰 저항 심도
2. 오른
3. 오른, 왼

탐구자료 살펴보기 수온의 연직 분포와 지형류(북반구)

자료 분석

- 해수의 연직 단면에서 등수온선이 경사지게 나타나는 것은 수평으로 해수의 밀도가 다르다는 것을 의미한다.
- 해저에서 관측되는 수압 차는 0에 가깝다. 밀도가 다른 해수가 평형을 이루기 위해서는 해수의 부피가 달라지게 된다.
- 밀도가 작은 쪽은 해수면 높이가 높아지고, 밀도가 큰 쪽은 해수면 높이가 낮아진다.
- 해수면 아래쪽에서는 수압 차가 생기게 되어 수압 경도력이 발생하고, 이로 인해 해수의 이동이 발생한다.
- 해수면의 경사가 동에서 서로 기울어졌을 때 북반구의 경우 지형류는 남에서 북(⊗)으로 흐르게 된다.

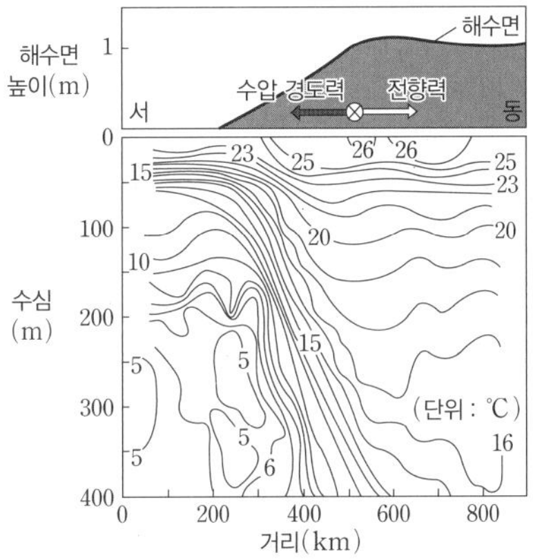

분석 point

수평 방향의 수온 차에 의해 밀도 차가 생기며 이로 인해 해수면의 경사가 생겨 지형류가 형성된다.

(3) 에크만 수송과 아열대 해양의 지형류(북반구): 무역풍과 편서풍에 의해 표층 해수에서 에크만 수송이 일어나고 이로 인해 형성된 해수면의 경사에 의해 지형류가 형성된다.

> 무역풍에 의한 표층 해수의 에크만 수송은 고위도 방향으로 일어나고, 편서풍에 의한 표층 해수의 에크만 수송은 저위도 방향으로 일어나므로 해수면의 높이는 아열대 해양에서 높아진다.

⬇

> 해수면의 높이 차에 의해 수압 경도력이 생기고, 이로 인해 해수가 이동하기 시작하면서 전향력이 작용하여 해수의 이동 방향이 점차 오른쪽으로 편향된다.

⬇

> 수압 경도력이 전향력과 평형을 이루게 되면 수압 경도력의 오른쪽 90° 방향으로 지형류가 지속적으로 흐르게 된다.

⬇

> 무역풍대에는 북적도 해류가 동쪽에서 서쪽으로 흐르고, 편서풍대에는 북태평양 해류(북대서양 해류)가 서쪽에서 동쪽으로 흐르면서 시계 방향의 순환을 형성한다.

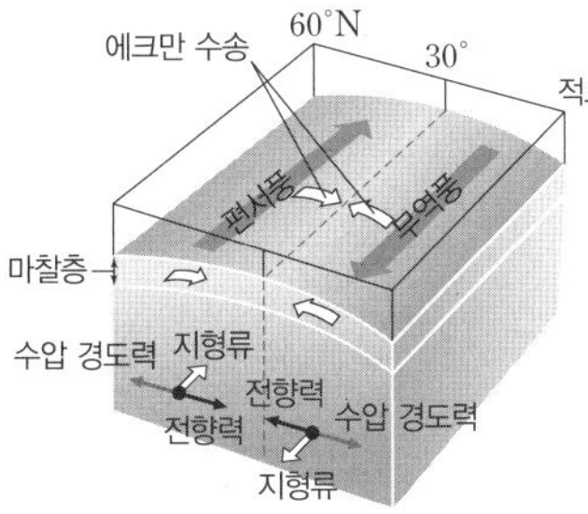

에크만 수송과 지형류(북반구)

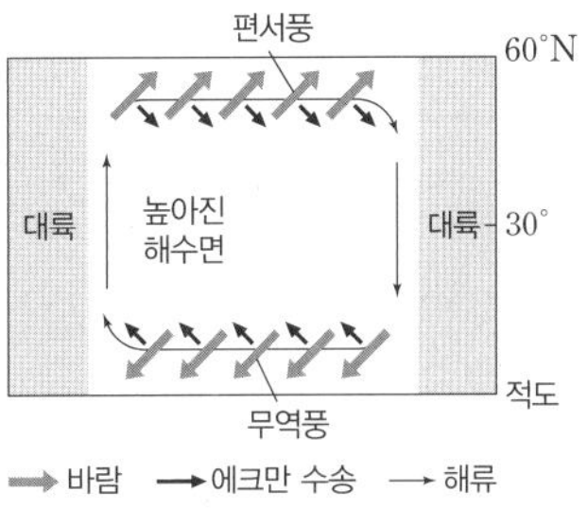

아열대 순환(북반구)

➡ 대양의 표층 해류는 대부분 지형류이기 때문에 해수면 높이가 같은 지역을 따라 흐른다.

➡ 해수면의 높이를 관측하면 지형류의 방향을 알 수 있다.

개념 체크

- **해수면의 경사**: 두 해수 간에 밀도 차(수온 차)가 생길 때나 바람에 의한 에크만 수송에 의해 발생할 수 있다. 실제 지형류를 유지시켜 주는 해수면의 경사는 $\frac{1}{100000}$ 정도로 매우 작다.
- **지형류의 유속**: 위도가 낮을수록 또는 해수면의 경사가 급할수록 빠르다.
- **지형류 평형**: 수압 경도력과 전향력이 평형을 이룬 상태이다.

1. 북반구에서 무역풍에 의한 표층 해수의 에크만 수송은 (　　) 방향으로 일어나고, 편서풍에 의한 표층 해수의 에크만 수송은 (　　) 방향으로 일어난다.

2. 수압 경도력과 전향력이 평형을 이루는 상태에서 흐르는 해류를 (　　)라고 한다.

3. 지형류의 유속은 해수면의 경사가 (　　)수록, 위도가 (　　)을수록 빠르다.

4. 무역풍대에서는 북적도 해류가 (　　)쪽에서 (　　)쪽으로 흐른다.

정답

1. 북쪽(북서쪽), 남쪽(남동쪽)
2. 지형류
3. 클, 낮
4. 동, 서

○ **아열대 해양의 에크만 수송과 지형류**: 무역풍과 편서풍에 의해 에크만 수송이 일어나고, 그 결과 생긴 해수면의 경사로 인해 지형류가 흐른다.

○ **서안 강화 현상**: 순환의 중심이 서쪽으로 치우치면서 서쪽 해수면의 경사가 급해지고 서쪽 연안을 따라 흐르는 해류가 강해지는 현상이다.

1. 평균적인 해수면의 높이는 아열대 해양이 적도 해양보다 (　　)다.

2. 아열대 순환에서 순환의 중심부가 서쪽으로 치우쳐 있는 현상을 (　　) 현상이라고 한다.

🧪 **탐구자료 살펴보기** ▶ **지형류 방향 알아보기**

탐구 자료

그림은 인공위성 자료로부터 구한 해수면 높이 자료이다.

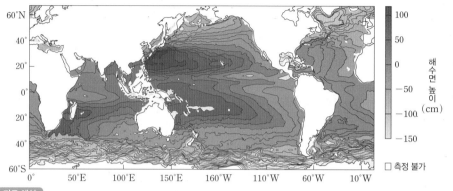

자료 해석

• 태평양은 남반구와 북반구 모두 해양의 서쪽이 동쪽보다 해수면 높이가 대체로 높다.
• 수압 경도력은 북태평양의 서부에서는 서쪽으로, 동부에서는 동쪽으로 작용한다.
• 지형류는 북태평양의 서쪽에서는 북쪽으로, 동쪽에서는 남쪽으로 흐른다.

분석 point

대양의 표층 해류는 대부분 지형류이기 때문에 해수면의 높이가 같은 지역을 따라 흐른다.

---

(4) 서안 경계류와 동안 경계류

① **서안 강화 현상**: 고위도로 갈수록 전향력이 커지기 때문에 순환을 이루는 해류 중 대양의 서쪽 연안을 따라 흐르는 해류가 강한 흐름으로 나타나는 현상이다.

> 해수에 작용하는 전향력의 크기는 고위도로 갈수록 커진다.

⬇

> 북반구의 경우 서안 경계에서 북진하는 해수의 이동은 시계 방향의 순환을 강하게 만들고, 동안 경계에서 남진하는 해수의 이동은 시계 방향의 순환을 약하게 만든다.

⬇

> 표층 해수의 순환 중심이 서쪽으로 치우치게 된다.

⬇

> 표층 해수의 순환 중심이 서쪽으로 치우치면 서쪽 해수면의 경사가 급해지면서 서쪽 연안을 따라 흐르는 해류가 강해진다.

⬇

> 서안 경계류는 유속이 빠르고 폭이 좁고 깊은 해류가 되고, 동안 경계류는 유속이 느리고 폭이 넓고 얕은 해류가 된다.

② **서안 경계류와 동안 경계류**
• **서안 경계류**: 대양의 서쪽 연안을 따라 좁고 빠르게 흐르는 해류이다.
• **동안 경계류**: 대양의 동쪽 연안을 따라 비교적 넓고 느리게 흐르는 해류이다.

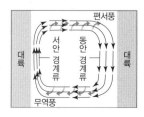

구분	폭	깊이	속도	해수의 수송량	예
서안 경계류	좁다	깊다	빠르다	많다	쿠로시오 해류, 멕시코 만류
동안 경계류	넓다	얕다	느리다	적다	캘리포니아 해류, 카나리아 해류

과학 돋보기 스토멜의 서안 강화 현상(북반구)

1948년 스토멜(Stommel, H. M., 1920~1992)은 북반구의 바다를 직사각형으로 단순화시키고, 고위도에는 편서풍이, 저위도에는 무역풍이 분다고 가정하고 해수의 운동을 연구하였다.

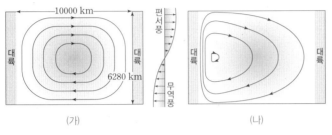

(가)　　　　　　　　　(나)

- (가)는 지구가 자전하지 않거나 전향력이 위도에 따라 변하지 않고 일정한 경우로 해류의 순환은 순환 중심에 대하여 대칭적으로 나타났다.
- (나)는 적도 지역에서 고위도로 갈수록 회전 속도를 빠르게 한 경우(전향력의 크기가 편서풍 지역이 무역풍 지역보다 큰 경우)로 해류의 순환 중심이 서쪽으로 치우쳐 나타났다.
- 이러한 현상은 전향력의 크기가 고위도로 갈수록 커지므로 아열대 해양에서 순환의 중심이 서쪽으로 치우치고, 수압 경도력이 해양의 동쪽보다 서쪽에서 더 크기 때문에 나타난다.
- 이처럼 해양의 서쪽에서 해류가 더 강하게 흐르는 현상을 서안 강화 현상이라고 한다.

③ 세계 주요 해류

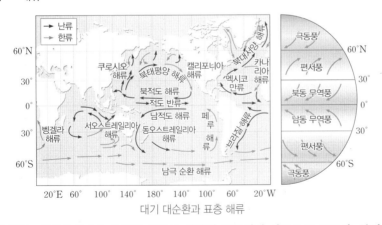

대기 대순환과 표층 해류

- **적도 해류**: 무역풍대에서 형성된 해류로 해양의 동쪽에서 서쪽으로 흐르며, 북적도 해류와 남적도 해류가 있다.
- **북태평양 해류, 북대서양 해류, 남극 순환 해류**: 편서풍에 의해 형성된 해류로 해양의 서쪽에서 동쪽으로 흐른다.
- **적도 반류**: 적도 무풍대를 따라 서쪽에서 동쪽으로 흐르는 해류이다.
- 아열대 순환을 구성하는 서안 경계류는 난류이며, 표층 해류의 염분이 높다.
- 아열대 순환을 구성하는 동안 경계류는 한류이며, 표층 해류의 염분이 낮다.

1. 해파에서 수면이 가장 높은 곳을 (　　), 가장 낮은 곳을 (　　)이라고 한다.

2. 해파에서 골에서 마루까지의 높이를 (　　)라고 한다.

3. 해파에서 마루(골)와 마루(골) 사이의 수평 거리를 (　　)이라고 한다.

4. 해파의 파장과 주기를 알면 전파 (　　)를 구할 수 있다.

3 해파

(1) 해파의 발생: 주로 해수면 위에서 부는 바람에 의해 발생하며, 해저 지진 등에 의해서도 발생한다.

(2) 해파의 요소

① **마루와 골**: 해파에서 수면이 가장 높은 곳을 마루, 가장 낮은 곳을 골이라고 한다.
② **파장**: 마루(골)와 마루(골) 사이의 수평 거리이다.
③ **파고**: 골에서 마루까지의 높이이다.
④ **주기**: 수면 위의 어떤 지점을 마루(골)가 지나간 후 다음 마루(골)가 지나갈 때까지 걸린 시간이다.
⑤ **전파 속도**: 해파의 파장과 주기를 알면 전파 속도를 구할 수 있다. ➡ 전파 속도 $= \dfrac{\text{파장}}{\text{주기}}$

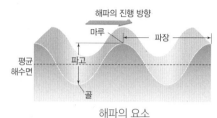

해파의 요소

(3) 해파와 물 입자의 운동: 바다에서 해파가 발생하여 진행될 때 파의 에너지는 파의 진행 방향을 따라 전달되지만 물 입자는 특정 지점을 중심으로 궤도 운동을 할 뿐 파를 따라 이동하지 않는다.

해파의 진행과 물 입자의 운동

🧪 **탐구자료 살펴보기** ▶ **천해파의 발생 실험**

탐구 과정

1. 그림과 같이 수조 모퉁이에 경사면을 두고, 수조에 경사면이 잠길 만큼 물을 채운다.
2. 해파 발생판을 이동시켜 파를 발생시킨다.
3. P, Q, R에 파가 도달하는 평균 시간과 파의 높이를 측정한다.

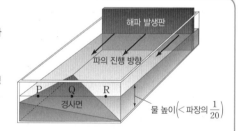

탐구 결과

지점	파의 도달 시간(초)				파의 높이(cm)			
	1회	2회	3회	평균	1회	2회	3회	평균
P	1.21	1.22	1.21	1.21	2.53	2.54	2.54	2.54
Q	1.18	1.19	1.18	1.18	2.33	2.32	2.32	2.32
R	1.03	1.02	1.02	1.02	2.01	2.01	2.01	2.01

분석 point

천해파가 진행하는 동안 수심이 얕아지면 파의 속도는 느려지고, 파의 높이는 상승한다.

(4) 해파의 모양에 따른 분류

① **풍랑**: 바람에 의해 직접 발생한 해파이며, 마루가 삼각형 모양으로 뾰족하고 파장과 주기가 짧다.

② **너울**: 풍랑이 발생지를 벗어나 멀리 전파되어 온 해파이다. 마루가 둥글고 파고는 낮으며 파장과 주기가 길다.

③ **연안 쇄파**: 너울이 해안에 접근하면 수심이 감소함에 따라 해저와의 마찰로 파의 속도가 느려지고 파장이 짧아지며 파고가 높아져서 파의 봉우리가 해안 쪽으로 넘어지면서 부서지는 해파이다.

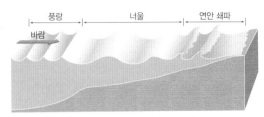

해안으로 접근하는 해파의 변화

구분	풍랑	너울
생성 원인	바람	풍랑에 의한 전달
마루의 형태	뾰족하다	둥글다
주기	짧다	길다
파장	수~수십 m	수십~수백 m

(5) 해파의 작용

① **해파의 굴절**: 천해파가 해안에 접근할 때 만보다 곶 부분의 수심이 먼저 얕아지므로 해파의 속도는 만 부분에서 빠르고 곶 부분에서 느려져서 해파의 굴절이 일어난다.

② **침식 작용**: 곶에서는 해파의 에너지가 집중되므로 침식 작용이 우세하게 일어난다.

③ **퇴적 작용**: 만에서는 해파의 에너지가 분산되므로 퇴적 작용이 우세하게 일어난다.

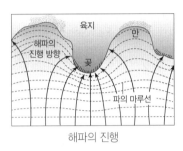

해파의 진행

🔍 **과학 돋보기** **해파의 굴절**

(가) 해안선이 거의 직선인 경우   (나) 해안선이 불규칙한 경우

1. 먼 바다에서는 해파가 원래의 마루선을 유지한 채 전파된다.
2. 해안에 먼저 도착한 해파는 얕은 수심으로 인해 속도가 느려지지만 수심이 깊은 쪽은 원래의 속도를 유지한 채 해안으로 접근한다.
3. 그 결과 파의 마루선이 굴절되거나 휘어져서 해안가에 도달했을 때는 거의 해안선에 나란하게 된다.
4. 해안선이 불규칙한 경우 곶에서는 해파의 에너지가 집중되어 침식 작용이 우세하게 일어나고, 만에서는 해파의 에너지가 분산되어 퇴적 작용이 우세하게 일어난다.

(6) 심해파와 천해파

① **심해파(표면파)**: 수심이 파장의 $\frac{1}{2}$보다 깊은 해역에서 진행하는 해파이다.

  • 해저의 마찰을 받지 않으므로 물 입자는 원운동을 하며, 원의 크기는 수심이 깊어짐에 따라 급격히 작아진다.
  • 파의 속도(v)는 파장(L)이 길수록 빠르다. ➡ $v = \sqrt{\dfrac{gL}{2\pi}}$ (g: 중력 가속도)

개념 체크

◐ **해파의 굴절**: 천해파가 해안에 접근할 때 만보다 곶 부분부터 수심이 먼저 얕아지므로 해파의 속도가 만보다 곶 부분에서 느려져서 해파의 굴절이 일어난다.
◐ **심해파의 속도**: 심해파의 속도는 파장이 길수록 빠르다.
◐ **천해파의 속도**: 천해파의 속도는 수심이 깊을수록 빠르다.

1. 너울이 수심이 얕은 해안에 접근하면 파의 전파 속도는 (   )지고, 파장은 (   )지며, 파고는 (   )진다.

2. 만에서는 해파의 에너지가 분산되므로 (   ) 작용이 우세하게 일어난다.

3. 심해파에서 물 입자는 (   )운동을 하며, 원의 크기는 수심이 깊어짐에 따라 급격히 (   )진다.

정답

1. 느려, 짧아, 높아
2. 퇴적
3. 원, 작아

1. 천해파의 전파 속도는 수심이 (   )수록 빠르다.

2. 천해파는 수심이 파장의 $\frac{1}{20}$보다 (   ) 해역에서 진행하는 해파이다.

3. 천해파에서 물 입자는 (   ) 운동을 하며 수심이 깊어질수록 타원의 짧은반지름은 (   ).

4. (   )은 해수면이 비정상적으로 상승하면서 거대한 파도가 밀려오는 현상이다.

② 천해파(장파): 수심이 파장의 $\frac{1}{20}$보다 얕은 해역에서 진행하는 해파이다.

• 바닥이 물 입자의 운동을 방해하여 물 입자는 타원 운동을 하며, 수심이 깊어질수록 타원의 모양이 더욱 납작해지고 해수면 가까이에서는 수평으로 왕복 운동을 한다.

• 파의 속도(v)는 수심(h)이 깊을수록 빠르다. ➡ $v = \sqrt{gh}$

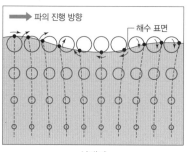

심해파

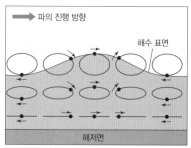

천해파(연직 방향의 축척은 과장됨)

과학 돋보기 심해파의 파속－파장－주기와의 관계

• 파속은 $\frac{파장}{주기}$이다.

• 심해파의 속도는 파장이 길수록 빠르다.

• 실제 해양에서 파장은 관측하기 어렵지만, 주기는 정지해 있는 배의 뱃전을 지나는 파의 통과 시간을 측정하면 구할 수 있다.

• 심해파에서 주기를 측정하면 오른쪽 그래프에서 파속과 파장을 구할 수 있다. 예를 들면, 주기가 8초인 심해파는 파장이 100 m, 파속이 12.5 m/s이다.

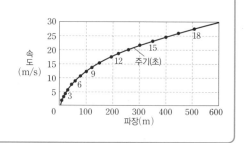

4 해일

해저 지진이나 폭풍 등에 의해 해수면이 비정상적으로 상승하면서 거대한 파도가 밀려오는 현상이다.

(1) **폭풍 해일**: 태풍이 접근할 때 낮은 중심 기압과 강한 바람에 의한 해수의 축적으로 해수면이 크게 상승한다. 이때 발생한 해파가 연안으로 오면서 파고가 매우 높아져 피해를 입힌다. 폭풍 해일은 태풍이 접근할 때 만조 시각과 겹치게 되면 더 큰 피해를 준다. 기압이 1 hPa 낮아지면

폭풍 해일의 발생 모습

해수면 높이는 약 1 cm 상승한다. 따라서 중심 기압이 963 hPa인 태풍에 의해서 해수면은 약 0.5 m 상승한다.

탐구자료 살펴보기 ▶ 태풍 통과 시 폭풍 해일이 발생했을 때의 해수면 높이와 파고

탐구 자료

그림 (가)는 2016년 어느 태풍 통과 시 A, B 지역에 폭풍 해일이 발생했을 때의 해수면 높이를, (나)는 A 지역의 해일 높이를 나타낸 것이다.

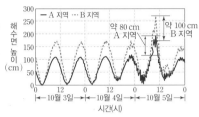

(가) A, B 지역의 해수면 높이

(나) A 지역의 해일 높이

자료 해석

- A, B 지역에서 만조 시기와 겹쳐서 각각 약 80 cm, 100 cm의 추가적인 해수면 높이 상승이 발생하였다.
- 태풍 통과 시 A 지역에서 최대 6.3 m의 해일 높이가 관측되었다.
- 높아진 해수면 높이에 의해 높은 파도가 에너지를 유지한 채 육지로 넘쳐 들어와 막대한 피해를 준다.
- 폭풍 해일은 발생 당시의 기압, 만조 시기, 해안 및 해저 지형에 따라 피해가 달라진다.

분석 point

폭풍 해일은 만조 시기와 겹쳐지면 피해가 더 커진다.

(2) **지진 해일(쓰나미):** 해저에서 발생한 화산 폭발, 단층 작용에 의한 지진 등의 갑작스런 지각 변동에 의해 지반의 상하 이동이 일어나는 경우에 발생한 해파가 연안으로 오면서 파고가 매우 높아져 피해를 입힌다. 지진 해일은 수심에 비해 파장이 매우 길어서 천해파의 특성을 가진다.

지진 해일의 전파 모습

과학 돋보기 ▶ 지진 해일(쓰나미)의 전파와 파고

그림 (가)와 (나)는 2004년 인도양에서 발생한 쓰나미의 전파 경로와 파고를 나타낸 것이다.

- 지진 해일은 발생할 때 최대 750 km/h의 빠른 속도와 약 200 km의 파장을 가지는 천해파이다.
- 지진 해일은 천해파이므로 깊은 바다에서는 속도가 빠르고, 수심이 얕아질수록 점점 느려진다.

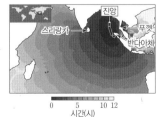

(가) 쓰나미 도착 시간

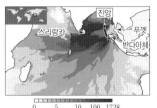

(나) 파고

개념 체크

○ **폭풍 해일:** 만조 시기와 겹쳐지면 피해가 더 커진다.
○ **지진 해일:** 수심에 비해 파장이 매우 길어서 천해파의 특성을 가진다.

1. 폭풍 해일은 기압, ( ) 시기, 해안 및 해저 지형 등에 따라 피해가 달라진다.

2. 태풍이 접근할 때 낮은 중심 ( )과 강한 ( )에 의한 해수의 퇴적으로 해수면이 크게 상승한다.

3. 지진 해일은 해저에서 발생한 화산 폭발, 단층 작용에 의한 ( ) 등에 의해 발생할 수 있다.

4. 지진 해일은 해안에 가까워지는 동안 파장이 ( )지고 파고가 ( )진다.

정답

1. 만조
2. 기압, 바람
3. 지진
4. 짧아, 높아

개념 체크

○ **조석**: 바닷물이 주기적으로 상승·하강하는 운동
○ **조류**: 조석에 의해 나타나는 밀물·썰물과 같은 수평 방향의 해수 흐름

1. 조석의 한 주기 중 해수면이 가장 높은 때를 (   )라고 한다.

2. 기조력은 지구가 천체와의 공통 질량 중심을 회전할 때 생기는 (   )과 지구와 천체 간에 작용하는 (   )의 합력이다.

3. 조석 주기는 만조에서 다음 (   )가 될 때까지의 시간이다.

4. 달의 공전 주기는 약 27.3일이므로 12시간에 약 (   )°만큼 지구 주위를 공전한다.

5. 지구가 약 6.5°만큼 자전하는 데 걸리는 시간은 약 (   )분이다.

5 조석

(1) 조석과 조류

① **조석**: 바닷물이 태양과 달의 인력에 의해 주기적으로 상승·하강하는 운동이다.

② **조류**: 만조와 간조 사이에 나타나는 밀물·썰물과 같은 수평 방향의 해수 흐름이다.

(2) 만조와 간조: 조석의 한 주기 중 해수면이 가장 높은 때를 만조(고조), 가장 낮은 때를 간조(저조)라고 하며, 만조 때와 간조 때 해수면의 높이 차를 조차(조석 간만의 차)라고 한다.

(3) 기조력: 조석을 일으키는 힘이다.

① **원인**: 기조력은 지구가 천체와의 공통 질량 중심을 회전함에 따라 지구상의 각 지점에서 생기는 원심력과 지구의 각 지점과 천체 간에 작용하는 만유인력의 합력이다.

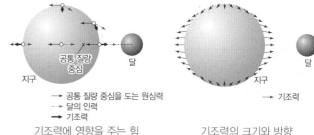

기조력에 영향을 주는 힘   기조력의 크기와 방향

② **기조력(F)의 크기**: 천체의 질량(M)에 비례하고, 천체까지의 거리(r)의 세제곱에 반비례한다.

→ $F \propto \dfrac{M}{r^3}$

③ **달과 태양에 의한 기조력**: 태양의 질량은 달의 질량에 비해 훨씬 크지만 태양은 달에 비해 지구로부터의 거리가 훨씬 멀다. 따라서 달에 의한 기조력이 태양보다 약 2배 크다.

④ **달에 의한 기조력의 방향**: 달을 향한 쪽에서는 만유인력이 원심력보다 커서 기조력이 달 쪽으로 작용하지만 반대쪽에서는 원심력이 만유인력보다 커서 기조력이 달의 반대쪽으로 작용한다.

(4) 조석 주기: 만조(간조)에서 다음 만조(간조)까지의 시간으로 약 12시간 25분(반일주조의 경우)이다.

① 달의 공전 주기는 약 27.3일이므로 12시간에 약 6.5°만큼 지구 주위를 공전한다.

🧪 탐구자료 살펴보기 ▷ 조석 주기

자료 해석

1. 해수면의 높이 변화는 지구, 달, 태양의 상대적인 위치에 따라 주기적으로 나타난다.

2. 해수면의 높이 변화가 가장 크게 나타나는 시기는 태양, 지구, 달이 일직선을 이루고 있는 삭이나 망일 때이다.

3. 해수면의 높이 변화가 가장 작게 나타나는 시기는 달과 태양이 수직으로 위치하는 상현이나 하현일 때이다.

4. 하루에 만조와 간조가 각각 약 2회씩 일어나며 조석 주기는 약 12시간 25분이다.

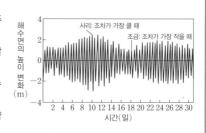

분석 point

만조 때와 간조 때 해수면의 높이 차(조차)는 사리일 때 최대이고, 조금일 때 최소이다.

정답

1. 만조
2. 원심력, 만유인력
3. 만조
4. 6.5
5. 25

② 달이 A″에 있을 때 지표상의 A와 A′ 지점은 만조이다. 따라서 A 지점이 12시간 자전하여 A′로 오면 다시 만조가 되어야 하지만 달은 12시간 동안 약 6.5°만큼 공전하여 B″의 위치에 오게 된다. 따라서 A 지점은 A′를 지나 약 6.5° 더 자전한 B 지점에 위치하여야 다시 만조가 된다.

③ 지구가 약 6.5° 자전하는 데 걸리는 시간은 약 25분이므로 반일주조의 경우 조석 주기는 약 12시간 25분이 된다.

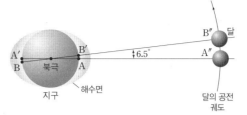

달의 공전과 조석 주기

(5) 사리와 조금

① **사리(대조):** 달의 위상이 삭이나 망일 때로 달과 태양이 평행하게 위치하여 두 천체의 기조력이 합쳐져서 조차가 최대로 되는 시기이다.

② **조금(소조):** 달의 위상이 상현이나 하현일 때로 달과 태양이 수직으로 위치하여 두 천체의 기조력이 분산되어 조차가 최소로 되는 시기이다.

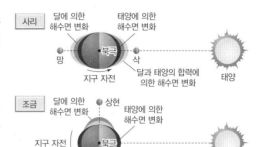

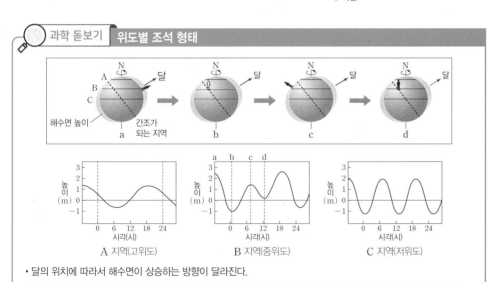

A 지역(고위도) B 지역(중위도) C 지역(저위도)

과학 돋보기 ─ 위도별 조석 형태

- 달의 위치에 따라서 해수면이 상승하는 방향이 달라진다.
- 백도(달의 공전 궤도)가 지구의 적도와 23.5°±5° 기울어져 있기 때문에 위도에 따라서 조석의 형태가 달라진다.
- A 지역: 하루에 만조와 간조가 한 번씩 일어나 조석 주기가 약 24시간 50분이다. ➡ 일주조
- B 지역: 하루에 만조와 간조가 약 두 번씩 일어나고 연속되는 두 만조나 간조 사이의 수위와 시간 간격이 다르다.
  ➡ 혼합조
  ─ a 시기: 관측자가 더 크게 부풀어 오른 해수면 방향에 있으므로 해수면의 높이는 가장 높은 만조이다.
  ─ b 시기: 관측자가 지구 뒤쪽 간조가 되는 지역에 위치하므로 해수면의 높이는 간조이다.
  ─ c 시기: 관측자가 약간 부풀어 오른 해수면 방향에 있으므로 해수면의 높이는 앞선 만조보다 덜 높은 만조이다.
  ─ d 시기: 관측자가 지구 앞쪽에 위치하므로 해수면의 높이는 간조이다.
- C 지역: 하루에 만조와 간조가 약 두 번씩 일어나고 조차가 비슷하며, 조석 주기가 약 12시간 25분이다. ➡ 반일주조

개념 체크

◐ **사리(대조):** 달의 위상이 삭이나 망일 때로 조차가 최대가 되는 시기

◐ **조금(소조):** 달의 위상이 상현이나 하현일 때로 조차가 최소가 되는 시기

1. 하루에 만조와 간조가 약 한 번씩 일어나는 경우는 (   )이다.

2. 반일주조의 경우 조석 주기는 약 (   )시간 (   )분이다.

3. 사리일 때 달의 위상은 (   ) 또는 (   )이다.

4. 위도별 조석의 형태가 다른 이유는 백도가 지구의 (   )와 23.5°±5° 기울어져 있기 때문이다.

정답

1. 일주조
2. 12, 25
3. 삭(망), 망(삭)
4. 적도

01

[24030–0113]

다음은 수압을 확인하기 위한 실험이다.

[실험 과정]

(가) 페트병의 A와 B 지점에 구멍을 뚫고 마개로 막아 놓는다.

(나) A의 마개를 열고 물이 떨어진 위치까지의 길이(L)를 측정한다.

(다) 페트병에 처음 높이까지 물을 채우고 B의 마개를 열고 물이 떨어진 위치까지의 길이(L')를 측정한다.

이에 대한 설명으로 옳은 것만을 〈보기〉에서 있는 대로 고른 것은?

• 보기 •

ㄱ. B에서의 수압은 A에서의 수압보다 2배 크다.

ㄴ. $L=L'$이다.

ㄷ. 소금물을 넣고 실험하면 물을 넣었을 때보다 L이 더 크게 측정될 것이다.

① ㄱ ② ㄴ ③ ㄱ, ㄷ ④ ㄴ, ㄷ ⑤ ㄱ, ㄴ, ㄷ

02

[24030–0114]

그림은 서로 다른 해역 (가)와 (나)의 깊이 z_1, z_2에서 측정한 수압을 나타낸 것이다. (가)와 (나)에서 z_1과 z_2 사이의 간격과 중력 가속도는 같고, 해수의 밀도는 각각 일정하며, 해수의 연직 방향 운동은 없다.

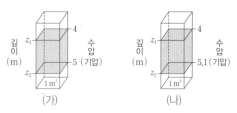

이에 대한 설명으로 옳은 것만을 〈보기〉에서 있는 대로 고른 것은?

• 보기 •

ㄱ. (가)와 (나)는 정역학 평형 상태이다.

ㄴ. 깊이 $z_1 \sim z_2$의 해수 덩어리에 작용하는 중력은 (가)가 (나)보다 작다.

ㄷ. 해수의 밀도는 (가)가 (나)보다 크다.

① ㄱ ② ㄷ ③ ㄱ, ㄴ ④ ㄴ, ㄷ ⑤ ㄱ, ㄴ, ㄷ

03

[24030–0115]

그림 (가)와 (나)는 전향력을 알아보기 위해 회전하는 원반의 중심에서 바깥쪽을 향해 같은 속도로 굴린 공의 궤적을 나타낸 것이다.

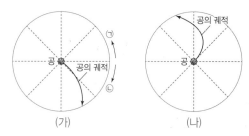

이에 대한 설명으로 옳은 것만을 〈보기〉에서 있는 대로 고른 것은?

• 보기 •

ㄱ. (가)에서 원반의 회전 방향은 ㉠이다.

ㄴ. 원반의 회전 속도는 (가)가 (나)보다 빠르다.

ㄷ. 남반구에서 물체에 작용하는 전향력을 설명할 수 있는 것은 (나)이다.

① ㄱ ② ㄴ ③ ㄱ, ㄷ ④ ㄴ, ㄷ ⑤ ㄱ, ㄴ, ㄷ

04

[24030–0116]

그림은 지형류가 흐르는 어느 해역의 모습을 나타낸 것이다.

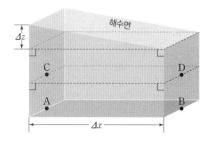

이에 대한 설명으로 옳은 것만을 〈보기〉에서 있는 대로 고른 것은? (단, 해수의 밀도와 중력 가속도는 일정하다.)

• 보기 •

ㄱ. A와 B 지점 사이의 수압 차는 C와 D 지점 사이의 수압 차보다 크다.

ㄴ. A와 C 지점 사이의 수압 차와 B와 D 지점 사이의 수압 차는 같다.

ㄷ. Δx는 일정하고 Δz가 커지면 해수에 작용하는 수평 방향 수압 경도력의 크기는 커진다.

① ㄱ ② ㄷ ③ ㄱ, ㄴ ④ ㄴ, ㄷ ⑤ ㄱ, ㄴ, ㄷ

05 다음은 해수에 작용하는 힘에 대한 학생들의 대화이다. [24030-0117]

학생 A: 대부분의 표층 해류에는 해저면의 마찰력이 작용해.

학생 B: 지구가 자전하지 않으면 전향력은 나타나지 않아.

학생 C: 중력과 정역학 평형을 이루는 힘은 수평 방향의 수압 경도력이야.

해수에 작용하는 힘에 대해 옳게 설명한 학생만을 있는 대로 고른 것은?

① A   ② B   ③ A, C

④ B, C   ⑤ A, B, C

06 그림은 북반구의 어느 해역에서 에크만 수송의 방향을 나타낸 것이다. [24030-0118]

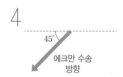

에크만 수송 방향

이에 대한 설명으로 옳은 것만을 〈보기〉에서 있는 대로 고른 것은?

● 보기 ●
ㄱ. 표면 해수의 이동 방향은 동 → 서이다.
ㄴ. 해수면 위에서 부는 바람은 북서풍이다.
ㄷ. 마찰 저항 심도에서 해수는 북동쪽으로 이동한다.

① ㄱ   ② ㄴ   ③ ㄱ, ㄷ

④ ㄴ, ㄷ   ⑤ ㄱ, ㄴ, ㄷ

07 그림은 적도 부근에 부는 바람을 나타낸 것이다. [24030-0119]

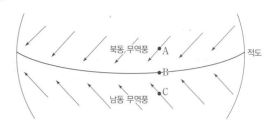

북동 무역풍　A　적도
B
남동 무역풍　C

이 자료에 대한 설명으로 옳은 것만을 〈보기〉에서 있는 대로 고른 것은?

● 보기 ●
ㄱ. 남동 무역풍에 의한 에크만 수송의 방향은 남서쪽이다.
ㄴ. 해수면의 높이는 B 지점이 A 지점보다 높다.
ㄷ. A와 C 지점에서 표층 해류의 방향은 같다.

① ㄱ   ② ㄴ   ③ ㄱ, ㄷ

④ ㄴ, ㄷ   ⑤ ㄱ, ㄴ, ㄷ

08 그림은 북반구의 어느 해역에서 깊이에 따른 수온 분포를 해수면을 표시하지 않고 나타낸 것이다. 이 해역에서는 에크만 수송이 동쪽 또는 서쪽으로 일어나고 있다. [24030-0120]

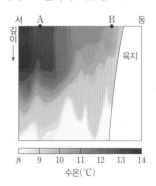

서　A　B　동
깊이
육지

8　9　10　11　12　13　14
수온(℃)

이에 대한 설명으로 옳은 것만을 〈보기〉에서 있는 대로 고른 것은?

● 보기 ●
ㄱ. B 지점에서는 용승이 일어나고 있다.
ㄴ. 남풍이 지속적으로 불었을 것이다.
ㄷ. 해수면의 높이는 A 지점이 B 지점보다 높다.

① ㄱ   ② ㄴ   ③ ㄱ, ㄷ

④ ㄴ, ㄷ   ⑤ ㄱ, ㄴ, ㄷ

09 그림은 **10°S**의 어느 해역에서 지형류의 방향과 지형류에 작용하는 힘 **A**와 **B**를 나타낸 것이다.

[24030-0121]

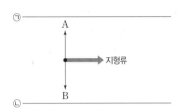

이에 대한 설명으로 옳은 것만을 〈보기〉에서 있는 대로 고른 것은?

● 보기 ●

ㄱ. 해수면은 ㉠보다 ㉡에서 높다.

ㄴ. A는 수압 경도력, B는 전향력이다.

ㄷ. B의 크기가 같을 때, 지형류의 유속은 이 해역보다 30°S에서 느리다.

① ㄱ   ② ㄷ   ③ ㄱ, ㄴ
④ ㄴ, ㄷ   ⑤ ㄱ, ㄴ, ㄷ

10 그림 (가)와 (나)는 각각 지형류가 흐르는 **30°N**과 **45°S** 해역에서 해수면 경사를 나타낸 것이다.

[24030-0122]

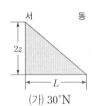 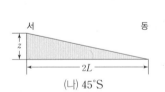

이에 대한 설명으로 옳은 것만을 〈보기〉에서 있는 대로 고른 것은? (단, (가)와 (나)에서 중력 가속도는 같다.)

● 보기 ●

ㄱ. 지형류가 북쪽에서 남쪽으로 흐르는 해역은 (가)이다.

ㄴ. 지형류의 유속은 (가) 해역이 (나) 해역의 4배이다.

ㄷ. 전향력의 크기는 (가) 해역이 (나) 해역의 4배이다.

① ㄱ   ② ㄴ   ③ ㄱ, ㄷ
④ ㄴ, ㄷ   ⑤ ㄱ, ㄴ, ㄷ

11 그림은 지형류가 흐르는 북반구 어느 해역에서 연직 수온 분포를 해수면을 표시하지 않고 나타낸 것이다. 지점 **A, B, C**의 위도는 같다.

[24030-0123]

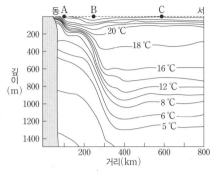

이에 대한 설명으로 옳은 것만을 〈보기〉에서 있는 대로 고른 것은?

● 보기 ●

ㄱ. 해수면의 높이는 A가 C보다 낮다.

ㄴ. 지형류의 유속은 B가 C보다 느리다.

ㄷ. B의 해수에 작용하는 전향력의 방향은 서쪽이다.

① ㄱ   ② ㄴ   ③ ㄱ, ㄷ
④ ㄴ, ㄷ   ⑤ ㄱ, ㄴ, ㄷ

12 그림은 북반구 아열대 해역에서 해수의 표층 순환을 나타낸 것이다. 지점 **A, B**는 동일한 위도에 위치한다.

[24030-0124]

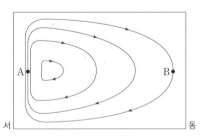

이에 대한 설명으로 옳은 것만을 〈보기〉에서 있는 대로 고른 것은?

● 보기 ●

ㄱ. 해수에 작용하는 수압 경도력의 크기는 A가 B보다 크다.

ㄴ. A에서 전향력의 방향은 동쪽이다.

ㄷ. 남반구에서 아열대 해역의 표층 순환은 시계 반대 방향으로 나타난다.

① ㄱ   ② ㄷ   ③ ㄱ, ㄴ
④ ㄴ, ㄷ   ⑤ ㄱ, ㄴ, ㄷ

13 그림 (가)는 어느 심해파가 진행할 때 골에 위치한 지점의 모습을, (나)와 (다)는 한 주기 내에서 (가)의 전과 후의 모습을 순서 없이 나타낸 것이다.

[24030-0125]

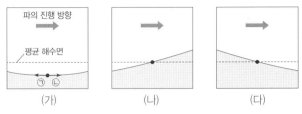

이에 대한 설명으로 옳은 것만을 〈보기〉에서 있는 대로 고른 것은?

보기
ㄱ. (가)에서 물 입자는 ㉠으로 움직인다.
ㄴ. (가) 다음에는 (다)의 모습이 나타난다.
ㄷ. 물 입자는 파의 진행 방향을 따라 이동한다.

① ㄱ   ② ㄷ   ③ ㄱ, ㄴ
④ ㄴ, ㄷ   ⑤ ㄱ, ㄴ, ㄷ

14 그림 (가)와 (나)는 너울과 풍랑의 모습을 순서 없이 나타낸 것이다.

[24030-0126]

이에 대한 설명으로 옳은 것만을 〈보기〉에서 있는 대로 고른 것은?

보기
ㄱ. 바람에 의해 에너지를 얻는 해파는 풍랑이다.
ㄴ. 평균 파장은 (나)가 (가)보다 길다.
ㄷ. (나)가 연안에 가까워지면 (가)로 변한다.

① ㄱ   ② ㄷ   ③ ㄱ, ㄴ
④ ㄴ, ㄷ   ⑤ ㄱ, ㄴ, ㄷ

15 그림 (가)와 (나)는 서로 다른 해역에서 해파의 물 입자 운동을 나타낸 것이다. (가)와 (나)의 해파는 각각 천해파와 심해파 중 하나이다.

[24030-0127]

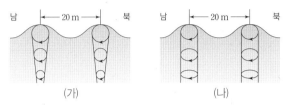

이에 대한 설명으로 옳은 것만을 〈보기〉에서 있는 대로 고른 것은? (단, 천해파의 속도는 $\sqrt{gh}$(g: 중력 가속도, h: 수심)이고, 심해파의 속도는 $\sqrt{\dfrac{gL}{2\pi}}$(L: 파장)이다.)

보기
ㄱ. (가)와 (나)에서 해파의 이동 방향은 남쪽이다.
ㄴ. 해파의 속도는 (가)에서가 (나)에서보다 빠르다.
ㄷ. 수심은 (가)의 해역이 (나)의 해역보다 얕다.

① ㄱ   ② ㄴ   ③ ㄱ, ㄷ
④ ㄴ, ㄷ   ⑤ ㄱ, ㄴ, ㄷ

16 그림은 어느 해파의 파장에 따른 속도를 나타낸 것이다. 이 해파는 천해파와 심해파 중 하나이다.

[24030-0128]

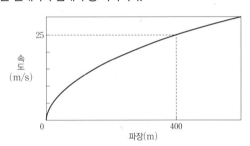

이 해파에 대한 설명으로 옳은 것만을 〈보기〉에서 있는 대로 고른 것은?

보기
ㄱ. 심해파이다.
ㄴ. 파장이 400 m인 해파의 주기는 16초이다.
ㄷ. 표면에서 물 입자의 운동은 해저면의 영향을 받는다.

① ㄱ   ② ㄷ   ③ ㄱ, ㄴ
④ ㄴ, ㄷ   ⑤ ㄱ, ㄴ, ㄷ

17 그림은 어느 해안에서 육지로 접근하는 해파의 마루를 연결한 선과 수심을 나타낸 것이다.

[24030-0129]

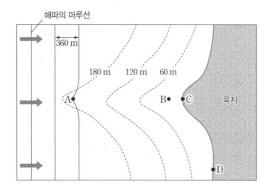

이에 대한 설명으로 옳은 것만을 〈보기〉에서 있는 대로 고른 것은?

● 보 기 ●
ㄱ. A 지점을 통과하는 해파는 천이파이다.
ㄴ. 해파의 파고는 A 지점과 B 지점에서 같다.
ㄷ. C 지점보다 D 지점에서 받는 해파의 에너지가 크다.

① ㄱ   ② ㄷ   ③ ㄱ, ㄴ
④ ㄴ, ㄷ   ⑤ ㄱ, ㄴ, ㄷ

18 그림은 파장이 L인 어느 심해파가 연안으로 전파되는 모습을 나타낸 것이다.

[24030-0130]

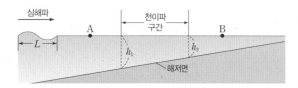

이에 대한 설명으로 옳은 것만을 〈보기〉에서 있는 대로 고른 것은? (단, 천해파의 속도는 $\sqrt{gh}$ (g: 중력 가속도, h: 수심)이고, 심해파의 속도는 $\sqrt{\dfrac{gL}{2\pi}}$ (L: 파장)이며, 중력 가속도는 일정하다.)

● 보 기 ●
ㄱ. h_1은 $\dfrac{L}{2}$이다.
ㄴ. h_2는 $\dfrac{L}{20}$이다.
ㄷ. 해파의 속도는 A에서가 B에서보다 빠르다.

① ㄱ   ② ㄴ   ③ ㄱ, ㄷ
④ ㄴ, ㄷ   ⑤ ㄱ, ㄴ, ㄷ

19 그림 (가)는 폭풍 해일을 발생시킨 어느 태풍의 이동 경로를, (나)는 이 태풍이 지나가는 동안 A 지역의 해수면 높이 변화를 나타낸 것이다.

[24030-0131]

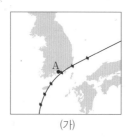

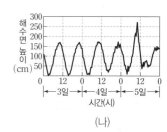

(가)   (나)

A 지역에 대한 설명으로 옳은 것만을 〈보기〉에서 있는 대로 고른 것은?

● 보 기 ●
ㄱ. 일주조가 나타난다.
ㄴ. 폭풍 해일은 5일에 발생했다.
ㄷ. 태풍의 영향으로 해수면의 높이는 평상시보다 50 cm 이상 상승하였다.

① ㄱ   ② ㄷ   ③ ㄱ, ㄴ
④ ㄴ, ㄷ   ⑤ ㄱ, ㄴ, ㄷ

20 그림은 해저 단층 활동에 의해 발생한 해파가 해안으로 이동하는 모습을 모식적으로 나타낸 것이다. 이 해파는 해안에 도착하여 지진 해일을 발생시켰다.

[24030-0132]

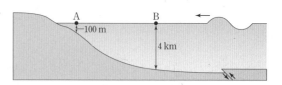

이 해파에 대한 설명으로 옳은 것만을 〈보기〉에서 있는 대로 고른 것은?

● 보 기 ●
ㄱ. B 지점을 지날 때는 심해파이다.
ㄴ. 전파 속도는 A 지점이 B 지점보다 느리다.
ㄷ. 파장은 A 지점이 B 지점보다 짧다.

① ㄱ   ② ㄴ   ③ ㄱ, ㄷ
④ ㄴ, ㄷ   ⑤ ㄱ, ㄴ, ㄷ

[24030-0133]

21 그림은 달의 인력과 지구가 달과의 공통 질량 중심을 회전하면서 생기는 원심력을 A와 B로 순서 없이 나타낸 것이다.

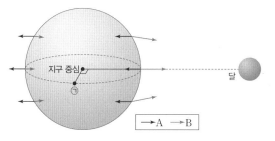

이에 대한 설명으로 옳은 것만을 〈보기〉에서 있는 대로 고른 것은?

● 보기 ●
ㄱ. A와 B의 합력은 달의 기조력이다.
ㄴ. ㉠ 지점에서 A의 크기는 B의 크기보다 크다.
ㄷ. ㉠ 지점에서는 간조가 나타난다.

① ㄱ   ② ㄷ   ③ ㄱ, ㄴ
④ ㄴ, ㄷ   ⑤ ㄱ, ㄴ, ㄷ

[24030-0134]

22 그림 (가)는 달의 기조력에 의해 나타나는 해수면의 모습을, (나)는 A, B, C 중 한 지역에서 나타나는 해수면의 높이 변화를 나타낸 것이다.

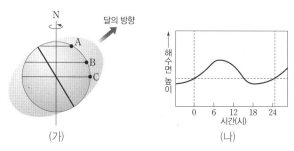

(가)   (나)

이에 대한 설명으로 옳은 것만을 〈보기〉에서 있는 대로 고른 것은?

● 보기 ●
ㄱ. 24시간 동안 A, B, C에 작용하는 기조력의 크기는 일정하다.
ㄴ. (나)에서 조석 주기는 약 24시간 50분이다.
ㄷ. (나)는 A의 해수면 높이 변화이다.

① ㄱ   ② ㄷ   ③ ㄱ, ㄴ
④ ㄴ, ㄷ   ⑤ ㄱ, ㄴ, ㄷ

[24030-0135]

23 그림은 태양, 지구, 달의 상대적인 위치를 나타낸 것이다.

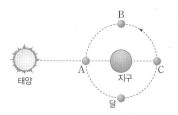

이에 대한 설명으로 옳은 것만을 〈보기〉에서 있는 대로 고른 것은? (단, 달과 태양에 의한 기조력 이외의 조석 변동 요인은 고려하지 않는다.)

● 보기 ●
ㄱ. 태양은 달보다 지구의 해수면 높이 변화에 더 큰 영향을 미친다.
ㄴ. 달이 A에 위치할 때는 B에 위치할 때보다 만조와 간조의 해수면 높이 차가 크다.
ㄷ. 달이 C에 위치할 때, 우리나라는 해 뜰 무렵과 해 질 무렵에 만조가 나타난다.

① ㄱ   ② ㄴ   ③ ㄱ, ㄷ   ④ ㄴ, ㄷ   ⑤ ㄱ, ㄴ, ㄷ

[24030-0136]

24 그림은 태양, 지구, 달의 위치와 해수면의 모습을 나타낸 것이다. 이날 태양, 지구, 달은 일직선상에 위치한다.

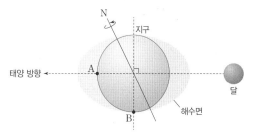

이에 대한 설명으로 옳은 것만을 〈보기〉에서 있는 대로 고른 것은? (단, 달과 지구는 원 궤도로 공전하며, 달과 태양에 의한 기조력 이외의 조석 변동 요인은 고려하지 않는다.)

● 보기 ●
ㄱ. A 지역에서 조석 간만의 차는 이날이 일주일 후보다 크다.
ㄴ. A 지역에서는 달에 의한 기조력보다 태양에 의한 기조력이 크다.
ㄷ. B 지역에서 조석은 나타나지 않는다.

① ㄱ   ② ㄴ   ③ ㄱ, ㄷ   ④ ㄴ, ㄷ   ⑤ ㄱ, ㄴ, ㄷ

물은 수압이 높은 곳에서 낮은 곳으로 이동한다.

[24030-0137]

01 다음은 밀도 차에 의한 해수의 흐름을 알아보기 위한 실험이다.

[실험 과정]

(가) 칸막이를 사이에 두고 연결된 같은 크기의 관 A, B를 준비한다.

(나) A에 파란색 물감을 넣은 밀도 ρ_1인 해수를, B에 빨간색 물감을 넣은 밀도 ρ_2인 해수를 높이 차가 Δh가 되게 넣는다.

(다) 밸브를 열고 해수의 흐름을 관찰한다.

[실험 결과]

해수가 움직이지 않았다.

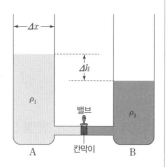

이에 대한 설명으로 옳은 것만을 〈보기〉에서 있는 대로 고른 것은?

● 보기 ●

ㄱ. $\rho_1 < \rho_2$이다.

ㄴ. $\Delta h = \dfrac{\rho_2}{\rho_1} - 1$이다.

ㄷ. Δx를 절반으로 줄이고, (나)와 (다) 과정을 수행하면 해수는 B에서 A로 이동한다.

① ㄱ   ② ㄷ   ③ ㄱ, ㄴ   ④ ㄴ, ㄷ   ⑤ ㄱ, ㄴ, ㄷ

[24030-0138]

정역학 방정식은 $\Delta P = -\rho g \Delta z$ (ΔP: 수압 차, ρ: 해수의 밀도, g: 단위 질량의 해수에 작용하는 중력, Δz: 깊이 차)이다.

02 그림은 단면적이 $1\ \mathrm{m}^2$인 물기둥에서 깊이 $102\ \mathrm{m} \sim 103\ \mathrm{m}$에 있는 해수에 연직 방향으로 작용하는 힘 ㉠, ㉡을 나타낸 것이다. 해수의 밀도는 $1020\ \mathrm{kg/m^3}$, 중력 가속도는 $10\ \mathrm{m/s^2}$이다.

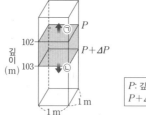

P: 깊이 102 m에서의 수압	
$P + \Delta P$: 깊이 103 m에서의 수압	

이에 대한 설명으로 옳은 것만을 〈보기〉에서 있는 대로 고른 것은? (단, 이 해역은 정역학 평형 상태에 있다.)

● 보기 ●

ㄱ. ㉠의 크기는 $1.02 \times 10^5\ \mathrm{N}$이다.

ㄴ. ㉠과 ㉡의 크기는 같다.

ㄷ. ΔP는 102 hPa이다.

① ㄱ   ② ㄷ   ③ ㄱ, ㄴ   ④ ㄴ, ㄷ   ⑤ ㄱ, ㄴ, ㄷ

[24030–0139]

03 그림 (가)와 (나)는 각각 금성과 천왕성의 자전축과 자전 방향을, 표는 금성과 천왕성의 자전 주기를 나타낸 것이다. A, C, D, E 지점은 각각 적도로부터 같은 각도만큼 떨어져 있다.

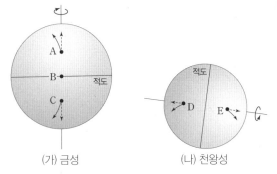

(가) 금성   (나) 천왕성

구분	자전 주기
금성	240일
천왕성	16시간

전향력의 크기는 운동하는 물체의 속력, 자전 각속도, 위도에 비례한다.

이에 대한 설명으로 옳은 것만을 〈보기〉에서 있는 대로 고른 것은?

● 보기 ●

ㄱ. 1 m/s의 속력으로 운동하는 1 kg의 물체에 작용하는 전향력의 크기는 A, B, C에서 모두 같다.

ㄴ. A~E 중 전향력이 운동 방향의 오른쪽 직각 방향으로 작용하는 지점은 C와 E이다.

ㄷ. 같은 속력으로 운동하는 단위 질량의 물체에 작용하는 전향력의 크기는 A보다 E에서 360배 크다.

① ㄱ   ② ㄷ   ③ ㄱ, ㄴ   ④ ㄴ, ㄷ   ⑤ ㄱ, ㄴ, ㄷ

[24030–0140]

04 그림은 어느 중위도 해역에서 에크만 수송이 일어날 때 수심에 따른 해수의 이동 방향과 유속을 평면에 화살표의 방향과 길이로 나타낸 것이다. A의 수심은 0 m이다.

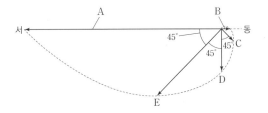

남반구에서 에크만 수송은 풍향의 왼쪽 직각 방향으로 나타난다.

이에 대한 설명으로 옳은 것만을 〈보기〉에서 있는 대로 고른 것은?

● 보기 ●

ㄱ. 풍향은 북동풍이다.

ㄴ. 마찰 저항 심도는 B가 나타나는 깊이와 같다.

ㄷ. 에크만 수송은 D 방향으로 일어난다.

① ㄱ   ② ㄴ   ③ ㄱ, ㄷ   ④ ㄴ, ㄷ   ⑤ ㄱ, ㄴ, ㄷ

북반구에서 에크만 수송의 방향은 풍향의 오른쪽 직각 방향이다.

[24030–0141]

05 그림 (가)는 북반구의 동서 방향 평균 풍속을, (나)는 바람에 의해 나타나는 해수의 표층 순환 모습을 모식적으로 나타낸 것이다.

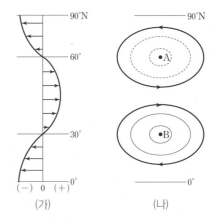

(가)　　　　　(나)

이 자료에 대한 설명으로 옳은 것만을 〈보기〉에서 있는 대로 고른 것은?

● 보기 ●

ㄱ. (가)에서 (+)는 동풍을 의미한다.

ㄴ. (나)에서 해수면의 평균 높이는 A 해역이 B 해역보다 높을 것이다.

ㄷ. 남북 방향 풍속이 0일 때 30°N∼60°N 해역에서 에크만 수송 방향은 남쪽 방향이다.

① ㄱ　　　　② ㄷ　　　　③ ㄱ, ㄴ　　　　④ ㄴ, ㄷ　　　　⑤ ㄱ, ㄴ, ㄷ

[24030–0142]

지형류의 유속(v)은
$$v=\frac{1}{2\Omega\sin\varphi}\cdot g\frac{\Delta z}{\Delta x}$$ (Ω: 지구 자전 각속도, φ: 위도, g: 중력 가속도, $\frac{\Delta z}{\Delta x}$: 해수면 경사)이고, 수압($P$)은 $P=\rho gz$(ρ: 밀도, g: 중력 가속도, z: 깊이)이다.

06 그림은 지형류 평형이 이루어진 $30°\text{N}$ 해역에서 밀도가 ρ_1, ρ_2인 해수층의 단면을 나타낸 것이다. 지구의 자전 각속도는 $7\times10^{-5}\text{/s}$, 중력 가속도는 $10\ \text{m/s}^2$이다.

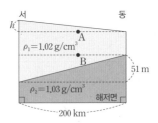

이에 대한 설명으로 옳은 것만을 〈보기〉에서 있는 대로 고른 것은? (단, 해저면에서 수평 방향 수압 차는 없다.)

● 보기 ●

ㄱ. 해수에 작용하는 전향력은 A 지점보다 B 지점에서 크다.

ㄴ. h는 50 cm이다.

ㄷ. A 지점에서 지형류의 유속은 30 cm/s보다 빠르다.

① ㄱ　　　　② ㄷ　　　　③ ㄱ, ㄴ　　　　④ ㄴ, ㄷ　　　　⑤ ㄱ, ㄴ, ㄷ

07 그림은 적도 부근에서 부는 무역풍의 모습을 나타낸 것이다. 이 해역은 지형류 평형을 이루고 있다.

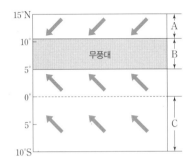

에크만 수송은 북반구에서는 풍향의 오른쪽 직각 방향, 남반구에서는 풍향의 왼쪽 직각 방향으로 일어난다.

이에 대한 설명으로 옳은 것만을 〈보기〉에서 있는 대로 고른 것은?

● 보기 ●
ㄱ. 적도보다 5°N의 해수면이 높다.
ㄴ. A 해역과 C 해역에서 흐르는 지형류의 방향은 같다.
ㄷ. B 해역에서 수온 약층이 시작되는 깊이는 북쪽으로 갈수록 얕아진다.

① ㄱ   ② ㄷ   ③ ㄱ, ㄴ   ④ ㄴ, ㄷ   ⑤ ㄱ, ㄴ, ㄷ

08 그림은 태평양과 대서양의 해수면 높이 분포를 나타낸 것이다. B와 C에는 지형류가 흐르고 있다.

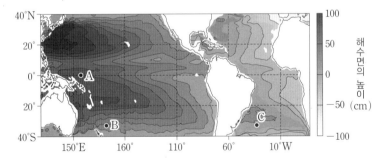

적도는 지구 자전에 의한 효과가 나타나지 않기 때문에 전향력이 존재하지 않는다.

이에 대한 설명으로 옳은 것만을 〈보기〉에서 있는 대로 고른 것은?

● 보기 ●
ㄱ. 해수면의 평균 높이는 서태평양이 서대서양보다 대체로 높다.
ㄴ. A에서 흐르는 해류는 수압 경도력과 전향력이 평형을 이루고 있다.
ㄷ. B와 C에서 지형류의 방향은 반대이다.

① ㄱ   ② ㄴ   ③ ㄱ, ㄷ   ④ ㄴ, ㄷ   ⑤ ㄱ, ㄴ, ㄷ

[24030-0145]

수압 경도력의 크기는 해수면 경사에 비례한다.

09 그림 (가)와 (나)는 북반구의 서로 다른 해역에서 유속이 같은 지형류가 흐를 때 해수면 경사를 나타낸 것이다.

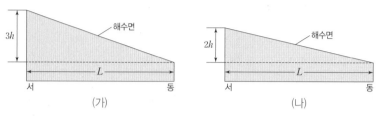

(가) (나)

이에 대한 설명으로 옳은 것만을 〈보기〉에서 있는 대로 고른 것은? (단, 두 해역에서 중력 가속도는 같다.)

 보기

ㄱ. (가)에서 지형류는 북쪽으로 흐른다.
ㄴ. 수압 경도력은 (가)가 (나)보다 크다.
ㄷ. (가)는 (나)보다 고위도에 위치한다.

① ㄱ   ② ㄴ   ③ ㄷ   ④ ㄱ, ㄴ   ⑤ ㄴ, ㄷ

[24030-0146]

북반구에서는 수압 경도력의 오른쪽 직각 방향으로, 남반구에서는 수압 경도력의 왼쪽 직각 방향으로 지형류가 흐른다.

10 그림 (가)는 아열대 해양의 표층 순환을, (나)는 해류에 작용하는 수압 경도력의 방향을 나타낸 것이다. A와 B 지점에는 지형류가 흐르며, ㉠과 ㉡은 각각 북반구와 남반구 중 하나이다.

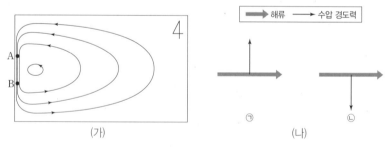

(가) (나)

이에 대한 설명으로 옳은 것만을 〈보기〉에서 있는 대로 고른 것은? (단, 해류에 작용하는 힘은 수압 경도력과 전향력 이외에는 고려하지 않는다.)

● 보기 ●

ㄱ. 해수면 경사가 같을 때 전향력의 크기는 A보다 B에서 작다.
ㄴ. A에서 해류에 작용하는 수압 경도력의 방향은 ㉡과 같은 유형으로 나타난다.
ㄷ. 지구가 자전하지 않는다면 해수면의 경사가 있을 때 해류의 방향과 수압 경도력의 방향은 같다.

① ㄱ   ② ㄷ   ③ ㄱ, ㄴ   ④ ㄴ, ㄷ   ⑤ ㄱ, ㄴ, ㄷ

11 그림 (가)와 (나)는 북반구 어느 해역의 수심에 따른 수온과 유속을 나타낸 것이다. 이 해역에는 동안 경계류와 서안 경계류 중 하나가 흐르고, 염분은 일정하다.

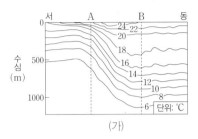 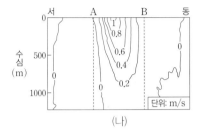

(가)   (나)

이에 대한 설명으로 옳은 것만을 〈보기〉에서 있는 대로 고른 것은?

┌─ 보기 ●
│ ㄱ. 이 해역의 해류는 서안 경계류이다.
│ ㄴ. 지형류는 북쪽 방향으로 흐르고 있다.
│ ㄷ. A 지점과 B 지점의 밀도 차이는 수심 500 m보다 수심 1000 m에서 크다.
└─

① ㄱ   ② ㄷ   ③ ㄱ, ㄴ   ④ ㄴ, ㄷ   ⑤ ㄱ, ㄴ, ㄷ

> 수온 차이는 해수면 경사를 만들고, 해수면 경사는 수압 경도력을 발생시킨다.

12 그림 (가)와 (나)는 정역학 평형과 지형류 평형이 이루어진 같은 위도의 서로 다른 해역에서 밀도가 ρ_1, ρ_2인 해수층의 단면을 나타낸 것이다.

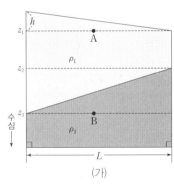 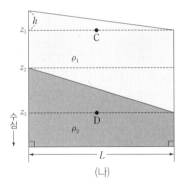

(가)   (나)

A~D 지점에 대한 설명으로 옳은 것만을 〈보기〉에서 있는 대로 고른 것은? (단, 두 해역의 중력 가속도는 같고, $\rho_1 < \rho_2$이다.)

┌─ 보기 ●
│ ㄱ. 수평 수압 경도력의 크기는 A와 C에서 같다.
│ ㄴ. D에서 지형류 유속이 0이 될 수 있다.
│ ㄷ. 지형류의 유속은 B보다 D에서 빠르다.
└─

① ㄱ   ② ㄴ   ③ ㄱ, ㄷ   ④ ㄴ, ㄷ   ⑤ ㄱ, ㄴ, ㄷ

> 수평 수압 경도력이 작용해야 해류(지형류)가 흐를 수 있다.

해파의 전파 속도는 $\dfrac{파장}{주기}$으로 구할 수 있다.

13 그림은 해파의 모양에 따라 A, B, C로 구분한 것이고, 표는 B에서 나타나는 어느 해파의 물리량을 나타낸 것이다.

[24030-0149]

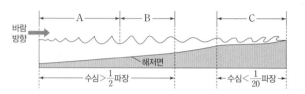

해파	파고 (m)	파장 (m)	주기 (초)
㉠	0.9	20	( )

이에 대한 설명으로 옳은 것만을 〈보기〉에서 있는 대로 고른 것은? (단, 천해파의 속도는 $\sqrt{gh}$ (g: 중력 가속도, h: 수심)이고, 심해파의 속도는 $\sqrt{\dfrac{gL}{2\pi}}$ (L: 파장)이며, 중력 가속도는 $10\ \text{m/s}^2$이다.)

● 보기 ●

ㄱ. 해파의 평균 파장은 A 구간보다 B 구간에서 길다.
ㄴ. C 구간에는 너울과 연안 쇄파가 나타난다.
ㄷ. ㉠의 주기는 $2\sqrt{\pi}$초이다.

① ㄱ ② ㄷ ③ ㄱ, ㄴ ④ ㄴ, ㄷ ⑤ ㄱ, ㄴ, ㄷ

심해파는 수심이 파장의 $\dfrac{1}{2}$보다 깊은 해역에서 진행하는 해파이다.

14 다음은 해파 발생 실험을 나타낸 것이다.

[24030-0150]

[실험 과정]

(가) 그림과 같이 경사가 있는 바닥판이 설치된 수조에 물을 40 cm 깊이만큼 채운다.

(나) 해파 발생판을 움직여 파장 60 cm의 해파를 발생시킨다.

(다) 수조의 반대편 끝에 해파가 도달하는 데 걸린 시간을 4회 측정하여 평균한다.

[실험 결과]

횟수	1회	2회	3회	4회	평균
해파 도달 시간(초)	4.1	4.2	4.2	4.1	4.15

이에 대한 설명으로 옳은 것만을 〈보기〉에서 있는 대로 고른 것은?

● 보기 ●

ㄱ. 해파는 2 m를 진행하고 나서 천이파로 변한다.
ㄴ. 해파가 수조의 반대편 끝에 도달했을 때 파장은 60 cm일 것이다.
ㄷ. 파장이 30 cm인 해파를 발생시키고 (다)를 실행하면 평균 도달 시간은 4.15초보다 길게 측정될 것이다.

① ㄱ ② ㄷ ③ ㄱ, ㄴ ④ ㄴ, ㄷ ⑤ ㄱ, ㄴ, ㄷ

15 그림은 어느 해안으로 접근하는 해파의 진행 방향과 등수심선을, 표는 해파 ㉠과 ㉡이 해안으로 접근할 때 A와 B에서의 속도를 나타낸 것이다. B 지점에서 ㉠과 ㉡은 각각 천해파와 심해파 중 하나이다.

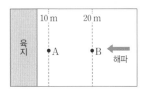

[24030–0151]

해파	속도(m/s)	
	A	B
㉠	5.6	5.6
㉡	( )	14

이에 대한 설명으로 옳은 것만을 〈보기〉에서 있는 대로 고른 것은? (단, 중력 가속도는 9.8 m/s^2이다.)

┌─● 보기 ●
ㄱ. ㉠은 심해파, ㉡은 천해파이다.
ㄴ. A에서 해파 ㉡의 속도는 10 m/s보다 작다.
ㄷ. $\dfrac{㉠의\ 파장}{㉡의\ 파장} < \dfrac{1}{20}$이다.
└─

① ㄱ　　② ㄷ　　③ ㄱ, ㄴ　　④ ㄴ, ㄷ　　⑤ ㄱ, ㄴ, ㄷ

심해파의 속도는 파장의 제곱근에 비례하고, 천해파의 속도는 수심의 제곱근에 비례한다.

16 그림은 서로 다른 해역 A와 B에서 해파의 파장에 따른 속도를 나타낸 것이다. ㉢은 심해파와 천이파의 경계와 천해파와 천이파의 경계 중 하나에 해당한다.

[24030–0152]

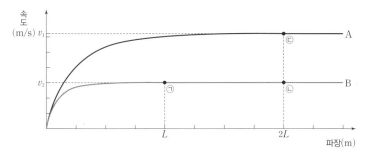

이에 대한 설명으로 옳은 것만을 〈보기〉에서 있는 대로 고른 것은? (단, 천해파의 속도는 $\sqrt{gh}$ (g: 중력 가속도, h: 수심)이고, 심해파의 속도는 $\sqrt{\dfrac{gL}{2\pi}}$ (L: 파장)이다.)

┌─● 보기 ●
ㄱ. $\dfrac{\text{A의 수심}}{\text{B의 수심}}$ 은 $\dfrac{(v_1)^2}{(v_2)^2}$이다.
ㄴ. 주기는 ㉡이 ㉠의 2배이다.
ㄷ. L은 $\dfrac{10 \times (v_1)^2}{g}$이다.
└─

① ㄱ　　② ㄷ　　③ ㄱ, ㄴ　　④ ㄴ, ㄷ　　⑤ ㄱ, ㄴ, ㄷ

천해파의 속도는 파장의 변화에 영향을 받지 않으므로 파장이 변해도 속도가 일정한 구간은 천해파이다.

해파는 해저면의 영향을 받기
시작하면 속도가 느려져 굴절
한다.

[24030-0153]

17 그림 (가)는 어느 해안 지역의 등수심선과 파장이 200 m인 해파가 먼바다에서 해안으로 접근하는
모습을, (나)는 해파가 해안에 접근할 때 나타날 수 있는 해파의 마루선의 분포를 ㉠ 또는 ㉡으로 예상한
모습을 나타낸 것이다.

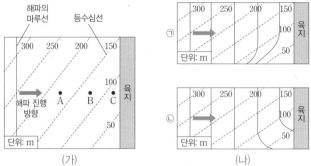

이에 대한 설명으로 옳은 것만을 〈보기〉에서 있는 대로 고른 것은? (단, 중력 가속도는 일정하다.)

● 보기 ●
ㄱ. A와 B 지점에서 해파의 속도는 같다.
ㄴ. C 지점에서 해파는 해저면의 영향을 받는다.
ㄷ. 해파가 해안에 접근할 때 마루선의 모습은 ㉠이다.

① ㄱ   ② ㄷ   ③ ㄱ, ㄴ   ④ ㄴ, ㄷ   ⑤ ㄱ, ㄴ, ㄷ

태풍이나 강한 저기압이 접근
하면 해수면은 상승한다.

[24030-0154]

18 그림은 어느 해역에서 시간에 따른 해수면 변화를 나타낸 것이다. h는 해수면에 작용하는 기압 변
화의 영향으로 나타난 높이 변화이고, 이 해역의 해수는 정역학 평형을 유지하고 있다.

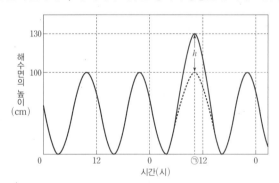

이에 대한 설명으로 옳은 것만을 〈보기〉에서 있는 대로 고른 것은? (단, 중력 가속도는 10 m/s², 해수의
밀도는 1.03 g/cm³이다.)

● 보기 ●
ㄱ. 이 지역은 혼합조가 나타난다.
ㄴ. ㉠ 시기에 이 해역에는 저기압이 위치했다.
ㄷ. ㉠ 시기의 기압 변화량은 30.9 hPa이다.

① ㄱ   ② ㄷ   ③ ㄱ, ㄴ   ④ ㄴ, ㄷ   ⑤ ㄱ, ㄴ, ㄷ

[24030–0155]

19 그림 (가)는 어느 지진의 진앙과 이 지진에 의해 발생한 지진 해일이 대륙까지 전파되는 경로를, (나)는 (가)의 지진 해일이 해안에 도착할 때까지 시간에 따른 속도 변화를 나타낸 것이다. A는 진앙에서 대륙까지 수평 거리이다.

운동하는 물체의 시간에 따른 속도 그래프에서 밑면적은 물체의 이동 거리에 해당한다.

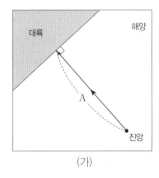

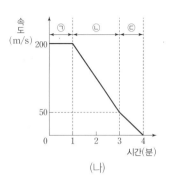

(가)   (나)

이에 대한 설명으로 옳은 것만을 〈보기〉에서 있는 대로 고른 것은? (단, 중력 가속도는 10 m/s^2이다.)

● 보 기 ●

ㄱ. 진앙에서 출발하여 30초가 지났을 때, 해파가 지나가는 해역의 수심은 4 km이다.

ㄴ. ⓛ 구간의 해저면 경사는 ⓒ 구간보다 크다.

ㄷ. A는 28.5 km이다.

① ㄱ   ② ㄷ   ③ ㄱ, ㄴ   ④ ㄴ, ㄷ   ⑤ ㄱ, ㄴ, ㄷ

[24030–0156]

20 그림은 어느 날 태양, 지구, 달의 위치를, 표는 태양과 달의 물리량을 나타낸 것이다.

기조력의 크기는 천체의 질량에 비례하고 천체와의 거리의 세제곱에 반비례한다.

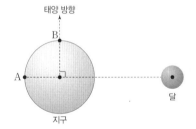

구분	질량 (달=1)	지구와의 거리 (달=1)
달	1	1
태양	2.7×10^7	400

이에 대한 설명으로 옳은 것만을 〈보기〉에서 있는 대로 고른 것은? (단, 태양과 달에 의한 기조력 이외의 요인은 고려하지 않으며, 기조력의 크기는 $\dfrac{\text{천체의 질량}}{(\text{천체와의 거리})^3}$ 에 비례한다.)

● 보 기 ●

ㄱ. 달의 기조력은 태양 기조력의 2배보다 크다.

ㄴ. 이날 A와 B 지점에는 조금이 나타난다.

ㄷ. 달의 인력은 B 지점에서가 A 지점에서보다 크다.

① ㄱ   ② ㄷ   ③ ㄱ, ㄴ   ④ ㄴ, ㄷ   ⑤ ㄱ, ㄴ, ㄷ

수능 3점 테스트

21 그림 (가)는 어느 날 해수면의 모습과 달의 방향을, (나)는 A ~ D 지점 중 한 곳에서 하루 동안 관측한 해수면의 높이 변화를 나타낸 것이다.

지구에서 나타나는 조석의 양상에는 일주조, 혼합조, 반일주조가 있다.

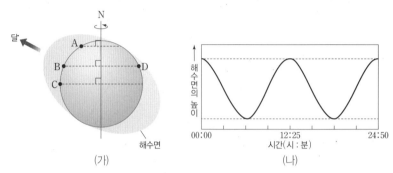

(가)   (나)

이에 대한 설명으로 옳은 것만을 〈보기〉에서 있는 대로 고른 것은? (단, 달에 의한 기조력 이외의 조석 변동 요인은 고려하지 않는다.)

─● 보기 ●─
ㄱ. A에서 조석 주기는 약 12시간 25분이다.
ㄴ. (나)는 C에서 관측한 해수면 높이 변화이다.
ㄷ. B에서 다음 간조까지 걸리는 시간은 D에서 다음 간조까지 걸리는 시간보다 길다.

① ㄱ   ② ㄷ   ③ ㄱ, ㄴ   ④ ㄴ, ㄷ   ⑤ ㄱ, ㄴ, ㄷ

22 그림은 우리나라 어느 해역에서 한 달 간의 해수면 높이 변화를 나타낸 것이다. 이 해역은 서해안과 동해안 중 한 곳에 위치한다.

달의 위치에 따라 해수면이 상승하는 방향이 달라지므로 지구에서의 위치에 따라 조석 양상은 일주조, 혼합조, 반일주조가 나타난다.

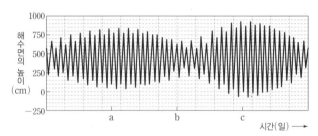

이에 대한 설명으로 옳은 것만을 〈보기〉에서 있는 대로 고른 것은? (단, 태양과 달에 의한 기조력 이외의 요인은 고려하지 않는다.)

─● 보기 ●─
ㄱ. 이 해역은 서해안에 위치한다.
ㄴ. 만조와 간조 때 해수면의 높이 차는 b보다 a에서 크다.
ㄷ. a~c까지의 시간은 약 한 달이다.

① ㄱ   ② ㄷ   ③ ㄱ, ㄴ   ④ ㄴ, ㄷ   ⑤ ㄱ, ㄴ, ㄷ

[24030-0159]

23 그림은 달에 의한 기조력에 영향을 미치는 힘을 A, B로 나타낸 것이다. A와 B는 각각 달의 인력과 공통 질량 중심을 회전함에 따라 생기는 원심력 중 하나이다.

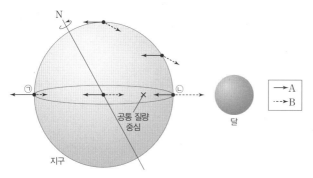

이에 대한 설명으로 옳은 것만을 〈보기〉에서 있는 대로 고른 것은? (단, 달의 기조력 이외에 조석 변동 요인은 고려하지 않는다.)

● 보기 ●
ㄱ. A의 크기는 지표면의 모든 지점에서 같다.
ㄴ. ㉠과 ㉡ 지점에서 만조와 다음 만조의 해수면 높이가 다르게 나타나는 까닭은 A와 B의 합력의 크기가 다르기 때문이다.
ㄷ. 달이 현재보다 더 멀어지면 지구 중심에서 공통 질량 중심까지의 거리는 가까워진다.

① ㄱ   ② ㄷ   ③ ㄱ, ㄴ   ④ ㄴ, ㄷ   ⑤ ㄱ, ㄴ, ㄷ

> 기조력은 조석을 일으키는 힘으로, 지구가 천체와의 공통 질량 중심을 회전함에 따라 생기는 원심력과 지구의 각 지점과 천체 간에 작용하는 만유인력의 합력이다.

[24030-0160]

24 그림은 어느 가상의 외계 행성계의 모습을, 표는 행성과 위성의 자전 주기와 공전 주기를 나타낸 것이다. 항성의 기조력보다 위성의 기조력이 크며, 행성의 자전축 기울기는 0이다.

 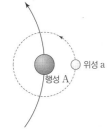

항성   행성 A   위성 a

구분	자전 주기(일)	공전 주기(일)
행성 A	1(＝24시간)	360
위성 a	40	20

행성 A에 대한 설명으로 옳은 것만을 〈보기〉에서 있는 대로 고른 것은? (단, A의 공전 궤도면과 a의 공전 궤도면은 일치하며 A의 표면은 물로 덮여 있다. 기조력 이외의 조석 변동 요인은 고려하지 않는다.)

● 보기 ●
ㄱ. 조석 간만의 차는 적도가 30°N보다 크다.
ㄴ. 북반구 중위도에서는 일주조가 나타난다.
ㄷ. 적도에 위치한 지점에서 조석 주기는 12시간 30분보다 길다.

① ㄱ   ② ㄴ   ③ ㄱ, ㄷ   ④ ㄴ, ㄷ   ⑤ ㄱ, ㄴ, ㄷ

> 자전축 기울기가 0이고, 위성의 공전 궤도면이 행성의 공전 궤도면과 일치하면 행성의 모든 지역에서는 반일주조가 나타난다.

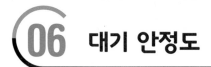

06 대기 안정도

개념 체크

○ **기체의 내부 에너지**: 기체 분자나 원자들의 위치 에너지와 운동 에너지의 총합으로, 내부 에너지가 증가하면 온도가 높아지고 내부 에너지가 감소하면 온도가 낮아진다.

○ **단열 감률**: 단열 변화에 의해 상승 또는 하강하는 공기 덩어리의 온도가 높이에 따라 변하는 비율로, 불포화 상태의 공기 덩어리는 건조 단열 감률인 약 10 ℃/km, 포화 상태의 공기 덩어리는 습윤 단열 감률인 약 5 ℃/km로 단열 변화한다.

1. 공기 덩어리가 단열 상승하면 부피가 (   )하고, 내부 에너지는 (   )하며, 온도는 (   )진다.

2. 습윤 단열 감률이 건조 단열 감률보다 작은 까닭은 수증기가 응결하면서 (   )하는 열 때문이다.

3. 불포화 상태인 공기의 이슬점 감률은 약 (   ) ℃/km이고, 포화 상태인 공기의 이슬점 감률은 약 (   ) ℃/km이다.

1 단열 변화

(1) 단열 변화: 공기 덩어리가 외부와의 열 교환 없이 주위 기압 변화에 의한 부피 변화로 인해 공기 덩어리 내부의 온도가 변하는 현상

① **단열 팽창**: 공기 덩어리가 상승하면 주위 기압이 낮으므로 공기 덩어리가 팽창하면서 내부 에너지가 감소하여 온도가 낮아진다.

② **단열 압축**: 공기 덩어리가 하강하면 주위 기압이 높으므로 공기 덩어리가 압축되면서 내부 에너지가 증가하여 온도가 높아진다.

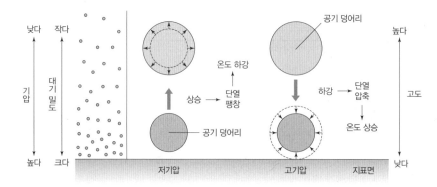

(2) 단열 감률: 단열 변화에 의해 높이에 따라 공기 덩어리 내부의 온도가 변하는 비율

① **건조 단열 감률**: 수증기가 포함된 불포화 상태의 공기 덩어리가 단열 변화할 때의 온도 변화율로, 불포화 상태인 공기 덩어리가 상승하여 팽창하면 1 km마다 기온이 약 10 ℃씩 낮아지고, 반대로 공기 덩어리가 하강하여 압축되면 1 km마다 기온이 약 10 ℃씩 높아진다. ➡ 약 10 ℃/km

② **습윤 단열 감률**: 수증기로 포화된 공기 덩어리가 단열 변화할 때의 온도 변화율로, 포화 상태인 공기 덩어리가 상승하여 팽창하면 숨은열(잠열) 방출로 인해 불포화 상태일 때보다 온도 감소 폭이 작게 되어 1 km마다 기온이 약 5 ℃씩 낮아진다. ➡ 약 5 ℃/km

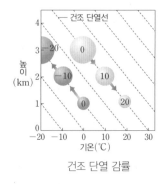

건조 단열 감률

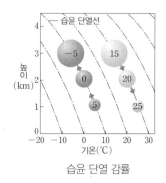

습윤 단열 감률

③ **이슬점 감률**: 공기 덩어리가 상승 또는 하강할 때의 이슬점 변화율 ➡ 불포화 상태인 공기의 이슬점 감률은 약 2 ℃/km이고, 포화 상태인 공기의 이슬점 감률은 약 5 ℃/km이다.

정답

1. 증가(팽창), 감소, 낮아
2. 방출
3. 2, 5

과학 돋보기 **단열선도**

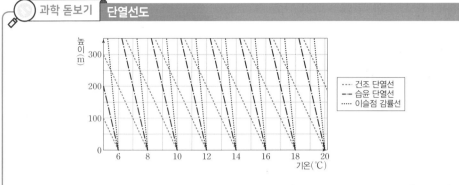

- 상층 대기의 연직 구조나 대기에서 일어나는 여러 가지 열역학적 과정을 쉽게 이해하기 위해 여러 관측 자료들을 한 곳에 모아 그려놓은 도표이다.
- 일반적으로 상승 또는 하강하는 공기 덩어리의 성질 변화를 효과적으로 분석하기 위해 건조 단열선, 습윤 단열선, 이슬점 감률선 등을 함께 나타낸다.

(3) **상승 응결 고도**: 공기 덩어리가 단열 상승하여 구름이 생성되기 시작하는 고도 ➡ 상승 응결 고도(H)는 공기 덩어리의 상대 습도가 낮을수록, 즉 (기온(T)−이슬점(T_d)) 값이 클수록 높다.

$$T - \frac{10\,°C}{1000\,m} \times H = T_d - \frac{2\,°C}{1000\,m} \times H$$
$$\therefore H(m) = 125(T - T_d)$$

2 푄

(1) **푄**: 산 사면을 따라 공기 덩어리가 상승할 때에는 단열 팽창이 일어나서 상승 응결 고도 이상에서는 구름이 생성되어 비가 내리고, 산 정상을 넘어 하강하게 될 때는 단열 압축이 일어나므로, 산을 넘기 전에 비하여 고온 건조한 상태가 되는 현상이다. 우리나라의 높새바람이 대표적인 예이다. ➡ 산을 넘는 동안 구름이 생성되어 비가 내린다면 산을 넘은 후 공기는 산을 넘기 전 공기와 비교했을 때 기온은 상승하고, 이슬점은 하강하며, 상대 습도와 절대 습도는 감소한다.

(2) **푄에 의한 기온과 이슬점 및 습도의 변화**

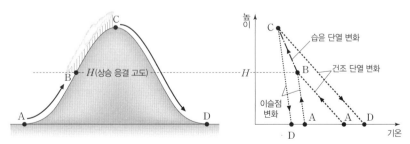

구간	포화 여부	기온 변화	이슬점 변화	상대 습도	절대 습도
A → B	불포화 상태	약 10 °C/km 하강	약 2 °C/km 하강	증가	감소
B → C	포화 상태	약 5 °C/km 하강	약 5 °C/km 하강	100 %로 일정	크게 감소
C → D	불포화 상태	약 10 °C/km 상승	약 2 °C/km 상승	감소	증가

개념 체크

○ **상승 응결 고도**: 불포화 상태의 공기 덩어리가 단열 상승하여 구름이 생성되기 시작하는 고도

○ **단열 변화에서 상대 습도 변화**: 수증기를 포함한 불포화 상태의 공기 덩어리가 상승하면 기온과 이슬점 차이가 줄어들면서 상대 습도는 증가한다. 공기 덩어리가 상승 응결 고도에 도달하면 상대 습도는 100 %가 되고, 이후 계속 상승한다면 수증기가 응결하는 동안 상대 습도는 100 %를 유지한다.

○ **높새바람**: 우리나라에서 늦봄부터 초여름에 걸쳐 동해안에서 태백산맥을 넘어 서쪽 사면으로 부는 북동풍 계열의 바람

1. (기온−이슬점) 값이 클수록 상승 응결 고도는 (   )다.

2. 상승하는 공기 덩어리는 기온과 이슬점의 차가 점차 (   )지면서 상대 습도가 (   )진다.

3. 상승 응결 고도에 도달한 공기 덩어리의 온도가 주변보다 (   )으면, (   ) 단열 감률로 기온이 낮아지면서 계속 상승한다.

4. 푄이 일어났을 때 산을 넘은 후의 공기는 산을 넘기 전의 공기에 비해 기온은 (   )아지고, 이슬점은 (   )아진다.

정답

1. 높
2. 작아, 높아
3. 높, 습윤
4. 높, 낮

개념 체크

◐ **기온 감률**: 높이 올라갈수록 기온이 낮아지는 비율로, 대류권의 평균 기온 감률은 약 6.5 ℃/km이다.
◐ **역전층**: 고도가 높아질수록 기온이 높아지는 기층으로, 절대 안정층이다.

1. 안정한 기층에서는 기온 감률이 단열 감률보다 (   )다.

2. 조건부 불안정 상태에서는 포화 상태의 공기는 (   )하지만, 불포화 상태의 공기는 (   )하다.

3. 역전층은 고도가 높아질수록 공기의 온도가 (   )아지는 매우 (   )한 층이다.

4. 복사 역전층은 기온의 일교차가 (   )고, 바람이 (   )할수록 잘 형성된다.

3 대기 안정도와 구름

(1) 대기 안정도

① **안정**: 기온 감률 < 단열 감률 ➡ 공기의 연직 운동이 억제되어 대류가 잘 일어나지 않고, 대기 오염 물질의 농도가 높아지며, 공기가 포화된 경우 층운형 구름이 생성될 수 있다.

② **불안정**: 기온 감률 > 단열 감률 ➡ 공기의 연직 운동이 활발하여 대류가 잘 일어나고, 대기 오염 물질이 잘 퍼져 나가며, 공기가 포화된 경우 적운형 구름이 생성될 수 있다.

③ **중립**: 기온 감률 = 단열 감률 ➡ 상승 또는 하강하는 공기 덩어리의 온도가 주위 기온과 같아져서 이동한 높이에 그대로 있으려 하고, 공기의 대류가 약하며, 대기의 혼합이 잘 일어나지 않는다.

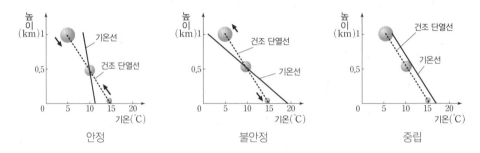

안정   불안정   중립

🧪 탐구자료 살펴보기   **공기의 포화 여부에 따른 대기 안정도 해석하기**

탐구 자료

기온선이 그림의 A, B, C 구간 중 어느 한 구간에 위치할 때의 대기 안정도를 알아본다.

자료 해석

• A 구간: 절대 안정 ➡ 공기의 포화 여부에 관계없이 기온 감률이 습윤 단열 감률보다 작으면 기층은 항상 안정한 상태이다.

• B 구간: 절대 불안정 ➡ 공기의 포화 여부에 관계없이 기온 감률이 건조 단열 감률보다 크면 기층은 항상 불안정한 상태이다.

• C 구간: 조건부 불안정 ➡ 기온 감률이 습윤 단열 감률보다 크고 건조 단열 감률보다 작은 경우, 공기 덩어리가 포화 상태인 경우에는 불안정하고, 불포화 상태인 경우에는 안정하다.

분석 point

기층의 안정도는 기온 감률이 단열 감률보다 큰지 작은지에 따라 판단한다. 이때 공기가 포화 상태이면 습윤 단열 감률과 비교하고, 불포화 상태이면 건조 단열 감률과 비교한다.

정답
1. 작
2. 불안정, 안정
3. 높, 안정
4. 크, 약

(2) 역전층: 하층의 공기 온도가 상층의 공기 온도보다 낮아서 안정한 상태의 기층 ➡ 공기의 상승이나 하강 운동이 억제된다.

① **복사 냉각에 의한 역전층 형성**: 기온의 일교차가 크고, 바람이 불지 않는 맑은 날 새벽에 지표면의 복사 냉각에 의해 형성될 수 있다.

② **기상 현상**: 지표 부근에는 안개가 생길 수 있고, 도시에서는 스모그 현상이 나타날 수 있다.

③ **대기 오염 물질의 이동**: 역전층은 절대 안정 상태이므로 공기의 연직 운동이 거의 일어나지 않아 대기 오염 물질이 위아래로 퍼져 나가지 않아서 지표 부근의 대기 오염 물질의 농도가 높아진다.

(3) 구름의 형성

① **적운이 생성되는 경우**: 공기의 수렴 등으로 지상에서 강제 상승한 공기 덩어리는 건조 단열 감률로 기온이 낮아지다가 상승 응결 고도(A 지점)부터는 습윤 단열 감률로 기온이 낮아진다. 상승하는 공기 덩어리의 기온이 주위 공기의 기온보다 높아지는 B 지점까지 강제 상승하면 이때부터 공기 덩어리는 스스로 계속 상승한다. 상승하는 공기 덩어리의 기온이 주위 공기의 기온과 같아지는 C 지점에 도달하면 공기 덩어리는 더 이상 상승하지 않게 되므로 B−C 구간에 해당하는 두께를 가진 적운형 구름이 형성된다.

② **층운이 생성되는 경우**: 지상에서 강제 상승한 공기 덩어리는 건조 단열 감률로 기온이 낮아지다가 상승 응결 고도(a 지점)부터는 습윤 단열 감률로 기온이 낮아진다. 공기 덩어리는 b 지점까지 강제 상승하여 c 지점까지 어느 정도 스스로 상승한 후 주위 공기의 기온과 같아져서 더 이상 상승하지 못하고 수평으로 넓게 발달하는 형태의 층운형 구름이 형성된다.

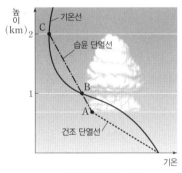

적운의 생성 과정

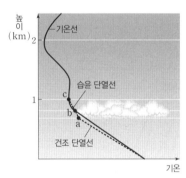
층운의 생성 과정

(4) 안개의 종류와 생성 원리

종류		생성 원리
공기의 냉각에 의해 생성되는 안개	복사 안개	복사 냉각에 의해 지표면 기온이 하강할 때 생성
	이류 안개	온난 습윤한 공기가 차가운 지표나 해수 위로 이동할 때 생성 예 바다 안개(해무)
	활승 안개	지형을 따라 공기가 상승하여 냉각되면서 생성
수증기량의 증가에 의해 생성되는 안개	전선 안개	전선 부근에서 약한 비가 내리면서 증발하여 지표면 공기를 포화시켜 생성
	증발 안개	따뜻한 수면에서 물이 증발할 때 생성

개념 체크

○ **구름이 생성되는 경우**
• 지표면이 국지적으로 부등 가열될 때
• 저기압 중심에서 공기가 상승할 때
• 전선면을 타고 공기가 상승할 때
• 산 사면을 타고 공기가 상승할 때

○ **구름과 안개의 차이점**: 일반적으로 구름은 상공에서 수증기의 응결이 일어나 만들어진 물방울과 작은 얼음 알갱이의 무리를 의미하고, 안개는 지표 부근에서 수증기가 응결하여 만들어진 물방울을 의미한다.

1. 복사 안개는 공기의 (   )에 의해 생성되는 안개이다.

2. 따뜻한 수면 위에서 물이 증발할 때 생성되는 안개는 (   )이다.

정답
1. 냉각
2. 증발 안개

01 그림 (가)와 (나)는 불포화 상태의 공기 덩어리가 단열 팽창 또는 단열 압축할 때의 모습을 순서 없이 나타낸 것이다. A와 B는 고도가 다른 두 지점이다.

[24030-0161]

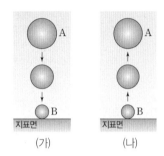

(가) (나)

이에 대한 설명으로 옳은 것만을 〈보기〉에서 있는 대로 고른 것은?

보기

ㄱ. 대기의 밀도는 A보다 B에서 크다.
ㄴ. 단열 압축할 때의 모습은 (가)이다.
ㄷ. 공기 덩어리가 이동하는 동안 내부 에너지가 감소하는 것은 (나)이다.

① ㄱ ② ㄷ ③ ㄱ, ㄴ ④ ㄴ, ㄷ ⑤ ㄱ, ㄴ, ㄷ

02 그림은 단열선도를 나타낸 것이다. A, B, C는 각각 건조 단열선, 습윤 단열선, 이슬점 감률선 중 하나이다.

[24030-0162]

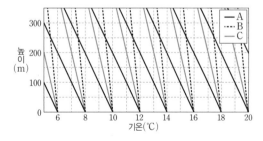

A, B, C에 대한 설명으로 옳은 것만을 〈보기〉에서 있는 대로 고른 것은?

보기

ㄱ. 습윤 단열선은 A이다.
ㄴ. 높이에 따른 온도 변화율의 크기는 B보다 C가 크다.
ㄷ. A와 C는 모두 공기가 불포화 상태일 때 나타나는 단열 감률이다.

① ㄱ ② ㄴ ③ ㄱ, ㄷ ④ ㄴ, ㄷ ⑤ ㄱ, ㄴ, ㄷ

03 다음은 높새바람에 대한 신문 기사의 일부이다.

[24030-0163]

> 바람이 동해에서 태백산맥으로 불어오면 습기를 잔뜩 머금은 공기는 산자락을 타고 오르다가 ㉠어느 높이에서 구름이 생성된 후 비가 내리기 시작한다.
> ―중략―
> 산 정상부를 넘은 공기는 산맥의 서쪽을 타고 내려오면서 급격히 (㉡)해진다.

이에 대한 설명으로 옳은 것만을 〈보기〉에서 있는 대로 고른 것은?

보기

ㄱ. ㉠은 상승 응결 고도에 해당한다.
ㄴ. 지표면에서 상승하는 공기 덩어리의 (기온−이슬점) 값이 클수록 ㉠은 낮아진다.
ㄷ. ㉡에는 '건조'가 적절하다.

① ㄱ ② ㄴ ③ ㄷ
④ ㄱ, ㄴ ⑤ ㄱ, ㄷ

04 그림은 어느 공기 덩어리가 A 지점에서 D 지점으로 산을 넘어가는 모습을 나타낸 것이다. 산을 넘는 동안 응결한 수증기는 모두 비로 내렸다.

[24030-0164]

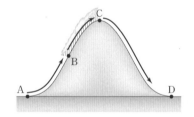

이에 대한 설명으로 옳은 것만을 〈보기〉에서 있는 대로 고른 것은?

보기

ㄱ. 공기 덩어리의 온도가 가장 높은 지점은 A이다.
ㄴ. 이슬점 감률은 A−B 구간이 B−C 구간보다 작다.
ㄷ. 상대 습도의 변화 폭은 B−C 구간이 C−D 구간보다 작다.

① ㄱ ② ㄴ ③ ㄱ, ㄷ
④ ㄴ, ㄷ ⑤ ㄱ, ㄴ, ㄷ

[24030-0165]

05 그림 (가)와 (나)는 어느 지역에서 서로 다른 두 시기에 관측한 높이에 따른 기온 분포를 건조 단열선과 함께 나타낸 것이다.

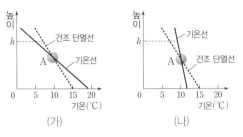

이에 대한 설명으로 옳은 것만을 〈보기〉에서 있는 대로 고른 것은?

● 보 기 ●

ㄱ. 안정한 상태의 기층은 (가)이다.

ㄴ. A 지점에 있는 공기 덩어리를 높이 h까지 단열 상승시킬 때 공기 덩어리가 다시 원래의 위치로 돌아오는 것은 (나)이다.

ㄷ. 지표면~높이 h에서 대기 오염 물질의 확산은 (나)보다 (가)에서 잘 일어날 것이다.

① ㄱ ② ㄴ ③ ㄱ, ㄷ
④ ㄴ, ㄷ ⑤ ㄱ, ㄴ, ㄷ

[24030-0166]

06 그림은 기온 분포에 따른 대기 안정도를 분류하여 나타낸 것이다.

이에 대한 설명으로 옳은 것만을 〈보기〉에서 있는 대로 고른 것은?

● 보 기 ●

ㄱ. 높이에 따른 기온 감률이 가장 큰 경우는 절대 불안정이다.

ㄴ. 조건부 불안정일 때 공기가 포화 상태이면 기층은 불안정하다.

ㄷ. 구름이 생성될 때 구름의 평균 두께는 절대 안정이 절대 불안정보다 두껍다.

① ㄱ ② ㄷ ③ ㄱ, ㄴ
④ ㄴ, ㄷ ⑤ ㄱ, ㄴ, ㄷ

[24030-0167]

07 그림은 어느 지역에서 하루 동안 지표면, 높이 2 m, 높이 30 m에서 관측한 기온 분포를 나타낸 것이다.

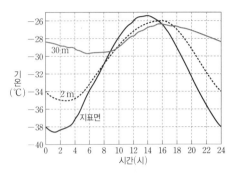

이 자료에 대한 설명으로 옳은 것만을 〈보기〉에서 있는 대로 고른 것은?

● 보 기 ●

ㄱ. 기온의 변화 폭은 지표면에서 가장 작다.

ㄴ. 지표면~높이 2 m에 역전층이 나타난 시간은 약 8시간이다.

ㄷ. 이날 기층은 절대 안정한 상태인 시기가 있었다.

① ㄱ ② ㄷ ③ ㄱ, ㄴ ④ ㄴ, ㄷ ⑤ ㄱ, ㄴ, ㄷ

[24030-0168]

08 그림은 안개의 종류를 특징에 따라 구분한 것이다.

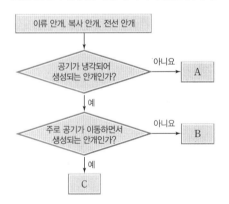

이에 대한 설명으로 옳은 것만을 〈보기〉에서 있는 대로 고른 것은?

● 보 기 ●

ㄱ. A는 전선 안개이다.

ㄴ. B는 주로 안정한 대기에서 생성된다.

ㄷ. 바다 안개(해무)는 C의 예로 적절하다.

① ㄱ ② ㄴ ③ ㄱ, ㄷ
④ ㄴ, ㄷ ⑤ ㄱ, ㄴ, ㄷ

공기 덩어리가 단열 팽창하면 온도가 하강하고, 단열 압축하면 온도가 상승한다.

[24030-0169]

01 그림 (가)와 (나)는 서로 다른 지역에서 단열 변화하는 두 공기 덩어리 A와 B의 기온 변화를 나타낸 것이다.

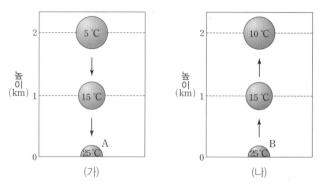

이에 대한 설명으로 옳은 것만을 〈보기〉에서 있는 대로 고른 것은? (단, 건조 단열 감률은 10 ℃/km, 습윤 단열 감률은 5 ℃/km, 이슬점 감률은 2 ℃/km이다.)

● 보 기 ●
ㄱ. (가)는 단열 압축, (나)는 단열 팽창이 나타난다.
ㄴ. 지표면 부근에서 이슬점은 공기 덩어리 A가 공기 덩어리 B보다 낮다.
ㄷ. 공기 덩어리가 이동하는 동안 공기 분자들의 운동 에너지가 감소하는 것은 (나)이다.

① ㄱ   ② ㄴ   ③ ㄱ, ㄷ   ④ ㄴ, ㄷ   ⑤ ㄱ, ㄴ, ㄷ

공기 덩어리가 단열 상승할 때 공기 덩어리는 단열 팽창하여 온도가 감소한다. 불포화 상태의 공기는 약 10 ℃/km,. 포화 상태의 공기는 약 5 ℃/km의 비율로 온도가 감소한다.

[24030-0170]

02 그림은 단열선도에서 건조 단열선과 습윤 단열선을 ㉠과 ㉡으로 순서 없이 나타낸 것이고, 표는 서로 다른 두 지역 A와 B에서의 높이에 따른 기온 분포를 나타낸 것이다.

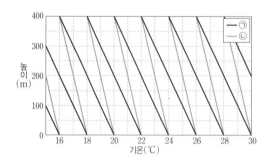

높이(m)	기온(℃)	
	A 지역	B 지역
400	23.0	16.8
300	23.6	18.0
200	24.2	19.2
100	24.8	20.4
0	25.4	21.6

이에 대한 설명으로 옳은 것만을 〈보기〉에서 있는 대로 고른 것은? (단, 건조 단열 감률은 10 ℃/km, 습윤 단열 감률은 5 ℃/km, 이슬점 감률은 2 ℃/km이다.)

● 보 기 ●
ㄱ. 단열 변화 과정에서 숨은열의 방출이 있는 경우의 단열선은 ㉠이다.
ㄴ. 다른 조건이 동일하다면 공기의 대류는 A 지역보다 B 지역에서 활발하다.
ㄷ. 높이에 따른 기온 감률이 ㉠과 ㉡ 사이에 위치하는 지역은 B이다.

① ㄱ   ② ㄴ   ③ ㄱ, ㄷ   ④ ㄴ, ㄷ   ⑤ ㄱ, ㄴ, ㄷ

03 그림 (가)와 (나)는 서로 다른 시기에 온도가 동일한 공기 덩어리가 같은 산을 **A** 지점에서 출발하여 산 정상인 **B** 지점을 넘어 반대편인 **C** 지점까지 이동하는 모습을 나타낸 것이다. 산을 넘는 동안 응결한 수증기는 모두 비로 내렸다.

[24030-0171]

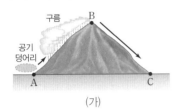
(가)

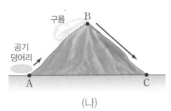
(나)

불포화 상태의 공기 덩어리가 상승하면 기온과 이슬점이 같아지는 높이에서 응결이 일어나서 구름이 생성된다.

(가)보다 (나)에서 큰 값을 갖는 것만을 〈보기〉에서 있는 대로 고른 것은? (단, 건조 단열 감률은 10 ℃/km, 습윤 단열 감률은 5 ℃/km, 이슬점 감률은 2 ℃/km이다.)

● 보기 ●

ㄱ. C 지점에서 공기 덩어리의 온도

ㄴ. A 지점과 B 지점에서의 상대 습도 차이

ㄷ. B – C 구간에서 공기 덩어리의 $\dfrac{온도\ 변화\ 폭}{이슬점\ 변화\ 폭}$

① ㄱ　　　② ㄴ　　　③ ㄱ, ㄷ　　　④ ㄴ, ㄷ　　　⑤ ㄱ, ㄴ, ㄷ

[24030-0172]

04 그림 (가)와 (나)는 산의 풍하측(공기가 산을 넘어 산 사면을 따라 하강하는 쪽)에 위치한 어느 지역에서 2019년 12월 15일부터 20일까지 관측한 여러 기상 요소를 나타낸 것이다. 이 지역에는 푄이 나타났다.

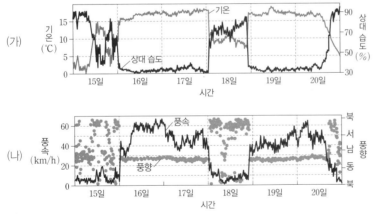

푄이 일어나면 산을 넘기 전의 공기와 비교했을 때 산을 넘은 후의 공기는 기온이 상승하고, 건조한 상태가 된다.

이 자료에 대한 설명으로 옳은 것만을 〈보기〉에서 있는 대로 고른 것은?

● 보기 ●

ㄱ. 푄은 총 2회 나타났다.

ㄴ. 이 지역은 산의 남쪽 방향에 위치한다.

ㄷ. 풍향은 16일이 18일보다 일정하다.

① ㄱ　　　② ㄴ　　　③ ㄱ, ㄷ　　　④ ㄴ, ㄷ　　　⑤ ㄱ, ㄴ, ㄷ

[24030-0173]

기온 감률이 건조 단열 감률보다 크면 대기 안정도는 절대 불안정 상태이고, 기온 감률이 습윤 단열 감률보다 작으면 대기 안정도는 절대 안정 상태이다.

05 그림은 불포화 상태인 h_1 구간의 기층 전체가 천천히 단열 상승하여 h_2 구간으로 이동했을 때 높이에 따른 기온 분포를 나타낸 것이다.

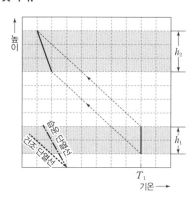

이에 대한 설명으로 옳은 것만을 〈보기〉에서 있는 대로 고른 것은?

● 보기 ●
ㄱ. h_2 구간에서 기층의 안정도는 절대 안정이다.
ㄴ. h_1 구간의 기층이 포화 상태일 때 단열 상승하면 h_2 구간에서 기층의 대기 안정도는 조건부 불안정이다.
ㄷ. h_2 구간에서의 높이에 따른 기온 감률은 h_1 구간의 기층이 포화 상태일 때가 불포화 상태일 때보다 크다.

① ㄱ ② ㄴ ③ ㄱ, ㄷ ④ ㄴ, ㄷ ⑤ ㄱ, ㄴ, ㄷ

[24030-0174]

역전층은 하층 기온이 상층 기온보다 낮아서 안정한 상태의 기층이다. 따라서 역전층이 형성되면 공기의 상승이나 하강 운동이 억제된다.

06 그림 (가)와 (나)는 어느 날 0시와 12시에 관측한 높이에 따른 기온 분포를 순서 없이 나타낸 것이다.

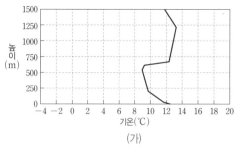

(가)

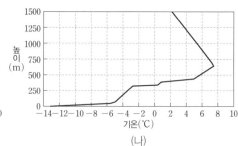

(나)

이에 대한 설명으로 옳은 것만을 〈보기〉에서 있는 대로 고른 것은?

● 보기 ●
ㄱ. 0시에 관측한 것은 (나)이다.
ㄴ. 지표 부근에서 공기의 연직 운동은 (가)보다 (나)가 더 활발하다.
ㄷ. 높이 500 m~1000 m 구간에서의 기온 변화 폭은 (가)보다 (나)가 작다.

① ㄱ ② ㄴ ③ ㄱ, ㄷ ④ ㄴ, ㄷ ⑤ ㄱ, ㄴ, ㄷ

[24030-0175]

07 그림 (가)와 (나)는 서로 다른 두 지역에서 기온이 **40 ℃**인 공기 덩어리가 상승하면서 나타나는 단열 변화를 기온선과 함께 나타낸 것이다.

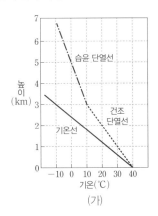
(가)

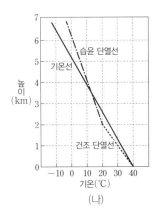
(나)

불포화 상태의 공기는 단열 상승하면서 건조 단열선을 따라 기온이 낮아지고, 상승 응결 고도에 이르면 응결이 일어나서 구름이 생성된다.

이에 대한 설명으로 옳은 것만을 〈보기〉에서 있는 대로 고른 것은?

—● 보 기 ●—

ㄱ. 지표면에서 이슬점은 (가)보다 (나)가 낮다.

ㄴ. 대기 안정도가 조건부 불안정 상태인 것은 (나)이다.

ㄷ. (가)와 (나)에서는 모두 적운형 구름이 형성될 수 있다.

① ㄱ   ② ㄴ   ③ ㄱ, ㄷ   ④ ㄴ, ㄷ   ⑤ ㄱ, ㄴ, ㄷ

[24030-0176]

08 표는 서울과 부산에서 발생한 계절별 안개일수의 평균을 **30년 평균, 최근 10년 평균, 최근 5년 평균**으로 구분하여 나타낸 것이다.

(단위: 일)

구분	봄	여름	가을	겨울
30년	2.7	3.5	1.7	2.3
최근 10년	1.3	0.6	0.6	2.4
최근 5년	1.8	0.4	0.4	2.2

서울

(단위: 일)

구분	봄	여름	가을	겨울
30년	4.6	8.8	0.5	0.4
최근 10년	3.8	9.5	1.3	0.6
최근 5년	4.6	12.2	1.8	0.8

부산

내륙에 위치한 서울보다 해안 지역에 위치한 부산에서 연간 발생하는 이류 안개가 더 많다.

이 자료에 대한 설명으로 옳은 것만을 〈보기〉에서 있는 대로 고른 것은?

—● 보 기 ●—

ㄱ. 연평균 안개일수는 서울이 부산보다 많다.

ㄴ. 연간 발생하는 이류 안개의 발생 빈도는 서울이 부산보다 적을 것이다.

ㄷ. 최근 10년 연평균 안개일수에 대한 최근 5년 연평균 안개일수의 비는 서울이 부산보다 크다.

① ㄱ   ② ㄴ   ③ ㄱ, ㄷ   ④ ㄴ, ㄷ   ⑤ ㄱ, ㄴ, ㄷ

07 대기의 운동과 대기 대순환

개념 체크

● **압력:** 단위 면적에 작용하는 힘으로, 1 Pa＝1 N/m²이다.

● **기압 경도력:** 바람을 일으키는 근원적인 힘으로, 기압이 높은 쪽에서 낮은 쪽으로 등압선에 직각 방향으로 작용한다.

1. 1기압＝(　　) cmHg
  ≒(　　)×100 N/m²
  ＝1013 (　　)

2. 대기압을 측정할 때 수은 기둥의 높이는 기압에 (　　)하고, 유리관의 굵기나 기울기에 (　　)하다.

3. 기압 경도력의 크기는 두 지점 사이의 기압 차에 (　　)하고, 거리에 (　　)한다.

1 대기를 움직이는 힘

(1) 기압: 단위 면적에 작용하는 공기의 무게를 뜻하며, 공기 기둥의 평균 밀도를 ρ, 중력 가속도를 g, 공기 기둥의 높이를 h라고 하면 기압 P는 다음과 같다.

$$P = \rho g h$$

① **기압의 단위:** hPa(헥토파스칼) ➡ 1 hPa＝100 N/m²

  1기압＝76 cmHg≒1013×100 N/m²＝1013 hPa

② **기압의 변화:** 지표면에서 위로 올라갈수록 공기의 밀도가 작아지므로 기압이 낮아진다. ➡ 수평 방향보다는 연직 방향의 기압 변화가 더 심하다.

🧪 **탐구자료 살펴보기** ▶ **토리첼리의 기압 측정**

탐구 과정

굵기가 다른 유리관에 수은을 가득 채운 다음, 이 유리관을 수은을 담은 그릇에 거꾸로 세운 후 유리관의 굵기와 기울기를 변화시켜 가며 수은 기둥의 높이를 관찰한다.

탐구 결과

유리관의 굵기나 기울기에 관계없이 수은 기둥의 높이는 같다.

분석 point

1. 기압은 단위 면적을 누르는 공기의 힘과 같으므로 유리관의 굵기나 기울기와는 무관하다.

2. 토리첼리는 수은 기둥의 높이를 이용하여 기압을 측정하였다.
  1기압의 크기는 수은 기둥을 76 cm 높이까지 밀어 올리는 힘과 같으므로 다음과 같이 정리할 수 있다.
  1기압＝$\rho g h$＝13.6 g/cm³×980 cm/s²×76 cm≒1013×100 N/m²＝1013 hPa＝101300 Pa
  ≒10336 kg중/m²
  즉, 1기압은 1 m²의 면적에 약 10.3 톤의 공기가 누르는 압력이다.

---

(2) 기압 경도력: 두 지점 사이의 기압 차에 의해 생기는 힘으로, 바람을 일으키는 근원적인 힘이다.

① **방향:** 고기압에서 저기압 쪽으로 등압선에 직각인 방향으로 작용한다.

② **크기:** 기압의 크기가 각각 P, $P+\Delta P(\Delta P>0)$이고, 두 등압선이 ΔL 거리만큼 떨어져 있을 때, 면적 S인 A면과 B면에 작용하는 힘은 각각 $(P+\Delta P)S$와 PS이다.

➡ 기압 차에 의한 힘은 A면에서 B면 쪽으로 작용하고, 그 크기는 ΔPS이다. 직육면체의 공기의 질량은 $\rho S \Delta L$이므로 공기 1 kg에 작용하는 기압 경도력(P_{H})의 크기는

$$P_{\mathrm{H}} = \frac{1}{\rho} \cdot \frac{S \Delta P}{S \Delta L} = \frac{1}{\rho} \cdot \frac{\Delta P}{\Delta L} \text{이다.}$$

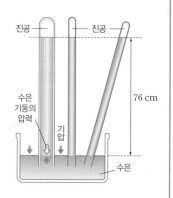
기압 경도력

정답

1. 76, 1013, hPa
2. 비례, 무관
3. 비례, 반비례

과학 돋보기 **대기의 정역학 평형**

고도가 낮은 곳은 높은 곳에 비해 기압이 높으므로 연직 방향의 기압 경도력은 고도가 낮은 곳에서 높은 곳으로 작용한다. 하지만 이러한 연직 방향의 기압 경도력은 대체적으로 중력과 평형을 이루어 상쇄되므로 대기는 연직 방향으로는 정역학 평형 상태에 있다.

$$-\frac{1}{\rho} \cdot \frac{\Delta P}{\Delta z} = g \ (\rho: \text{공기의 밀도, } g: \text{중력 가속도, } \Delta z: \text{고도 차, } \Delta P: \text{기압 차})$$

$$\therefore \ \Delta P = -\rho g \Delta z$$

공기가 연직 방향으로 정역학 평형을 이루면 공기는 수평 방향의 기압 경도력에 의한 운동만 나타난다.

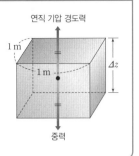

연직 기압 경도력
1 m
1 m
Δz
중력

개념 체크

◉ **연직 방향의 정역학 평형**: 대기는 대체적으로 연직 상방으로 작용하는 기압 경도력과 연직 하방으로 작용하는 중력이 평형을 이루고 있다.

◉ **전향력**: 지구 자전에 의해 나타나는 겉보기 힘으로, 북반구에서는 운동하는 물체의 오른쪽 직각 방향으로 작용한다.

◉ **구심력**: 곡선 운동하는 물체에 작용하는 힘으로, 회전의 중심 방향으로 작용한다.

1. 연직 방향으로 정역학 평형 상태인 공기 덩어리는 연직 상방으로 작용하는 (　　　)과 연직 하방으로 작용하는 (　　　)이 평형을 이루고 있다.

2. 전향력의 크기는 운동 속도에 (　　　)하고, 고위도 지방으로 갈수록 (　　　)한다.

3. 북반구에서 전향력은 운동 방향의 (　　　)쪽 직각 방향으로 작용한다.

4. 물체가 회전 운동을 할 수 있게 하는 힘은 (　　　)이며, (　　　) 방향으로 작용한다.

5. 바람에 작용하는 마찰력은 풍향의 (　　　) 방향으로 작용하며, 풍속이 커질수록 (　　　)진다.

(3) 전향력: 지구 자전에 의해 나타나는 겉보기 힘으로, 지구상에서 운동하는 물체에 작용한다.

① **방향**: 북반구에서는 수평면상에서 물체가 진행하는 방향의 오른쪽 직각 방향으로, 남반구에서는 물체가 진행하는 방향의 왼쪽 직각 방향으로 작용한다.

② **크기**: $C = 2v\Omega \sin\varphi$

(C: 공기 1 kg에 작용하는 전향력, v: 운동 속도, Ω: 지구 자전 각속도, φ: 위도)

➡ 정지한 물체와 적도(위도 0°)에서는 전향력이 작용하지 않는다.

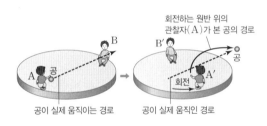

회전하는 원반 위의 관찰자(A)가 본 공의 경로

공이 실제 움직이는 경로　　　공이 실제 움직인 경로

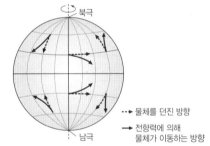

북극

남극

--▶ 물체를 던진 방향
──▶ 전향력에 의해 물체가 이동하는 방향

(4) 구심력: 물체의 궤적을 직선이 아닌 곡선이 되게 만드는 힘으로, 바람에 작용하는 구심력은 기압 경도력에서의 기압 경도나 중력에서의 질량처럼 이 힘을 만드는 요소가 있는 것이 아니고, 물체에 작용하는 힘들의 합력이다. 바람에 작용하는 구심력은 기압 경도력과 전향력의 차이로 나타난다.

① **방향**: 회전축 방향으로 작용한다.

② **크기**: $C_P = \dfrac{v^2}{r} = r\omega^2$

(C_P: 공기 1 kg에 작용하는 구심력, v: 운동 속도, ω: 각속도, r: 회전 반지름)

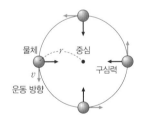

물체　　r　　중심
　구심력
v
운동 방향

구심력의 방향

(5) 마찰력: 지표면 가까이에서 운동하는 공기는 지표면이나 공기 자체의 마찰에 의해 운동을 방해하는 힘을 받는데, 이를 마찰력이라고 한다.

① **방향**: 바람이 부는 방향의 반대 방향으로 작용한다.

② **크기**: 지표면이 거칠수록, 지표면에 가까울수록, 풍속이 클수록 커진다.

정답

1. 기압 경도력, 중력
2. 비례, 증가
3. 오른
4. 구심력, 회전축
5. 반대, 커

2 바람의 종류

(1) 상층에서 부는 바람: 지표면의 마찰력이 작용하지 않는 높이 1 km 이상의 상층 대기에서 부는 바람

① **지균풍**: 높이 1 km 이상의 상층 대기에서 등압선이 직선으로 나란할 때 부는 바람이다.
- **작용하는 힘**: 기압 경도력과 전향력이 평형을 이룬다.
- **풍향**: 북반구의 경우에는 기압 경도력의 오른쪽 직각 방향으로 분다.
- **풍속**: 기압 경도력이 클수록 빠르고, 기압 경도력의 크기가 같은 경우에는 저위도 지방으로 갈수록 빠르다.

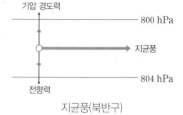

지균풍(북반구)

> **과학 돋보기** **북반구에서 지균풍의 발생 과정**
>
> - 기압 경도력에 의해 정지한 공기 덩어리가 움직이기 시작한다.
> - 전향력에 의해 공기 덩어리는 운동 방향의 오른쪽으로 휘어지게 된다.
> - 기압 경도력이 계속 작용하므로 공기 덩어리의 운동은 가속되고, 속도가 커질수록 전향력도 증가해 운동 방향은 더욱 오른쪽으로 편향된다.
> - 공기 덩어리의 운동 방향이 등압선과 나란해지면 마침내 공기 덩어리에 작용하는 기압 경도력과 전향력이 평형을 이루게 되어 지균풍은 기압 경도력의 오른쪽 직각 방향으로 등압선과 나란하게 분다.

② **경도풍**: 높이 1 km 이상의 상층 대기에서 등압선이 원형이나 곡선일 때 부는 바람이다.
- **작용하는 힘**: 기압 경도력과 전향력의 차이가 구심력으로 작용한다.
- **풍향**
  - 중심부가 저기압일 때: 북반구에서는 시계 반대 방향, 남반구에서는 시계 방향으로 등압선과 나란하게 분다.
  - 중심부가 고기압일 때: 북반구에서는 시계 방향으로, 남반구에서는 시계 반대 방향으로 등압선과 나란하게 분다.
- **풍속**: 기압 경도력의 크기가 같은 경우, 중심부가 고기압일 때는 저기압일 때보다 전향력이 크므로 풍속이 더 빠르다.
  - 중심부가 저기압일 때: 전향력＝기압 경도력－구심력(힘의 크기만을 고려함)
  - 중심부가 고기압일 때: 전향력＝기압 경도력＋구심력(힘의 크기만을 고려함)

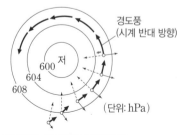

중심부가 저기압일 때(북반구)

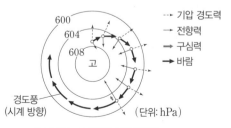

중심부가 고기압일 때(북반구)

(2) 지상에서 부는 바람: 지표면의 마찰력이 작용하는 높이 1 km 이하의 대기 경계층(마찰층)에서 부는 바람

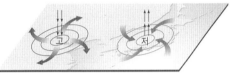

지상풍(북반구)

① **등압선이 직선일 때의 지상풍**: 높이 1 km 이하의 지표면 부근에서 등압선이 직선일 때 부는 바람으로, 마찰력이 커질수록 바람과 등압선이 이루는 각이 커진다.

  • 작용하는 힘: 기압 경도력, 전향력, 마찰력이 작용하는데, 전향력과 마찰력의 합력이 기압 경도력과 평형을 이룬다.

  • 풍향: 마찰력 때문에 등압선과 비스듬하게 기압이 높은 쪽에서 기압이 낮은 쪽으로 분다. 지상풍은 북반구에서는 기압 경도력에 대하여 오른쪽으로 비스듬하게, 남반구에서는 기압 경도력에 대하여 왼쪽으로 비스듬하게 분다.

② **등압선이 원형일 때의 지상풍**: 마찰력이 작용하지 않는 상공에서는 바람이 등압선과 나란하게 불지만, 마찰력이 작용하는 지상에서는 바람이 등압선에 비스듬하게 분다.

고기압과 저기압에서의 바람(북반구)

③ **마찰층(대기 경계층)과 자유 대기**

  • 마찰층(대기 경계층): 지표면 마찰의 영향이 작용하는 지상 약 1 km 높이까지의 대기층으로, 바람이 등압선을 가로질러 비스듬하게 분다.

  • 자유 대기: 지표면 마찰의 영향을 받지 않는 곳으로, 지상에서 약 1 km 이상의 대기층이며, 바람이 등압선과 나란하게 분다.

개념 체크

◐ **지상풍**: 지표면의 마찰력이 작용하는 높이 1 km 이하에서 부는 바람

◐ **지상풍의 풍향**: 지상풍은 지균풍, 경도풍과 달리 마찰력에 의해 등압선과 각도를 이루며 불게 되므로 고압부에서 저압부로 비스듬하게 분다.

◐ **마찰층(대기 경계층)**: 지표면의 마찰력이 바람에 영향을 미치는 대기층이다.

1. 등압선이 직선일 때 지상풍은 전향력과 (   )의 합력이 기압 경도력과 평형을 이룬다.

2. 지상풍에서 마찰력이 클수록 등압선과 바람이 이루는 각은 (   )진다.

3. 지표면 마찰의 영향이 작용하는 높이 약 1 km까지의 대기층을 (   )이라고 한다.

🧪 **탐구자료 살펴보기** **상층과 지상에서 부는 바람 비교하기**

탐구 자료

그림 (가)와 (나)는 우리나라 주변의 지상 일기도와 상층 일기도를 나타낸 것이다. (가)와 (나)의 풍향을 비교해 본다.

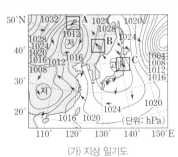

(가) 지상 일기도

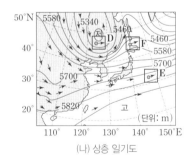

(나) 상층 일기도

자료 해석

1. 지상에서의 바람은 지표면에 의해 발생하는 마찰력의 영향으로 등압선에 비스듬하게 분다.
2. 마찰력의 영향을 받지 않는 상층 대기에서의 바람은 등압면의 등고선에 나란하게 분다.

분석 point

1. (가)의 A에서는 저기압에서의 지상풍이 불고, B에서는 등압선이 직선일 때의 지상풍이 불며, C에서는 고기압에서의 지상풍이 분다.
2. (나)의 D에서는 기압 경도력이 전향력보다 크게 작용하여 저기압성 경도풍이 불고, E에서는 기압 경도력과 전향력이 평형을 이루어 지균풍이 불며, F에서는 전향력이 기압 경도력보다 크게 작용하여 고기압성 경도풍이 분다.

정답

1. 마찰력
2. 커
3. 마찰층(대기 경계층)

3 편서풍 파동과 제트류

(1) 편서풍 파동

① **발생 원인:** 저위도와 고위도의 기온 차와 지구 자전에 의한 전향력 때문에 발생한다.

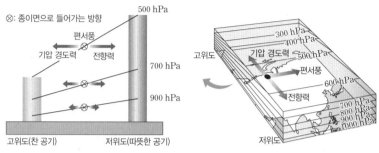

대기 상층에서 부는 편서풍(북반구)

② **역할:** 저위도의 과잉 에너지를 고위도로 수송하고, 지상에 온대 저기압과 이동성 고기압을 만든다.

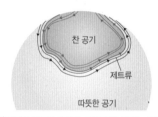

(가) 편서풍 파동의 진폭이 크지 않을 때에는 중위도 지역에서 남북 간의 열에너지 수송이 거의 일어나지 않으므로 남북 간의 기온 차가 점점 커진다.

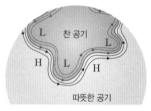

(나) 남북 간의 기온 차가 커지면 편서풍 파동이 발달하기 시작한다.

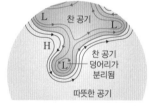

(다) 남북 방향으로 파동이 더 커지면서 성장하고, 파동의 일부가 분리되기 시작한다.

(라) 저기압이 떨어져 나가면서 편서풍 파동의 진폭은 작아진다. 이때 떨어져 나온 공기 덩어리는 남북 간의 에너지 불균형을 더욱 감소시킨다.

편서풍 파동의 변동

③ **편서풍 파동과 지상의 기압 배치:** 편서풍 파동은 지상의 기압 배치에 영향을 준다.
  • **기압골의 서쪽:** 상층 공기 수렴 → 하강 기류 발달 → 지상에 고기압 형성
  • **기압골의 동쪽:** 상층 공기 발산 → 상승 기류 발달 → 지상에 저기압 형성

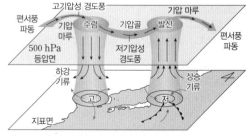

편서풍 파동과 지상의 기압 배치(북반구)

탐구자료 살펴보기 · 해들리 순환과 편서풍 파동

탐구 과정

회전 원통의 안쪽에는 얼음을 넣고 바깥쪽 원통은 열선으로 가열한 다음, 원통을 시계 반대 방향으로 회전시키면서 알루미늄 가루의 운동을 관찰한다.

회전 원통　얼음
알루미늄 가루　실온의 물
회전판
열선
전원 스위치　속도 조절기

탐구 결과

1. 회전 속도가 느릴 때는 물이 회전판과 같은 방향으로 흐르면서 따뜻한 외벽을 따라 상승하고 얼음이 든 내벽을 따라 하강한다.
2. 회전 속도가 중간 정도일 때는 물의 흐름이 파동을 이루고, 회전 속도가 증가하면 파동의 수가 늘어나고 파동의 안쪽과 바깥쪽에 회전 방향이 서로 반대인 소용돌이가 생긴다.

알루미늄 조각

회전 속도: 느림　　중간　　빠름

분석 point

회전 속도가 느릴 때는 해들리 순환, 회전 속도가 빠를 때는 편서풍 파동에 해당하는 흐름이 나타난다.

(2) **제트류**: 편서풍 파동에서 축이 되는 좁고 강한 흐름으로 대류권 계면 부근에서 남북 사이의 기온 차가 가장 큰 곳에서 나타난다. ➡ 제트류에 의해서 남북 방향으로 큰 진폭의 파동이 발생하면 고위도의 차가운 공기는 저위도 쪽으로 내려가고 저위도의 따뜻한 공기는 고위도 쪽으로 올라간다. 이로 인해 남북 사이의 에너지 수송이 활발하게 일어나서 제트류는 전 지구적인 에너지 평형 상태를 유지하는 데 중요한 역할을 한다.

한대 전선 제트류
아열대 제트류

제트류

① **한대 (전선) 제트류**: 한대 전선대에서 남북 간의 급격한 기온 변화로 인해 기압 차가 커지고 기압 경도력이 크게 작용하여 높이 10 km 부근에서 발생한다.

② **아열대 제트류**: 적도 부근에서 가열되어 상승한 공기가 고위도 지역으로 향하면서 위도 30° 부근의 높이 13 km 부근에서 전향력에 의해 동쪽으로 편향되어 발생한다.

③ **풍속의 세기**: 겨울철이 여름철보다 남북 간의 기온 차가 크기 때문에 기압 경도력이 커져서 제트류의 풍속도 더 빠르게 나타난다.

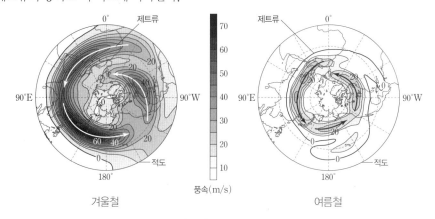

0°　제트류
90°E　90°W
적도
180°
겨울철

풍속(m/s)

제트류　0°
90°E　90°W
적도
180°
여름철

계절에 따른 한대 (전선) 제트류의 위치와 풍속 변화

● **대기 순환의 규모**: 대기 순환은 공간 규모가 클수록 시간 규모도 크다. 전향력은 미규모와 중간 규모에서는 무시할 수 있을 정도로 영향이 작다.

● **온난 고기압**: 대기 대순환 중 해들리 순환과 페렐 순환 사이의 하강 기류가 발달하는 곳에서 만들어지는 고기압으로, 중심부 온도가 주변보다 높다.

● **한랭 고기압**: 지표면의 냉각으로 만들어지는 고기압으로, 중심부 온도가 주변보다 낮다.

1. 지구 규모의 순환에서는 수평 규모에 비해 연직 규모가 훨씬 (　　)다.

2. 해륙풍과 산곡풍은 (　　) 규모에 해당한다.

3. 온난 고기압은 (　　)에 의해 상층에서 공기가 (　　)하여 발생한다.

4. 온대 저기압은 (　　) 규모에 해당한다.

5. 대기 순환의 규모에서 공간 규모가 클수록 시간 규모가 (　　)다.

정답
1. 작
2. 중간
3. 대기 대순환, 수렴
4. 종관
5. 크

4 대기 대순환

(1) 대기 순환의 규모

① **대기 순환의 규모**: 공간 규모와 시간 규모에 따라 구분한다.

② **대기 순환 규모의 특징**
- 공간 규모가 클수록 시간 규모가 커서 수명이 길다.
- 작은 규모의 순환에서는 연직 규모와 수평 규모가 대체로 비슷하고, 큰 규모의 순환에서는 연직 규모에 비해 수평 규모가 훨씬 크다.
- 미규모와 중간 규모는 종관 일기도에 나타나지 않으며, 전향력의 효과는 무시할 수 있을 정도로 작다.

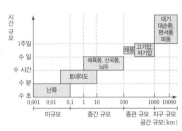

대기 순환의 규모

(2) 여러 규모의 순환

① **미규모의 순환**
- **난류**: 높이 1 km 이하의 대기 경계층(마찰층)에서 나타나는 복잡하고 불규칙한 대기의 흐름이다.
- **토네이도**: 깔때기 모양을 하고 있는 거대한 회오리 바람이다. 우리나라 바다에서 생기는 용오름이 이에 해당하며, 때때로 중간 규모로 나타나기도 한다.

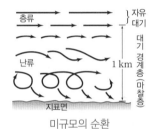

미규모의 순환

② **중간 규모의 순환**
- **해륙풍**: 맑은 날 해안의 약 1 km 이하의 고도에서 육지와 바다의 온도 차에 의해 발생하는 바람이다. 하루를 주기로 낮에는 해풍이, 밤에는 육풍이 분다.

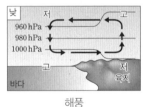

해풍

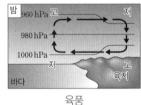

육풍

- **산곡풍**: 맑은 날 산등성이와 골짜기의 온도 차에 의해 발생하는 바람이다. 주기는 하루이고, 낮에는 곡풍이, 밤에는 산풍이 분다.
- **뇌우**: 적란운이 갑자기 발달하면서 천둥과 번개를 동반한 강한 소나기가 내리는 현상이다.

③ **종관 규모의 순환**
- **고기압**
  - **온난 고기압**: 대기 대순환에 의해 상층에서 공기가 수렴하여 발생하며, 단열 압축이 일어나는 중심부의 온도가 주변보다 높다. 예 북태평양 고기압
  - **한랭 고기압**: 지표면의 냉각으로 공기가 침강하여 발생하며, 중심부의 온도가 주변보다 낮고, 상공에는 저기압이 생긴다. 예 시베리아 고기압

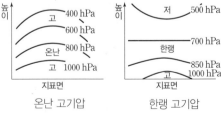

온난 고기압　　　　한랭 고기압

- 저기압
  - 온대 저기압: 고위도의 찬 공기와 저위도의 따뜻한 공기가 만나는 중위도나 고위도에서 발생하는 저기압으로, 기층의 위치 에너지가 운동 에너지로 전환된다.
  - 열대 저기압: 수온이 약 27 ℃ 이상인 위도 5°~25°의 열대 해상에서 발달하며, 에너지원은 수증기의 응결열이다. ➡ 전선이 없고, 이동 경로가 대체로 포물선 궤도이며, 북반구에서는 진행 방향의 오른쪽(위험 반원)이 왼쪽(안전 반원)보다 풍속이 빠르다. 중심부인 태풍의 눈에서는 약한 하강 기류가 발달하여 날씨가 맑다.
④ 지구 규모의 순환
  - 계절풍: 여름에는 대륙이 해양보다 빨리 가열되므로 해양에서 대륙으로 바람이 불고, 겨울에는 대륙이 해양보다 빨리 냉각되므로 대륙에서 해양으로 바람이 분다.

(3) 대기 대순환: 지구 규모의 열에너지 이동을 일으키는 가장 큰 규모의 대기 순환

① 지구의 복사 평형: 지구가 태양으로부터 흡수하는 복사 에너지양과 지구가 우주 공간으로 방출하는 복사 에너지양은 같다.

② 위도별 열수지: 지구 전체적으로는 복사 평형을 이루고 있지만, 위도에 따라 에너지 불균형이 나타난다.

(+: 흡수량, −: 방출량)

	태양 복사(단파 복사)			지구 복사(장파 복사)			
우주 공간	−100 (태양 복사) 25 5		−70	66	4		70
대기	25		25	대기 복사 −154 100 지표복사	8 21	대류와 전도 숨은열	−25
지표면	45		45	88	−104 −8 −21		−45

지구의 열수지

- 저위도: 태양 복사 에너지 흡수량 > 지구 복사 에너지 방출량
- 고위도: 태양 복사 에너지 흡수량 < 지구 복사 에너지 방출량
- 위도 약 38° 이하의 저위도는 에너지 과잉이, 위도 약 38° 이상의 고위도는 에너지 부족이 나타나는데, 그 양은 서로 같다. ➡ 대기와 해수의 순환 등에 의해 저위도의 과잉 에너지가 고위도로 이동하므로 지구 전체적으로는 에너지 평형을 이루고 있다.

③ 대기 대순환 구조
- 단일 순환 세포 모델(지구가 자전하지 않을 때): 적도 지방에는 상승 기류가, 극지방에는 하강 기류가 발달하여 북반구 지상에는 북풍만, 남반구 지상에는 남풍만 분다.

단일 세포 순환 모델   3세포 순환 모델

- 3세포 순환 모델(지구가 자전할 때): 지구 자전에 의한 전향력의 영향으로 3개의 순환 세포가 형성된다.
  - 해들리 순환: 적도에서 상승하여 고위도 방향으로 이동한 후, 위도 30°에서 하강하여 다시 적도로 돌아온다.
  - 페렐 순환: 위도 30°에서 하강하여 고위도 방향으로 이동한 다음 위도 60°에서 상승한다.
  - 극순환: 극에서 하강하여 저위도 방향으로 이동한 다음 위도 60°에서 상승하여 다시 극으로 이동한다.

01 그림은 정역학 평형 상태에 있는 공기 덩어리를 나타낸 것이다. A와 B는 각각 중력과 연직 기압 경도력 중 하나이다.

[24030–0177]

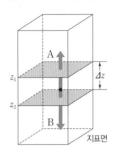

이에 대한 설명으로 옳은 것만을 〈보기〉에서 있는 대로 고른 것은? (단, 중력 가속도는 일정하다고 가정한다.)

┌─── 보기 ●───
ㄱ. 기압은 z_1이 z_2보다 높다.
ㄴ. A와 B의 크기는 서로 같다.
ㄷ. 두 등압면의 압력 차가 일정하다면 공기의 밀도가 커질수록 Δz는 커진다.
└────────

① ㄱ   ② ㄴ   ③ ㄱ, ㄷ
④ ㄴ, ㄷ   ⑤ ㄱ, ㄴ, ㄷ

02 그림은 정역학 평형을 이루고 있는 P 지점의 공기에 작용하는 힘 A, B, C를 나타낸 것이다. 화살표는 힘이 작용하는 방향만을 의미하고, A, B, C는 각각 기압 경도력, 연직 기압 경도력, 수평 기압 경도력 중 하나이다.

[24030–0178]

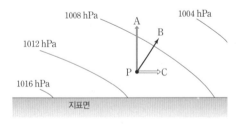

이에 대한 설명으로 옳은 것만을 〈보기〉에서 있는 대로 고른 것은?

┌─── 보기 ●───
ㄱ. A는 연직 방향으로 작용한다.
ㄴ. 기압 경도력은 B이다.
ㄷ. 마찰이 없을 때 실제 대기에 작용하는 힘은 C이다.
└────────

① ㄱ   ② ㄷ   ③ ㄱ, ㄴ
④ ㄴ, ㄷ   ⑤ ㄱ, ㄴ, ㄷ

03 그림 (가)와 (나)는 판의 회전 여부에 따른 물체의 이동 모습을 순서 없이 나타낸 것이다. (가)와 (나)는 위도가 다른 두 지점을 가정하고 실험한 것이다.

[24030–0179]

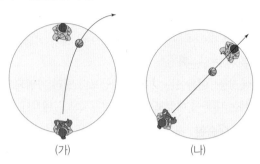

(가)   (나)

이에 대한 설명으로 옳은 것만을 〈보기〉에서 있는 대로 고른 것은?

┌─── 보기 ●───
ㄱ. (가)에서 판의 회전 방향은 시계 방향이다.
ㄴ. (나)는 지구의 극 지점에서 나타나는 모습이다.
ㄷ. (가)에서 판의 회전 속도가 빠를수록 물체의 이동 궤적은 더 많이 휜다.
└────────

① ㄱ   ② ㄷ   ③ ㄱ, ㄴ
④ ㄴ, ㄷ   ⑤ ㄱ, ㄴ, ㄷ

04 표는 대기에 작용하는 힘인 마찰력과 구심력의 특징을 순서 없이 나타낸 것이다.

[24030–0180]

힘	특징
(가)	물체의 운동 방향과 반대 방향으로 작용하는 힘
(나)	물체의 궤적을 곡선이 되도록 만드는 힘

이에 대한 설명으로 옳은 것만을 〈보기〉에서 있는 대로 고른 것은?

┌─── 보기 ●───
ㄱ. (가)는 대체로 풍속이 빠를수록 커진다.
ㄴ. (나)는 기압 경도력과 전향력이 평형을 이룰 때 작용한다.
ㄷ. (나)는 공기의 운동 방향을 변화시킬 수 있다.
└────────

① ㄱ   ② ㄴ   ③ ㄱ, ㄷ
④ ㄴ, ㄷ   ⑤ ㄱ, ㄴ, ㄷ

[24030-0181]

05 그림은 등압선이 나란한 어느 지역의 상공에서 지균풍이 형성되는 과정 중 일부를 나타낸 것이다. 힘 A와 B의 화살표는 힘의 방향만을 의미한다.

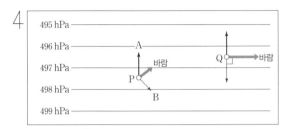

이에 대한 설명으로 옳은 것만을 〈보기〉에서 있는 대로 고른 것은?

● 보기 ●

ㄱ. P 지점에서 힘의 크기는 A＞B이다.

ㄴ. 이 지역은 남반구에 위치한다.

ㄷ. Q 지점에서 부는 바람은 지표면 마찰의 영향을 받는다.

① ㄱ　　　　　② ㄴ　　　　　③ ㄱ, ㄷ

④ ㄴ, ㄷ　　　　⑤ ㄱ, ㄴ, ㄷ

[24030-0182]

06 그림은 어느 지역의 상공에서 등압선이 원형일 때 부는 경도풍을 나타낸 것이다. A와 B는 바람의 방향이고, ㉠, ㉡은 바람에 작용하는 힘의 방향이다.

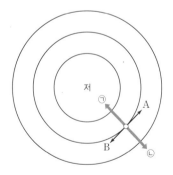

이에 대한 설명으로 옳은 것만을 〈보기〉에서 있는 대로 고른 것은?

● 보기 ●

ㄱ. 이 지역이 북반구에 위치할 때 바람의 방향은 A이다.

ㄴ. 전향력과 구심력이 작용하는 방향은 ㉠이다.

ㄷ. 경도풍에 작용하는 힘 중 힘의 크기는 기압 경도력이 가장 크다.

① ㄱ　　　　　② ㄴ　　　　　③ ㄱ, ㄷ

④ ㄴ, ㄷ　　　　⑤ ㄱ, ㄴ, ㄷ

[24030-0183]

07 그림은 북반구 어느 지역에서 지속적으로 불고 있는 바람과 이 바람에 작용하는 힘 A, B, C를 나타낸 것이다.

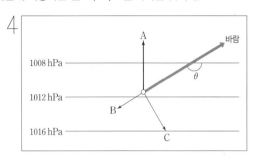

이에 대한 설명으로 옳은 것만을 〈보기〉에서 있는 대로 고른 것은?

● 보기 ●

ㄱ. B와 C의 합력의 크기는 A와 같다.

ㄴ. 이 바람은 대기 경계층에서 나타난다.

ㄷ. C가 작아질수록 θ의 크기는 작아진다.

① ㄱ　　　　　② ㄷ　　　　　③ ㄱ, ㄴ

④ ㄴ, ㄷ　　　　⑤ ㄱ, ㄴ, ㄷ

[24030-0184]

08 그림 (가)와 (나)는 동일한 위도의 서로 다른 두 고기압 부근에서 부는 바람을 나타낸 것이다.

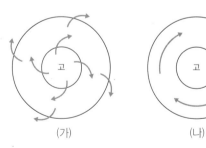

(가)　　　　　　　　(나)

이에 대한 설명으로 옳은 것만을 〈보기〉에서 있는 대로 고른 것은?

● 보기 ●

ㄱ. (가)와 (나)는 모두 남반구에 위치한다.

ㄴ. 바람이 부는 평균 높이는 (가)보다 (나)에서 높다.

ㄷ. 바람에 작용하는 마찰력의 크기는 (가)보다 (나)에서 작다.

① ㄱ　　　　　② ㄴ　　　　　③ ㄱ, ㄷ

④ ㄴ, ㄷ　　　　⑤ ㄱ, ㄴ, ㄷ

[24030-0185]

09 그림 (가)와 (나)는 어느 편서풍 파동의 변동 과정 중 일부를 나타낸 것이다.

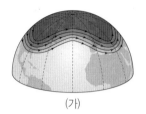 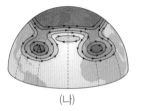

(가)　　　　　　　　(나)

이에 대한 설명으로 옳은 것만을 〈보기〉에서 있는 대로 고른 것은?

━● 보 기 ●━
ㄱ. A는 고기압이다.
ㄴ. 남북 간의 기온 차가 커질수록 편서풍 파동은 잘 발달한다.
ㄷ. 편서풍 파동의 진폭이 클수록 남북 사이의 에너지 수송량이 커진다.

① ㄱ　　　　② ㄷ　　　　③ ㄱ, ㄴ
④ ㄴ, ㄷ　　　　⑤ ㄱ, ㄴ, ㄷ

[24030-0186]

10 그림은 북반구의 중위도 상층에서의 편서풍 파동과 지상에서의 기압 배치를 나타낸 것이다. A와 B 지점에서는 각각 공기의 발산과 수렴 중 하나가 일어난다.

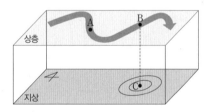

지점 A, B, C에 대한 설명으로 옳은 것만을 〈보기〉에서 있는 대로 고른 것은?

━● 보 기 ●━
ㄱ. 기압골의 서쪽에 위치하는 지점은 A이다.
ㄴ. 공기의 수렴이 일어나는 지점은 B이다.
ㄷ. B와 C 사이에는 하강 기류가 나타난다.

① ㄱ　　　　② ㄷ　　　　③ ㄱ, ㄴ
④ ㄴ, ㄷ　　　　⑤ ㄱ, ㄴ, ㄷ

[24030-0187]

11 다음은 영희가 제트류에 대해 학습한 후 정리한 내용이다.

・제트류
－ (A): 한대 전선대 상공에서 발생
－ (B): 위도 30° 부근의 상공에서 발생
－ 풍속: 여름철이 겨울철보다 (㉠).

이에 대한 설명으로 옳은 것만을 〈보기〉에서 있는 대로 고른 것은?

━● 보 기 ●━
ㄱ. '느리다'는 ㉠으로 적절하다.
ㄴ. 제트류의 평균 발생 높이는 A가 B보다 높다.
ㄷ. 제트류는 전 지구적인 에너지 평형 상태를 유지하는 데 중요한 역할을 한다.

① ㄱ　　　　② ㄴ　　　　③ ㄱ, ㄷ
④ ㄴ, ㄷ　　　　⑤ ㄱ, ㄴ, ㄷ

[24030-0188]

12 그림은 어느 계절에 북반구 200 hPa 등압면 부근에서의 풍속과 풍향 분포를 나타낸 것이다.

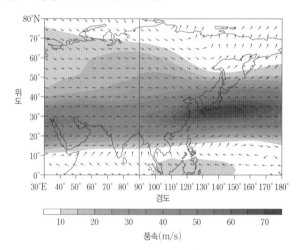

이에 대한 설명으로 옳은 것만을 〈보기〉에서 있는 대로 고른 것은?

━● 보 기 ●━
ㄱ. 계절은 여름철이다.
ㄴ. 제트류는 주로 서풍이다.
ㄷ. 남북 사이의 수평 기온 차가 클수록 풍속은 느릴 것이다.

① ㄱ　　　　② ㄴ　　　　③ ㄱ, ㄷ
④ ㄴ, ㄷ　　　　⑤ ㄱ, ㄴ, ㄷ

13 그림은 대기 순환 규모의 종류와 대표적인 예를 구분하여 나타낸 것이다.

[24030-0189]

이에 대한 설명으로 옳은 것만을 〈보기〉에서 있는 대로 고른 것은?

● 보기 ●
ㄱ. 대기 대순환은 A에 적절하다.
ㄴ. 시간 규모는 (가)보다 (나)에서 크다.
ㄷ. 전향력의 효과는 (가)보다 (나)에서 작다.

① ㄱ ② ㄷ ③ ㄱ, ㄴ
④ ㄴ, ㄷ ⑤ ㄱ, ㄴ, ㄷ

14 그림은 복사 평형 상태인 북반구에서 위도별 태양 복사 에너지 흡수량과 지구 복사 에너지 방출량을 나타낸 것이다. A와 B는 각각 태양 복사 에너지 흡수량과 지구 복사 에너지 방출량 중 하나이다.

[24030-0190]

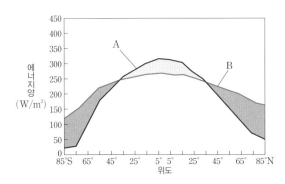

이에 대한 설명으로 옳은 것만을 〈보기〉에서 있는 대로 고른 것은?

● 보기 ●
ㄱ. 태양 복사 에너지 흡수량은 A이다.
ㄴ. 고위도로 이동할수록 에너지 과잉 상태가 나타난다.
ㄷ. 저위도에서 고위도로 대기와 해수에 의한 열수송이 나타난다.

① ㄱ ② ㄴ ③ ㄱ, ㄷ
④ ㄴ, ㄷ ⑤ ㄱ, ㄴ, ㄷ

15 그림은 어느 대기 대순환의 모델을 나타낸 것이다. A, B, C는 대기 순환 세포이고, P 지점은 지표에 위치한다.

[24030-0191]

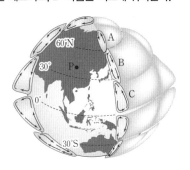

이에 대한 설명으로 옳은 것만을 〈보기〉에서 있는 대로 고른 것은?

● 보기 ●
ㄱ. 지구가 자전할 때의 대기 대순환 모델이다.
ㄴ. A, B, C는 모두 열적 순환에 의해 형성된다.
ㄷ. P 지점 부근에서는 북풍 계열의 바람이 우세하게 나타난다.

① ㄱ ② ㄴ ③ ㄱ, ㄷ
④ ㄴ, ㄷ ⑤ ㄱ, ㄴ, ㄷ

16 그림 (가)와 (나)는 맑은 날 하루 동안 어느 해안 지역에서 해풍과 육풍이 불 때의 모습을 순서 없이 나타낸 것이다.

[24030-0192]

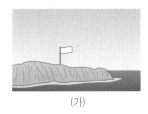 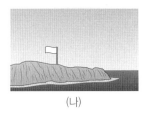

(가) (나)

이에 대한 설명으로 옳은 것만을 〈보기〉에서 있는 대로 고른 것은?

● 보기 ●
ㄱ. 해풍이 불 때는 (가)이다.
ㄴ. 육지에서의 평균 기온은 (가)보다 (나)일 때 높다.
ㄷ. (나)에서 지표 부근의 기압은 바다 쪽이 육지 쪽보다 높다.

① ㄱ ② ㄴ ③ ㄱ, ㄷ
④ ㄴ, ㄷ ⑤ ㄱ, ㄴ, ㄷ

[24030-0193]

기압은 지구를 둘러싸고 있는 대기의 무게 때문에 단위 면적당 받게 되는 힘이다.

01 그림 (가)와 (나)는 서로 다른 두 지역에서 동일한 장비로 측정한 토리첼리의 기압 측정 실험 결과를 나타낸 것이다.

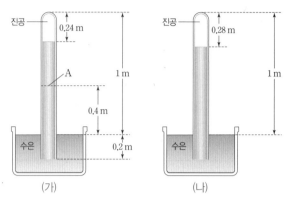

이 자료에 대한 설명으로 옳은 것만을 〈보기〉에서 있는 대로 고른 것은?

보기

ㄱ. 다른 조건이 동일할 때 고도는 (가)보다 (나)에서 높다.

ㄴ. (가)에서 기압의 크기는 수은 기둥을 96 cm 밀어 올리는 힘과 같다.

ㄷ. (가)의 A 지점에서 받는 수은 기둥의 압력을 수은 기둥의 높이로 환산하면 400 mmHg 이다.

① ㄱ   ② ㄷ   ③ ㄱ, ㄴ   ④ ㄴ, ㄷ   ⑤ ㄱ, ㄴ, ㄷ

[24030-0194]

기압 경도력은 고기압에서 저기압 쪽으로 등압선에 직각 방향으로 작용한다.

02 그림 (가)와 (나)는 서로 다른 두 고도에서 정역학 평형 상태를 이루고 있는 공기 덩어리의 모습을 나타낸 것이다. (가)와 (나)에서 공기의 밀도는 같고, ΔP는 0보다 크다.

이에 대한 설명으로 옳은 것만을 〈보기〉에서 있는 대로 고른 것은?

보기

ㄱ. (가)와 (나)에서 수평 기압 경도력은 동쪽에서 서쪽으로 작용한다.

ㄴ. 수평 기압 경도력의 크기는 (가)보다 (나)에서 2배 크다.

ㄷ. 공기 덩어리의 질량은 (가)보다 (나)가 작다.

① ㄱ   ② ㄴ   ③ ㄱ, ㄷ   ④ ㄴ, ㄷ   ⑤ ㄱ, ㄴ, ㄷ

[24030-0195]

03 그림은 위도에 따른 자전 속도와 코리올리 계수를 A와 B로 순서 없이 나타낸 것이다. 코리올리 계수는 전향력에서 나타나는 비례 상수로 $2\Omega\sin\varphi(\Omega$: 지구 자전 각속도, φ: 위도)를 의미한다.

전향력은 지구의 자전, 위도, 물체의 속도에 의해 좌우된다.

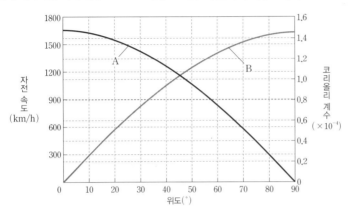

이에 대한 설명으로 옳은 것만을 〈보기〉에서 있는 대로 고른 것은?

● 보기 ●
- ㄱ. A는 자전 속도, B는 코리올리 계수이다.
- ㄴ. 전향력이 최소인 위도에서 자전 속도는 최대이다.
- ㄷ. 지구에서 운동하는 물체에 작용하는 전향력은 위도가 높아질수록 커진다.

① ㄱ   ② ㄴ   ③ ㄱ, ㄷ   ④ ㄴ, ㄷ   ⑤ ㄱ, ㄴ, ㄷ

[24030-0196]

04 그림 (가)와 (나)는 지균풍이 불고 있는 위도 45°N 지역의 어느 등압면의 등고선과 위도 30°S 지역의 상층 등압선을 나타낸 것이다.

지균풍이 불 때 단위 질량의 공기에 작용하는 기압 경도력과 전향력의 크기가 같으므로 $\dfrac{\Delta P}{\rho\Delta L}=2v\Omega\sin\varphi$를 만족한다.

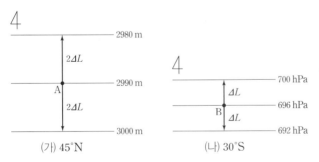

이에 대한 설명으로 옳은 것만을 〈보기〉에서 있는 대로 고른 것은? (단, 공기의 밀도는 $1\ \text{kg/m}^3$, 중력 가속도는 $10\ \text{m/s}^2$이다.)

● 보기 ●
- ㄱ. 지균풍의 풍향은 (가)와 (나)에서 서로 같다.
- ㄴ. 지균풍의 풍속은 (나)보다 (가)에서 느리다.
- ㄷ. (가)와 (나)에서 기압 경도력은 모두 저위도에서 고위도로 작용한다.

① ㄱ   ② ㄷ   ③ ㄱ, ㄴ   ④ ㄴ, ㄷ   ⑤ ㄱ, ㄴ, ㄷ

[24030-0197]

경도풍은 자유 대기에서 기압 경도력과 전향력의 합력이 구심력으로 작용하며 등압선에 나란하게 부는 바람이다.

05 그림 (가)와 (나)는 어느 지역에서 서로 다른 두 시기에 경도풍이 불고 있을 때의 바람 방향과 기압 배치를 나타낸 것이다. 등압선의 간격은 동일하다.

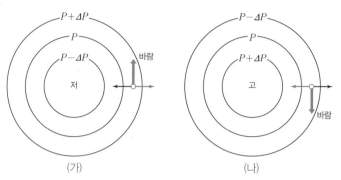

(가)　　　　　　　　(나)

이에 대한 설명으로 옳은 것만을 〈보기〉에서 있는 대로 고른 것은?

● 보기 ●

ㄱ. 이 지역은 남반구에 위치한다.

ㄴ. 전향력의 크기는 (가)보다 (나)에서 크다.

ㄷ. (가)와 (나)에서 경도풍의 속력이 같다면 기압 경도력이 더 커져야 하는 것은 (가)이다.

① ㄱ　　　② ㄴ　　　③ ㄱ, ㄷ　　　④ ㄴ, ㄷ　　　⑤ ㄱ, ㄴ, ㄷ

[24030-0198]

지상풍은 고도가 높아짐에 따라 마찰력이 감소하므로 풍속이 빨라진다.

06 그림 (가)와 (나)는 어느 지역의 서로 다른 두 고도 A와 B에서 지속적으로 부는 바람과 이 지점의 공기에 작용하는 힘을 나타낸 것이다. 공기에 작용하는 힘과 바람의 화살표는 모두 방향만을 의미한다.

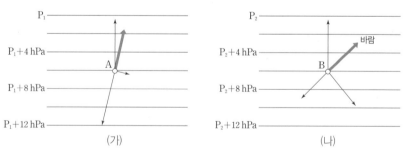

(가)　　　　　　　　(나)

(가)보다 (나)에서 큰 값을 갖는 것만을 〈보기〉에서 있는 대로 고른 것은?

● 보기 ●

ㄱ. 고도

ㄴ. 대기 밀도

ㄷ. 등압선과 바람이 이루는 각(경각)

① ㄱ　　　② ㄴ　　　③ ㄱ, ㄷ　　　④ ㄴ, ㄷ　　　⑤ ㄱ, ㄴ, ㄷ

[24030-0199]

07 그림은 남반구의 지표면에 위치한 어느 지점 P의 연직 상공에서 내려다본 서로 다른 두 고도에서 부는 바람 A, B와 등압선을 동일한 평면에 투영하여 나타낸 것이다. 각각의 고도에서 등압선 ㉠과 ㉡ 사이의 거리와 기압 차는 같고, 화살표는 풍향만을 의미한다.

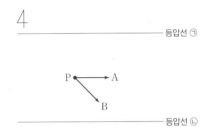

이에 대한 설명으로 옳은 것만을 〈보기〉에서 있는 대로 고른 것은?

> **보기**
>
> ㄱ. 기압은 ㉠이 ㉡보다 크다.
> ㄴ. 풍속은 A가 B보다 빠르다.
> ㄷ. 지점 P의 연직 상공에서 지점 P로 이동할 때 풍향은 시계 반대 방향으로 변한다.

① ㄱ　　　　② ㄷ　　　　③ ㄱ, ㄴ　　　　④ ㄴ, ㄷ　　　　⑤ ㄱ, ㄴ, ㄷ

지표면 부근에서는 지면과의 마찰 때문에 등압선에 비스듬하게 바람이 불고, 상층 대기에서는 지면과의 마찰이 없기 때문에 등압선에 나란하게 바람이 분다.

[24030-0200]

08 그림은 남반구의 500 hPa 등압면의 모습을 나타낸 것이다. A, B, C 지점의 고도와 중력 가속도는 같다.

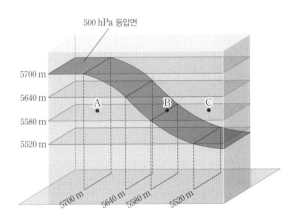

지점 A, B, C에 대한 설명으로 옳은 것만을 〈보기〉에서 있는 대로 고른 것은?

> **보기**
>
> ㄱ. 기온은 A가 B보다 높다.
> ㄴ. 위도는 B가 C보다 높다.
> ㄷ. B에서 바람은 서쪽에서 동쪽으로 분다.

① ㄱ　　　　② ㄴ　　　　③ ㄱ, ㄷ　　　　④ ㄴ, ㄷ　　　　⑤ ㄱ, ㄴ, ㄷ

같은 고도에서는 500 hPa 등압면의 등고선이 높은 쪽에서 낮은 쪽으로 기압 경도력이 작용한다.

상층 일기도에서 기압골의 서쪽은 공기의 수렴이 일어나고 지상에는 고기압이 형성된다.

[24030-0201]

09 그림은 어느 날 우리나라 부근 500 hPa 등압면의 등고선을 나타낸 것이다. A와 B는 500 hPa 등압면상의 지점이다.

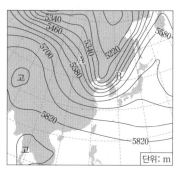

이에 대한 설명으로 옳은 것만을 〈보기〉에서 있는 대로 고른 것은?

● 보기 ●

ㄱ. 다음 날 우리나라의 날씨는 흐려질 것이다.

ㄴ. 강수 확률은 A의 지상보다 B의 지상에서 높다.

ㄷ. 편서풍 파동에서 $\dfrac{\text{A 지점을 통과한 후의 풍속}}{\text{A 지점을 통과하기 전의 풍속}}$ 은 $\dfrac{\text{B 지점을 통과한 후의 풍속}}{\text{B 지점을 통과하기 전의 풍속}}$ 보다 작다.

① ㄱ　　　② ㄴ　　　③ ㄱ, ㄷ　　　④ ㄴ, ㄷ　　　⑤ ㄱ, ㄴ, ㄷ

상층 일기도에서 같은 고도를 기준으로 저위도일수록 기압이 높다.

[24030-0202]

10 그림은 과거 30년 동안 평균한 500 hPa 등압면의 등고선을 나타낸 것이다. 같은 위도의 A와 B 지점은 500 hPa 등압면에 위치한다.

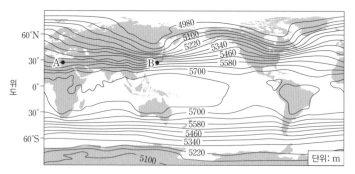

이에 대한 설명으로 옳은 것만을 〈보기〉에서 있는 대로 고른 것은?

● 보기 ●

ㄱ. 풍속은 A 지점이 B 지점보다 느리다.

ㄴ. 500 hPa 등압면의 등고선 고도의 변화 폭은 북반구보다 남반구에서 크다.

ㄷ. 500 hPa 등압면의 등고선 진폭이 작을수록 남북 사이의 에너지 수송량이 많아진다.

① ㄱ　　　② ㄷ　　　③ ㄱ, ㄴ　　　④ ㄴ, ㄷ　　　⑤ ㄱ, ㄴ, ㄷ

11 그림 (가)와 (나)는 북반구의 여름철과 겨울철에 관측한 전 지구적인 자오면상의 풍속 분포를 순서 없이 나타낸 것이다. 풍속에서 (+)와 (−)는 각각 동풍과 서풍 중 하나이다.

[24030−0203]

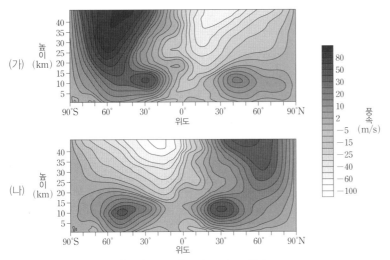

고도에 따른 바람의 연직 분포는 기온의 연직 분포에 영향을 받아 나타난다.

이에 대한 설명으로 옳은 것만을 〈보기〉에서 있는 대로 고른 것은?

─● 보기 ●─
ㄱ. 북반구 겨울철의 자료는 (가)이다.
ㄴ. 풍속에서 (+)는 서풍이고, (−)는 동풍이다.
ㄷ. 높이에 따른 풍속 분포는 주로 남북 사이의 기온 분포에 영향을 받는다.

① ㄱ   ② ㄴ   ③ ㄱ, ㄷ   ④ ㄴ, ㄷ   ⑤ ㄱ, ㄴ, ㄷ

12 그림은 어느 지역의 높이에 따른 기온과 풍속 분포를 A와 B로 순서 없이 나타낸 것이다.

이에 대한 설명으로 옳은 것만을 〈보기〉에서 있는 대로 고른 것은?

[24030−0204]

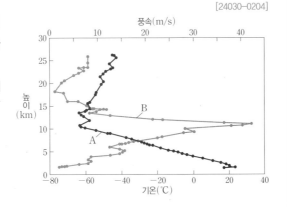

제트류는 대류권 계면 부근에서 남북 사이의 기온 차가 큰 곳에서 나타난다.

─● 보기 ●─
ㄱ. A는 풍속이고, B는 기온이다.
ㄴ. 제트류는 대류권 계면 부근에서 나타난다.
ㄷ. 대류권에서 기층의 안정도는 모두 불안정이다.

① ㄱ   ② ㄴ   ③ ㄱ, ㄷ   ④ ㄴ, ㄷ   ⑤ ㄱ, ㄴ, ㄷ

대기 순환의 시간 규모와 공간 규모는 대체로 비례하며 규모가 클수록 전향력의 영향이 뚜렷해진다.

13 그림 (가)는 어느 날 곡풍이 불 때의 모습을, (나)는 대기 순환의 공간 규모와 시간 규모를 나타낸 것이다.

[24030-0205]

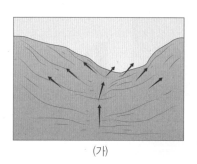

(가)

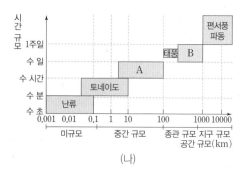

(나)

이에 대한 설명으로 옳은 것만을 〈보기〉에서 있는 대로 고른 것은?

● 보기 ●

ㄱ. (가)는 바람이 약한 맑은 날에 주로 나타난다.

ㄴ. (나)에서 일기도에 나타날 확률은 A보다 B가 크다.

ㄷ. (가)는 (나)의 A에 해당한다.

① ㄱ　　　　② ㄷ　　　　③ ㄱ, ㄴ　　　　④ ㄴ, ㄷ　　　　⑤ ㄱ, ㄴ, ㄷ

지구 자전에 의한 전향력의 영향으로 3개의 대기 대순환 세포가 형성된다.

14 그림 (가)와 (나)는 북반구의 여름철과 겨울철에 자오면상의 평균 대기 대순환을 순서 없이 나타낸 것이다. 실선(――)은 자오면상의 평균적인 대기의 흐름을 의미한다.

[24030-0206]

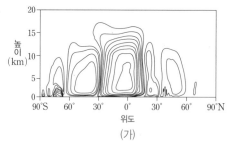

(가)

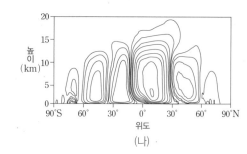

(나)

이에 대한 설명으로 옳은 것만을 〈보기〉에서 있는 대로 고른 것은?

● 보기 ●

ㄱ. 대기 대순환 세포는 모두 열적 순환으로 형성된다.

ㄴ. 북반구 여름철의 대기 대순환 모습은 (가)이다.

ㄷ. (나)에서 위도 30°N의 상공에서는 하강 기류가 발달한다.

① ㄱ　　　　② ㄷ　　　　③ ㄱ, ㄴ　　　　④ ㄴ, ㄷ　　　　⑤ ㄱ, ㄴ, ㄷ

[24030-0207]

15 그림은 어느 지역의 해안에서 24시간 동안 관측한 해륙풍의 풍속과 풍향을 나타낸 것이다.

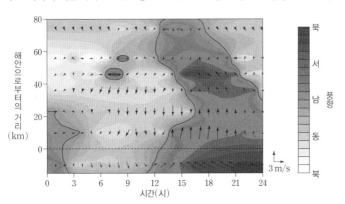

이에 대한 설명으로 옳은 것만을 〈보기〉에서 있는 대로 고른 것은?

● 보기 ●

ㄱ. 해안의 관측 지점을 기준으로 육지는 남동쪽에 위치한다.

ㄴ. 해륙풍은 종관 규모의 대기 순환이다.

ㄷ. 해안에서의 풍속은 대체로 육풍이 해풍보다 빠르다.

① ㄱ   ② ㄴ   ③ ㄱ, ㄷ   ④ ㄴ, ㄷ   ⑤ ㄱ, ㄴ, ㄷ

해륙풍은 해안 지방에서 육지와 바다의 온도 차이에 의해 하루를 주기로 풍향이 바뀌는 바람이다.

[24030-0208]

16 그림 (가)와 (나)는 북반구 어느 지역의 6월과 12월의 바람 분포를 나타낸 것이다.

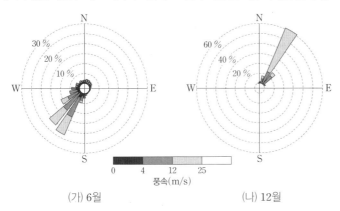

(가) 6월   (나) 12월

이에 대한 설명으로 옳은 것만을 〈보기〉에서 있는 대로 고른 것은?

● 보기 ●

ㄱ. 해양은 이 지역의 북동쪽에 위치한다.

ㄴ. 풍향의 변화 폭은 (가)보다 (나)에서 작다.

ㄷ. 대륙 쪽이 해양 쪽보다 지표면 부근의 평균 대기 밀도가 큰 시기는 (가)이다.

① ㄱ   ② ㄴ   ③ ㄷ   ④ ㄱ, ㄴ   ⑤ ㄴ, ㄷ

계절풍은 여름에는 육지가 바다보다 빨리 가열되고 겨울에는 육지가 바다보다 빨리 냉각되어 1년을 주기로 풍향이 바뀌는 바람이다. 계절풍에 의해 대기의 수렴대는 이동하게 된다.

Ⅲ 우주

2024학년도 대학수학능력시험 20번

20. 그림은 우리나라에서 어느 해 7월 d일부터 7일 간격으로 해가 진 후 같은 시각에 관측한 행성 A, 행성 B, 별 C의 상대적인 위치 변화를 나타낸 것이다. A와 B는 각각 금성과 화성 중 하나이다.

| d일 | $d+7$일 | $d+14$일 |

이에 대한 설명으로 옳은 것만을 <보기>에서 있는 대로 고른 것은? (단, 방위각은 북점을 기준으로 측정한다.) [3점]

─〈보 기〉─
ㄱ. A는 화성이다.
ㄴ. 이 기간 동안 B와 태양의 적경 차는 작아진다.
ㄷ. C가 지평선 위로 뜰 때 방위각은 90°보다 크다.

① ㄱ   ② ㄷ   ③ ㄱ, ㄴ   ④ ㄴ, ㄷ   ⑤ ㄱ, ㄴ, ㄷ

2024학년도 EBS 수능특강 157쪽 6번

[23030-0230]
06 그림 (가), (나), (다)는 우리나라에서 15일 간격으로 같은 시각에 관측한 일부 별자리와 화성의 위치를 시간 순서대로 나타낸 것이다.

| (가) | (나) | (다) |

이 기간 동안 화성에 대한 설명으로 옳은 것만을 <보기>에서 있는 대로 고른 것은?

┌ 보기 ┐
ㄱ. 적경이 감소하는 시기가 있다.
ㄴ. 해가 질 무렵에 남쪽 하늘에서 관측된다.
ㄷ. 화성의 공전 궤도 긴반지름이 현재보다 커지면 회합 주기는 증가한다.

① ㄱ   ② ㄴ   ③ ㄱ, ㄷ   ④ ㄴ, ㄷ   ⑤ ㄱ, ㄴ, ㄷ

연계 분석 수능 20번 문제는 수능특강 157쪽 6번 문제와 연계하여 출제되었다. 두 문제 모두 일정한 날짜 간격으로 같은 시각에 관측한 별자리와 행성의 상대적인 위치 관계를 묻고 있다는 점에서 연계성을 찾아볼 수 있다. 수능특강 문제에서는 별자리에 대한 한 행성의 위치 변화를 다루지만, 수능 문제에서는 별자리에 대한 두 행성의 위치 변화 차이로부터 내행성과 외행성을 구분하게 한다는 점에서 연계 교재의 문제와 차이가 있다.

학습 대책 수능특강 문제는 별자리에 대한 한 행성의 위치 변화를 통해 행성의 운동을 이해하고 관측 자료를 해석하도록 구성되어 있다. 수능 문제는 더 나아가 별자리에 대한 두 행성의 위치 변화를 통해 내행성과 외행성의 운동에서 나타나는 특징을 구분하여 해석하도록 자료가 구성되어 있다. 이처럼 수능 문제는 연계 교재 문제로부터 습득한 다양한 기본 개념을 복합적으로 물을 수 있으므로 기본 개념을 탄탄히 하며, 나아가 문제 자료로부터 추가의 상황을 고려해 볼 수 있게 학습할 필요가 있다.

2024학년도 대학수학능력시험 16번

16. 그림 (가)와 (나)는 우리은하의 21 cm파 영상과 가시광선 영상을 순서 없이 나타낸 것이다.

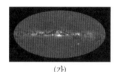 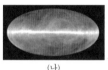

(가)   (나)

이에 대한 설명으로 옳은 것만을 <보기>에서 있는 대로 고른 것은?

<보 기>
ㄱ. (가)는 가시광선 영상이다.
ㄴ. (나)는 이온화된 수소의 분포를 나타낸다.
ㄷ. (가)는 (나)보다 성간 티끌에 의한 소광의 영향을 적게 받았다.

① ㄱ   ② ㄴ   ③ ㄱ, ㄷ   ④ ㄴ, ㄷ   ⑤ ㄱ, ㄴ, ㄷ

2023학년도 EBS 수능특강 202쪽 12번

[23030-0298]

12 그림 (가)와 (나)는 각각 적외선과 21 cm 전파로 관측한 우리은하의 모습을 나타낸 것이다.

(가) 적외선   (나) 21 cm 전파

이에 대한 설명으로 옳은 것만을 <보기>에서 있는 대로 고른 것은?

보기
ㄱ. 적외선과 21 cm 전파 모두 우리은하의 헤일로보다 은하면에서 강하게 방출된다.
ㄴ. 성간 티끌의 분포를 알아내는 데에는 (가)가 (나)보다 유리하다.
ㄷ. 지구에서 A 방향으로 관측하면 21 cm 전파의 세기는 시선 속도와 관계없이 일정하다.

① ㄱ   ② ㄷ   ③ ㄱ, ㄴ   ④ ㄴ, ㄷ   ⑤ ㄱ, ㄴ, ㄷ

연계 분석 수능 16번 문제는 수능특강 202쪽 12번 문제와 연계하여 출제되었다. 두 문제 모두 다양한 파장 영역에서 관측한 우리은하의 모습을 묻고 있다는 점에서 연계성을 찾아볼 수 있다. 수능특강 문제에서는 적외선 영상과 21 cm 전파 영상을 제시하고 이에 관한 내용을 묻지만, 수능 문제에서는 가시광선 영상과 21 cm파 영상을 순서 없이 제시하여 영상의 특징으로부터 관측 파장 영역을 추정하고 자료를 해석하게 한다는 점에서 연계 교재의 문제와 차이가 있다.

학습 대책 21 cm 전파의 관측과 해석은 교육과정에서 중요하게 다루는 내용 요소로, 수능특강 문제에서는 21 cm 전파 영상에 적외선 영상 자료를 덧붙여 문제를 구성하였다. 수능 문제도 연계 교재 문제와 유사하게 21 cm파 영상에 가시광선 영상 자료를 덧붙여 문제를 구성하였다. 따라서 교육과정에서 중요하게 다루는 내용 요소에 대해서는 충분히 내용을 익히고, 교과서 및 연계 교재 등을 통하여 다양한 자료를 접하고 이를 해석하는 연습을 꾸준히 해야 할 필요가 있다.

1 천체의 위치와 좌표계

(1) 지구상의 위치와 시각

① 위도와 경도

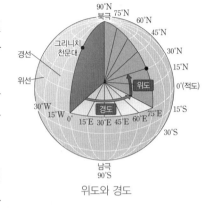

위도와 경도

- **위도**: 자전축에 수직인 원 중 반지름이 가장 큰 원인 적도를 0°로 하고, 북쪽과 남쪽을 북위 90°와 남위 90°까지 나타낸다.
- **경도**: 그리니치 천문대를 지나는 경선을 기준으로 어떤 위치를 지나는 경선이 이루는 각을 동쪽으로는 동경, 서쪽으로는 서경으로 180°까지 나타낸다.

② 방위와 시각

- **방위**: 같은 경도선상의 북극 방향이 북쪽, 그 반대편이 남쪽이며 북극을 바라보고 있을 때 같은 위도상의 오른쪽은 동쪽, 왼쪽은 서쪽이다.
- **시각**: 하루 중 태양이 정남쪽(북반구)에 있을 때의 시각을 12시로 정하며, 현재 전 세계는 그리니치 천문대를 기준으로 경도에 따른 표준시를 사용한다.

(2) 천체의 좌표계

① **천구**: 관측자를 중심으로 하는 반지름이 무한대인 가상의 구이다. 천구의 중심에 있는 관측자에게는 천체가 천구에 투영되어 보이므로 천체의 위치는 거리와 관계없이 방향만으로 표시된다.

② **천구의 기준점**

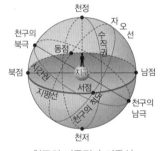

천구의 기준점과 기준선

- **천정과 천저**: 관측자를 지나는 연직선이 천구와 만나는 두 점 중 위를 천정, 아래를 천저라고 한다.
- **천구의 북극과 남극**: 지구의 자전축을 연장할 때 천구와 만나는 두 점을 천구의 북극과 천구의 남극이라고 한다.
- **북점과 남점**: 천구의 북극과 천정을 지나는 대원(자오선)이 천구의 북극 방향에서 지평선과 만나는 지점을 북점, 그 반대편을 남점이라고 한다.
- **동점과 서점**: 천구의 적도와 지평선이 만나는 두 점으로, 북점을 바라볼 때 지평선을 따라 오른쪽으로 90°가 되는 지점을 동점, 지평선을 따라 왼쪽으로 90°가 되는 지점을 서점이라고 한다.

③ **천구의 기준선**

- **천구의 적도**: 지구의 적도를 연장하여 천구와 만나는 대원이다.
- **지평선**: 관측자가 서 있는 지평면을 연장하여 천구와 만나는 대원이다.
- **시간권**: 천구의 북극과 남극을 지나는 천구상의 대원이다.
- **수직권**: 천정과 천저를 지나는 천구상의 대원이다.
- **자오선**: 천구의 북극과 남극, 천정과 천저를 동시에 지나는 천구상의 대원으로, 시간권이면서 수직권이다.

개념 체크

○ **경선**: 구면상에서 북극과 남극을 최단으로 잇는 선

○ **그리니치 천문대**: 1675년 영국 런던 그리니치에 설립된 천문대로 1884년 워싱턴 국제 회의에서 이 천문대를 지나는 경선을 경도와 시각의 기점으로 정하였다.

1. 위도는 (   )를 0°로 하고, 북극을 (   ), 남극을 (   )로 나타낸다.

2. 관측자가 서 있는 평면을 무한히 연장하여 천구와 맞닿는 대원은 (   )이다.

3. 천정과 천저를 지나는 대원은 (   )이다.

4. 북점과 남점은 (   )이 지평선과 만나는 두 점이다.

5. 동점과 서점은 (   )와 지평선이 만나는 두 점이다.

6. 천구의 북극과 천구의 남극은 (   )을 무한히 연장하여 천구와 만나는 두 점이다.

정답

1. 적도, 90°N, 90°S
2. 지평선
3. 수직권
4. 자오선
5. 천구의 적도
6. 지구 자전축

④ **지평 좌표계**: 북점(또는 남점)을 기준으로 하는 방위각과, 지평선을 기준으로 하는 고도로 천체의 위치를 나타내는 좌표계이다.

- 방위각(A): 북점(또는 남점)으로부터 지평선을 따라 시계 방향으로 천체를 지나는 수직권까지 잰 각으로 $0° \sim 360°$의 값을 갖는다.
- 고도(h): 지평선에서 수직권을 따라 천정 방향으로 천체까지 측정한 각으로 $0° \sim 90°$의 값을 갖는다.
- 천정 거리(z): 천정에서 수직권을 따라 천체까지 잰 각으로 $z = (90° - h)$이다.
- 지평 좌표계의 특징: 관측자 중심의 좌표계이므로 천체의 위치를 쉽게 표시할 수 있는 장점이 있지만, 관측자의 위치가 달라지면 지평면이 달라지므로 방위각과 고도의 값이 달라진다. 또한 지구가 자전함에 따라 방위각과 고도가 계속 달라진다.

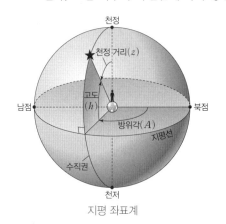

지평 좌표계

구분		방위각	고도	
기준점(출발점)		북점(또는 남점)	지평선과 수직권의 교점	
측정 방향		시계 방향	출발점에서 천정 쪽	
범위		$0° \sim 360°$	$0° \sim 90°$	
예	북점	$0°$	천정	$90°$
	동점	$90°$		
	남점	$180°$	지평선상의 지점	$0°$
	서점	$270°$		

⑤ **적도 좌표계**: 춘분점을 기준으로 하는 적경과 천구의 적도를 기준으로 하는 적위로 천체의 위치를 나타내는 좌표계이다.

- 적경(α): 춘분점을 기준으로 천구의 적도를 따라 천체를 지나는 시간권까지 시계 반대 방향(서 → 동)으로 잰 각으로, $15°$를 1^h로 환산하여 $0^h \sim 24^h$로 나타낸다.
- 적위(δ): 천구의 적도를 기준으로 시간권을 따라 천체까지 잰 각으로 $0° \sim \pm 90°$의 값을 가지며, 천체가 천구의 적도를 기준으로 북반구에 있을 때는 ($+$), 남반구에 있을 때는 ($-$) 값으로 나타낸다.
- 적도 좌표계의 특징: 관측 장소나 시각의 변화와 관계없이 천체의 위치가 일정한 값으로 표현되므로, 별들의 목록이나 성도를 작성하는 데 이용된다.

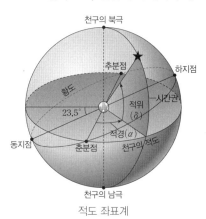

적도 좌표계

구분		적경	적위
기준점(출발점)		춘분점	천구의 적도와 시간권의 교점
측정 방향		서 → 동 방향	출발점에서 천구의 북극 또는 남극 쪽
범위		$0^h \sim 24^h$	$0° \sim \pm 90°$
예	춘분점	0^h	$0°$
	하지점	6^h	$+23.5°$
	추분점	12^h	$0°$
	동지점	18^h	$-23.5°$

개념 체크

○ **적도 좌표계와 위도, 경도**: 적도 좌표계는 지구의 위도와 경도를 그대로 천구상에 투영한 것이다. 적경과 적위는 각각 경도와 위도에 대응되는 개념이다.

○ **적경과 적위**: 적도 좌표계에서 천체의 적경과 적위 값은 관측자의 위치나 시각에 관계없이 변하지 않지만, 지구와 태양계 행성들은 태양 주위를 공전하고 있으므로 태양과 태양계 천체들의 적경과 적위 값은 매일 조금씩 달라진다.

1. 지평 좌표계는 천체의 위치를 ( )과 ( )로 나타낸다.

2. 방위각은 북점(또는 남점)으로부터 ( )을 따라 ( ) 방향으로 측정한다.

3. 고 도 는 ( )에서 ( )을 따라 천체까지 측정한 각이다.

4. 적경은 ( )을 기준으로 천구의 적도를 따라 ( ) 방향으로 측정한다.

5. 적위는 ( )를 기준으로 ( )을 따라 측정한다.

정답

1. 방위각, 고도
2. 지평선, 시계
3. 지평선, 수직권
4. 춘분점, 서 → 동(시계 반대)
5. 천구의 적도, 시간권

◐ **태양의 남중 고도**: 북반구 중위도에서 태양이 동쪽에서 떠서 남쪽으로 이동하는 동안 고도가 점차 높아지고, 남쪽에서 서쪽으로 이동하는 동안 고도가 점차 낮아진다. 따라서 정남쪽에 위치할 때 하루 중 고도가 가장 높다.

◐ **북극성의 고도**: 북반구 어느 지역에서 북극성의 고도는 그 지역의 위도와 같으며, 천체의 일주권은 천구의 적도와 나란하다.

1. 태양의 적위는 하짓날보다 동짓날이 ( )므로, 북반구 중위도 지역에서 남중 고도는 하짓날보다 동짓날이 ( )다.

2. 북반구의 위도가 φ인 지역에서 추분날 태양의 남중 고도는 ( )이다.

3. 위도 30°N인 지역에서 적위가 +30°인 천체의 남중 고도는 ( )이다.

4. 우리나라에서 하짓날 태양은 ( )쪽에서 떠서 ( )쪽으로 진다.

5. 서울에서 하짓날과 동짓날 태양의 남중 고도 차는 ( )이다.

정답
1. 작은, 낮
2. $90°-\varphi$
3. $90°$
4. 북동, 북서
5. $47°$

태양의 연주 운동과 적도 좌표

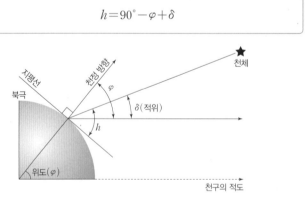

춘분점	태양이 황도를 따라 천구의 남반구에서 북반구로 올라가면서 천구의 적도와 만나는 지점 ➡ 태양의 적위가 (−)에서 (+)로 변하는 지점
하지점	황도상에서 가장 북쪽에 위치한 지점
추분점	태양이 황도를 따라 천구의 북반구에서 남반구로 내려가면서 천구의 적도와 만나는 지점 ➡ 태양의 적위가 (+)에서 (−)로 변하는 지점
동지점	황도상에서 가장 남쪽에 위치한 지점

• **황도**: 천구상에서 태양이 연주 운동하는 경로로, 지구의 공전 궤도를 연장하여 천구와 만나는 대원에 해당한다. 황도는 천구의 적도와 약 23.5° 기울어져 있다.
• 천구의 적도와 황도가 만나는 두 점 중 태양이 황도를 따라 천구의 남반구에서 북반구로 가면서 만나는 점이 춘분점, 천구의 북반구에서 남반구로 가면서 만나는 점이 추분점이다.
• 황도상에서 적위가 가장 큰 점이 하지점, 적위가 가장 작은 점이 동지점이다.
• 태양은 춘분점 → 하지점 → 추분점 → 동지점 → 춘분점의 방향으로 연주 운동한다.

---

⑥ **천체의 남중 고도**

• 남중 고도: 천체가 남쪽 자오선에 위치할 때 천체의 고도이다.
• 남중 고도는 천체의 적위(δ)와 관측자의 위도(φ)에 따라 달라지며, $\varphi>\delta$일 때 천체의 남중 고도(h)는 아래와 같다.

$$h=90°-\varphi+\delta$$

천체의 남중 고도와 적위

• 태양의 남중 고도(북반구 중위도)
  – 춘분날(추분날): 태양의 적위가 0°이고, 태양이 천구의 적도에 위치하여 정동쪽에서 떠서 정서쪽으로 진다. 낮과 밤의 길이가 같다.
  – 하짓날: 태양의 적위가 +23.5°이고 1년 중 남중 고도가 가장 높다. 태양이 북동쪽에서 떠서 북서쪽으로 지며, 1년 중 낮의 길이가 가장 길다.
  – 동짓날: 태양의 적위가 −23.5°이고 1년 중 남중 고도가 가장 낮다. 태양이 남동쪽에서 떠서 남서쪽으로 지며, 1년 중 낮의 길이가 가장 짧다.

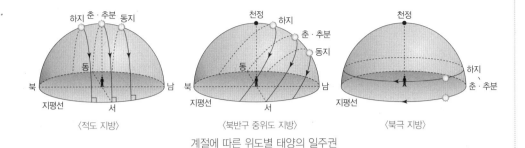

계절에 따른 위도별 태양의 일주권

구분	시기	태양의 적경	태양의 적위
춘분	3월 21일경	0^h	$0°$
하지	6월 22일경	6^h	$+23.5°$
추분	9월 23일경	12^h	$0°$
동지	12월 22일경	18^h	$-23.5°$

절기에 따른 태양의 적경, 적위 변화

2 행성의 겉보기 운동

(1) **행성의 겉보기 운동**: 행성의 적경과 적위가 시간에 따라 변하면서 행성이 천구상에서 별들 사이를 매우 불규칙하고 복잡하게 움직이는 현상이다.

① **순행**: 행성이 배경별에 대해 서쪽에서 동쪽으로 움직이는 겉보기 운동이다.
　➡ 행성의 적경이 증가한다.

② **역행**: 행성이 배경별에 대해 동쪽에서 서쪽으로 움직이는 겉보기 운동이다.
　➡ 행성의 적경이 감소한다.

③ **유**: 순행에서 역행으로, 또는 역행에서 순행으로 이동 방향이 바뀔 때 행성이 정지한 것처럼 보이는 시기이다.

④ 행성의 움직임은 순행 → 유 → 역행 → 유 → 순행이 계속 반복되며 나타난다.

(2) 내행성의 위치와 겉보기 운동

① 내행성의 위치 관계
  - **내합**: 태양 – 내행성 – 지구의 순으로 놓여 내행성의 이각이 $0°$일 때
  - **외합**: 내행성 – 태양 – 지구의 순으로 놓여 내행성의 이각이 $0°$일 때
  - **최대 이각**: 내행성의 이각이 가장 클 때로 내행성이 태양의 동쪽에 위치하면 동방 최대 이각, 태양의 서쪽에 위치하면 서방 최대 이각이라고 한다.
    − 수성의 최대 이각: 약 $18°$~$28°$
    − 금성의 최대 이각: 약 $48°$

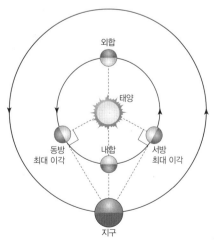

내행성의 위치 관계

개념 체크

○ **행성의 공전 속도**: 태양계 행성들의 공전 속도는 태양에 가까울수록 빠르다. 따라서 내행성의 공전 속도는 지구보다 빠르며, 외행성의 공전 속도는 지구보다 느리다.

1. 내행성이 태양보다 서쪽에 위치할 때는 (   )에 (   )쪽 하늘에서 관측할 수 있다.

2. 내행성은 지구와의 거리가 가까울수록 시지름이 (   )다.

3. 내행성의 위치 관계가 (   )이나 (   )일 때는 태양과 함께 뜨고 지므로 관측하기 어렵다.

4. 내행성이 동방 최대 이각에 위치할 때는 (   ) 모양으로, 서방 최대 이각에 위치할 때는 (   ) 모양으로 관측된다.

5. 내행성은 지구보다 공전 속도가 (   )므로, (   ) 부근에서 역행한다.

② 내행성의 관측

• 지구 공전 궤도의 안쪽에서 공전하므로 태양과 이루는 이각이 일정한 각도 이상 커지지 못해 항상 태양 근처에서만 관측된다.

• 태양보다 서쪽에 위치할 때는 새벽에 동쪽 하늘에서 관측할 수 있고, 태양보다 동쪽에 위치할 때는 초저녁에 서쪽 하늘에서 관측할 수 있다.

• 지구와의 거리가 가까울수록 크게 관측된다. 겉보기 크기(시지름)는 내합 부근에서 가장 크고, 외합 부근에서 가장 작다.

• 내행성의 위상은 외합 부근에서 보름달 모양, 동방 최대 이각에서 상현달 모양, 서방 최대 이각에서 하현달 모양이다.

• 외합과 내합에 위치할 때는 태양과 함께 뜨고 지므로 관측하기 어렵다.

• 내행성은 지구보다 공전 속도가 빠르므로 지구와 가장 가까운 위치인 내합(4)을 전후하여 역행하며, 그 외 대부분의 공전 기간에는 순행한다. 지구와 내행성이 1 → 2로 이동하는 동안에는 순행(서 → 동)하고, 2 → 6으로 이동하는 동안에는 역행(동 → 서)하며, 6 → 7로 이동하는 동안에는 순행(서 → 동)한다.

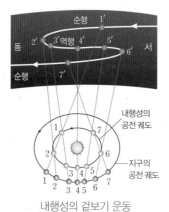

내행성의 겉보기 운동

위치 관계	태양과의 이각		위상	관측 시기	관측 가능 시간	
내합	0°		삭	관측 어려움	—	
서방 최대 이각	수성	약 18°~28°	하현	새벽	수성	약 1.8시간
	금성	약 48°			금성	약 3시간
외합	0°		망	관측 어려움	—	
동방 최대 이각	수성	약 18°~28°	상현	초저녁	수성	약 1.8시간
	금성	약 48°			금성	약 3시간

🔍 **과학 돋보기** **내행성의 겉보기 운동**

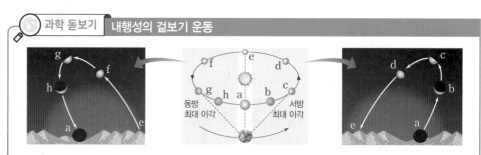

• 내행성의 위치 관계: a는 내합, c는 서방 최대 이각, e는 외합, g는 동방 최대 이각이다.

• 내합인 a에 위치할 때 내행성은 관측이 힘들며, c에 위치할 때 하현달 모양으로 관측된다. 외합인 e 부근에 위치할 때에는 보름달에 가까운 위상으로 관측된다. 내행성의 위치가 a에서 e로 변해감에 따라 지구로부터의 거리는 멀어지므로 시지름은 감소한다. 또한 태양보다 서쪽에 위치하여 새벽에 동쪽 하늘에서 관측 가능하다.

• 외합인 e 부근에서 보름달에 가까운 모양으로 관측되던 내행성은 g에서 상현달 모양으로 관측되며 내합인 a에 위치할 때는 관측이 어렵다. 내행성의 위치가 e에서 a로 변해감에 따라 지구로부터의 거리는 가까워지므로 시지름은 증가한다. 또한 태양보다 동쪽에 위치하여 초저녁에 서쪽 하늘에서 관측 가능하다.

정답

1. 새벽, 동
2. 크
3. 내합, 외합
4. 상현달, 하현달
5. 빠르, 내합

(3) 외행성의 위치와 겉보기 운동

① 외행성의 위치 관계

- **합**: 외행성 – 태양 – 지구의 순으로 놓여 외행성의 이각이 0°일 때
- **충**: 태양 – 지구 – 외행성의 순으로 놓여 외행성의 이각이 180°일 때
- **구**: 외행성의 이각이 90°일 때로 외행성이 태양의 동쪽에 위치하면 동구, 태양의 서쪽에 위치하면 서구라고 한다.
- **위치 관계 변화 순서**: 외행성은 지구보다 공전 속도가 느리므로 충 → 동구 → 합 → 서구의 순으로 위치 관계가 변한다.

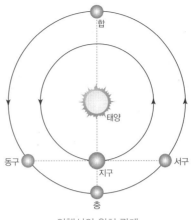

외행성의 위치 관계

② 외행성의 관측

- **충에 위치할 때**: 행성이 태양의 정반대 방향에 위치하므로 해가 질 무렵에 떠서 해가 뜰 무렵에 지며, 자정 무렵에는 남쪽 하늘에서 관측할 수 있다. ➡ 충 부근에 위치할 때는 지구로부터의 거리가 가장 가까우므로 시지름이 최대이고, 가장 밝게 관측된다.
- **구에 위치할 때**: 서구에 위치할 때는 태양보다 약 6시간 먼저 뜨고 지므로 자정부터 새벽까지 관측된다. 동구에 위치할 때는 태양보다 약 6시간 늦게 뜨고 지므로 초저녁부터 자정까지 관측된다.
- **합에 위치할 때**: 태양과 함께 뜨고 지므로 관측하기 어렵다.
- **외행성의 위상**: 지구에서 관측할 때 외행성은 항상 반달보다 큰 위상으로 관측된다.

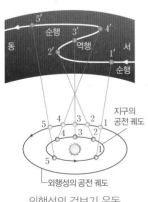

외행성의 겉보기 운동

위치 관계	태양과의 이각	위상	관측 시기	관측 가능 시간
충	180°	망	초저녁 ~ 새벽	약 12시간
동구	90°	상현 ~ 망 사이	초저녁 ~ 자정	약 6시간
합	0°	망	관측 어려움	—
서구	90°	망 ~ 하현 사이	자정 ~ 새벽	약 6시간

- 외행성은 지구보다 공전 속도가 느리므로, 지구와 외행성이 1 → 2로 이동하는 동안에는 순행(서 → 동)하고, 2 → 4로 이동하는 동안에는 역행(동 → 서)하며, 4 → 5로 이동하는 동안에는 순행(서 → 동)한다. 외행성은 공전하는 동안 대부분 순행하고, 충인 3 부근에 있을 때 역행한다.
- **외행성이 뜨고 지는 시각 변화**: 시간이 지남에 따라 외행성이 뜨고 지는 시각은 그 전날에 비해 항상 빨라진다.

개념 체크

○ **충**: 외행성이 태양의 정반대 방향에 위치할 때로 지구로부터 가장 가까운 거리에 위치한다. 시지름이 가장 크고 보름달 모양으로 관측되며 가장 밝게 보인다. 또한 태양의 정반대 방향에 위치하여 관측 가능한 시간이 가장 길다. 외행성은 충 부근에서 역행한다.

1. 합은 외행성-(　　) – (　　) 순으로 놓여 외행성의 이각이 (　　)°일 때의 위치이다.

2. 합에 위치한 외행성은 (　　)를 지나 점차 충에 가까워진다.

3. 구에 위치한 외행성은 태양과의 이각이 (　　)°이며, 태양보다 6시간 먼저 뜨는 외행성은 (　　)에 위치한다.

4. 외행성은 (　　) 부근을 지날 때 역행한다.

정답

1. 태양, 지구, 0
2. 서구
3. 90, 서구
4. 충

개념 체크

○ **내행성 관측**: 내행성이 태양보다 먼저 지면 서방 이각에, 태양보다 나중에 지면 동방 이각에 위치한다.

○ **외행성 관측**: 외행성이 일출 때 지거나 일몰 때 뜨면 충 부근에 위치한다.

1. 역행하는 시기에 행성의 적경은 (   )한다.

2. 외행성이 태양과 동시에 뜰 때, 외행성은 (   )에 위치한다.

3. 내행성이 상현달 모양으로 관측되는 시기는 (   )에 위치할 때이다.

🧪 **탐구자료 살펴보기** 〉 **수성과 화성의 겉보기 운동**

탐구 자료

표는 어느 해 수성과 화성의 적경과 적위를 나타낸 것이다.

날짜	수성		화성		날짜	수성		화성	
	적경(^{h})	적위($°$)	적경(^{h})	적위($°$)		적경(^{h})	적위($°$)	적경(^{h})	적위($°$)
1월 1일	18.8	−24.8	12.8	−2.6	6월 30일	5.6	18.7	13.1	−7.4
1월 21일	21.2	−18.0	13.3	−5.4	7월 20일	6.6	22.0	13.6	−11.4
2월 10일	22.2	−8.0	13.6	−7.3	8월 9일	9.3	17.7	14.3	−15.0
3월 2일	21.3	−13.8	13.8	−7.9	8월 29일	11.6	3.3	15.1	−18.9
3월 22일	22.5	−11.5	13.6	−7.1	9월 18일	13.2	−10.1	16.0	−22.1
4월 11일	0.4	−1.5	13.2	−4.9	10월 8일	13.9	−15.3	17.0	−24.3
5월 1일	2.9	16.9	12.8	−3.1	10월 28일	13.1	−5.2	18.1	−25.0
5월 21일	5.4	25.5	12.6	−2.9	11월 17일	14.7	−14.1	19.2	−23.9
6월 10일	6.2	22.3	12.7	−4.5	12월 7일	16.8	−23.3	20.3	−21.2

자료 해석

1. 이 기간 동안 수성이 역행하는 기간은 몇 번 나타났는가?
➡ 수성이 역행할 때 적경은 감소하며, 적경이 감소하는 기간은 2월 말, 6월 말, 10월 말 총 3번 나타난다.

2. 이 기간 동안 화성이 지구에 가장 가까웠던 시기는 언제인가?
➡ 화성이 충에 위치할 때 지구와의 거리가 가장 가까우며 역행한다. 표에서 화성이 역행하는 시기는 적경이 감소하는 3월 초부터 5월 말까지이며, 충은 이 기간의 중간쯤인 대략 4월 중순 무렵이다.

분석 point

1. 행성의 적경이 증가하는 시기에는 순행하며, 적경이 감소하는 시기에는 역행한다.
2. 내행성은 내합 부근에서 역행하며, 외행성은 충 부근에서 역행한다.

✏ **과학 돋보기** **행성의 관측**

그림은 어느 해 수성, 화성, 목성이 지는 시각을 나타낸 것이다.

• 수성은 1월에 태양보다 늦게 지므로 동방 이각에 위치한다. 3월에는 태양보다 일찍 지므로 서방 이각에 위치한다. 수성은 2월 초순과 6월 초순에 각각 내합을 지난다. 따라서 수성의 회합 주기는 약 4개월이다.

• 화성은 1월 초순에, 목성은 7월 중순에 태양이 뜰 무렵에 진다. 따라서 이 시기에 화성과 목성은 충(태양의 반대 방향) 부근에 위치하므로 겉보기 밝기가 가장 밝고 관측 가능한 시간도 가장 길다.

• 화성은 5월 말에, 목성은 9월 말에 자정 무렵에 진다. 따라서 이 시기에 동구 부근에 위치한다.

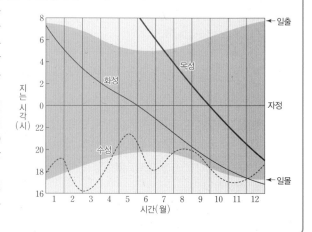

정답

1. 감소
2. 합
3. 동방 최대 이각

3 우주관의 변천

(1) 프톨레마이오스의 지구 중심설(천동설)

① 지구는 우주의 중심에 고정되어 있고, 지구로부터 달, 수성, 금성, 태양, 화성, 목성, 토성의 순으로 각각 원 궤도를 그리며 지구 주위를 공전하고 있다는 태양계 모형이다.

② 행성들은 자기 궤도상에 중심을 두고 있는 작은 주전원을 돌며, 주전원의 중심이 지구 주위를 돈다. ➡ 행성의 역행을 설명

③ 수성과 금성의 주전원 중심은 항상 지구와 태양을 잇는 선 위에 위치한다. ➡ 수성과 금성이 태양으로부터 일정한 각도 안에서만 관측되어 새벽이나 초저녁에만 관측되는 현상을 설명

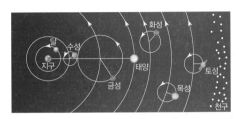

프톨레마이오스의 지구 중심설

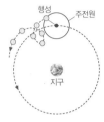

행성의 순행과 역행

(2) 코페르니쿠스의 태양 중심설(지동설)

① 태양을 중심으로 수성, 금성, 지구, 화성, 목성, 토성이 원 궤도로 공전한다는 모형이다.

② 행성의 공전 속도는 태양으로부터 멀어질수록 느려진다. ➡ 주전원 없이 행성의 역행을 간단히 설명

③ 수성과 금성은 지구보다 안쪽 궤도에서 공전한다. ➡ 수성과 금성의 최대 이각 설명

④ 지구는 하루를 주기로 자전하며, 달은 지구를 중심으로 공전한다.

코페르니쿠스의 태양 중심설

(3) 티코 브라헤의 지구 중심설

① 태양 중심설의 증거인 별의 연주 시차를 측정하기 위해 노력하였으나 연주 시차가 매우 작아 측정에 실패하였다. 이후 지구가 공전한다는 태양 중심설을 포기하고 자신만의 태양계 모형을 주장하였다.

② 지구는 우주의 중심이고, 달과 태양은 지구를 중심으로 공전하며, 수성, 금성, 화성, 목성, 토성은 태양을 중심으로 공전한다.

③ 주전원 없이 두 개의 회전 중심이 있는 태양계 모형으로 내행성의 최대 이각 및 행성의 역행을 설명하였다.

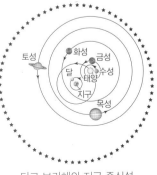

티코 브라헤의 지구 중심설

개념 체크

○ **프톨레마이오스의 지구 중심설**: 행성들 가장 바깥의 천구는 별들이 놓여 있는 항성구로, 천구의 북극을 축으로 동쪽에서 서쪽으로 하루에 한 바퀴 회전하는 일주 운동을 한다.
○ **연주 시차**: 어떤 천체를 1년 동안 관측하였을 때 지구의 공전에 의해 생기는 시차의 $\frac{1}{2}$이다.

1. 프톨레마이오스의 지구 중심설에서 우주의 중심은 ( )이며, 가장 안쪽 궤도에는 ( )이 공전한다.

2. 주전원은 행성의 ( )을 설명하기 위해 도입되었다.

3. ( )과 ( )의 주전원 중심은 항상 지구와 태양을 잇는 선 위에 위치한다.

4. 코페르니쿠스의 태양 중심설에서 행성들은 태양을 ( ) 궤도로 공전한다.

5. 코페르니쿠스의 태양 중심설에서 행성의 역행은 ( )의 차이로 설명한다.

6. 티코 브라헤의 태양계 모형에서 우주의 중심은 ( )이다.

7. 티코 브라헤는 코페르니쿠스의 태양 중심설의 증거인 ( )를 측정하지 못해 태양 중심설을 포기하였다.

정답
1. 지구, 달
2. 역행
3. 수성, 금성
4. 원
5. 공전 속도
6. 지구
7. 연주 시차

개념 체크

◐ **목성의 위성 관측**: 갈릴레이는 18개월 동안 목성을 관측하여 목성 주위에 있는 4개 천체의 위치가 규칙적으로 변하는 것을 발견하였다.

1. 목성 주위에서 위치가 규칙적으로 변하는 천체는 ( )를 중심으로 돌지 않는 목성의 ( )이다.

2. 갈릴레이는 망원경을 이용하여 금성의 ( )과 ( )이 변하는 것을 관측하였다.

3. 프톨레마이오스의 지구 중심설로는 금성이 ( ) 모양으로 관측되는 현상을 설명할 수 없다.

4. 금성의 시지름 변화는 프톨레마이오스의 지구 중심설에서보다 코페르니쿠스의 태양 중심설에서 더 ( )게 나타난다.

(4) **갈릴레이의 관측과 우주관의 확립**: 갈릴레이는 직접 만든 망원경으로 밤하늘을 관측하여 지구 중심설로는 설명할 수 없는 다양한 사실을 발견하였다.

① **목성 위성의 위치 변화 관측**: 목성 주위를 공전하는 위성이 있다는 것은 모든 천체가 지구를 중심으로 돈다고 설명한 지구 중심설로는 설명되지 않는다.

② **보름달 모양의 금성 위상 관측**: 보름달 모양의 금성이 관측되기 위해서는 금성이 태양의 뒤쪽에 위치해야 하는데, 금성이 태양과 지구 사이의 주전원에서만 공전하는 지구 중심설로는 설명되지 않는다.

③ **금성의 시지름 변화**: 금성의 시지름 변화가 프톨레마이오스의 지구 중심설로는 설명할 수 없을 만큼 크게 관측된다.

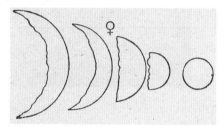

갈릴레이가 관측한 목성 위성의 위치 변화　　　갈릴레이가 관측한 금성의 위상과 시지름 변화

🧪 **탐구자료 살펴보기** ▶ **금성의 위상 변화**

탐구 자료

그림 (가)와 (나)에서 금성의 위상과 시지름이 어떻게 나타날지 알아보자.

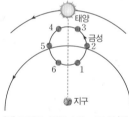 

(가) 프톨레마이오스의 지구 중심설　　　(나) 코페르니쿠스의 태양 중심설

자료 해석

1. (가)에서 금성이 1 → 3으로 주전원을 도는 동안 시지름은 어떻게 변하는가?
 ➡ 금성이 1 → 3으로 주전원을 도는 동안 지구로부터의 거리가 점차 멀어지고 있으므로 금성의 시지름은 작아진다.

2. (나)에서 금성이 4 → 6으로 공전하는 동안 위상은 어떻게 변하는가?
 ➡ 4는 태양 반대편 부근에 위치하므로 보름달에 가까운 모양으로 관측되며, 동방 최대 이각 부근인 5에서는 상현달에 가까운 모양, 6에서는 초승달에 가까운 모양으로 관측되어 위상은 점차 얇아진다.

3. (가)와 (나)에서 금성의 시지름 변화는 어떻게 나타나는가?
 ➡ 지구와 금성 사이의 거리 변화는 (가)보다 (나)에서 크게 나타나므로, 금성의 시지름 변화 또한 (가)보다 (나)에서 크게 나타난다.

분석 point

1. 금성의 시지름은 지구와의 거리가 가까울수록 크다.

2. 금성의 보름달 모양의 위상은 금성이 태양 반대편, 즉 외합 부근에 위치할 때 관측 가능하며, (가)의 지구 중심설에서는 보름달 모양의 금성이 나타나지 않는다.

3. 갈릴레이가 관측한 금성의 시지름 변화는 프톨레마이오스의 우주관으로는 설명할 수 없을 만큼 크다.

정답

1. 지구, 위성
2. 시지름, 위상
3. 보름달
4. 크

01 그림은 위도와 경도에 대한 세 학생의 대화 장면을 나타낸 것이다.

[24030-0209]

제시한 내용이 옳은 학생만을 있는 대로 고른 것은?

① A   ② C   ③ A, B
④ B, C   ⑤ A, B, C

02 그림은 천구의 기준점과 기준선을 대원 A, B와 함께 나타낸 것이다.

[24030-0210]

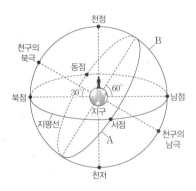

이에 대한 설명으로 옳은 것만을 〈보기〉에서 있는 대로 고른 것은?

● 보기 ●
ㄱ. A에 위치한 별들은 같은 일주권을 그린다.
ㄴ. B는 자오선이다.
ㄷ. 적도에 있는 관측자에게 A와 B의 교차점은 천정과 천저에 위치한다.

① ㄱ   ② ㄷ   ③ ㄱ, ㄴ
④ ㄴ, ㄷ   ⑤ ㄱ, ㄴ, ㄷ

03 그림은 어느 지역에서 관측한 별 A의 위치를 천구상에 나타낸 것이다.

[24030-0211]

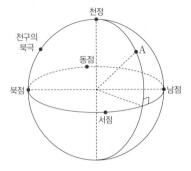

이에 대한 설명으로 옳은 것만을 〈보기〉에서 있는 대로 고른 것은? (단, 방위각은 북점을 기준으로 측정한다.)

● 보기 ●
ㄱ. 북반구에서 관측한 것이다.
ㄴ. A의 방위각은 90°와 180° 사이이다.
ㄷ. A의 고도는 현재보다 1시간 후가 높다.

① ㄱ   ② ㄴ   ③ ㄱ, ㄷ
④ ㄴ, ㄷ   ⑤ ㄱ, ㄴ, ㄷ

04 그림은 별 A와 B의 위치를 천구상에 나타낸 것이다.

[24030-0212]

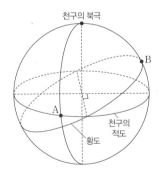

이에 대한 설명으로 옳은 것만을 〈보기〉에서 있는 대로 고른 것은?

● 보기 ●
ㄱ. 적경은 A가 B보다 크다.
ㄴ. B의 적위는 +23.5°이다.
ㄷ. 우리나라에서 추분날 자정에 A와 B를 모두 관측할 수 있다.

① ㄱ   ② ㄷ   ③ ㄱ, ㄴ
④ ㄴ, ㄷ   ⑤ ㄱ, ㄴ, ㄷ

05 그림은 어느 지역에서 동짓날 21시에 관측한 별 A, B, C 의 위치를 적도 좌표계에 나타낸 것이다.

[24030-0213]

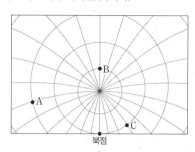

이에 대한 설명으로 옳은 것만을 〈보기〉에서 있는 대로 고른 것은? (단, 눈금 한 칸의 간격은 15°이다.)

● 보기 ●

ㄱ. 이 지역의 위도는 30°N이다.

ㄴ. A는 태양과 적경이 같다.

ㄷ. 이날 최대 고도는 B가 C보다 높다.

① ㄱ ② ㄴ ③ ㄱ, ㄷ

④ ㄴ, ㄷ ⑤ ㄱ, ㄴ, ㄷ

06 표는 북반구 어느 지역에서 북점과 동점에 각각 위치한 별 A와 B의 적경과 적위를 나타낸 것이다.

[24030-0214]

별	위치	적경(ʰ)	적위(°)
A	북점	6	+37
B	동점	㉠	0

이에 대한 설명으로 옳은 것만을 〈보기〉에서 있는 대로 고른 것은?

● 보기 ●

ㄱ. 이 지역의 위도는 37°N이다.

ㄴ. ㉠은 12이다.

ㄷ. 이날 남중 고도는 A가 B보다 높다.

① ㄱ ② ㄷ ③ ㄱ, ㄴ

④ ㄴ, ㄷ ⑤ ㄱ, ㄴ, ㄷ

07 그림은 태양의 위치를 한 달 간격으로 순서 없이 나타낸 것이다.

[24030-0215]

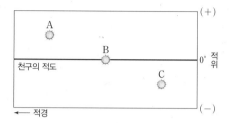

이에 대한 설명으로 옳은 것만을 〈보기〉에서 있는 대로 고른 것은? (단, 방위각은 북점을 기준으로 측정한다.)

● 보기 ●

ㄱ. 우리나라에서 태양이 뜰 때의 방위각은 A가 C보다 크다.

ㄴ. 태양이 B에 위치한 날은 추분날이다.

ㄷ. 우리나라에서 낮의 길이는 태양이 A에 위치한 날이 C에 위치한 날보다 길다.

① ㄱ ② ㄷ ③ ㄱ, ㄴ

④ ㄴ, ㄷ ⑤ ㄱ, ㄴ, ㄷ

08 그림은 어느 해 하짓날 위도가 서로 다른 지역 (가)와 (나)에서 관측한 태양의 위치를 나타낸 것이다.

[24030-0216]

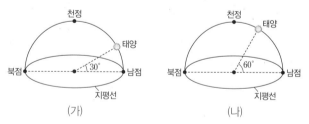

이에 대한 설명으로 옳은 것만을 〈보기〉에서 있는 대로 고른 것은?

● 보기 ●

ㄱ. (가)에서 북극성의 고도는 36.5°이다.

ㄴ. (나)에서 지평선과 태양의 일주권이 이루는 각은 53.5°이다.

ㄷ. 이날 태양이 지평선 위에 떠 있는 시간은 (가)가 (나)보다 길다.

① ㄱ ② ㄷ ③ ㄱ, ㄴ

④ ㄴ, ㄷ ⑤ ㄱ, ㄴ, ㄷ

[24030–0217]

09 그림은 어느 날 태양, 지구, 행성 A와 B의 상대적 위치를 나타낸 것이다.

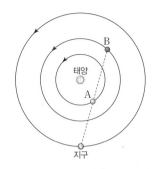

이에 대한 설명으로 옳은 것만을 〈보기〉에서 있는 대로 고른 것은?

● 보기 ●

ㄱ. 이날 우리나라에서 A와 B는 해 뜨기 직전 동쪽 하늘에서 관측할 수 있다.

ㄴ. 행성의 $\dfrac{\text{지구에서 밝게 보이는 면적}}{\text{지구를 향한 면적}}$ 은 A가 B보다 크다.

ㄷ. 다음 날 태양과의 이각은 A가 B보다 클 것이다.

① ㄱ   ② ㄴ   ③ ㄱ, ㄷ
④ ㄴ, ㄷ   ⑤ ㄱ, ㄴ, ㄷ

[24030–0218]

10 그림은 우리나라에서 어느 해 추분날 관측한 달과 행성 A, B의 위치를 나타낸 것이다.

이에 대한 설명으로 옳은 것만을 〈보기〉에서 있는 대로 고른 것은?

● 보기 ●

ㄱ. 달의 적경은 6^h이다.

ㄴ. A는 내행성이다.

ㄷ. 이날 관측 가능한 시간은 A가 B보다 길다.

① ㄱ   ② ㄷ   ③ ㄱ, ㄴ
④ ㄴ, ㄷ   ⑤ ㄱ, ㄴ, ㄷ

[24030–0219]

11 그림은 수성의 태양면 통과 현상이 발생한 11월 어느 날 수성의 이동 경로를 황도와 함께 나타낸 것이다.

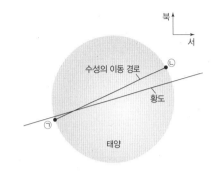

수성에 대한 설명으로 옳은 것만을 〈보기〉에서 있는 대로 고른 것은?

● 보기 ●

ㄱ. ㉠에서 ㉡으로 이동하였다.

ㄴ. 적경은 ㉠에 위치할 때가 ㉡에 위치할 때보다 크다.

ㄷ. ㉠에 위치할 때 적위는 (−) 값이다.

① ㄱ   ② ㄷ   ③ ㄱ, ㄴ
④ ㄴ, ㄷ   ⑤ ㄱ, ㄴ, ㄷ

[24030–0220]

12 그림은 화성이 충에 위치한 어느 날 태양, 금성, 화성의 위치를 적도 좌표계에 A, B, C로 순서 없이 나타낸 것이다.

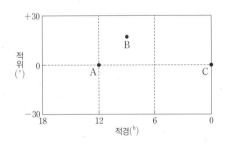

이에 대한 설명으로 옳은 것만을 〈보기〉에서 있는 대로 고른 것은?

● 보기 ●

ㄱ. A는 태양이다.

ㄴ. 금성은 동방 최대 이각에 위치한다.

ㄷ. 일주일 뒤 화성은 충과 동구 사이에 위치할 것이다.

① ㄱ   ② ㄴ   ③ ㄱ, ㄷ
④ ㄴ, ㄷ   ⑤ ㄱ, ㄴ, ㄷ

[24030-0221]

13 그림 (가), (나), (다)는 서로 다른 우주관에서 금성의 운동을 나타낸 것이다.

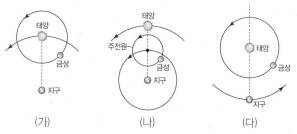

(가)　　　　　(나)　　　　　(다)

각 우주관을 주장한 과학자로 가장 적절한 것은?

	(가)	(나)	(다)
①	프톨레마이오스	코페르니쿠스	티코 브라헤
②	프톨레마이오스	티코 브라헤	코페르니쿠스
③	코페르니쿠스	티코 브라헤	프톨레마이오스
④	티코 브라헤	프톨레마이오스	코페르니쿠스
⑤	티코 브라헤	코페르니쿠스	프톨레마이오스

[24030-0222]

14 그림은 서로 다른 세 우주관을 분류하는 과정을 나타낸 것이다.

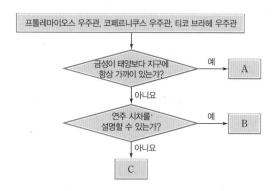

이에 대한 설명으로 옳은 것만을 〈보기〉에서 있는 대로 고른 것은?

● 보기 ●
ㄱ. A는 금성의 보름달 모양의 위상을 설명할 수 있다.
ㄴ. B에서 행성은 지구를 중심으로 공전한다.
ㄷ. C는 수성과 금성의 최대 이각을 설명할 수 있다.

① ㄱ　　　　② ㄷ　　　　③ ㄱ, ㄴ
④ ㄴ, ㄷ　　　⑤ ㄱ, ㄴ, ㄷ

[24030-0223]

15 그림은 프톨레마이오스의 우주관에서 행성 P의 위치와 태양이 위치한 방향을 나타낸 것이다.

행성 P에 대한 설명으로 옳은 것만을 〈보기〉에서 있는 대로 고른 것은?

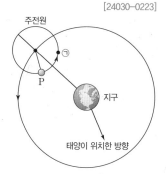

● 보기 ●
ㄱ. 수성 또는 금성이다.
ㄴ. 주전원의 중심은 태양보다 바깥쪽에서 공전한다.
ㄷ. 주전원의 현재 위치에서 ㉠까지 이동하는 사이에 역행이 일어날 것이다.

① ㄱ　　　　② ㄴ　　　　③ ㄱ, ㄷ
④ ㄴ, ㄷ　　　⑤ ㄱ, ㄴ, ㄷ

[24030-0224]

16 그림 (가)는 프톨레마이오스 우주관 또는 코페르니쿠스 우주관에서 금성의 이동 경로 ㉠을, (나)는 이 우주관에서 금성이 ㉠을 이동하는 동안 일어나는 금성의 위상 변화 일부를 나타낸 것이다.

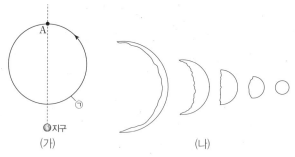

(가)　　　　　　　　　(나)

이 우주관에 대한 설명으로 옳은 것만을 〈보기〉에서 있는 대로 고른 것은?

● 보기 ●
ㄱ. 태양은 지구로부터 A보다 먼 곳에 위치한다.
ㄴ. ㉠은 주전원이다.
ㄷ. 금성은 A에 위치할 때 순행한다.

① ㄱ　　　　② ㄷ　　　　③ ㄱ, ㄴ
④ ㄴ, ㄷ　　　⑤ ㄱ, ㄴ, ㄷ

01 그림은 위선과 경선을 30° 간격으로 나타낸 것이다.

[24030-0225]

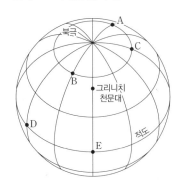

지점 A~E에 대한 설명으로 옳은 것만을 〈보기〉에서 있는 대로 고른 것은? (단, 시각은 경도에 따른 표준시를 가정한다.)

> **● 보기 ●**
> ㄱ. B는 30°W, 60°N이다.
> ㄴ. A가 자정이면 B는 정오이다.
> ㄷ. E가 자정일 때 A와 C의 시각 차이는 B와 D의 시각 차이보다 크다.

① ㄱ 　　② ㄷ 　　③ ㄱ, ㄴ 　　④ ㄴ, ㄷ 　　⑤ ㄱ, ㄴ, ㄷ

표준시는 경도 0°의 시각인 세계 표준시를 기준으로 어떤 지점의 시각을 나타내는 것으로 동쪽으로 갈수록 빠르며, 경도 15°가 1시간에 해당한다.

02 그림은 학생 A가 별 ㉠, ㉡, ㉢을 관측하여 남긴 기록을 나타낸 것이다.

[24030-0226]

- 관측 장소: 127.5°E, 37°N
- 관측 일시: 추분날 자정
- 관측 결과

별	방위각(°)	고도(°)
㉠	0	45
㉡	90	60
㉢	180	10

이에 대한 설명으로 옳은 것만을 〈보기〉에서 있는 대로 고른 것은? (단, 방위각은 북점을 기준으로 측정한다.)

> **● 보기 ●**
> ㄱ. ㉠의 방위각은 관측 시각의 1시간 후가 관측 시각의 1시간 전보다 크다.
> ㄴ. 이날 ㉡은 6시에 남중한다.
> ㄷ. A가 관측한 당시에 (127.5°E, 65°N)인 지역에서 ㉢을 관측할 수 있다.

① ㄱ 　　② ㄴ 　　③ ㄷ 　　④ ㄱ, ㄴ 　　⑤ ㄱ, ㄷ

방위각은 북점(또는 남점)으로부터 지평선을 따라 시계 방향으로 천체를 지나는 수직권까지 잰 각이다.

[24030-0227]

천정 거리(z)는 천정에서 수직권을 따라 천체까지 잰 각으로 $z=(90°-$고도$)$이다.

03 그림은 별 A, B, C의 위치를 천구상에 나타낸 것이다.

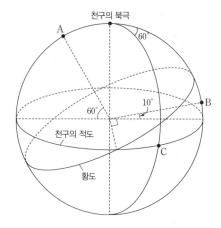

37°N에서 관측할 때, 이에 대한 설명으로 옳은 것만을 〈보기〉에서 있는 대로 고른 것은?

---- 보기 ----

ㄱ. 하루 중 최대 고도와 최소 고도의 차는 A가 B보다 크다.

ㄴ. 동짓날 자정에 A의 천정 거리는 약 83°이다.

ㄷ. 추분날 B가 C보다 자오선을 먼저 통과한다.

① ㄱ   ② ㄴ   ③ ㄱ, ㄷ   ④ ㄴ, ㄷ   ⑤ ㄱ, ㄴ, ㄷ

[24030-0228]

북반구에서 관측할 때 천구의 북극 주변의 별들은 시계 반대 방향으로 일주 운동을 하고, 남반구에서 관측할 때 천구의 남극 주변의 별들은 시계 방향으로 일주 운동을 한다.

04 그림 (가)와 (나)는 경도가 같은 두 지역에서 동짓날 자정에 관측한 북두칠성과 남십자성의 모습을 나타낸 것이다.

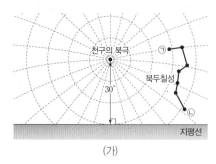

(가)

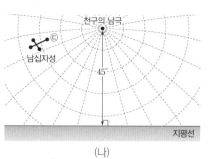

(나)

이에 대한 설명으로 옳은 것만을 〈보기〉에서 있는 대로 고른 것은?

---- 보기 ----

ㄱ. (가)는 (나)보다 고위도에서 관측한 모습이다.

ㄴ. 별 ㉠의 고도는 1시간 후에 더 높아질 것이다.

ㄷ. 적경은 별 ㉡이 별 ㉢보다 크다.

① ㄱ   ② ㄴ   ③ ㄱ, ㄷ   ④ ㄴ, ㄷ   ⑤ ㄱ, ㄴ, ㄷ

[24030–0229]

05 그림 (가)와 (나)는 북반구 어느 지역에서 자정에 관측한 천구의 적도와 황도의 위치를 3개월 간격으로 순서 없이 나타낸 것이다.

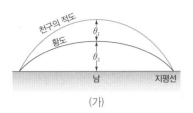
(가)

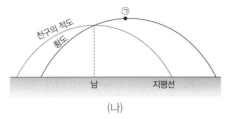
(나)

천구의 적도는 동점과 서점을 지나며 천구의 적도와 황도가 만나는 점은 춘분점과 추분점 중 하나이다.

이에 대한 설명으로 옳은 것만을 〈보기〉에서 있는 대로 고른 것은? (단, 방위각은 북점을 기준으로 측정한다.)

● **보기** ●

ㄱ. 위도는 $(90° - \theta_1 + \theta_2)$이다.
ㄴ. 별 ㉠의 적경은 12^h보다 작다.
ㄷ. 태양이 뜰 때의 방위각은 (가)일 때가 (나)일 때보다 크다.

① ㄱ 　　　② ㄴ 　　　③ ㄱ, ㄷ 　　　④ ㄴ, ㄷ 　　　⑤ ㄱ, ㄴ, ㄷ

[24030–0230]

06 다음은 태양의 움직임을 알아보기 위한 탐구 활동을 나타낸 것이다.

[탐구 과정]

(가) 그림과 같이 판자의 한 변이 천구의 북극 방향을 향하도록 직각 삼각형 모양의 판자를 설치한다.

(나) 절기(춘분, 하지, 추분, 동지)마다 하루 동안 판자의 그림자 끝이 이동한 경로를 그린다.

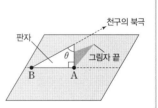

[탐구 결과]

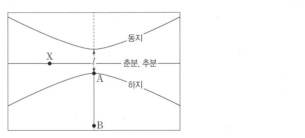

판자의 그림자는 태양의 반대 방향으로 생기며, 태양의 고도가 높을수록 판자로부터 판자 그림자 끝까지의 거리가 짧다.

이에 대한 설명으로 옳은 것만을 〈보기〉에서 있는 대로 고른 것은? (단, 방위각은 북점을 기준으로 측정하고, *l*은 하짓날과 동짓날 그림자 끝 이동 경로 사이의 최단 거리이다.)

● **보기** ●

ㄱ. θ는 66.5°이다.
ㄴ. 그림자 끝이 X에 위치할 때 태양의 방위각은 90°와 180° 사이에 해당한다.
ㄷ. 이 지역보다 위도가 20° 높은 지역에서 같은 활동을 반복한다면 *l*은 더 길어질 것이다.

① ㄱ 　　　② ㄷ 　　　③ ㄱ, ㄴ 　　　④ ㄴ, ㄷ 　　　⑤ ㄱ, ㄴ, ㄷ

하짓날 66.5°N보다 고위도 지역에서는 태양이 일주하는 동안 지평선 아래로 내려가지 않는다.

[24030-0231]

07 그림은 북반구 어느 지역에서 하짓날 하루 동안 태양이 이동한 경로를 평면상에 나타낸 것이다. θ_1과 θ_2는 각각 하루 중 최소 고도와 최대 고도이다.

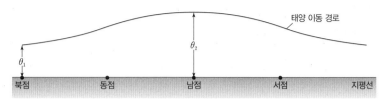

이에 대한 설명으로 옳은 것만을 〈보기〉에서 있는 대로 고른 것은?

● 보기 ●

ㄱ. 위도는 $90° - \left(\dfrac{\theta_2 - \theta_1}{2} \right)$이다.

ㄴ. 이 지역에서 북극으로 이동할수록 θ_1은 증가한다.

ㄷ. 다음 날 θ_1과 θ_2는 모두 작아진다.

① ㄱ   ② ㄷ   ③ ㄱ, ㄴ   ④ ㄴ, ㄷ   ⑤ ㄱ, ㄴ, ㄷ

태양계 행성의 공전 궤도면은 황도면과 거의 일치하므로 행성의 적경을 알면 적위를 추정할 수 있다.

[24030-0232]

08 그림은 어느 해 추분날 태양과 행성들의 상대적 위치 관계를 나타낸 것이다.

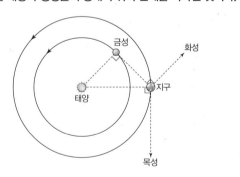

이에 대한 설명으로 옳은 것만을 〈보기〉에서 있는 대로 고른 것은? (단, 행성은 원 궤도로 공전하며 공전 궤도는 같은 평면상에 있다고 가정한다.)

● 보기 ●

ㄱ. 37°N에서 관측할 때 금성은 하현달 모양으로 관측된다.

ㄴ. 적경은 화성이 금성보다 크다.

ㄷ. 37°N에서 관측할 때 남중 고도는 목성이 가장 높다.

① ㄱ   ② ㄷ   ③ ㄱ, ㄴ   ④ ㄴ, ㄷ   ⑤ ㄱ, ㄴ, ㄷ

[24030–0233]

09 그림은 2023년 우리나라에서 행성 A, B, C가 지는 시각을 나타낸 것이다.

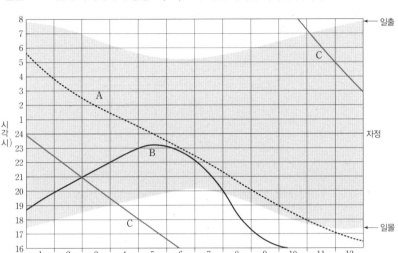

내행성은 태양으로부터 일정 각도 이상 벗어나지 않기 때문에 자정에 관측되지 않는다.

이 자료에 대한 설명으로 옳은 것만을 〈보기〉에서 있는 대로 고른 것은?

● 보 기 ●

ㄱ. A는 외행성이다.

ㄴ. 9월 초에 B는 태양이 뜨기 직전 동쪽 하늘에서 관측된다.

ㄷ. 11월 초에 C는 적경이 감소한다.

① ㄱ   ② ㄷ   ③ ㄱ, ㄴ   ④ ㄴ, ㄷ   ⑤ ㄱ, ㄴ, ㄷ

[24030–0234]

10 그림은 천체 관측 프로그램을 이용하여 금성이 최대 이각에 위치할 때 서울 하늘에 떠 있는 행성의 위치를 나타낸 것이다.

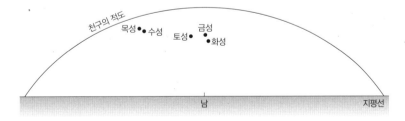

금성이 최대 이각에 위치할 때 천구상에서 태양은 금성보다 수성에 가까이 위치한다.

이에 대한 설명으로 옳지 않은 것은?

① 수성의 적위는 (−) 값이다.

② 금성의 위상은 하현달 모양이다.

③ 토성은 합과 서구 사이에 위치한다.

④ 이날 지평선 위에 떠 있는 시간은 화성이 목성보다 짧다.

⑤ 다음 날 금성−지구−목성이 이루는 각은 이날보다 커진다.

남반구 중위도에서는 북쪽을 바라볼 때 오른쪽이 동쪽이 되므로 동쪽 하늘에서 천구의 적도가 지평선을 향해 오른쪽 아래로 경사지게 된다.

11 그림은 남반구 중위도에서 어느 해 1월부터 9월까지 매월 21일 해 뜨기 직전에 관측한 금성의 위치를 확대한 위상과 함께 나타낸 것이다.

[24030-0235]

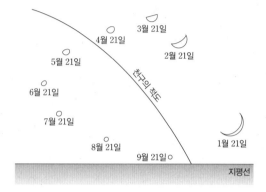

이에 대한 설명으로 옳은 것은?

① 서쪽 하늘을 관측한 것이다.

② 3월 21일에 최대 고도는 금성이 태양보다 낮다.

③ 3월 21일에 금성은 서방 최대 이각 부근에 위치한다.

④ 6월 21일부터 9월 21일까지 금성은 역행한다.

⑤ 지구로부터 금성까지의 거리는 1월 21일이 9월 21일보다 멀다.

외행성은 충 부근에서 배경별에 대해 동 → 서로 이동하며 적경이 감소하는 역행이 일어난다.

12 그림은 2022년 8월 1일부터 9개월간 화성의 위치를 적도 좌표계에 나타낸 것이다.

[24030-0236]

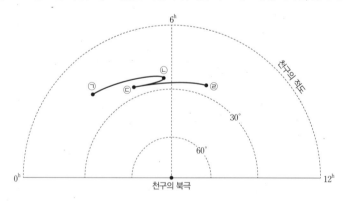

이에 대한 설명으로 옳은 것만을 〈보기〉에서 있는 대로 고른 것은?

●보 기●
ㄱ. ㉠은 8월 1일 화성의 위치이다.

ㄴ. ㉡과 ㉢ 사이에 화성은 역행한다.

ㄷ. 화성은 ㉣에 위치할 때 우리나라에서 해 뜨기 직전 동쪽 하늘에서 관측할 수 있다.

① ㄱ   ② ㄷ   ③ ㄱ, ㄴ   ④ ㄴ, ㄷ   ⑤ ㄱ, ㄴ, ㄷ

[24030-0237]

13 그림 (가)는 어느 우주관에서 금성의 위치를, (나)는 어느 해 금성의 행성 현상을 나타낸 것이다.

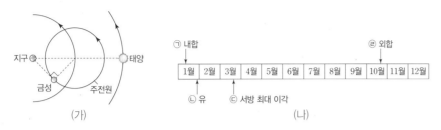

(가)

(나)

금성의 주전원 중심이 별자리에 대해 지구 둘레를 회전하는 주기는 태양의 공전 주기(1년)와 같다.

이에 대한 설명으로 옳은 것만을 〈보기〉에서 있는 대로 고른 것은?

┌─● 보기 ●──────────────────────────────────────
│ ㄱ. 금성이 (가)와 같이 위치할 때의 모양은 ⓒ에서의 모양과 같다.
│ ㄴ. 금성의 주전원 중심이 별자리에 대해 지구 둘레를 회전하는 주기는 ⑤에서 ⓔ까지 걸리는
│   시간의 2배이다.
│ ㄷ. (가)의 우주관으로는 ⓛ을 설명할 수 있다.
└──

① ㄱ   ② ㄷ   ③ ㄱ, ㄴ   ④ ㄴ, ㄷ   ⑤ ㄱ, ㄴ, ㄷ

[24030-0238]

14 그림 (가)는 티코 브라헤의 우주관에서 천체 A∼D의 위치를 나타낸 것이고, (나)는 천문학자의 업적을 시대 순으로 나열한 것이다. A∼D는 각각 태양, 수성, 지구, 달 중 하나이다.

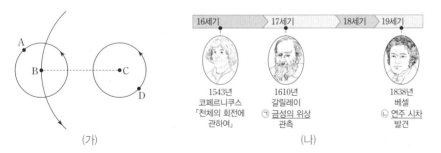

(가)

(나)

연주 시차는 어떤 천체를 1년 동안 관측하였을 때 지구의 공전에 의해 생기는 현상으로 지동설에서만 설명할 수 있다.

이에 대한 설명으로 옳은 것은?

① A는 달이다.
② (가)의 우주관에서 모든 행성은 C를 중심으로 공전한다.
③ ⑤ 중 보름달 모양은 (가)의 우주관으로 설명할 수 없다.
④ ⓛ은 (가)의 우주관으로 설명할 수 있다.
⑤ (가)의 우주관은 1543년보다 나중에 등장하였다.

09 행성의 운동 (2)

○ **회합 주기**: 행성의 공전 궤도는 공전 각속도가 일정한 원 궤도이며, 같은 평면에서 공전한다고 가정하고 계산한 것이다.

1. 회합 주기는 내행성이 내합에서 다음 (   )이 되는 데까지, 외행성이 합에서 다음 (   )이 되는 데까지 걸린 시간이다.

2. 행성의 공전 주기는 직접 측정이 어렵기 때문에 (   )를 이용하여 구한다.

3. 내행성의 공전 주기를 P라고 할 때, 내행성이 하루 동안 공전한 각도는 (   )이다.

4. 내행성과 지구가 하루 동안 공전한 각도의 차가 누적되어 (   )가 될 때까지 걸린 시간이 회합 주기이다.

1 행성의 공전 주기와 궤도 반지름

(1) 공전 주기

① **공전 주기**: 행성이 태양 둘레를 한 바퀴 도는 데 걸리는 시간이다.

② **행성의 공전 주기 구하기**: 지구는 다른 행성들과 함께 태양 둘레를 공전하고 있으므로 지구에서 직접 행성의 공전 주기를 측정하기 어렵다. 따라서 회합 주기를 이용하여 행성의 공전 주기를 구한다.

(2) 회합 주기

① **회합 주기**: 내행성이 내합(또는 외합)에서 다음 내합(또는 외합)이 되는 데까지, 외행성이 충(또는 합)에서 다음 충(또는 합)이 되는 데까지 걸리는 시간이다.

② **내행성의 회합 주기**

• 내행성의 공전 주기를 P, 지구의 공전 주기를 E라고 할 때, 하루 동안 내행성과 지구가 공전한 각도는 각각 $\dfrac{360°}{P}$와 $\dfrac{360°}{E}$이다. 내합에서 동시에 공전을 시작했을 때 내행성은 지구보다 하루에 $\left(\dfrac{360°}{P}-\dfrac{360°}{E}\right)$ 만큼씩 앞서게 된다. 이 각도 차가 누적되어 360°가 되면 내행성은 다시 내합에 위치하므로, 이 기간이 회합 주기(S)가 된다.

$$\left(\frac{360°}{P}-\frac{360°}{E}\right)\times S=360°$$

• 내행성의 회합 주기(S)와 공전 주기(P) 사이에는 다음과 같은 관계가 성립한다.

$$\frac{1}{S}=\frac{1}{P}-\frac{1}{E}$$

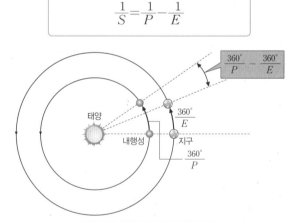

내행성의 회합 주기와 공전 주기

③ **외행성의 회합 주기**

• 외행성의 공전 주기를 P, 지구의 공전 주기를 E라고 할 때, 하루 동안 외행성과 지구가 공전한 각도는 각각 $\dfrac{360°}{P}$와 $\dfrac{360°}{E}$이다. 충에서 동시에 공전을 시작했을 때 지구는 외행성보다 하루에 $\left(\dfrac{360°}{E}-\dfrac{360°}{P}\right)$ 만큼씩 앞서게 된다. 이 각도 차가 누적되어 360°가 되면 외행

성은 다시 충에 위치하므로, 이 기간이 회합 주기(S)가 된다.

$$\left(\frac{360°}{E} - \frac{360°}{P}\right) \times S = 360°$$

- 외행성의 회합 주기(S)와 공전 주기(P) 사이에는 다음과 같은 관계가 성립한다.

$$\frac{1}{S} = \frac{1}{E} - \frac{1}{P}$$

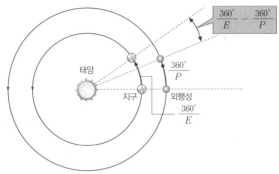

외행성의 회합 주기와 공전 주기

④ 행성의 거리와 회합 주기
- 내행성은 지구에 가까울수록 회합 주기가 길다. ➡ 수성은 회합 주기가 1년보다 짧고, 금성은 1년보다 길다.
- 외행성은 지구에서 멀수록 회합 주기가 짧아지면서 점점 1년에 가까워진다. ➡ 이는 지구로부터 거리가 먼 외행성일수록 지구가 태양 둘레를 1회 공전하는 동안 외행성이 공전하는 각이 작아지기 때문이다.
- 지구에서 관측한 어느 행성의 회합 주기와 그 행성에서 관측한 지구의 회합 주기는 같다.
- 두 행성의 공전 각속도 차가 클수록 회합 주기가 짧아진다.

행성	공전 주기(일)	공전 주기(년)	회합 주기(일)
수성	88	0.24	116
금성	225	0.62	584
화성	687	1.88	780
목성	4335	11.86	399
토성	10759	29.46	378
천왕성	30685	84.02	370
해왕성	60188	164.77	368

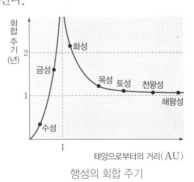

행성의 회합 주기

(3) 행성의 공전 궤도 반지름

① **내행성의 공전 궤도 반지름**: 내행성의 최대 이각을 이용하여 내행성의 공전 궤도 반지름을 구할 수 있다.

② **외행성의 공전 궤도 반지름**: 지구에서 관측한 태양과 행성의 상대적 위치와 행성의 공전 주기를 이용하여 외행성의 공전 궤도 반지름을 구할 수 있다.

○ **행성의 회합 주기**: 지구와의 회합 주기가 가장 짧은 행성은 수성이고, 가장 긴 행성은 화성이다. 외행성의 경우 공전 주기가 길수록 회합 주기가 1년에 가까워진다.

1. 외행성의 공전 주기를 P, 지구의 공전 주기를 E라고 할 때 외행성과 지구가 하루 동안 공전한 각도의 차는 (   )이다.

2. 내행성은 공전 주기가 길수록 회합 주기가 (   )진다.

3. 회합 주기는 토성이 화성보다 (   )다.

4. 외행성의 회합 주기는 태양으로부터 거리가 멀어질수록 (   )년에 가까워진다.

5. 회합 주기가 가장 긴 행성은 (   )이다.

정답
1. $\frac{360°}{E} - \frac{360°}{P}$
2. 길어
3. 짧
4. 1
5. 화성

개념 체크

1. 내행성의 공전 궤도 반지름은 (　　　)을 이용하여 구할 수 있다.

2. 외행성의 공전 궤도 반지름은 태양과 행성의 상대적 위치와 행성의 (　　　)를 이용하여 구할 수 있다.

3. 화성의 공전 궤도 반지름을 구하는 탐구 과정에서 지구가 E_1에서 E_1'까지 공전한 기간은 화성의 (　　　)와 같다.

탐구자료 살펴보기 ▶ 수성의 공전 궤도 반지름 구하기

탐구 과정

다음은 수성을 관측한 기록이다.

관측일	수성의 위치
2019년 11월 28일	20°(서방 최대 이각)

1. 행성의 공전 궤도는 원 궤도라고 가정하고, (가)와 같이 모눈종이 위에 반지름이 5 cm인 원을 그려 지구의 공전 궤도라고 한다. 태양(S)과 지구(E)를 표시한 후, 태양과 지구를 잇는 선분 SE를 그린다.
2. (나)와 같이 지구의 오른쪽으로 선분 SE와 20°를 이루는 직선 EM을 그린다.
3. (다)와 같이 태양(S)에서 직선 EM에 수선을 내려 만나는 점에 수성의 위치 M'를 표시한 후, 태양(S)을 중심으로 선분 SM'를 반지름으로 하는 수성의 공전 궤도를 그린다.

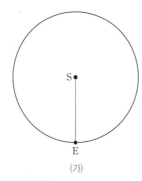
(가)

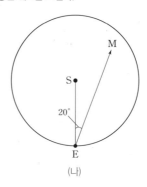
(나)

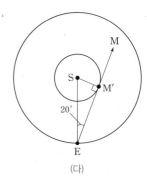
(다)

탐구 결과

1. 태양으로부터 수성까지의 거리는 몇 cm인가?
   ➡ 약 1.7 cm
2. 수성의 공전 궤도 반지름은 몇 AU인가?
   ➡ 수성의 공전 궤도 반지름에 해당하는 $\overline{SM'}$의 길이는 1.7 cm이다. 지구의 공전 궤도 반지름인 1 AU를 5 cm라고 가정하였으므로, 수성의 공전 궤도 반지름은 0.34 AU에 해당한다.

분석 point

수성의 공전 궤도 반지름은 삼각 함수를 이용하여 아래와 같이 계산할 수도 있다.
$$\overline{SM'} = \overline{SE} \times \sin 20°$$

탐구자료 살펴보기 ▶ 화성의 공전 궤도 그리기

탐구 과정

표는 여러 해 동안 지구에서 태양과 화성의 위치를 관측하여 정리한 것이다. $E_1 \sim E_1'$, $E_2 \sim E_2'$ 사이의 기간은 화성의 공전 주기인 687일이다.

관측일	지구의 위치	지구-태양-춘분점 사이의 각	화성-지구-춘분점 사이의 각	화성의 위치
1965년 4월 13일	E_1	202.4°	159.0°	M_1
1967년 3월 1일	E_1'	160.0°	212.0°	
1967년 6월 2일	E_2	251.0°	196.0°	M_2
1969년 4월 19일	E_2'	208.5°	256.5°	
...	...	...	...	...

정답

1. 최대 이각
2. 공전 주기
3. 공전 주기

1. 반지름이 5 cm인 원을 그려 지구의 공전 궤도라 하고, 그 중심에 태양(S)이 있다고 가정한다.
2. 지구 공전 궤도의 임의의 한 점과 태양을 잇는 선을 그려 춘분점의 방향을 정한다.
3. 표의 자료를 이용하여 지구, 화성의 위치를 표시한다.
4. 화성의 위치를 표시한 뒤 곡선자를 이용하여 화성의 자취를 그린다.

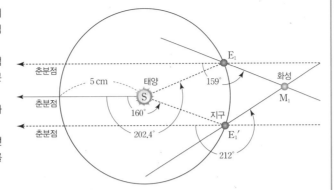

탐구 결과

1. ∠E_1SE_1'의 크기는 몇 °인가?
   ➡ 화성이 한 바퀴 공전하는 동안 지구가 공전한 각도는 365일 : 360° = 687일 : x에서 $x ≒ 677.6$이다. 따라서 ∠E_1SE_1'는 약 42.4°이다.
2. 과정 4에서 그려진 화성의 공전 궤도는 어떤 모양인가?
   ➡ 화성의 공전 궤도는 타원 모양이다.

분석 point

지구가 E_1에서 E_1'까지 공전한 기간은 687일로 화성의 공전 주기에 해당한다.

2 케플러 법칙

(1) 케플러 제1법칙-타원 궤도 법칙

① 행성은 태양을 한 초점으로 하는 타원 궤도를 공전한다.

② 궤도 긴반지름: 타원 궤도의 중심으로부터 원일점 또는 근일점까지의 거리이다. 궤도 긴반지름은 태양과 행성 사이의 평균 거리에 해당한다.

③ 타원 궤도에서 태양에 가장 가까운 지점을 근일점, 가장 먼 지점을 원일점이라고 한다.

케플러 제1법칙

④ 궤도 이심률: 타원의 납작한 정도를 나타내는 값으로, 타원의 긴반지름에 대한 초점 거리의 비를 의미한다. 타원은 궤도 이심률이 클수록 더 납작한 모양이 되고, 이심률이 작을수록 원에 가까워지며, 이심률이 0이면 원이 된다.
   • 타원의 긴반지름을 a, 짧은반지름을 b, 초점 거리를 c라고 할 때, 이심률(e)은 다음과 같이 나타낸다.

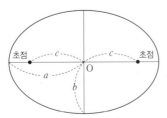

$$e = \frac{c}{a} = \frac{\sqrt{a^2-b^2}}{a}$$

1. 케플러 제1법칙은 (　　) 법칙이다.

2. 타원 궤도에서 태양으로부터 가장 가까운 지점은 (　　), 태양으로부터 가장 먼 지점은 (　　)이다.

3. 이심률은 타원의 긴반지름에 대한 (　　)의 비를 의미한다.

4. 근일점까지의 거리와 원일점까지의 거리의 합은 궤도 긴반지름의 (　　)배와 같다.

5. 이심률이 작을수록 타원의 모양은 (　　)에 가까워진다.

정답

1. 타원 궤도
2. 근일점, 원일점
3. 초점 거리
4. 2
5. 원

● **다양한 천체의 궤도**: 천체의 공전 궤도는 아래와 같이 이심률(e)에 따라 달라진다.

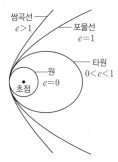

● **면적 속도 일정 법칙**: 면적 속도는 주어진 궤도에서 항상 일정한 값을 갖는다. 하지만 공전 궤도의 모양이 변하면, 즉 공전 궤도 긴반지름이나 공전 궤도 이심률이 변하면 면적 속도도 변한다.

1. 케플러 제2법칙은 (   ) 법칙이다.

2. 행성의 공전 속도는 (   )에서 가장 빠르고, (   )에서 가장 느리다.

행성	수성	금성	지구	화성	목성	토성	천왕성	해왕성
공전 궤도 긴반지름(AU)	0.387	0.723	1	1.524	5.203	9.537	19.189	30.070
공전 궤도 이심률	0.206	0.007	0.017	0.093	0.048	0.054	0.047	0.009

행성의 공전 궤도 긴반지름과 공전 궤도 이심률

탐구자료 살펴보기 ▶ **주어진 이심률과 긴반지름을 이용하여 타원 궤도 그리기**

탐구 과정

표는 수성과 지구의 공전 궤도 긴반지름과 공전 궤도 이심률을 나타낸 것이다.

행성	수성	지구
공전 궤도 긴반지름(AU)	0.4	1
공전 궤도 이심률	0.2	0

1. 1 AU를 10 cm로 하고 수성의 공전 궤도 긴반지름과 이심률을 이용하여 두 초점 사이의 거리를 계산하고 두 초점의 위치에 압정을 고정시킨다.
2. 수성 공전 궤도 긴반지름의 2배 길이가 되도록 실의 끝을 두 초점에 묶고, 그림과 같이 실을 팽팽하게 유지하면서 연필을 한 바퀴 돌리면서 타원을 그린다.
3. 위와 같은 방법으로 지구의 궤도를 그린다.

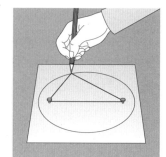

탐구 결과

1. 과정 1에서 수성의 두 압정 사이의 거리는 몇 cm인가?
   ➡ 두 압정 사이의 거리는 두 초점 사이의 거리에 해당하며, (이심률×공전 궤도 긴반지름)의 2배이므로 2(0.2×4 cm)=1.6 cm이다.
2. 수성과 지구 중 어느 천체의 공전 궤도가 원에 더 가까운가?
   ➡ 지구

분석 point

타원을 그릴 때 실의 길이는 공전 궤도 긴반지름의 2배여야 한다.

(2) 케플러 제2법칙–면적 속도 일정 법칙

① 행성이 타원 궤도를 따라 공전할 때 태양과 행성을 잇는 선분은 같은 시간 동안 같은 면적을 쓸고 지나간다.

② 행성의 공전 속도는 근일점에서 가장 빠르고, 원일점에서 가장 느리다.

③ 타원 궤도의 이심률이 클수록 근일점과 원일점에서의 공전 속도 차이가 커진다.

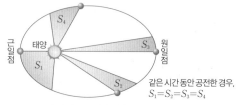

면적 속도 일정 법칙

(3) 케플러 제3법칙-조화 법칙

① 행성의 공전 주기의 제곱은 공전 궤도 긴반지름의 세제곱에 비례한다.

② 행성의 공전 주기 P와 행성의 공전 궤도 긴반지름 a 사이에는 다음과 같은 관계가 성립한다.

$$\left(\frac{a^3}{P^2}\right)_{수성} = \left(\frac{a^3}{P^2}\right)_{금성} = \cdots = \left(\frac{a^3}{P^2}\right)_{해왕성} = k(일정)$$

이때 P의 단위를 년, a의 단위를 AU로 하면, 비례 상수 $k=1$이 된다.

③ 행성의 회합 주기를 측정하여 공전 주기를 구하면 케플러 제3법칙을 이용하여 행성의 공전 궤도 긴반지름을 구할 수 있다.

④ 공전 궤도 긴반지름이 큰 행성일수록 공전 속도가 느리다.

➡ 수성의 공전 속도가 가장 빠르다.

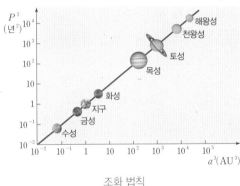

조화 법칙

(4) 케플러 제3법칙의 응용

① 쌍성을 이용한 케플러 제3법칙 유도

• 그림과 같이 질량이 각각 m_1, m_2인 두 천체가 공통 질량 중심 O로부터 a_1, a_2만큼 떨어진 거리에서 각각 v_1과 v_2의 속력으로 등속 원운동하고 있다. 두 천체의 공전 주기는 P이다. 두 천체의 등속 원운동에 필요한 구심력을 각각 F_1, F_2라고 할 때, $F_1 = \dfrac{m_1 v_1^2}{a_1}$, $F_2 = \dfrac{m_2 v_2^2}{a_2}$이다. $v_1 = \dfrac{2\pi a_1}{P}$, $v_2 = \dfrac{2\pi a_2}{P}$이므로 $F_1 = \dfrac{4\pi^2 a_1 m_1}{P^2}$, $F_2 = \dfrac{4\pi^2 a_2 m_2}{P^2}$이다. 천체의 원운동을 일으키는 구심

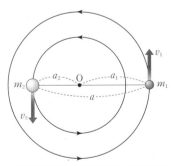

공통 질량 중심을 공전하는 두 천체

력은 두 천체 사이에 작용하는 만유인력인 $F = \dfrac{Gm_1 m_2}{a^2}$와 같으므로 $F_1 = F_2 = F$이다.

따라서 두 천체에 작용하는 힘은 아래와 같이 나타낼 수 있다.

$$\frac{4\pi^2 a_1 m_1}{P^2} = \frac{Gm_1 m_2}{a^2} \ \cdots\cdots (1)$$

$$\frac{4\pi^2 a_2 m_2}{P^2} = \frac{Gm_1 m_2}{a^2} \ \cdots\cdots (2)$$

○ **케플러 법칙:** 행성 운동에 관한 케플러의 세 가지 법칙이 발표된 지 약 50년 후 뉴턴이 만유인력 법칙을 이용하여 케플러 제3법칙을 증명하였다.

1. 어느 쌍성계에서 두 별 사이의 거리가 4 AU, 공전 주기가 4년일 때 이 쌍성계의 질량은 (○) 질량의 ( )배이다.

2. 케플러 법칙은 ( )에 의해 궤도 운동을 하는 모든 천체에 적용된다.

3. 케플러 법칙을 이론적으로 증명한 과학자는 ( )이다.

(1)과 (2)를 정리하면 $\dfrac{4\pi^2(a_1+a_2)}{P^2} = \dfrac{G(m_1+m_2)}{a^2}$이다. $(a_1+a_2) = a$이므로

$$\dfrac{a^3}{P^2} = \dfrac{G(m_1+m_2)}{4\pi^2}$$가 성립한다.

• 이 공식을 태양계에 적용하면, 태양의 질량($M_\odot$)은 행성의 질량(m)에 비해 매우 크므로, 위의 식은 아래와 같이 나타낼 수 있다.

$$\dfrac{a^3}{P^2} = \dfrac{G(M_\odot + m)}{4\pi^2} \simeq \dfrac{GM_\odot}{4\pi^2} = k(\text{일정})$$

② 케플러 제3법칙의 응용

• 두 별 사이의 거리와 공전 주기를 알면 케플러 제3법칙으로부터 쌍성계의 질량을 구할 수 있고, 공통 질량 중심으로부터 별까지의 거리 비를 알면 별 각각의 질량도 결정할 수 있다.

• 공전 주기의 단위를 년, 거리의 단위를 AU로 나타내면 케플러 제3법칙으로부터

$m_1 + m_2 = \dfrac{a^3}{P^2} \cdot \dfrac{4\pi^2}{G}$이고, $\dfrac{4\pi^2}{G} = 1M_\odot$($M_\odot$: 태양 질량)이므로, 두 별의 질량의 합은 다음과 같이 구할 수 있다.

$$m_1 + m_2 = \dfrac{a^3}{P^2} M_\odot$$

• $a_1m_1 = a_2m_2$의 관계가 성립하므로, $\dfrac{a_1}{a_2}$을 측정하면 별의 질량을 각각 구할 수 있다.

(5) 케플러 법칙의 적용

① 별과 은하 및 행성이 아니면서 태양 주위를 공전하는 소행성, 왜소 행성, 혜성 등도 케플러 법칙에 따라 운동한다.

② 행성 주위를 공전하는 위성이나 지구 주위를 도는 인공위성도 케플러 법칙에 따라 운동한다.

③ 우주 탐사선을 발사할 때 연료의 소모를 최소로 하기 위해서 케플러 법칙을 이용하여 궤도를 결정하고 있다. ➡ 행성 탐사선의 궤도는 지구를 근일점, 탐사하고자 하는 행성을 원일점에 둔 타원 궤도를 이용하는 것이 가장 경제적이다.

> **과학 돋보기** | 케플러 법칙과 화성 탐사선의 궤도
>
> • 그림은 지구와 화성이 각각 E_0, M_0에 있을 때 지구에서 발사된 우주선이 화성(M_1)에 도착할 때의 모습을 나타낸 것이다. 우주선이 화성(M_1)에 도착할 때 지구의 위치는 E_1이다.
>
> • 탐사선은 E_0에서 타원 궤도에 진입한 후, 추진력 없이 진행하여 약 8개월 후 화성에 도착한다.
> → 탐사선의 속도는 점차 느려진다.
>
> • 탐사선의 궤도는 E_0을 근일점으로 하고, M_1을 원일점으로 하는 타원이다.
> → 탐사선의 공전 궤도 긴반지름은 약 1.25 AU이다.

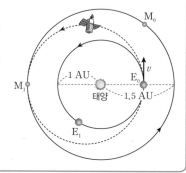

01 그림은 태양계 행성의 회합 주기에 대한 세 학생의 대화 장면을 나타낸 것이다.

[24030-0239]

내행성의 회합 주기는 내합에서 다음 내합이 되는 데까지 걸리는 시간이라고 할 수 있어.

학생 A

외행성의 회합 주기는 1년보다 길 거야.

학생 B

지구에서 측정한 어느 행성의 회합 주기와 그 행성에서 측정한 지구의 회합 주기는 같아.

학생 C

제시한 내용이 옳은 학생만을 있는 대로 고른 것은?

① A   ② C   ③ A, B
④ B, C   ⑤ A, B, C

02 그림은 원 궤도로 공전하는 가상의 태양계 행성 A와 지구의 현재 및 $\frac{5}{4}$년 후의 위치를 나타낸 것이다.

[24030-0240]

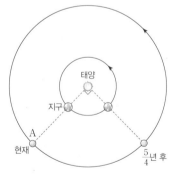

A에 대한 설명으로 옳은 것만을 〈보기〉에서 있는 대로 고른 것은?

● 보기 ●
ㄱ. 충에서 합까지 걸리는 시간은 $\frac{5}{4}$년이다.
ㄴ. 지구가 5회 공전하는 동안 4회 공전한다.
ㄷ. 공전 궤도 긴반지름은 3 AU보다 작다.

① ㄱ   ② ㄷ   ③ ㄱ, ㄴ
④ ㄴ, ㄷ   ⑤ ㄱ, ㄴ, ㄷ

03 그림은 어느 태양계 행성의 이각 변화를 나타낸 것이다.

[24030-0241]

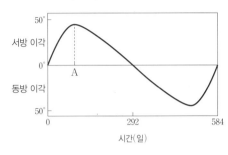

이 행성에 대한 설명으로 옳은 것만을 〈보기〉에서 있는 대로 고른 것은?

● 보기 ●
ㄱ. 하루 동안 공전하는 각도가 지구보다 크다.
ㄴ. 공전 주기가 584일이다.
ㄷ. A로부터 292일 후 외합과 동방 최대 이각 사이에 위치한다.

① ㄱ   ② ㄴ   ③ ㄱ, ㄷ
④ ㄴ, ㄷ   ⑤ ㄱ, ㄴ, ㄷ

04 그림은 가상의 태양계 행성 A가 공전하는 동안 지구로부터의 거리 변화를 나타낸 것이다.

[24030-0242]

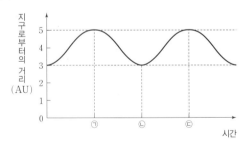

A에 대한 설명으로 옳은 것만을 〈보기〉에서 있는 대로 고른 것은? (단, 지구와 A의 공전 궤도는 원 궤도이다.)

● 보기 ●
ㄱ. ㉠에서 ㉡까지 걸리는 시간은 4년이다.
ㄴ. ㉡에서 ㉢으로 이동하는 동안 태양과의 이각은 감소한다.
ㄷ. ㉢으로부터 1년 후 동구와 합 사이에 위치한다.

① ㄱ   ② ㄴ   ③ ㄱ, ㄷ
④ ㄴ, ㄷ   ⑤ ㄱ, ㄴ, ㄷ

[24030-0243]

05 그림은 화성이 한 바퀴 공전하는 동안 변화한 지구의 위치를 ㉠과 ㉡으로 순서 없이 나타낸 것이다. 화성의 공전 주기는 687일이다.

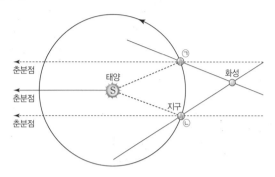

이에 대한 설명으로 옳은 것만을 〈보기〉에서 있는 대로 고른 것은?

보기
ㄱ. 화성의 적경은 ㉠일 때가 ㉡일 때보다 작다.
ㄴ. ㉠은 ㉡보다 나중의 위치이다.
ㄷ. 지구에서 측정한 화성의 회합 주기는 687일보다 짧다.

① ㄱ   ② ㄴ   ③ ㄱ, ㄷ
④ ㄴ, ㄷ   ⑤ ㄱ, ㄴ, ㄷ

[24030-0244]

06 그림은 어느 태양계 행성에서 측정한 다른 행성의 회합 주기를 나타낸 것이다. x와 y는 회합 주기 곡선의 점근선에 해당하는 값이다.

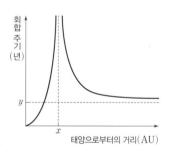

이에 대한 설명으로 옳은 것만을 〈보기〉에서 있는 대로 고른 것은?

보기
ㄱ. 지구에서 측정하면 x는 1이다.
ㄴ. 금성에서 측정하면 y는 1보다 작다.
ㄷ. 태양계 행성은 x의 세제곱과 y의 제곱이 서로 비례한다.

① ㄱ   ② ㄷ   ③ ㄱ, ㄴ
④ ㄴ, ㄷ   ⑤ ㄱ, ㄴ, ㄷ

[24030-0245]

07 다음은 태양계 행성의 공전 궤도를 알아보기 위하여 타원 궤도를 그려보는 탐구 과정이다.

[탐구 과정]
그림과 같이 고정된 두 압정에 실의 끝을 묶은 후 실을 팽팽히 유지하며 연필을 한 바퀴 돌리면서 타원을 그린다.

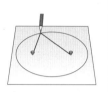

이에 대한 설명으로 옳은 것만을 〈보기〉에서 있는 대로 고른 것은?

보기
ㄱ. 두 압정 중 한 압정의 위치는 태양의 위치를 의미한다.
ㄴ. 실의 길이를 길게 하여 탐구 과정을 반복하면 타원의 이심률은 증가할 것이다.
ㄷ. 압정 사이의 거리를 길게 하여 탐구 과정을 반복하면 타원의 이심률은 감소할 것이다.

① ㄱ   ② ㄴ   ③ ㄱ, ㄷ
④ ㄴ, ㄷ   ⑤ ㄱ, ㄴ, ㄷ

[24030-0246]

08 표는 가상의 태양계 소행성 A, B, C의 근일점 거리와 원일점 거리를 나타낸 것이다.

소행성	근일점 거리(AU)	원일점 거리(AU)
A	3	5
B	1	7
C	1	5

이에 대한 설명으로 옳은 것만을 〈보기〉에서 있는 대로 고른 것은?

보기
ㄱ. 공전 주기는 A와 B가 같다.
ㄴ. C의 초점 거리는 2 AU이다.
ㄷ. 공전 궤도 이심률은 A, B, C 중 B가 가장 크다.

① ㄱ   ② ㄷ   ③ ㄱ, ㄴ
④ ㄴ, ㄷ   ⑤ ㄱ, ㄴ, ㄷ

09 [24030–0247]
그림은 어느 소행성이 서로 다른 시기에 1년 동안 쓸고 지나간 면적을 나타낸 것이다. A와 B는 각각 P_1과 P_3에서부터 1년 동안 공전하며 쓸고 지나간 면적이다.

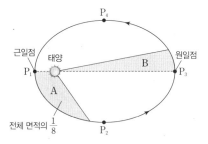

이에 대한 설명으로 옳은 것만을 〈보기〉에서 있는 대로 고른 것은?

┌─ 보기 ●
ㄱ. 선분 P_1P_3의 길이는 8 AU이다.
ㄴ. B는 전체 면적의 $\frac{1}{8}$보다 작다.
ㄷ. 공전하는 데 걸리는 시간은 P_1에서 P_3까지가 P_2에서 P_4까지보다 길다.
└─

① ㄱ　　② ㄴ　　③ ㄱ, ㄷ
④ ㄴ, ㄷ　　⑤ ㄱ, ㄴ, ㄷ

10 [24030–0248]
그림은 태양계 행성의 공전 궤도 긴반지름과 공전 주기의 관계를 나타낸 것이다.

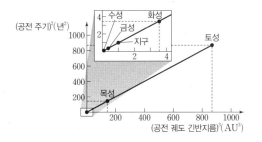

이에 대한 설명으로 옳은 것만을 〈보기〉에서 있는 대로 고른 것은?

┌─ 보기 ●
ㄱ. 공전 궤도 긴반지름이 클수록 공전 주기가 길다.
ㄴ. 공전 속도는 수성이 토성보다 빠르다.
ㄷ. 목성에서 측정한 회합 주기는 화성이 금성보다 길다.
└─

① ㄱ　　② ㄴ　　③ ㄱ, ㄷ
④ ㄴ, ㄷ　　⑤ ㄱ, ㄴ, ㄷ

11 [24030–0249]
그림은 지구와 화성이 각각 E_0과 M_0에 있을 때 지구에서 발사된 탐사선이 화성에 도착할 때의 화성(M_1)과 지구(E_1)의 위치를 나타낸 것이다. 지구와 화성의 공전 궤도는 원 궤도이며 탐사선의 궤도는 태양을 초점으로 하는 타원 궤도이다.

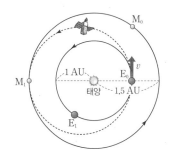

이 탐사선에 대한 설명으로 옳은 것만을 〈보기〉에서 있는 대로 고른 것은?

┌─ 보기 ●
ㄱ. E_0에서 M_1까지 이동하는 동안 속도는 점차 빨라진다.
ㄴ. (원일점 거리−근일점 거리)는 0.5 AU이다.
ㄷ. 탐사선 궤도의 이심률은 0.2이다.
└─

① ㄱ　② ㄴ　③ ㄱ, ㄷ　④ ㄴ, ㄷ　⑤ ㄱ, ㄴ, ㄷ

12 [24030–0250]
그림은 쌍성계를 이루는 별 A와 B의 공통 질량 중심으로부터의 거리를 나타낸 것이다. A와 B는 원 궤도로 공전하며, A와 B의 질량의 합은 태양 질량과 같다.

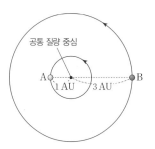

이에 대한 설명으로 옳은 것만을 〈보기〉에서 있는 대로 고른 것은?

┌─ 보기 ●
ㄱ. 질량은 A가 B의 3배이다.
ㄴ. 공전 속도는 B가 A의 3배이다.
ㄷ. B의 공전 주기는 8년이다.
└─

① ㄱ　② ㄷ　③ ㄱ, ㄴ　④ ㄴ, ㄷ　⑤ ㄱ, ㄴ, ㄷ

수성의 시지름은 지구로부터의 거리가 가까울수록 크게 나타나며, 시지름의 변화 주기는 회합 주기와 거의 일치한다.

[24030-0251]

01 그림은 어느 해 수성의 겉보기 등급과 시지름 변화를 나타낸 것이다.

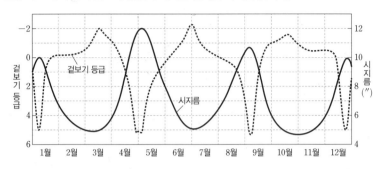

이 기간 동안 관측된 수성에 대한 설명으로 옳은 것만을 〈보기〉에서 있는 대로 고른 것은?

● 보기 ●
ㄱ. 시지름이 클수록 밝게 관측된다.
ㄴ. 5월 초에 역행한다.
ㄷ. 공전 주기는 약 4개월이다.

① ㄱ   ② ㄴ   ③ ㄱ, ㄷ   ④ ㄴ, ㄷ   ⑤ ㄱ, ㄴ, ㄷ

외행성의 경우 공전 주기가 길수록 회합 주기가 1년에 가까워진다.

[24030-0252]

02 그림은 어느 해 6월 1일과 12월 1일 행성의 공전 궤도상에서 위치를, 표는 행성의 공전 주기를 나타낸 것이다.

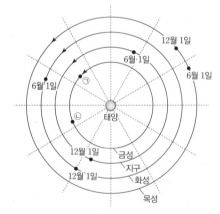

행성	공전 주기(일)
금성	225
화성	687
목성	4335

금성, 화성, 목성에 대한 설명으로 옳은 것만을 〈보기〉에서 있는 대로 고른 것은?

● 보기 ●
ㄱ. 6월 1일 금성의 위치는 ⓛ이다.
ㄴ. 6월 1일과 12월 1일 사이에 화성은 역행한 적이 있다.
ㄷ. 지구와의 회합 주기는 목성이 가장 길다.

① ㄱ   ② ㄷ   ③ ㄱ, ㄴ   ④ ㄴ, ㄷ   ⑤ ㄱ, ㄴ, ㄷ

[24030-0253]

03 다음은 가상의 태양계 행성 A와 B의 자료를 이용하여 공전 궤도를 그리는 탐구이다.

지구에서 관측한 어느 행성의 회합 주기와 그 행성에서 관측한 지구의 회합 주기는 같다.

[행성 자료]

구분	위치 관계	최대 이각(°)
A	( )	45
B	(㉠)	30

[탐구 과정]

(가) 반지름이 10 cm인 원을 그려 태양(S)과 지구(E)를 표시한 후, 태양과 지구를 잇는 선분 SE를 그린다.

(나) 행성 A의 위치 관계를 고려하여 선분 SE와 이각을 이루는 직선 EA를 그린다.

(다) 태양에서 EA에 수선을 내려 만나는 점에 행성 A의 위치를 표시한다.

(라) 태양을 중심으로 선분 SA를 반지름으로 하는 행성의 공전 궤도를 그린다.

(마) 행성 B에 대해 (나)~(라)를 반복한다.

[탐구 결과]

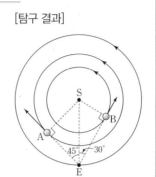

이에 대한 설명으로 옳은 것만을 〈보기〉에서 있는 대로 고른 것은?

● 보기 ●

ㄱ. '서방 최대 이각'은 ㉠으로 적절하다.

ㄴ. A의 공전 궤도 반지름은 $\frac{1}{\sqrt{2}}$ AU이다.

ㄷ. B에서 측정한 지구의 회합 주기는 $\frac{1}{2\sqrt{2}}$ 년보다 길다.

① ㄱ   ② ㄷ   ③ ㄱ, ㄴ   ④ ㄴ, ㄷ   ⑤ ㄱ, ㄴ, ㄷ

[24030-0254]

04 그림은 하짓날 일직선상에 위치한 태양, 지구, 가상의 행성 A와 B의 위치를 나타낸 것이다. 지구, A, B는 동일 평면상에서 같은 방향으로 원 궤도 운동을 한다.

외행성의 위치 관계는 동구 → 합 → 서구로 변하며, 동구에서 서구까지 이동하는 데 걸리는 시간은 회합 주기의 절반보다 길다.

이에 대한 설명으로 옳은 것만을 〈보기〉에서 있는 대로 고른 것은?

● 보기 ●

ㄱ. A에서 측정한 지구의 회합 주기는 $\frac{8}{7}$ 년이다.

ㄴ. B가 동구에서 서구까지 위치 관계가 변하는 데 걸리는 시간은 0.7년보다 길다.

ㄷ. 이날로부터 216년째 되는 날 우리나라에서의 남중 고도는 A가 B보다 높다.

① ㄱ   ② ㄷ   ③ ㄱ, ㄴ   ④ ㄴ, ㄷ   ⑤ ㄱ, ㄴ, ㄷ

[24030-0255]

회합 주기가 1년 이하인 행성은 내행성이다.

05 다음은 가상의 태양계 행성 A, B, C의 공전 주기와 회합 주기에 대한 설명이다. 지구와 A, B, C는 동일 평면상에서 같은 방향으로 원 궤도 운동을 한다.

- A, B, C의 공전 주기는 서로 다르다.
- 지구에서 측정한 회합 주기는 A와 B가 같고, B와 C는 다르다.
- 지구에서 측정한 C의 회합 주기는 1년이다.
- 공전 주기는 B가 C의 3배이다.

이에 대한 설명으로 옳은 것만을 〈보기〉에서 있는 대로 고른 것은?

보기
ㄱ. A는 내행성이다.
ㄴ. 공전 궤도 반지름은 B가 C의 $3^{\frac{2}{3}}$배이다.
ㄷ. C에서 측정한 A의 회합 주기는 B의 공전 주기와 같다.

① ㄱ   ② ㄷ   ③ ㄱ, ㄴ   ④ ㄴ, ㄷ   ⑤ ㄱ, ㄴ, ㄷ

[24030-0256]

타원 궤도로 공전하는 내행성은 최대 이각이 작을수록 태양으로부터의 거리가 가깝다.

06 표는 어느 태양계 행성이 최대 이각에 위치할 때의 관측 자료를 나타낸 것이다. ⊙과 ⊙은 각각 동방 최대 이각과 서방 최대 이각 중 하나이다.

관측일	관측 자료		경과일
	⊙	⊙	
1989년 1월 8일	19°		—
1989년 2월 18일		26°	41일
1989년 4월 30일	21°		112일
1989년 6월 18일		23°	161일
1989년 8월 28일	27°		232일

이 행성에 대한 설명으로 옳은 것만을 〈보기〉에서 있는 대로 고른 것은?

보기
ㄱ. ⊙에 위치할 때 우리나라에서 상현달 모양으로 관측된다.
ㄴ. 1989년 1월 8일부터 112일 동안의 공전 각은 180°보다 크다.
ㄷ. 공전 속도는 1989년 1월 8일이 1989년 8월 28일보다 빠르다.

① ㄱ   ② ㄷ   ③ ㄱ, ㄴ   ④ ㄴ, ㄷ   ⑤ ㄱ, ㄴ, ㄷ

[24030-0257]

07 표는 가상의 태양계 소행성 A와 B의 공전 궤도 긴반지름과 공전 궤도 이심률을, 그림 (가)와 (나)는 각각 1 AU를 5 cm로 간주하여 그린 A와 B의 공전 궤도를 나타낸 것이다.

행성	공전 궤도 긴반지름 (AU)	공전 궤도 이심률
A		0.5
B	4	

(가) A의 공전 궤도

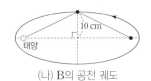

(나) B의 공전 궤도

타원의 긴반지름을 a, 짧은반지름을 b, 초점 거리를 c라고 할 때, 이심률(e)은 $\dfrac{c}{a} = \dfrac{\sqrt{a^2-b^2}}{a}$이다.

이에 대한 설명으로 옳은 것만을 〈보기〉에서 있는 대로 고른 것은?

보기

ㄱ. ㉠은 20 cm이다.

ㄴ. B의 공전 궤도 이심률은 $\dfrac{\sqrt{3}}{2}$이다.

ㄷ. A와 B의 공전 주기는 8년이다.

① ㄱ   ② ㄷ   ③ ㄱ, ㄴ   ④ ㄴ, ㄷ   ⑤ ㄱ, ㄴ, ㄷ

[24030-0258]

08 그림은 가상의 태양계 소행성 A와 B의 현재 위치와 두 행성이 각각 6개월 동안 공전하며 쓸고 지나간 면적을 전체 궤도 면적에 대한 비율과 함께 나타낸 것이다. 현재 B는 A의 원일점과 태양 사이에 위치하며 원 궤도 운동을 한다.

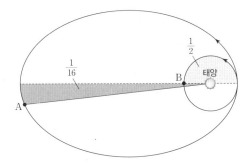

행성의 공전 주기가 짧을수록 같은 시간 동안 전체 궤도 면적에 대한 행성이 공전하며 쓸고 지나간 면적의 비율이 크다.

A에 대한 설명으로 옳은 것만을 〈보기〉에서 있는 대로 고른 것은?

보기

ㄱ. 공전 주기는 B의 8배이다.

ㄴ. 초점 거리는 3 AU이다.

ㄷ. 현재부터 B가 4바퀴 공전하는 동안 공전 속도는 계속 빨라진다.

① ㄱ   ② ㄷ   ③ ㄱ, ㄴ   ④ ㄴ, ㄷ   ⑤ ㄱ, ㄴ, ㄷ

원 궤도로 공전하는 행성의
공전 속도는 공전 주기에 반
비례하고, 공전 궤도 긴반지
름에 비례한다.

09 그림은 가상의 태양계 소행성 A, B와 지구의 공전 궤도를 나타낸 것이다. A와 B의 공전 주기는 같고, B와 지구는 원 궤도로 공전한다.

[24030−0259]

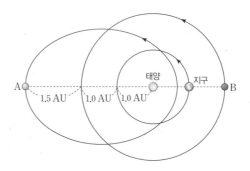

이에 대한 설명으로 옳은 것만을 〈보기〉에서 있는 대로 고른 것은?

● 보기 ●

ㄱ. A의 공전 궤도 짧은반지름은 1.5 AU이다.

ㄴ. 공전 속도는 B가 지구의 0.5배이다.

ㄷ. 태양과 소행성을 잇는 선분이 1년 동안 쓸고 지나가는 면적은 A가 B보다 작다.

① ㄱ   ② ㄷ   ③ ㄱ, ㄴ   ④ ㄴ, ㄷ   ⑤ ㄱ, ㄴ, ㄷ

공전 궤도 긴반지름이 같을
때 타원 궤도의 이심률이 클
수록 근일점에서의 공전 속도
가 빠르다.

10 그림은 가상의 태양계 소행성 A와 B가 우리나라에서 어느 날 자정 천구상에 위치한 모습을, 표는 A와 B의 물리량을 나타낸 것이다. 이날 A와 B 중 한 소행성은 근일점에 위치하고 다른 소행성은 원일점에 위치하며, A, B, 지구는 같은 방향으로 공전한다.

[24030−0260]

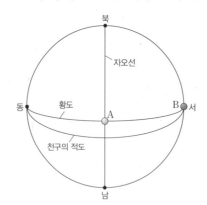

구분	근일점 거리(AU)	원일점 거리(AU)
A	0.5	7.5
B	2	6

A가 B보다 큰 물리량만을 〈보기〉에서 있는 대로 고른 것은?

● 보기 ●

ㄱ. 공전 궤도 이심률

ㄴ. 이날 지구로부터의 거리

ㄷ. 이날로부터 4년째 되는 날의 공전 속도

① ㄱ   ② ㄷ   ③ ㄱ, ㄴ   ④ ㄴ, ㄷ   ⑤ ㄱ, ㄴ, ㄷ

[24030–0261]

11 다음은 쌍성을 이용하여 케플러 제3법칙을 유도하는 과정이다.

만유인력 법칙을 이용하여 케플러 제3법칙을 증명할 수 있다.

그림과 같이 두 천체가 공통 질량 중심 주위를 주기 P로 공전하는 쌍성계가 있다. 두 천체의 등속 원운동에 필요한 구심력 (F_1, F_2)은 각각 (㉠), $F_2=($ $)$으로 서로 같고, 공전 속도는 각각 (㉡), $v_2=($ $)$이므로 $F_1=\dfrac{4\pi^2 a_1 m_1}{P^2}$, $F_2=\dfrac{4\pi^2 a_2 m_2}{P^2}$이다. F_1과 F_2는 만유인력인 $F=\dfrac{Gm_1 m_2}{a^2}$와 같으며 $(a_1+a_2)=a$이므로, 이를 정리하면 케플러 제3법칙인 (㉢)이/가 성립한다.

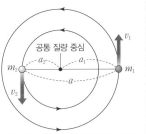

v_1, v_2: 천체의 공전 속도
m_1, m_2: 천체의 질량
a_1, a_2: 공통 질량 중심으로부터 천체까지의 거리
a: 천체 사이의 거리

㉠, ㉡, ㉢에 적절한 수식을 옳게 연결한 것은?

	㉠	㉡	㉢
①	$F_1=\dfrac{m_1^2 v_1}{a_1}$	$v_1=\dfrac{2\pi a_1}{P}$	$\dfrac{a^2}{P^3}=\dfrac{G(m_1+m_2)}{4\pi^2}$
②	$F_1=\dfrac{m_1^2 v_1}{a_1}$	$v_1=\dfrac{P}{2\pi a_1}$	$\dfrac{a^3}{P^2}=\dfrac{4\pi^2}{G(m_1+m_2)}$
③	$F_1=\dfrac{m_1 v_1^2}{a_1}$	$v_1=\dfrac{P}{2\pi a_1}$	$\dfrac{a^3}{P^2}=\dfrac{4\pi^2}{G(m_1+m_2)}$
④	$F_1=\dfrac{m_1 v_1^2}{a_1}$	$v_1=\dfrac{2\pi a_1}{P}$	$\dfrac{a^3}{P^2}=\dfrac{G(m_1+m_2)}{4\pi^2}$
⑤	$F_1=\dfrac{m_1^2 v_1^2}{a_1}$	$v_1=\dfrac{2\pi a_1}{P}$	$\dfrac{a^3}{P^2}=\dfrac{G(m_1+m_2)}{4\pi^2}$

[24030–0262]

12 그림 (가)와 (나)는 두 쌍성계에서 원 궤도로 공전하는 별 A~D의 공전 궤도와 공통 질량 중심으로부터의 거리를 나타낸 것이다. A와 D는 공전 주기가 같고, A의 질량은 태양 질량의 2배이다. A~D에 대한 설명으로 옳은 것만을 〈보기〉에서 있는 대로 고른 것은?

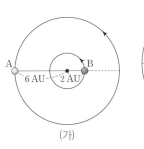

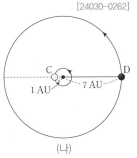

(가)   (나)

쌍성계를 이루는 두 별은 공통 질량 중심을 기준으로 서로 반대 방향에 위치하며, 공전 방향과 공전 주기가 서로 같다.

● 보기 ●

ㄱ. A의 공전 주기는 8년이다.
ㄴ. B의 질량과 C의 질량의 합은 태양 질량의 13배이다.
ㄷ. 공전 속도는 D가 가장 빠르다.

① ㄱ　　　　② ㄷ　　　　③ ㄱ, ㄴ　　　　④ ㄴ, ㄷ　　　　⑤ ㄱ, ㄴ, ㄷ

1. 지구에서 별을 1년 동안 관측했을 때 생기는 최대 시차의 (   )을 연주 시차라고 한다.

2. 지구로부터의 거리가 먼 별일수록 연주 시차가 (   ).

3. 별의 등급이 5등급 감소하면 별의 밝기는 (   )배 (   )진다.

4. 별의 밝기는 거리의 제곱에 (   )한다.

5. 별의 절대 등급은 별이 (   ) pc 거리에 있을 때의 별의 겉보기 등급과 같다.

6. 별의 $m-M$(겉보기 등급 − 절대 등급)을 별의 (   )라고 하며, 이 값이 클수록 거리가 (   ).

1 천체의 거리

(1) 연주 시차를 이용한 거리 측정

① **연주 시차(p''):** 지구 공전 궤도의 양 끝에서 별을 바라보았을 때 생기는 각(시차)의 $\frac{1}{2}$이다.

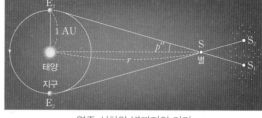

연주 시차와 별까지의 거리

② **별까지의 거리:** $r(\text{pc}) = \dfrac{1}{p''}$

- 1 pc = 연주 시차가 1″인 별까지의 거리 ➡ 1 pc≒3.26광년

- 지구에서 가까운 거리에 있는 별일수록 연주 시차가 크다.

> 🔍 **과학 돋보기** | **별의 연주 시차**
>
> 별의 연주 시차는 아주 작은 값을 갖는다. 19세기까지는 관측 장비와 기술의 부족으로 별의 연주 시차는 측정이 되지 않아서 태양 중심설에 대해 반대하는 진영의 논리로 사용되었다. 티코 브라헤도 별이 충분히 멀리 있다면 연주 시차가 관측되기 어렵다는 것을 알고 있었지만 토성(그 당시 최외각 행성)과 별 사이의 거리가 그렇게 멀고 빈 공간이라는 것을 믿지는 못하였다. ➡ 지상 망원경은 연주 시차를 0.01″까지 측정할 수 있고, 우주 망원경은 0.001″까지 측정할 수 있으므로 연주 시차는 주로 1000 pc 이내의 가까운 별의 거리를 측정하는 데 이용된다.

(2) 별의 밝기를 이용한 거리 측정

① **별의 밝기와 등급:** 별의 밝기는 등급으로 나타내며 밝은 별일수록 작은 숫자로 나타낸다.

- 1등급 간의 밝기 비: 1등급의 별은 6등급의 별보다 100배 밝다. 따라서 1등급 간의 밝기 비는 $\sqrt[5]{100} = 10^{\frac{2}{5}}$배, 즉 약 2.5배이다.

- 등급과 밝기 사이의 관계(포그슨 방정식): 겉보기 등급이 각각 m_1, m_2인 두 별의 밝기를 각각 l_1, l_2라 하면 $\dfrac{l_1}{l_2} = 10^{\frac{2}{5}(m_2 - m_1)}$이므로 $m_2 - m_1 = 2.5\log\dfrac{l_1}{l_2}$이다.

② **별의 밝기와 거리:** 별의 밝기는 거리의 제곱에 반비례한다. 따라서 실제 밝기가 같고 겉보기 밝기가 l_1, l_2인 두 별까지의 거리를 r_1, r_2라고 하면, $\dfrac{l_1}{l_2} = \left(\dfrac{r_2}{r_1}\right)^2$이므로 $m_2 - m_1 = 5\log\dfrac{r_2}{r_1}$이다.

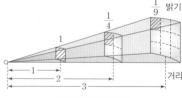

별의 거리와 밝기

③ **겉보기 등급과 절대 등급**

- 겉보기 등급: 우리 눈에 보이는 밝기에 따라 등급을 정한 것으로 같은 광도의 별이라도 가까이 있는 별은 밝게 보이고, 멀리 있는 별은 어둡게 보인다.

- 절대 등급: 모든 별을 10 pc의 거리에 옮겨 놓았다고 가정했을 때의 밝기를 등급으로 정한 것으로, 별의 광도를 비교할 때 기준이 된다.

④ **거리 지수:** 거리가 $r(\text{pc})$인 어떤 별의 겉보기 등급을 m, 절대 등급을 M이라 하면 $m - M = 5\log\dfrac{r}{10}$이므로 $m - M = 5\log r - 5$이다. 이때 $(m - M)$을 거리 지수라고 한다.

(3) 세페이드 변광성을 이용한 거리 측정

① **변광성**: 팽창과 수축을 반복하면서 밝기가 주기적으로 변하는 맥동 변광성, 쌍성의 식 현상에 의해 밝기가 변하는 식 변광성, 격렬하게 폭발하여 밝기가 변하는 폭발 변광성 등이 있다.

② **세페이드 변광성**

- 1912년 리비트는 소마젤란은하 내의 수많은 세페이드 변광성들의 변광 주기와 밝기 사이에 규칙성을 발견하였다. 변광 주기를 관측하여 별의 절대 등급을 구한 후, 겉보기 등급과 비교하여 별이 속한 성단이나 외부 은하까지의 거리를 측정할 수 있다.

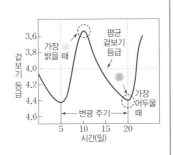
변광 주기 – 광도 관계

- 미국의 천문학자 허블은 세페이드 변광성을 이용해 안드로메다은하까지의 거리를 측정하여 우리은하 내의 성운으로 여겨졌던 안드로메다은하가 외부 은하임을 밝혀 냈다.

🧪 탐구자료 살펴보기   세페이드 변광성의 변광 주기 – 광도 관계를 이용한 거리 측정

탐구 자료

종족 Ⅰ 세페이드 변광성의 변광 주기와 겉보기 등급을 측정한 후, 세페이드 변광성의 주기 – 절대 등급(광도) 관계와 비교하여 세페이드 변광성까지의 거리를 구해 본다.

자료 해석

세페이드 변광성의 평균 겉보기 등급은 4.0, 변광 주기는 15일이다. 변광 주기가 15일인 세페이드 변광성의 절대 등급은 −3이다. 거리 지수($m-M$)는 7이므로 세페이드 변광성까지의 거리는 약 251 pc이다.

분석 point

변광 주기가 동일한 세페이드 변광성들은 겉보기 등급이 다르더라도 동일한 절대 등급을 가졌다고 가정하였다.

---

(4) 성단의 색등급도(C–M도)를 이용한 거리 측정

① **색지수**: 색지수는 한 파장대에서 측정한 등급과 다른 파장대에서 측정한 등급의 차이로, 별의 표면 온도를 나타내는 척도가 된다.

- **사진 등급(m_P)**: 사진 건판에 나타난 별의 밝기를 등급으로 정한 것 ➡ 사진 건판은 파란색 근처의 빛에 민감하여 파란색 별이 밝게 측정된다.

- **안시 등급(m_V)**: 눈의 감도에 의한 별의 밝기를 등급으로 정한 것 ➡ 사람의 눈은 초록색과 노란색의 빛에 민감하여 황록색 별이 밝게 측정된다.

- **B, V 필터**: 별의 등급과 색을 측정하기 위해 일반적으로 B 필터와 V 필터를 많이 사용한다. B 필터는 파란색, V 필터는 노란색 근처의 빛을 통과시키고, 이들 필터로 정해지는 겉보기 등급을 각각 B, V 등급이라고 한다. B 등급은 사진 등급(m_P)과 비슷하고, V 등급은 안시 등급(m_V)과 비슷하다. B 등급과 V 등급의 차이인 ($B-V$)는 천문학에서 많이 쓰이는 색지수 중 하나이다. 색지수 ($B-V$)는 별의 표면 온도가 높을수록 작다.

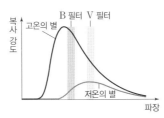
별의 표면 온도와 색지수

개념 체크

○ **색등급도**: 별의 색지수를 가로축에, 별의 등급을 세로축에 나타낸 도표이다. 성단의 색등급도는 성단을 구성하는 별들의 색지수와 겉보기 등급으로 작성한다.

1. 색등급도에서는 왼쪽으로 갈수록 표면 온도가 ( ) 별이다.

2. 표준 주계열성의 색등급도와 성단의 색등급도를 비교하여 거리 지수를 구해 성단까지의 거리를 알아내는 것을 ( )라고 한다.

3. 같은 성단에 속한 별들은 나이가 거의 ( ).

4. 나이가 ( )은 성단일수록 색등급도에서 전향점이 오른쪽 아래에 위치한다.

② 색등급도와 주계열 맞추기

- H-R도: 별의 표면 온도(분광형)를 가로축에, 별의 절대 등급(광도)을 세로축에 표현한 그림을 H-R도라고 한다.
- 색등급도: 별의 색지수를 가로축에, 별의 등급을 세로축에 표현한 그림을 색등급도(C-M도)라고 한다. 성단의 색등급도는 겉보기 등급(m_V)을 사용한다.

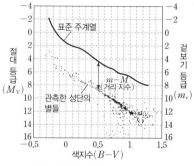

주계열 맞추기로 성단의 거리 구하기

- 성단의 주계열 맞추기: 색지수와 절대 등급이 알려진 표준 주계열성의 색등급도와 성단의 색등급도를 비교하면 성단을 구성하는 별들의 절대 등급을 알 수 있고, 이로부터 구한 거리 지수($m-M$)는 성단을 구성하는 별에서 거의 같다고 할 수 있으므로 성단까지의 거리를 구할 수 있다. 이를 주계열 맞추기라고 한다.
- 전향점과 성단의 나이
  - 질량이 큰 별은 수명이 짧아 주계열 단계를 빠르게 벗어난다.
  - 색등급도에서 성단을 이루는 별들이 주계열 단계에서 벗어난 지점을 전향점이라 하고, 성단의 나이가 많을수록 전향점이 오른쪽 아래로 이동한다.

🧪 탐구자료 살펴보기 ▶ 산개 성단과 구상 성단의 거리와 나이 추정하기

탐구 자료

그림은 표준 주계열성의 색지수와 절대 등급, 산개 성단 플레이아데스와 구상 성단 M3의 색지수와 겉보기 등급을 나타낸 것이다. 주계열 맞추기로 산개 성단과 구상 성단의 거리 지수를 결정하여 거리를 구하고, 전향점에 있는 별들의 절대 등급을 비교해 본다.

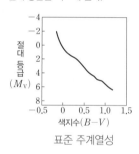

표준 주계열성

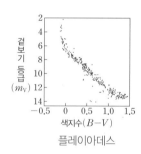

플레이아데스

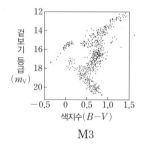

M3

자료 해석

구분	플레이아데스	M3
거리 지수($m-M$)	5.7	15.07
거리(pc)	138	10327.6
전향점의 절대 등급	0	3

분석 point
- 전향점의 절대 등급이 클수록(=전향점이 아래에 있을수록) 오래된 성단이다.
- 구상 성단이 산개 성단보다 주계열성의 비율이 낮은 이유는 구상 성단이 산개 성단보다 나이가 훨씬 많기 때문이다.

정답

1. 높은
2. 주계열 맞추기
3. 같다
4. 많

2 우리은하의 구조

(1) 산개 성단과 구상 성단

① **산개 성단**: 수백~수천 개의 별들이 허술하게 모여 있는 집단이다. 나이가 젊고 고온의 푸른
색 별들이 많으며, 우리은하에서만 1000개가 넘게 발견된다. 주로 나선 은하와 불규칙 은하
에서 발견된다.
  • 같은 분자 구름에서 형성되어 나이가 비슷하고 비교적 최근에 형성되었기 때문에 젊은 별
    이 많다.
  • 성단의 색: 주계열 단계에서 질량과 광도가 큰 별이 많이 있기 때문에 성단은 대체로 파란
    색을 띤다.

② **산개 성단의 색등급도**
  • 대부분 주계열성으로, 표면 온도가 높고 광도가 큰 별들이 많다.
  • 전향점이 표면 온도가 높고 광도가 큰 곳에 위치하므로 산개 성단은 비교적 나이가 젊다는
    것을 알 수 있다.
  • 플레이아데스 성단의 전향점은 히아데스 성단의 전향점보다 광도가 큰 곳에 위치하므로
    히아데스 성단보다 나이가 젊다는 것을 알 수 있다.
  • 산개 성단의 색등급도에서는 광도가 클수록 주계열 단계와 적색 거성 단계 사이에 별들이
    거의 없는데 이는 주계열성의 광도가 클수록 빠르게 진화하기 때문이다.

③ **구상 성단**: 수만~수십만 개의 별들이 구형으로 매우 조밀하게 모여 있는 집단이다.
  • 나이가 100억 년 이상인 것들도 관측될 만큼 오래전에 형성되었다. 형성 초기에 존재하였
    던 질량이 큰 별들은 주계열 단계를 벗어났다.
  • 성단의 색: 현재 관측되는 별들은 대부분 적색 거성 또는 질량이 작은 주계열성이기 때문
    에 성단은 대체로 붉은색을 띤다.

④ **구상 성단의 색등급도**
  • 구상 성단의 색등급도에서 전향점에 위치하는 별은 산개 성단에서보다 상대적으로 어둡고
    색지수가 크다. ➡ 주계열 단계에 남아 있는 별들은 질량이 작고 표면 온도가 낮아서 광도
    가 작은 별들이다.
  • 구상 성단의 색등급도에는 주계열에 연결되는 적색 거성 가지에 별들이 많이 분포하고, 산
    개 성단에는 나타나지 않는 점근 거성 가지와 수평 가지에도 별들이 나타난다. 즉, 구상 성
    단은 나이가 많은 천체로 구성되었다는 것이다.

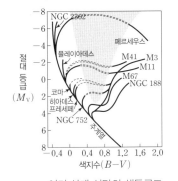

여러 산개 성단의 색등급도

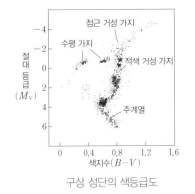

구상 성단의 색등급도

(2) 우리은하의 발견

① **허셜**: 밤하늘에 있는 별의 수를 세어 최초로 우리은하 지도를 작성하였다. 허셜은 태양이 은하의 중심에 있다고 생각하였다.

② **캅테인**: 하늘을 206개의 구역으로 나누어 별의 분포를 통계적으로 연구하였다. 태양은 우리은하의 중심 가까이에 위치하며, 우리은하가 납작한 회전 타원체를 이루고 있다고 하였다. 캅테인의 우주는 별들의 겉보기 등급과 분광형 등을 고려하여 공간 분포를 계산해 우리은하의 모습을 추정하였기 때문에 허셜의 우주보다 9배 정도 크기가 확장되었다.

③ **섀플리**: 변광성을 이용하여 구상 성단의 공간 분포를 알아내고 이를 이용하여 우주의 크기를 구하였다.
  • 궁수자리를 중심으로 구상 성단이 분포한다고 생각하였다.
  • 우리은하의 중심이 태양계가 아니라는 사실을 밝혀내었다.
  • 우리은하의 지름이 100 kpc 정도 된다고 생각하였다. 섀플리가 우리은하의 크기를 이렇게 크게 추정한 이유는 성간 소광을 고려하지 않았기 때문이다.

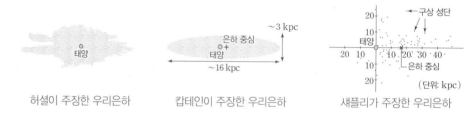

| 허셜이 주장한 우리은하 | 캅테인이 주장한 우리은하 | 섀플리가 주장한 우리은하 |

(3) 우리은하의 모습

① 우리은하는 막대 모양의 구조와 나선팔을 가지고 있는 막대 나선 은하이다.

② **우리은하의 구성**: 우리은하는 중심부에 구형의 중앙 팽대부, 은하면에 해당하는 은하 원반, 이를 둘러싸고 있는 헤일로로 구성되어 있다.

  • **중앙 팽대부**: 궁수자리 방향의 은하 중심부는 나이가 많고 붉은색 별들이 모여 볼록하게 부풀어 오른 모양을 하고 있으며, 팽대부를 막대 모양의 구조가 가로지르고 있다.

  • **은하 원반**: 막대 구조의 양끝에서 나선팔이 하나씩 뻗어 있고, 나선팔 중간쯤에서 가지가 갈라지는 구조이다. 은하 원반을 이루는 나선팔에

우리은하의 모습

는 주로 젊고 푸른 별들과 기체와 티끌로 이루어진 성간 물질이 분포하고 있다.

  • **헤일로**: 우리은하를 구형으로 감싸고 있어 희미하게 보이며, 대체로 나이가 많고 붉은색을 띠는 별들이 분포하며, 주로 구상 성단이 분포한다.

③ **우리은하의 크기**: 우리은하의 지름은 약 30 kpc이고, 태양계는 은하핵에서 약 8.5 kpc 떨어진 곳에 위치한다.

3 성간 물질

(1) 성간 물질

① 우주 공간에 존재하는 기체와 티끌을 성간 물질이라고 한다.

② 성간 물질의 약 99 %(질량비)는 원자와 분자 형태로 존재하는 기체
이며, 그중 수소와 헬륨이 가장 많다.

③ 티끌은 규산염 또는 흑연, 얼음 등으로 이루어진 미세한 고체 입자
로 성간 물질 중 약 1 %(질량비)를 차지한다.

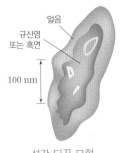

성간 티끌 모형

(2) 성간 소광

① 성간 티끌: 성간 티끌은 별빛을 흡수하거나 산란시켜 우리 눈에 도달하는 별빛의 양을 감소
시킨다. 성간 티끌은 빛을 흡수만 하지 않고, 자신의 온도에 해당하는 전자기파를 방출하며
대부분 적외선 영역에서 방출이 나타난다. 우리은하를 적외선으로 관측하면 은하 원반에 적
외선 방출이 집중된 것을 볼 수 있으며, 이것은 성간 티끌이 은하 원반에 많이 분포하기 때문
이다.

② 성간 소광: 성간 물질에 의한 빛의 흡수와 산란
으로 별빛의 세기가 원래보다 약해지는 현상을
성간 소광이라고 한다. 성간 소광량은 빛의 파
장에 따라 다르다. 성간 티끌은 파장이 짧을수
록 빛을 더 잘 흡수하거나 산란시켜 성간 소광을
일으킨다. 따라서 적외선으로 관측하면 가시광
선으로는 잘 보이지 않는 별의 생성 장소나 은하
중심부를 자세히 관측할 수 있다.

가시광선으로 본 우리은하(성간 소광 많음)

적외선으로 본 우리은하(성간 소광 적음)

③ 소광 보정

• 성간 소광이 일어나면 별이 더 어둡게 관측되므로 별의 겉보기 등급이 실제보다 크게 관측
된다.

• 관측한 별의 겉보기 등급에 소광량만큼 보정해 주어야 정확한 거리를 구할 수 있다.

• $m - A - M = 5\log r - 5$ (A: 성간 소광된 양을 등급으로 나타낸 값으로, 은하면 근처에
서는 2등급/kpc이 평균값임)

🧪 **탐구자료 살펴보기** ▶ **항성 계수법으로 암흑 성운이 있는 지역과 없는 지역의 성간 소광량 비교하기**

탐구 과정

암흑 성운을 B 필터로 찍은 사진에서 암흑 성운 안과 바깥
에서 같은 면적에 포함된 특정 등급보다 밝은 별의 개수를
세어 그래프로 나타내고 성간 소광 정도를 알아본다.

탐구 결과 및 정리

• 암흑 성운 내에는 바깥보다 관측되는 별의 숫자가 현저
히 줄어들었다. 18등급의 별은 2등급 이상의 소광을 받
았다.

• 같은 크기 영역의 하늘에는 동일한 숫자의 별이 존재한다고 가정하였다.

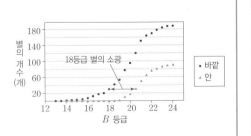

개념 체크

○ H I과 H II: 천문학에서는 중성
인 상태를 I, 전자를 하나 잃으면
II라고 쓴다. 따라서 중성 수소는
H I, 전자 1개를 잃은 수소 이온
(H⁺)은 H II라고 쓴다.

1. 성간 티끌을 통과해 온 별
빛에서 파장이 짧은 파란
색 빛이 줄어들어 별이 실
제보다 붉게 보이는 현상
을 성간 (   )라고 한다.

2. 반사 성운이 파란색으로
보이는 것은 성간 티끌에
서 파장이 (   ) 빛이 잘
산란되기 때문이다.

3. (   )이 밀집되어 있어
구름처럼 보이는 것을 성
운이라고 한다.

4. 전리된 수소가 모여 있는
곳을 (   ) 영역이라고
한다.

(3) 성간 적색화

① 파장이 짧은 빛은 성간 티끌에 쉽게 흡수되거
나 산란되어 버리고, 파장이 긴 빛은 상대적
으로 성간 티끌을 잘 통과한다.

② **성간 적색화**: 성간 티끌을 통과해 온 별빛은
파장이 짧은 파란빛은 줄어들고, 파장이 긴
붉은빛은 상대적으로 많이 도달하기 때문에
별이 실제 색깔보다 붉게 보이는 현상이 나타
난다. 이를 성간 적색화라고 한다.

③ **색초과**: 실제로 측정한 별의 색지수$(B-V)$
와 그 별의 고유 색지수의 차이이다. 즉, 색초과＝관측된 색지수－고유 색지수이다. 성간 적
색화가 되면 별의 색지수가 고유의 값보다 크게 관측된다. ➡ 색초과 값이 클수록 성간 적색화
가 더 크게 일어난 것이다.

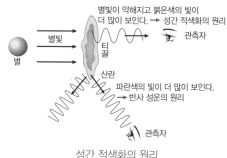

성간 적색화의 원리

(4) 성운: 성간 기체나 성간 티끌과 같은 물질들이 다양한 형태를 이루며 밀집되어 있어서 구름처럼 보이는 것을 성운이라고 한다.

① **암흑 성운**: 성간 티끌에 의해 별빛이 통과하지 못해 어둡게 보이는 성운 ➡ 성운 뒤쪽에 위치
한 별의 빛이 성운에 흡수되거나 산란되어 우리 눈에 도달하지 못하므로 어둡게 보인다.

② **반사 성운**: 성운 주변에 있는 밝은 별의 별빛을 산란시켜 뿌옇게 보이는 성운 ➡ 성간 티끌에
의한 산란은 파장이 짧은 파란색의 빛에서 잘 일어나므로 반사 성운은 주로 파란색으로 관측
된다.

③ **방출 성운**: H II 영역의 전리된 수소가 자유 전자와 재결합하는 과정에서 빛을 방출하여 밝
게 보이는 성운 ➡ 성운 주변에 온도가 높은 별이 가까이 있으면 성운의 주요 구성 물질인 중
성 수소 원자는 별에서 방출되는 자외선을 흡수하여 이온화되며, 이온화된 수소는 다시 자유
전자와 결합해 중성 수소로 되돌아가는데, 이 과정에서 에너지가 방출되면서 방출 성운이 나
타난다. 이때 수소에 의해 방출되는 에너지는 붉은색에 해당하는 방출선이 강하여 방출 성운
이 붉게 보이게 된다.

  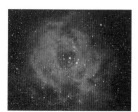

바너드68(암흑 성운)   메로페 성운(반사 성운)   장미 성운(방출 성운)

정답
1. 적색화
2. 짧은
3. 성간 물질
4. H II

(5) 성간 기체: 성간 기체는 전체 성간 물질의 99 %를 차지하고, 대부분 수소와 헬륨으로 이루어져 있다. ➡ 수소는 고온에서는 이온화 상태, 저온에서는 분자 상태로 주로 존재한다.

구분	수소의 상태
분자운	분자
H I 영역	중성 원자
H II 영역	이온

4 우리은하의 회전과 질량

(1) 별의 운동

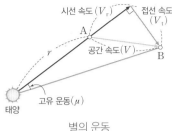

별의 운동

① **고유 운동(μ)**: 별이 1년 동안 천구상을 움직인 각거리로, 단위는 ″/년이다.

② **공간 운동**: 별이 우주 공간에서 실제로 운동하는 것을 공간 운동이라고 하며, 공간 속도(V)는 접선 속도(V_t)와 시선 속도(V_r)를 각각 구하여 $V = \sqrt{V_t{}^2 + V_r{}^2}$으로부터 알아낸다.
  - **시선 속도(V_r)**: 별이 관측자의 시선 방향으로 멀어지거나 접근하는 속도를 말하며, 도플러 효과에 의한 별빛의 파장 변화를 측정하여 구한다. ➡ $V_r = \dfrac{\Delta\lambda}{\lambda_0} \times c$ (c: 빛의 속도, λ_0: 정지 상태에서 흡수선 파장, $\Delta\lambda$: 관측한 별의 흡수선 파장 변화량)
  - **접선 속도(V_t)**: 시선 방향에 수직인 방향의 선속도를 말하며, 별의 거리(r)와 고유 운동(μ)을 이용하여 구한다. ➡ $V_t \text{(km/s)} ≒ 4.74\mu r$ (μ: ″/년, r: pc)

(2) 21 cm 전파의 관측과 해석

① **21 cm 수소선**: 원자 상태로 존재하는 중성 수소는 양성자와 전자의 스핀 방향에 따라 두 종류의 에너지 상태로 존재한다.
  - 자연 상태에서 중성 수소는 에너지가 높은 상태에서 에너지가 낮은 상태로 자발적으로 바뀌기도 하는데 이때 방출되는 것이 21 cm 전파이다.

② **나선팔 구조의 발견**: 중성 수소 원자에서 방출되는 21 cm 전파를 관측하여 알아내었다.
  - 은하 원반에 어둡게 보이는 성운은 대부분 수소 분자 가스로 이루어져 있다.
  - 전파는 성간 물질에 거의 흡수되지 않으므로 가시광선으로 알 수 없었던 은하의 구조를 알아내는 데에 중요한 역할을 한다.
  - 은하 원반에서 방출된 21 cm 전파를 전파 망원경으로 관측하여 도플러 이동을 분석하면 중성 수소 분포를 알 수 있고, 이를 통해 우리은하의 나선팔 구조를 확인하였다.
  - 2005년에 스피처 적외선 망원경의 관측 결과로부터 우리은하의 중심부에 막대 구조가 있음이 밝혀졌다.

21 cm 수소선 관측으로 알아낸
우리은하의 중성 수소 분포

○ **21 cm 전파**: 양성자와 전자의 스핀 방향이 같은 중성 수소 원자가 스핀 방향이 서로 반대인 상태로 변하는 과정에서 파장이 21 cm인 전파가 방출된다.

○ **별의 시선 속도**: 태양에서 관측한 별의 시선 속도는 별의 시선 방향의 속도에서 태양의 시선 방향의 속도를 뺀 값이다.

1. 중성 수소 구름에서 나오는 21 cm 전파의 세기는 (　　) 원자 수에 비례한다.

2. 은하 원반에 있는 성간 물질들은 (　　)에 집중되어 있다.

3. 케플러 회전을 하는 은하면(은경 0°~180°)에서 21 cm 파의 시선 속도가 0보다 (　　)게 나타나는 곳은 태양계보다 은하 중심에 가까운 곳이다.

4. 21 cm 전파의 (　　) 이동은 우리은하의 회전 속도 분포를 알아내는 데 이용된다.

③ 중성 수소 구름에서 나오는 방출선의 파장은 우리은하의 회전 때문에 도플러 이동을 일으키게 되므로 시선 속도를 통해 위치를 알 수 있으며, 방출선의 세기는 구름에서 시선 방향의 수소 원자 수에 비례한다.

- 중성 수소 구름 A~D가 케플러 회전을 할 때 시선 속도가 −50 km/s에 해당하는 방출선은 A에 위치한 구름에서 나온 것이다.

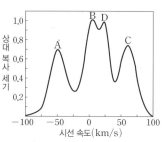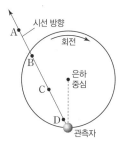

케플러 회전을 할 때의 시선 속도

- A~D 중 가장 빠르게 멀어지는 것은 회전 속도가 가장 큰 것이므로 은하 중심에서 가장 가까운 곳에 위치한 것이다. 따라서 시선 속도가 +65 km/s에 해당하는 방출선은 C에 위치한 구름에서 나온 것이다.

- 시선 속도가 +5 km/s와 +25 km/s에 해당하는 방출선은 각각 B와 D에 위치한 구름에서 나온 것이다.

- B 영역에서 복사 세기가 가장 강하므로 수소의 양이 가장 많은 곳이 B라는 것도 알 수 있다.

- 우리은하의 원반에 분포하는 성운은 대부분 중성 수소 기체로 이루어져 있으며, 중성 수소는 주로 나선팔에 집중되어 있고 나선팔은 서로 다른 속도로 회전하고 있다.

④ 태양계 부근 별들의 공간 운동

- 우리은하의 질량이 대부분 핵에 속해 있다면 별들의 궤도 운동 속도는 케플러 제3법칙에 의해서 중심에서 멀수록 느려질 것이다. ➡ 케플러 회전

- 은하면상에서 태양으로부터의 거리가 같은 별들의 시선 속도를 관측하면 은경 0°~90° 사이와 180°~270° 사이의 별들은 멀어지는 것처럼 보이고, 은경 90°~180° 사이와 270°~0° 사이의 별들은 가까워지는 것처럼 보인다. 이와 같은 관측 결과는 태양 근처의 별들은 은하 중심에서 멀어질수록 회전 속도가 감소한다는 것을 의미한다.

태양 부근 별의 상대 운동(방향)

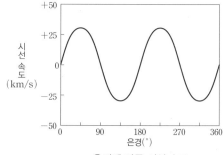

은경에 따른 시선 속도

⑤ 우리은하의 회전 곡선: 은하 중심으로부터 1 kpc까지는 속도가 급격히 증가하여 최댓값을 나타냈다가 다시 감소하여 3 kpc 근처에서 최소가 되고, 그 바깥에서 다시 증가한다. 태양 부근에서는 다시 감소하고, 태양계 바깥쪽 은하의 외곽에서는 다시 증가하다가 은하 중심에서 약 13 kpc에서부터는 거의 일정한 속도를 유지한다.

• 1 kpc 이내 은하의 중심부는 강체와 같이 회전하므로, 중심에서 멀어질수록 회전 속도가 증가한다.

• 중심에서 약 1~3 kpc 떨어진 궤도와 태양계 부근에서는 중심에서 멀어질수록 회전 속도가 감소한다.

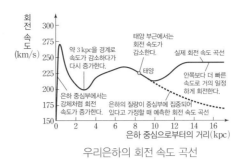

우리은하의 회전 속도 곡선

• 태양계 외곽의 은하 회전 속도는 일정하게 감소하지 않고, 어느 정도 감소하다가 다시 증가한 후 13 kpc 이후로는 일정해진다. ➡ 우리은하의 질량이 중심부에 집중되어 있지 않고 은하 외곽에도 상당히 분포하고 있음을 알 수 있으며, 이는 우리은하의 질량이 관측 가능한 물질 분포를 통해 구한 것보다 훨씬 크다는 것을 의미한다.

⑥ 우리은하의 질량: 은하핵을 중심으로 회전하는 별의 안쪽에 있는 물질의 총 질량이 은하 중심에 집중되어 있고, 질량 분포는 구 대칭을 이룬다고 가정한다.

• 별의 운동을 이용한 은하 질량 계산: 은하 질량이 별에 미치는 만유인력과 별이 원운동하기 위하여 필요한 구심력이 같아야 한다. 은하핵으로부터 8.5 kpc 떨어진 태양 궤도 안쪽 물질의 총 질량은 다음과 같다. ➡ $M_{8.5\,kpc}=\dfrac{rv^2}{G}$ ($M_{8.5\,kpc}$: 태양 궤도 안쪽 물질의 총 질량, G: 만유인력 상수, r: 은하핵으로부터 태양까지의 거리, v: 태양의 회전 속도)

• 케플러 제3법칙을 이용한 은하 질량 계산: 태양은 우리은하의 중심으로부터 약 8.5 kpc 떨어진 곳에서 약 220 km/s의 속력으로 회전하고 있으며, 은하핵을 한 번 공전하는 데 대략 2억 2500만 년이 걸린다. ➡ $M_{은하}+M_\odot=\dfrac{4\pi^2}{G}\cdot\dfrac{a^3}{P^2}\fallingdotseq10^{11}M_\odot$ ($M_{은하}$: 우리은하의 질량, $M_\odot$: 태양의 질량, G: 만유인력 상수, P: 은하 중심에 대한 태양의 회전 주기, a: 은하 중심으로부터 태양까지의 거리) ➡ 이를 통해 구한 우리은하의 질량은 태양 질량의 약 10^{11}배이다.

• 광도를 활용한 은하 질량 계산: 주계열성은 질량이 클수록 대체로 광도가 크게 나타나는데, 이를 은하에 적용할 수 있다. 우리은하에서 빛을 내는 물질들의 광도로 추정한 은하의 총 질량은 태양 질량의 약 10^{11}배이다. 이 값은 구상 성단의 운동을 통해 알아낸 우리은하의 질량보다 작다.

🔍 **과학 돋보기** **은하들의 회전 속도 곡선**

• 우리은하뿐만 아니라 외부 은하들의 회전 속도 곡선도 케플러 회전 곡선을 나타내지 않는다.

• 회전 속도 곡선을 해석하면 외부 은하들도 질량이 중심에 집중되어 있지 않고 은하 외곽에도 상당히 분포하고 있음을 확인할 수 있다.

• 이를 통해 전자기파로는 관측되지 않는 암흑 물질이 존재한다는 것을 알 수 있다.

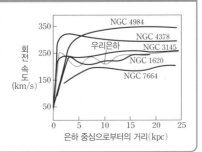

개념 체크

◗ 케플러 회전: 회전 중심에서 멀어질수록 회전 속도가 작아지는 회전
◗ 강체 회전: 회전 중심으로부터의 거리에 관계없이 각속도가 일정한 회전

1. 우리은하의 중심부는 ( )와 같은 회전을 하고 있다.

2. 태양 근처의 별들은 은하 중심으로부터의 거리가 멀어질수록 회전 속도가 ( )한다.

3. 우리은하의 나선팔 부분에 있는 별이 회전하는 데 필요한 구심력은 은하 질량이 별에 미치는 ( )과 같다.

4. 우리은하 외곽에서 관측 가능한 천체들을 이용하여 계산한 우리은하의 회전 속도는 실제 관측값보다 ( ).

5. 은하 중심에 대한 태양의 회전 주기와 은하 중심으로부터 태양까지의 거리를 케플러 제3법칙에 적용하여 구한 우리은하의 질량은 실제 우리은하의 질량보다 ( )다.

정답
1. 강체
2. 감소
3. 만유인력
4. 작다
5. 작

⑦ **암흑 물질**: 구상 성단의 운동을 통해 알아낸 우리은하의 질량은 약 $10^{12}M_\odot$($M_\odot$: 태양의 질량)로 우리은하에서 빛을 내는 물질들의 광도로 추정한 은하의 총 질량의 10배이다. 즉, 관측 가능한 질량은 우리은하 질량의 10 % 정도이고, 나머지 90 % 정도는 관측되고 있지 않다는 것이다. 이처럼 빛을 내지 않아 관측되지는 않지만 질량을 가지는 미지의 물질을 암흑 물질이라고 한다.

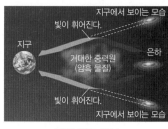

중력 렌즈 현상

• 암흑 물질은 직접 관측을 통해 확인할 수 없기 때문에 다른 천체의 빛의 경로가 암흑 물질의 중력에 의해 휘어지는 중력 렌즈 현상과 같은 방법으로 존재를 간접적으로 추정할 수 있으며, 정확한 성질과 정체는 알려져 있지 않다.

• 우리은하 질량의 90 % 정도를 암흑 물질이 차지하고 있고, 이 물질은 우리은하를 크게 에워싸고 있다고 추정된다.

• 암흑 물질의 후보로는 액시온(AXION), 윔프(WIMP), 비활성 중성미자와 같은 작은 입자들이·있다.

과학 돋보기 **중력 렌즈 현상**

• 중력 렌즈 현상은 아주 먼 천체에서 나온 빛이 중간에 있는 거대한 천체에 의해 휘어져 보이는 현상을 의미한다. 은하단이나 블랙홀 같은 천체의 중력은 시공간을 휘게 만들어 빛의 경로가 휘어진다. 이 빛이 관찰자에게 도달하면 원래 광원의 모양은 원호 등으로 왜곡된다.

• 중력 렌즈 현상에 의한 빛의 경로는 중력 렌즈의 중심에 가까울수록 많이 휘어지고, 먼 곳에서는 적게 휘어진다.

• 광원은 보통 길쭉한 원호의 모양으로 관측되고, 여러 개의 상으로 나타나기도 한다.

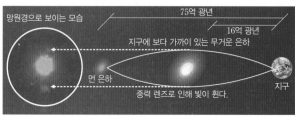

5 우주의 구조

(1) 은하들의 집단: 은하들은 독립적으로 존재하는 것이 아니라 다양한 규모의 집단을 이루고 있다.

은하 ⟶ 은하군, 은하단 ⟶ 초은하단 ⟶ 우주 거대 구조

① **은하군**: 은하의 무리를 구성하는 가장 작은 단위로 수십 개의 은하들이 서로의 중력에 속박되어 구성된 집단이다. 일반적으로 지름은 수 Mpc 정도이고 질량은 태양의 10^{13}배 정도이다.

• **국부 은하군**: 우리은하가 속해 있는 은하군으로 지름은 약 3 Mpc(1000만 광년)이다.

- 국부 은하군은 규모가 큰 3개의 나선 은하(우리은하, 안드로메다은하, 삼각형자리은하)와 불규칙 은하, 타원 은하, 왜소 타원 은하 등 40개 이상의 크고 작은 은하들로 이루어져 있다. 국부 은하군의 무게 중심은 은하군 내에서 질량이 큰 우리은하와 안드로메다은하 사이에 있다. 우리은하와 가까운 곳에 위치한 대마젤란은하와 소마젤란은하는 약 20억 년 후에 우리은하와 충돌할 것으로 보이며, 안드로메다은하의 경우도 우리은하와 충돌할 것으로 예상된다.

② **은하단**: 수백 개~수천 개의 은하로 구성되어 은하군보다 규모가 더 큰 집단이다. 은하단은 우주에서 서로의 중력에 묶여 있는 천체들 중 가장 규모가 크다. 은하단의 지름은 2 Mpc~10 Mpc 정도이며, 질량은 태양 질량의 10^{14}~10^{15}배 정도이다.

- 우리은하에서 가장 가까운 은하단인 처녀자리 은하단은 약 16.5 Mpc 거리에 있고, 약 1300개의 은하들로 구성되어 있다.
- 처녀자리 은하단은 대부분 나선 은하로 구성되는데, 중심으로 갈수록 타원 은하가 증가하며 중심부에는 M60, M84, M86, M87과 같은 거대 타원 은하가 위치한다.
- 우리은하는 국부 은하군 내에서 안드로메다은하와 함께 국부 은하군의 중심 부근에 위치한다. 하지만 처녀자리 은하단을 포함하는 처녀자리 초은하단에서는 다른 은하의 무리에 비해 질량이 크지 않아 주변부에 위치한다.

③ **초은하단**: 은하군과 은하단으로 이루어진 대규모 은하의 집단이다. 관측 가능한 우주에 약 1000만 개가 존재한다.

- 초은하단은 은하들의 집단으로서는 가장 큰 단위이며, 규모가 수백 Mpc 정도로 크기 때문에 초은하단을 이루는 각 은하단들은 서로 중력적으로 묶여 있지 않고 우주가 팽창함에 따라 흩어지고 있다.
- 국부 은하군은 처녀자리 초은하단에 속해 있다. 처녀자리 초은하단은 처녀자리 은하단을 포함하여 적어도 100여 개의 은하군과 은하단으로 구성되어 있으며, 지름은 약 33 Mpc으로 추정된다.
- 2014년 연구 결과에 따르면 처녀자리 초은하단은 라니아케아 초은하단이라는 거대 초은하단의 외곽에 분포한다는 것이 밝혀졌다. 라니아케아 초은하단에는 약 10만 개의 은하가 포함되어 있고, 지름은 약 160 Mpc이며, 질량은 태양 질량의 약 10^{17}배로 우리은하 질량의 수십만 배에 해당한다. 연구 결과에 따라 국부 초은하단은 처녀자리 초은하단이 아닌 라니아케아 초은하단으로 볼 수도 있다.

지구　　태양계　　우리은하

관측 가능한 우주　　초은하단　　국부 은하군

우주의 구조

(2) **우주 거대 구조**: 1980년대 초반까지 과학자들은 초은하단이 우주에서 가장 큰 구조라 생각하였고 은하들이 우주에 고르게 분포할 것이라고 생각했다. 하지만 연구 결과 은하들은 우주에 고르게 분포하는 것이 아니라 일부 지역에 모여 집중적으로 분포한다는 사실을 알게 되었다.

1. (　　)는 거대 가락이 거대 공동을 둘러싼 거품처럼 생긴 구조이다.

2. 우주 거대 구조는 중력을 통해서만 알 수 있는 (　　)에 의해 형성된 것으로 추정된다.

3. 우주 거대 구조는 시간에 따라 형태가 변하는데 이는 (　　) 결과 중 일부이다.

4. 밀도가 높은 곳에서는 별과 은하가 만들어졌고, 밀도가 평균보다 낮은 곳에서는 (　　)이 남게 되었다.

① **은하 장성(Great Wall):** 대부분의 은하들이 그물망과 비슷한 거대 가락(필라멘트) 구조를 따라 존재한다. 초은하단보다 더 거대한 규모로 은하들이 모여 이룬 이러한 구조를 은하 장성(Great wall)이라고 한다. 은하 장성이 우주에서 볼 수 있는 최대 규모의 구조이다. 은하 장성의 크기는 10억 광년 이상이다. CfA2 은하 장성과 슬론 은하 장성, 헤르쿨레스자리–북쪽왕관자리 은하 장성 등이 있다.

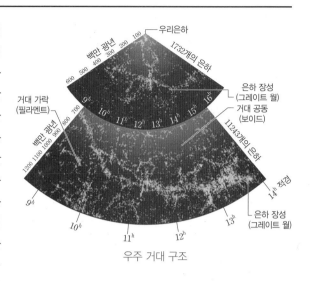

우주 거대 구조

② **거대 공동(void):** 우주에서 은하가 거의 없는 공간이다.
- 거대 공동의 밀도는 우주 평균 밀도보다 낮으며, 지름은 대략 11 Mpc ~ 150 Mpc에 이른다.
- 우주 전체 공간에서 은하가 차지하는 부피는 일부분이고, 거대 공동이 대부분을 차지한다.

③ 우주 거대 구조는 비누 거품 막처럼 속은 비어 있고 이 공간을 둘러싼 가장자리 부근에만 은하가 존재한다.

④ **우주 거대 구조 형성:** 우주는 큰 구조 안에 작은 구조가 순차적으로 포함된 계층적 구조를 이루고 있으며, 우주의 거대 구조는 암흑 물질에 의해 형성된 것으로 생각된다. ➡ 암흑 물질은 질량이 있으므로 중력적으로 우리가 관측할 수 있는 일반 물질을 끌어당긴다. 즉, 암흑 물질이 분포하고 있는 형태에 따라 은하 장성과 같은 구조가 형성된다.
- 우주 배경 복사에서 상대적으로 뜨거운 영역은 은하 장성의 분포와 관련이 있고, 상대적으로 차가운 영역은 거대 공동의 분포와 관련이 있는 것으로 나타난다. ➡ 초기 우주의 에너지 밀도에 따른 온도 분포가 현재와 같은 우주 거대 구조를 형성하였다.
- 현대 우주론에 따르면 대폭발 이후 미세한 밀도 차이가 점점 커져서 은하를 형성하였다. 초기 우주에는 미세한 물질 분포의 차이가 있었고, 물질은 중력의 영향으로 밀도가 높은 곳으로 모여들어 별과 은하를 만들었다. 이 과정에서 밀도가 평균보다 높은 곳에서는 은하들이 계속 성장하여 은하군, 은하단, 초은하단을 이루었고, 밀도가 낮은 곳은 점점 더 비어 있는 공간으로 남게 되었다. 즉, 우주의 거대 구조를 우주 진화의 초기 단계 흔적으로 보고 있다.
- 우주 거대 구조의 형태는 시간에 따라 조금씩 변해 왔으며 이런 형태 변화는 우주 팽창의 결과 중 일부이다.

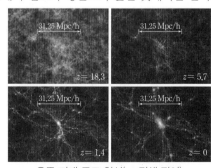

우주 거대 구조 형성(z: 적색 편이)

01 표는 별 A와 B의 물리량을 나타낸 것이다.

[24030-0263]

구분	겉보기 등급	절대 등급
A	1.0	−2.0
B	6.0	−1.0

이에 대한 설명으로 옳은 것만을 〈보기〉에서 있는 대로 고른 것은?

● 보기 ●

ㄱ. 겉보기 밝기는 A가 B의 100배이다.
ㄴ. B의 거리 지수는 7.0이다.
ㄷ. 별까지의 거리는 A가 B보다 멀다.

① ㄱ   ② ㄷ   ③ ㄱ, ㄴ
④ ㄴ, ㄷ   ⑤ ㄱ, ㄴ, ㄷ

02 표는 천체까지의 거리를 측정하는 방법을 나타낸 것이다. (가), (나), (다)는 각각 연주 시차, 주계열 맞추기, 세페이드 변광성을 이용하는 방법 중 하나이다.

[24030-0264]

구분	방법
(가)	지구의 공전을 이용한다.
(나)	변광성의 주기−광도 관계를 이용한다.
(다)	㉠(별의 겉보기 등급−표준 주계열성의 절대 등급)을 비교한다.

이에 대한 설명으로 옳은 것만을 〈보기〉에서 있는 대로 고른 것은?

● 보기 ●

ㄱ. ㉠이 0보다 클 때 값이 클수록 별까지의 거리는 멀다.
ㄴ. (가)를 목성에서 측정하면 지구에서 측정할 때보다 더 먼 거리의 별도 측정할 수 있다.
ㄷ. 측정할 수 있는 최대 거리는 (나)가 (다)보다 크다.

① ㄱ   ② ㄷ   ③ ㄱ, ㄴ
④ ㄴ, ㄷ   ⑤ ㄱ, ㄴ, ㄷ

03 표는 세페이드 변광성 A와 B의 물리량을 나타낸 것이다.

[24030-0265]

구분	평균 겉보기 등급	절대 등급
A	8.0	−2.0
B	20.0	−5.0

이에 대한 설명으로 옳은 것만을 〈보기〉에서 있는 대로 고른 것은?

● 보기 ●

ㄱ. 변광 주기는 A가 B보다 길다.
ㄴ. 별까지의 거리는 B가 A보다 멀다.
ㄷ. 지구에서 B의 연주 시차를 관측할 수 있다.

① ㄱ   ② ㄴ   ③ ㄱ, ㄷ
④ ㄴ, ㄷ   ⑤ ㄱ, ㄴ, ㄷ

04 그림은 서로 다른 주계열성 (가)와 (나)의 파장에 따른 복사 강도를 나타낸 것이다. (가)와 (나)의 겉보기 등급은 같다.

[24030-0266]

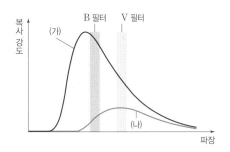

이에 대한 설명으로 옳은 것만을 〈보기〉에서 있는 대로 고른 것은? (단, 성간 소광은 고려하지 않는다.)

● 보기 ●

ㄱ. 색지수($B-V$)는 (가)가 (나)보다 크다.
ㄴ. 표면 온도는 (가)가 (나)보다 높다.
ㄷ. 별까지의 거리는 (가)가 (나)보다 멀다.

① ㄱ   ② ㄷ   ③ ㄱ, ㄴ
④ ㄴ, ㄷ   ⑤ ㄱ, ㄴ, ㄷ

[24030-0267]

05 그림은 어느 성단의 겉보기 등급과 표면 온도를 표준 주계열성과 함께 나타낸 것이다.

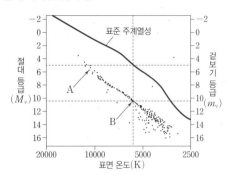

이에 대한 설명으로 옳은 것만을 〈보기〉에서 있는 대로 고른 것은?

● 보 기 ●
ㄱ. 색지수($B-V$)는 A가 B보다 크다.
ㄴ. B의 거리 지수는 5보다 크다.
ㄷ. 성단까지의 거리는 1 kpc보다 가깝다.

① ㄱ   ② ㄴ   ③ ㄱ, ㄷ
④ ㄴ, ㄷ   ⑤ ㄱ, ㄴ, ㄷ

[24030-0268]

06 그림 (가)와 (나)는 산개 성단과 구상 성단을 순서 없이 나타낸 것이다.

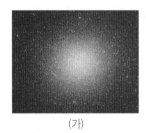 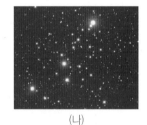

(가)   (나)

이에 대한 설명으로 옳은 것만을 〈보기〉에서 있는 대로 고른 것은?

● 보 기 ●
ㄱ. (가)는 산개 성단이다.
ㄴ. (나)에서 관측되는 별들은 대부분 주계열 단계 이후 진화 단계이다.
ㄷ. 성단을 구성하는 별의 개수는 (가)가 (나)보다 많다.

① ㄱ   ② ㄷ   ③ ㄱ, ㄴ
④ ㄴ, ㄷ   ⑤ ㄱ, ㄴ, ㄷ

[24030-0269]

07 그림은 섀플리가 주장한 우리은하의 모형을 나타낸 것이다.

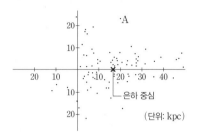

이에 대한 설명으로 옳은 것만을 〈보기〉에서 있는 대로 고른 것은?

● 보 기 ●
ㄱ. 성간 소광을 고려하지 않았다.
ㄴ. A까지의 거리는 연주 시차를 통해 알아냈다.
ㄷ. 태양은 우리은하 중심에 위치한다.

① ㄱ   ② ㄴ   ③ ㄱ, ㄷ
④ ㄴ, ㄷ   ⑤ ㄱ, ㄴ, ㄷ

[24030-0270]

08 표의 (가), (나), (다)는 우리은하를 구성하는 중앙 팽대부, 은하 원반, 헤일로의 특징을 순서 없이 나타낸 것이다.

구분	특징
(가)	우리은하를 구형으로 감싸고 있어 희미하게 보인다.
(나)	막대 모양의 구조가 가로지르고 있다.
(다)	나선팔이 위치한다.

이에 대한 설명으로 옳은 것만을 〈보기〉에서 있는 대로 고른 것은?

● 보 기 ●
ㄱ. 태양은 (다)에 위치한다.
ㄴ. 구상 성단은 주로 (가)보다 (다)에 위치한다.
ㄷ. 푸른색을 띠는 별의 비율은 대체로 (다)보다 (나)에서 크다.

① ㄱ   ② ㄷ   ③ ㄱ, ㄴ
④ ㄴ, ㄷ   ⑤ ㄱ, ㄴ, ㄷ

[24030-0271]

09 그림은 별에서 방출된 빛이 관측되는 모습을 나타낸 것이다.

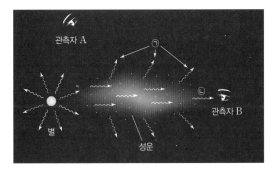

이에 대한 설명으로 옳은 것만을 〈보기〉에서 있는 대로 고른 것은?

┌─ 보기 ─────────────────────────────┐
ㄱ. 빛의 평균 파장은 ㉠이 ㉡보다 길다.
ㄴ. 별의 색초과는 A보다 B에서 크게 나타난다.
ㄷ. B에서는 별이 실제보다 가깝게 있는 것처럼 관측된다.
└────────────────────────────────────┘

① ㄱ   ② ㄴ   ③ ㄱ, ㄷ
④ ㄴ, ㄷ   ⑤ ㄱ, ㄴ, ㄷ

[24030-0272]

10 그림 (가), (나), (다)는 어느 암흑 성운을 서로 다른 세 파장의 빛으로 관측한 것을 순서 없이 나타낸 것이다. 별 A까지의 거리는 성운보다 멀다.

    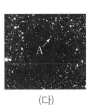

(가)   (나)   (다)

이에 대한 설명으로 옳은 것만을 〈보기〉에서 있는 대로 고른 것은?

┌─ 보기 ─────────────────────────────┐
ㄱ. 관측 파장이 가장 긴 것은 (나)이다.
ㄴ. A를 관측할 때 성간 적색화가 나타난다.
ㄷ. 성간 소광의 효과는 (나)보다 (다)의 관측 파장 영역에서 크다.
└────────────────────────────────────┘

① ㄱ   ② ㄴ   ③ ㄱ, ㄷ
④ ㄴ, ㄷ   ⑤ ㄱ, ㄴ, ㄷ

[24030-0273]

11 그림 (가)와 (나)는 각각 방출 성운과 반사 성운의 모습을 나타낸 것이다.

(가) 방출 성운   (나) 반사 성운

이에 대한 설명으로 옳은 것만을 〈보기〉에서 있는 대로 고른 것은?

┌─ 보기 ─────────────────────────────┐
ㄱ. (가)는 성운 근처에 온도가 높은 별이 존재한다.
ㄴ. (나)는 주로 붉은색으로 관측된다.
ㄷ. (가)와 (나)가 밝게 보이는 현상은 주로 성간 티끌에 의해 나타난 것이다.
└────────────────────────────────────┘

① ㄱ   ② ㄴ   ③ ㄱ, ㄷ
④ ㄴ, ㄷ   ⑤ ㄱ, ㄴ, ㄷ

[24030-0274]

12 표는 성간 물질의 질량에 따른 구성비를, 그림은 암흑 성운의 모습을 나타낸 것이다. A와 B는 각각 성간 기체와 티끌 중 하나이다.

성간 물질	질량비(%)
A	99
B	1

이에 대한 설명으로 옳은 것만을 〈보기〉에서 있는 대로 고른 것은?

┌─ 보기 ─────────────────────────────┐
ㄱ. A는 주로 수소와 헬륨으로 구성된다.
ㄴ. 암흑 성운은 주로 HⅡ 영역에서 형성된다.
ㄷ. 암흑 성운을 구성하는 물질의 대부분은 B이다.
└────────────────────────────────────┘

① ㄱ   ② ㄷ   ③ ㄱ, ㄴ
④ ㄴ, ㄷ   ⑤ ㄱ, ㄴ, ㄷ

[24030-0275]

13 그림은 어느 고온의 밝은 별 주위에 분포하는 성운 속의 별 주변 공간을 구분하여 나타낸 것이다. A와 B는 각각 H I 영역과 H II 영역 중 하나이다.

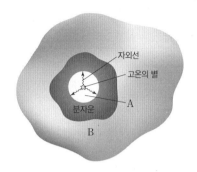

이에 대한 설명으로 옳은 것만을 〈보기〉에서 있는 대로 고른 것은?

─● 보기 ●─
ㄱ. A는 H II 영역이다.
ㄴ. B에는 수소가 주로 이온 상태로 존재한다.
ㄷ. 온도는 A가 B보다 높다.

① ㄱ   ② ㄴ   ③ ㄱ, ㄷ
④ ㄴ, ㄷ   ⑤ ㄱ, ㄴ, ㄷ

[24030-0276]

14 표는 별 A와 B의 시선 속도와 접선 속도를 나타낸 것이다. 지구에서 A와 B까지의 거리는 같다.

구분	시선 속도(km/s)	접선 속도(km/s)
A	100	80
B	80	100

별 A가 별 B보다 큰 값을 나타내는 것만을 〈보기〉에서 있는 대로 고른 것은?

─● 보기 ●─
ㄱ. 고유 파장이 400 nm인 흡수선의 관측 파장
ㄴ. 공간 속도
ㄷ. 고유 운동

① ㄱ   ② ㄴ   ③ ㄱ, ㄷ
④ ㄴ, ㄷ   ⑤ ㄱ, ㄴ, ㄷ

[24030-0277]

15 그림 (가)와 (나)는 강체 회전과 케플러 회전을 순서 없이 나타낸 것이다.

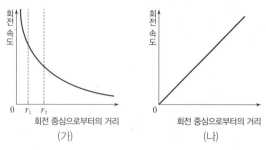

이에 대한 설명으로 옳은 것만을 〈보기〉에서 있는 대로 고른 것은?

─● 보기 ●─
ㄱ. (가)에서 $\dfrac{r_2에서\ 회전\ 속도}{r_1에서\ 회전\ 속도}$는 $\sqrt{\dfrac{r_1}{r_2}}$이다.
ㄴ. (나)와 같은 회전을 하는 은하 영역에서 별들의 은하 중심에 대한 공전 주기는 같다.
ㄷ. 질량이 중심부에 집중된 비율은 (가)가 (나)보다 높다.

① ㄱ   ② ㄴ   ③ ㄱ, ㄷ
④ ㄴ, ㄷ   ⑤ ㄱ, ㄴ, ㄷ

[24030-0278]

16 그림 (가)는 케플러 회전을 하는 태양과 중성 수소 영역 A~D를, (나)는 A~D의 시선 속도에 따른 21 cm 전파의 복사 세기를 ㉠~㉣로 순서 없이 나타낸 것이다.

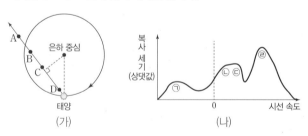

이에 대한 설명으로 옳은 것만을 〈보기〉에서 있는 대로 고른 것은?

─● 보기 ●─
ㄱ. A의 시선 속도는 (−)이다.
ㄴ. 관측되는 21 cm 수소선의 파장은 ㉢보다 ㉡이 짧다.
ㄷ. 중성 수소는 B보다 C에 많이 분포한다.

① ㄱ   ② ㄷ   ③ ㄱ, ㄴ
④ ㄴ, ㄷ   ⑤ ㄱ, ㄴ, ㄷ

[24030–0279]

17 그림은 우리은하 중심을 원 궤도로 케플러 회전하는 태양과 별 A~D를 나타낸 것이다.

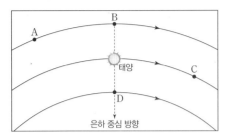

태양에서 관측할 때에 대한 설명으로 옳은 것만을 〈보기〉에서 있는 대로 고른 것은?

━● 보기 ●━
ㄱ. A에서는 적색 편이가 관측된다.
ㄴ. C의 접선 속도는 0이다.
ㄷ. 시선 속도의 크기는 B가 D보다 크다.

① ㄱ　② ㄴ　③ ㄱ, ㄷ　④ ㄴ, ㄷ　⑤ ㄱ, ㄴ, ㄷ

[24030–0280]

18 그림은 산개 성단 A, B, C를 태양과 함께 색등급도에 나타낸 것이다. 태양의 나이는 45억 년이다.

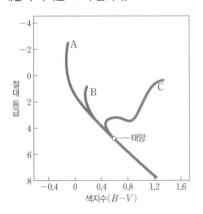

이에 대한 설명으로 옳은 것만을 〈보기〉에서 있는 대로 고른 것은?

━● 보기 ●━
ㄱ. A가 B보다 나이가 많다.
ㄴ. 성단에서 주계열성이 차지하는 비율은 A가 C보다 높다.
ㄷ. A, B, C 모두 형성된 지 100억 년 이상 되었다.

① ㄱ　② ㄴ　③ ㄱ, ㄷ　④ ㄴ, ㄷ　⑤ ㄱ, ㄴ, ㄷ

[24030–0281]

19 그림 (가)와 (나)는 서로 다른 두 성단의 색등급도를 나타낸 것이다.

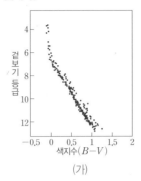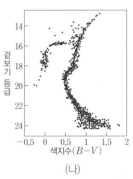

(가)　　　　(나)

(나)의 성단이 (가)의 성단보다 큰 값을 나타내는 것만을 〈보기〉에서 있는 대로 고른 것은? (단, 성간 소광은 고려하지 않는다.)

━● 보기 ●━
ㄱ. 전향점의 색지수($B-V$)
ㄴ. 성단을 구성하는 별의 개수
ㄷ. 성단까지의 거리

① ㄱ　② ㄴ　③ ㄱ, ㄷ　④ ㄴ, ㄷ　⑤ ㄱ, ㄴ, ㄷ

[24030–0282]

20 그림은 우리은하의 회전 속도 곡선을 나타낸 것이다.

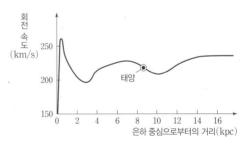

이에 대한 설명으로 옳은 것만을 〈보기〉에서 있는 대로 고른 것은?

━● 보기 ●━
ㄱ. 은하 중심에서 8 kpc 사이에 위치한 별들은 모두 케플러 회전을 한다.
ㄴ. 우리은하의 질량은 대부분 은하 중심부에 집중되어 있다.
ㄷ. 약 10 kpc 바깥쪽 속도 분포는 암흑 물질의 존재로 설명한다.

① ㄱ　② ㄷ　③ ㄱ, ㄴ　④ ㄴ, ㄷ　⑤ ㄱ, ㄴ, ㄷ

21 그림은 국부 은하군을 나타낸 것이다.

[24030-0283]

이에 대한 설명으로 옳은 것만을 〈보기〉에서 있는 대로 고른 것은?

> **보기**
> ㄱ. 국부 은하군의 무게 중심에는 우리은하가 위치한다.
> ㄴ. 안드로메다은하와 우리은하는 중력적으로 묶여 있다.
> ㄷ. 국부 은하군에는 불규칙 은하는 포함되지 않는다.

① ㄱ   ② ㄴ   ③ ㄱ, ㄷ
④ ㄴ, ㄷ   ⑤ ㄱ, ㄴ, ㄷ

22 그림 (가), (나), (다)는 각각 M13 구상 성단, 안드로메다은하, 로버트 4중주 은하군을 나타낸 것이다.

[24030-0284]

(가)   (나)   (다)

이에 대한 설명으로 옳은 것만을 〈보기〉에서 있는 대로 고른 것은?

> **보기**
> ㄱ. 지구에서부터 거리는 (가)가 (다)보다 가깝다.
> ㄴ. (나)는 지구에서 멀어지고 있다.
> ㄷ. 규모가 가장 큰 것은 (다)이다.

① ㄱ   ② ㄴ   ③ ㄱ, ㄷ
④ ㄴ, ㄷ   ⑤ ㄱ, ㄴ, ㄷ

23 그림 (가)와 (나)는 은하군과 은하단을 나타낸 것이다.

[24030-0285]

(가) 로버트 4중주 은하군   (나) 처녀자리 은하단

이에 대한 설명으로 옳은 것만을 〈보기〉에서 있는 대로 고른 것은?

> **보기**
> ㄱ. (가)는 수십 개 이하의 은하로 구성된다.
> ㄴ. 우리은하는 (나)에 포함된다.
> ㄷ. (가)를 구성하는 은하들은 서로 중력적으로 묶여 있다.

① ㄱ   ② ㄴ   ③ ㄱ, ㄷ
④ ㄴ, ㄷ   ⑤ ㄱ, ㄴ, ㄷ

24 표의 (가)와 (나)는 은하 장성과 거대 공동에 대한 설명을 나타낸 것이다.

[24030-0286]

구분	설명
(가)	대부분의 은하들이 거대 가락 구조를 따라 존재
(나)	우주에서 은하들이 거의 없는 공간

이에 대한 설명으로 옳은 것만을 〈보기〉에서 있는 대로 고른 것은?

> **보기**
> ㄱ. (가)는 초은하단보다 규모가 작다.
> ㄴ. 암흑 물질은 (가)보다 (나)에 밀집되어 있다.
> ㄷ. 평균 밀도는 (가)가 (나)보다 크다.

① ㄱ   ② ㄷ   ③ ㄱ, ㄴ
④ ㄴ, ㄷ   ⑤ ㄱ, ㄴ, ㄷ

01 그림 (가)와 (나)는 별 A와 B가 1년 동안 천구상에서 이동한 궤적을 나타낸 것이다. A와 B의 겉보기 등급은 모두 +5등급이다.

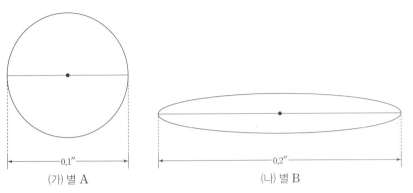

(가) 별 A

(나) 별 B

이에 대한 설명으로 옳은 것만을 〈보기〉에서 있는 대로 고른 것은? (단, 성간 소광은 고려하지 않는다.)

┌─ 보 기 ●─────────────────────────────────┐
ㄱ. 적위의 절댓값은 A가 B보다 크다.

ㄴ. A까지의 거리는 10 pc이다.

ㄷ. 별의 실제 밝기는 A가 B보다 밝다.
└──────────────────────────────────────┘

① ㄱ   ② ㄴ   ③ ㄱ, ㄷ   ④ ㄴ, ㄷ   ⑤ ㄱ, ㄴ, ㄷ

별의 연주 시차 궤적은 별이 황도 근처에 있을 때 이심률이 큰 타원 형태를 나타낸다.

[24030-0287]

[24030-0288]

02 그림 (가), (나), (다)는 어느 은하를 근적외선, 가시광선, 21 cm 전파로 관측한 영상을 순서 없이 나타낸 것이다.

(가)

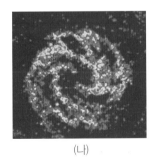

(나)

(다)

이에 대한 설명으로 옳은 것만을 〈보기〉에서 있는 대로 고른 것은?

┌─ 보 기 ●─────────────────────────────────┐
ㄱ. 적외선으로 관측한 모습은 (가)이다.

ㄴ. 중성 수소는 은하 중심보다 나선팔에 주로 분포한다.

ㄷ. 성간 소광의 효과는 (가)보다 (다)의 관측 파장 영역에서 크다.
└──────────────────────────────────────┘

① ㄱ   ② ㄴ   ③ ㄱ, ㄷ   ④ ㄴ, ㄷ   ⑤ ㄱ, ㄴ, ㄷ

은하의 나선팔 구조는 은하면에 많이 존재하는 중성 수소에서 방출되는 21 cm 수소선을 관측하면 알 수 있다.

케플러 회전을 하는 별의 경우 회전 중심까지 거리가 멀수록 회전 속도가 느려진다.

[24030−0289]

03 그림은 태양에서 관측한 별 A∼H의 시선 속도를 나타낸 것이다. 태양과 별 A∼H는 우리은하 중심에 대해 원 궤도로 케플러 회전을 한다.

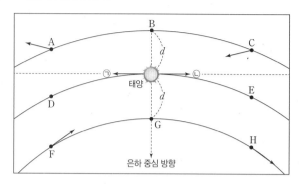

이 자료에 대한 설명으로 옳은 것만을 〈보기〉에서 있는 대로 고른 것은?

● 보기 ●
ㄱ. 태양의 공전 방향은 ㉠이다.
ㄴ. 태양에서 관측한 D와 E의 접선 속도 방향은 같다.
ㄷ. 공간 속도의 크기는 G가 B보다 크다.

① ㄱ ② ㄷ ③ ㄱ, ㄴ ④ ㄴ, ㄷ ⑤ ㄱ, ㄴ, ㄷ

연주 시차가 큰 별은 작은 별에 비해 거리 지수(겉보기 등급−절대 등급)가 작다.

[24030−0290]

04 표는 별 A, B, C의 물리적 특성을 나타낸 것이다.

별	겉보기 등급	절대 등급	연주 시차(″)
A		−2.0	0.1
B	6.0	−1.0	
C	4.0		0.01

별 A, B, C에 대한 설명으로 옳은 것만을 〈보기〉에서 있는 대로 고른 것은?

● 보기 ●
ㄱ. 가장 밝게 보이는 별은 A이다.
ㄴ. B까지의 거리는 1000 pc보다 가깝다.
ㄷ. 광도는 C가 가장 크다.

① ㄱ ② ㄷ ③ ㄱ, ㄴ ④ ㄴ, ㄷ ⑤ ㄱ, ㄴ, ㄷ

[24030-0291]

05 그림 (가)와 (나)는 종족 Ⅰ 세페이드 변광성 A와 B의 겉보기 등급 변화를 나타낸 것이다.

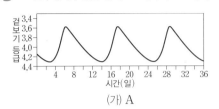

(가) A

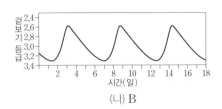

(나) B

별 A가 별 B보다 큰 값을 나타내는 것만을 〈보기〉에서 있는 대로 고른 것은?

┌─● 보기 ●─────────────────────────────────┐
│ ㄱ. 평균 겉보기 밝기   │
│ ㄴ. 절대 등급   │
│ ㄷ. 별까지의 거리   │
└──┘

① ㄱ   ② ㄷ   ③ ㄱ, ㄴ   ④ ㄴ, ㄷ   ⑤ ㄱ, ㄴ, ㄷ

세페이드 변광성은 변광 주기가 길수록 광도가 큰 주기-광도 관계를 나타낸다.

[24030-0292]

06 표는 서로 다른 성단의 전향점에 위치한 별 (가)와 (나)의 관측값을 나타낸 것이다.

별	B 등급	V 등급
(가)	9.1	8.5
(나)	4.4	4.6

이에 대한 설명으로 옳은 것만을 〈보기〉에서 있는 대로 고른 것은? (단, 성간 소광은 고려하지 않는다.)

┌─● 보기 ●─────────────────────────────────┐
│ ㄱ. (가)의 색지수($B-V$)는 0.6이다.   │
│ ㄴ. (나)의 성단에서 관측되는 별들은 대부분 주계열 단계 이후 진화 단계이다. │
│ ㄷ. 성단의 나이는 (가)가 속한 성단이 (나)가 속한 성단보다 많다. │
└──┘

① ㄱ   ② ㄴ   ③ ㄱ, ㄷ   ④ ㄴ, ㄷ   ⑤ ㄱ, ㄴ, ㄷ

색등급도에서 성단을 이루는 별들이 주계열 단계에서 벗어난 지점을 전향점이라고 한다.

별의 밝기는 거리의 제곱에 반비례한다.

[24030-0293]

07 그림은 지구와 별 A, B, C의 위치를 나타낸 것이다. 별 A, B, C의 절대 등급은 같다.

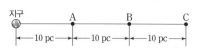

이에 대한 설명으로 옳은 것만을 〈보기〉에서 있는 대로 고른 것은?

─● 보기 ●─

ㄱ. A는 C보다 9배 밝게 보인다.

ㄴ. B와 A의 겉보기 등급 차는 5log2이다.

ㄷ. 거리 지수는 C가 B의 3배이다.

① ㄱ   ② ㄷ   ③ ㄱ, ㄴ   ④ ㄴ, ㄷ   ⑤ ㄱ, ㄴ, ㄷ

성단 내의 같은 색지수($B-V$)를 나타내는 주계열성의 겉보기 등급을 비교하면 성단의 거리 차를 알 수 있다.

[24030-0294]

08 그림 (가)는 성단 ㉠과 ㉡의 색등급도를, (나)는 표준 주계열성의 색등급도를 나타낸 것이다.

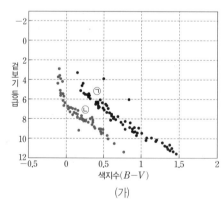

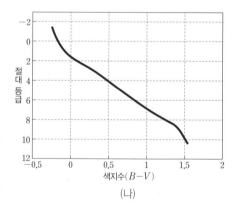

(가)   (나)

이에 대한 설명으로 옳은 것만을 〈보기〉에서 있는 대로 고른 것은? (단, 성간 소광은 고려하지 않는다.)

─● 보기 ●─

ㄱ. ㉠은 산개 성단이다.

ㄴ. $\dfrac{㉡까지의 거리}{㉠까지의 거리} > 10$이다.

ㄷ. 성단의 나이는 ㉡이 ㉠보다 많다.

① ㄱ   ② ㄴ   ③ ㄱ, ㄷ   ④ ㄴ, ㄷ   ⑤ ㄱ, ㄴ, ㄷ

[24030-0295]

09 그림은 태양과 같은 은하면에 있으며 태양으로부터 같은 거리에 있는 별들의 시선 속도를 나타낸 것이다.

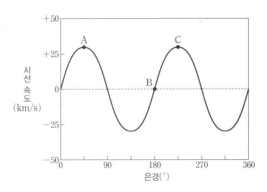

케플러 회전은 회전 중심에서 멀어질수록 회전 속도가 느려지는 회전이다.

이에 대한 설명으로 옳은 것만을 〈보기〉에서 있는 대로 고른 것은?

● 보기 ●
ㄱ. B는 적색 편이가 나타난다.
ㄴ. 은하 중심을 공전하는 주기는 A가 B보다 짧다.
ㄷ. A에서 C를 관측하면 시선 속도가 나타나지 않는다.

① ㄱ   ② ㄴ   ③ ㄱ, ㄷ   ④ ㄴ, ㄷ   ⑤ ㄱ, ㄴ, ㄷ

[24030-0296]

10 그림 (가)와 (나)는 각각 허셜과 캅테인에 의한 우리은하 모형을 나타낸 것이다.

(가)　　　　　(나)

캅테인은 별의 분포를 통계적으로 연구하였고 태양은 우리은하의 중심부 가까이에 위치한다고 생각하였다.

이에 대한 설명으로 옳은 것만을 〈보기〉에서 있는 대로 고른 것은?

● 보기 ●
ㄱ. 태양이 우리은하 중심에 위치한 것은 (가)이다.
ㄴ. (나)는 성간 소광을 고려하였다.
ㄷ. 우주의 크기는 (나)가 (가)보다 작다.

① ㄱ   ② ㄴ   ③ ㄱ, ㄷ   ④ ㄴ, ㄷ   ⑤ ㄱ, ㄴ, ㄷ

암흑 성운을 통과한 별빛은 색초과가 나타나 색지수가 고유 색지수보다 커진다.

11 그림 (가)는 암흑 성운이 분포하지 않는 곳과 분포하는 곳의 관측 영역 P와 Q를, (나)는 (가)의 P와 Q에서 색지수($B-V$)에 따라 관측되는 별의 개수를 나타낸 것이다. ㉠과 ㉡은 각각 P와 Q에서 관측한 것 중 하나이고, 별 A까지의 거리는 성운보다 멀다.

[24030-0297]

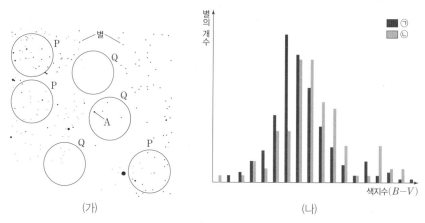

(가)　　　　　　　(나)

이에 대한 설명으로 옳은 것만을 〈보기〉에서 있는 대로 고른 것은? (단, 관측 영역 P와 Q는 암흑 성운의 유무 외에 다른 조건은 동일하다.)

보기

ㄱ. 별 A까지의 거리는 V 필터보다 B 필터로 관측할 때 크게 측정된다.
ㄴ. 평균 색지수는 ㉠이 ㉡보다 크다.
ㄷ. P에서 관측한 결과는 ㉡이다.

① ㄱ　　　② ㄷ　　　③ ㄱ, ㄴ　　　④ ㄴ, ㄷ　　　⑤ ㄱ, ㄴ, ㄷ

색초과는 (관측된 색지수－고유 색지수)이다.

12 표는 고유 색지수가 0으로 같은 별 (가)와 (나)를 관측하여 얻은 물리량을 나타낸 것이다. V 필터에서 성간 소광량을 등급으로 나타낸 값(A_V)은 색초과($E(B-V)$)와 비례한다.

[24030-0298]

구분	색지수($B-V$)	겉보기 등급(m_V)	절대 등급(M_V)
(가)	0.6	㉠	0
(나)	0.5	㉡	0

이에 대한 설명으로 옳은 것만을 〈보기〉에서 있는 대로 고른 것은? (단, 지구로부터 실제 거리는 (가)와 (나)가 같다.)

보기

ㄱ. 색초과는 (가)가 (나)보다 크다.
ㄴ. B 필터에서 성간 소광량(A_B)과 V 필터에서 성간 소광량(A_V)의 차는 (가)가 (나)보다 크다.
ㄷ. ㉠은 ㉡보다 크다.

① ㄱ　　　② ㄴ　　　③ ㄱ, ㄷ　　　④ ㄴ, ㄷ　　　⑤ ㄱ, ㄴ, ㄷ

[24030–0299]

13 그림 (가)와 (나)는 각각 암흑 성운과 방출 성운의 가시광선 영상을 나타낸 것이다.

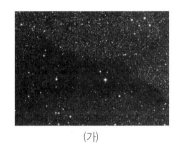

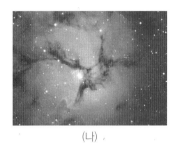

(가)   (나)

이에 대한 설명으로 옳은 것만을 〈보기〉에서 있는 대로 고른 것은?

┌─ ● 보 기 ●────────────────────────────────────┐
│ ㄱ. (나)의 성운을 구성하는 물질의 대부분은 티끌이다.   │
│ ㄴ. 온도는 (가)의 성운이 (나)의 성운보다 낮다.   │
│ ㄷ. 성운 내에서 수소가 분자 상태로 존재하는 비율은 (가)가 (나)보다 높다. │
└──┘

① ㄱ   ② ㄷ   ③ ㄱ, ㄴ   ④ ㄴ, ㄷ   ⑤ ㄱ, ㄴ, ㄷ

성간 물질은 가스와 티끌로 구성되며 전체에서 약 1 %를 차지하는 것은 성간 티끌이다.

[24030–0300]

14 그림은 우리은하를 옆에서 본 모습을 나타낸 것이다. 별 ㉠과 ㉡은 절대 등급과 태양으로부터의 거리가 같다.

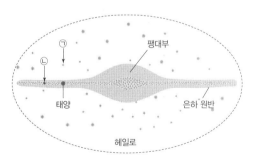

이에 대한 설명으로 옳은 것만을 〈보기〉에서 있는 대로 고른 것은?

┌─ ● 보 기 ●────────────────────────────────────┐
│ ㄱ. 팽대부에는 막대 모양의 구조가 존재한다.   │
│ ㄴ. 성간 물질이 차지하는 비율은 은하 원반이 헤일로보다 높다.   │
│ ㄷ. 지구에서 관측된 겉보기 등급은 ㉠이 ㉡보다 크다.   │
└──┘

① ㄱ   ② ㄷ   ③ ㄱ, ㄴ   ④ ㄴ, ㄷ   ⑤ ㄱ, ㄴ, ㄷ

우리은하는 형태상 막대 나선 은하이다.

별의 접선 속도는 별의 거리와 고유 운동의 곱에 비례한다.

[24030–0301]

15 그림 (가)와 (나)는 공간 속도(V)의 크기가 같은 두 별 A와 B의 공간 운동을 나타낸 것이다.

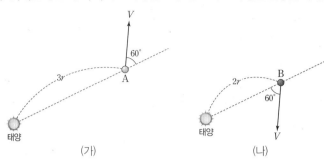

이에 대한 설명으로 옳은 것만을 〈보기〉에서 있는 대로 고른 것은? (단, 태양의 운동은 고려하지 않는다.)

● 보 기 ●

ㄱ. 적색 편이가 관측되는 것은 (가)이다.

ㄴ. 접선 속도의 크기는 A와 B가 같다.

ㄷ. $\dfrac{\text{B의 고유 운동}}{\text{A의 고유 운동}}$ 은 $\dfrac{3}{2}$ 이다.

① ㄱ   ② ㄷ   ③ ㄱ, ㄴ   ④ ㄴ, ㄷ   ⑤ ㄱ, ㄴ, ㄷ

성단의 색등급도를 표준 주계열성의 색등급도와 비교하여 성단까지의 거리를 구할 수 있다.

[24030–0302]

16 그림 (가)와 (나)는 각각 어느 성단과 표준 주계열성의 색등급도를 나타낸 것이다. m_B와 m_V는 각각 B 필터와 V 필터로 관측한 겉보기 등급이다. 성단 내 별 A의 색지수($B-V$)는 1이고 m_V는 23이다.

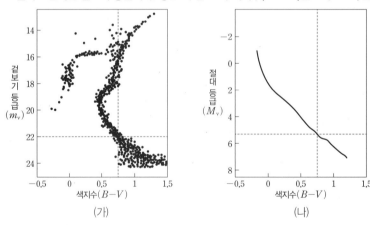

이 성단에 대한 설명으로 옳은 것만을 〈보기〉에서 있는 대로 고른 것은?

● 보 기 ●

ㄱ. 구상 성단이다.

ㄴ. 성단까지의 거리는 100 kpc보다 가깝다.

ㄷ. 별 A의 m_B는 22이다.

① ㄱ   ② ㄷ   ③ ㄱ, ㄴ   ④ ㄴ, ㄷ   ⑤ ㄱ, ㄴ, ㄷ

17 표는 성단의 종류 (가)와 (나)의 특징을 순서 없이 나타낸 것이다. (가)와 (나)는 산개 성단과 구상 성단 중 하나이다.

구분	성단 내 별의 개수	우리은하 내 대표 성단
(가)	수백~수천 개	플레이아데스
(나)	수만~수십만 개	M3

이에 대한 설명으로 옳은 것만을 〈보기〉에서 있는 대로 고른 것은?

● 보기 ●
ㄱ. (가)는 산개 성단이다.
ㄴ. $\dfrac{주계열\ 단계를\ 지난\ 진화\ 단계에\ 있는\ 별의\ 수}{주계열성의\ 수}$ 는 플레이아데스 성단이 M3 성단보다 크다.
ㄷ. 우리은하의 헤일로에는 (나)보다 (가)가 주로 분포한다.

① ㄱ　　　　② ㄷ　　　　③ ㄱ, ㄴ　　　　④ ㄴ, ㄷ　　　　⑤ ㄱ, ㄴ, ㄷ

구상 성단에서 관측되는 별들의 대부분은 적색 거성 또는 질량이 작은 주계열성이다.

---

18 그림은 21 cm 전파를 관측하여 알아낸 우리은하의 중성 수소 분포를 나타낸 것이다.

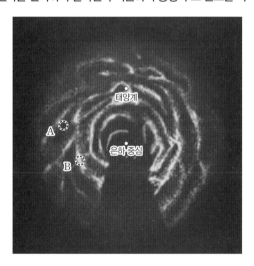

이에 대한 설명으로 옳은 것만을 〈보기〉에서 있는 대로 고른 것은?

● 보기 ●
ㄱ. 21 cm 전파는 중성 수소가 에너지가 낮은 상태에서 높은 상태로 바뀌면서 방출된다.
ㄴ. 나선팔이 관측된다.
ㄷ. 중성 수소는 A보다 B에 많이 분포한다.

① ㄱ　　　　② ㄷ　　　　③ ㄱ, ㄴ　　　　④ ㄴ, ㄷ　　　　⑤ ㄱ, ㄴ, ㄷ

중성 수소 원자에서 방출되는 21 cm 전파를 관측하면 우리은하의 나선팔 구조를 알 수 있다.

케플러 회전을 하는 경우 우리은하 중심으로부터의 거리가 멀수록 회전 속도가 느려진다.

[24030-0305]

19 그림은 우리은하 원반에서 원 궤도로 케플러 회전을 하고 있는 태양과 별 A, B를 나타낸 것이다. 태양의 회전 속도는 220 km/s이며, 은하 중심으로부터 태양까지의 거리는 **8 kpc**이다. 이에 대한 설명으로 옳은 것만을 〈보기〉에서 있는 대로 고른 것은?

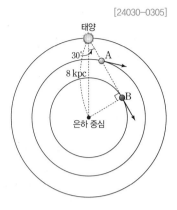

〈보기〉
ㄱ. 태양과 A 사이의 거리는 증가하고 있다.
ㄴ. B의 회전 속도는 $220\sqrt{2}$ km/s이다.
ㄷ. 태양에서 관측할 때 B의 시선 속도 크기는 접선 속도 크기보다 크다.

① ㄱ   ② ㄴ   ③ ㄱ, ㄷ   ④ ㄴ, ㄷ   ⑤ ㄱ, ㄴ, ㄷ

암흑 물질은 전자기파로는 관측이 불가능하다.

[24030-0306]

20 그림은 별의 광도로부터 추정한 우리은하의 회전 속도 분포와 실제 회전 속도 분포를 A와 B로 순서 없이 나타낸 것이다.

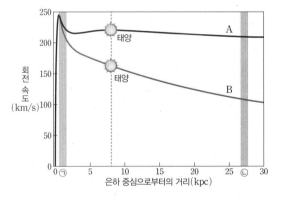

이에 대한 설명으로 옳은 것만을 〈보기〉에서 있는 대로 고른 것은? (단, A에서 태양의 회전 속도는 220 km/s이고, B에서는 160 km/s이다.)

〈보기〉
ㄱ. 실제 회전 속도 분포는 A이다.
ㄴ. 은하 중심부터 태양까지 은하를 구성하는 물질의 질량을 계산하면 A에서가 B에서보다 $(1.375)^2$배 크다.
ㄷ. 물질 중 전자기파로 관측 불가능한 물질의 비율은 ㉠ 구간이 ㉡ 구간보다 크다.

① ㄱ   ② ㄷ   ③ ㄱ, ㄴ   ④ ㄴ, ㄷ   ⑤ ㄱ, ㄴ, ㄷ

21 표는 은하단을 구성하는 세 가지 요소의 질량비를 나타낸 것이다.

[24030-0307]

구성 요소	질량비(%)
은하	1
은하 간 물질	9
암흑 물질	90

이에 대한 설명으로 옳은 것만을 〈보기〉에서 있는 대로 고른 것은?

● 보 기 ●
ㄱ. 은하단 내의 은하들은 중력적으로 묶여 있다.
ㄴ. 은하 간 물질의 대부분은 수소와 헬륨이다.
ㄷ. 은하단 대부분의 질량은 전자기파로 관측되지 않는다.

① ㄱ ② ㄴ ③ ㄱ, ㄷ ④ ㄴ, ㄷ ⑤ ㄱ, ㄴ, ㄷ

> 은하단은 수백 개~수천 개의 은하로 구성되어 은하군보다 규모가 더 큰 집단이다.

22 그림 (가), (나), (다)는 각각 대마젤란은하, 안드로메다은하, 처녀자리 초은하단을 나타낸 것이다.

[24030-0308]

(가)   (나)   (다)

이에 대한 설명으로 옳은 것만을 〈보기〉에서 있는 대로 고른 것은?

● 보 기 ●
ㄱ. (가)는 국부 은하군에 포함된다.
ㄴ. (가)와 (나)는 중력적으로 묶여 있다.
ㄷ. (가), (나), (다) 중 공간적 규모는 (다)가 가장 크다.

① ㄱ ② ㄷ ③ ㄱ, ㄴ ④ ㄴ, ㄷ ⑤ ㄱ, ㄴ, ㄷ

> 국부 은하군에는 우리은하, 안드로메다은하, 대마젤란은하와 소마젤란은하 등이 포함되어 있다.

[24030–0309]

23 그림은 우주 거대 구조의 일부를 나타낸 것이다.

우주는 거대 가락(필라멘트)이 거대 공동을 둘러싼 거품처럼 생긴 구조이다.

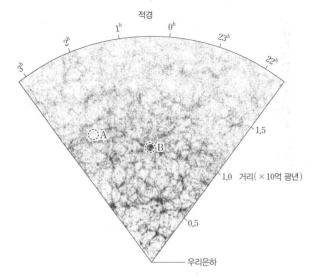

이에 대한 설명으로 옳은 것만을 〈보기〉에서 있는 대로 고른 것은?

• 보기 •
ㄱ. 우리은하로부터의 거리는 영역 A가 B보다 멀다.
ㄴ. 평균 밀도는 영역 A가 B보다 크다.
ㄷ. 우주가 팽창해도 거대 구조의 형태는 변하지 않는다.

① ㄱ ② ㄴ ③ ㄱ, ㄷ ④ ㄴ, ㄷ ⑤ ㄱ, ㄴ, ㄷ

[24030–0310]

24 그림 (가)는 처녀자리 은하단을, (나)는 처녀자리 초은하단을 나타낸 것이다.

처녀자리 초은하단은 국부 은하군과 처녀자리 은하단을 포함하여 약 100여 개의 은하군과 은하단으로 구성되어 있다.

(가) (나)

이에 대한 설명으로 옳은 것만을 〈보기〉에서 있는 대로 고른 것은?

• 보기 •
ㄱ. 국부 은하군은 (가)에 포함된다.
ㄴ. (나)의 은하들은 모두 중력적으로 묶여 있다.
ㄷ. 공간 규모는 (나)가 (가)보다 크다.

① ㄱ ② ㄷ ③ ㄱ, ㄴ ④ ㄴ, ㄷ ⑤ ㄱ, ㄴ, ㄷ

대전충청 **1**등
사립대학

중도일보 여론조사(2021)

미래교육의 중심
여기, **한남대학교**

☑ 교육부 「대학혁신지원사업」 최우수대학

☑ 2023 창업중심대학 선정

☑ 캠퍼스혁신파크 선도사업 선정

☑ 3단계 산학연협력 선도대학(LINC 3.0)

☑ 축구부 2023년 4개 전국대회 우승 그랜드슬램

인성중심
창의인재

신입생
기숙사 우선입사

의사포함 의료보건계열
국가시험 **전국수석 13회**

2023 중앙일보 대학평가
순수취업률 비수도권 1위

세계 3대 디자인 공모전 **7년 연속 수상**
(iF Design Award/RedDot Design Award/
IDEA Design Award)

ESG
교육가치 실현

15년 연속
등록금 동결

가르쳤으면
끝까지 **책임지는** 대학

 **건양대학교**

취업명문

대전메디컬캠퍼스
논산창의융합캠퍼스
특성화 운영

기업요구형
예약학과 운영

신입생
무료건강검진

건양대학교병원

영등포 김안과병원

서울·경기
통학버스 운영

의료보건계열이
강한 대학

장학금 지급률 **52.8%**
(국가 및 지방자치단체 포함시, 2021년 결산 기준)

문제를 사진 찍고
해설 강의 보기
Google Play | App Store

EBS*i* 사이트
무료 강의 제공

한국교육과정평가원
감수
본 교재는 2025학년도 수능
연계교재로서 한국교육과정
평가원이 감수하였습니다.

정답과 해설

수능특강

과학탐구영역

지구과학 II

2025학년도 수능 연계교재

본 교재는 대학수학능력시험을 준비하는 데 도움을 드리고자 과학과 교육과정을 토대로 제작된 교재입니다.
학교에서 선생님과 함께 교과서의 기본 개념을 충분히 익힌 후 활용하시면 더 큰 학습 효과를 얻을 수 있습니다.

Come to HUFS
Meet the World

한국외대의 고유한 강점과 첨단 학문을 융합하여
한국외대형 융합인재를 키웁니다.

수능특강

과학탐구영역 지구과학Ⅱ

정답과 해설

01 지구의 형성과 역장

01 태양계 형성

태양계 성운이 형성된 후 밀도가 높은 부분이 자체 중력으로 수축하면서 회전하기 시작하였고, 물질들이 중심으로 모이면서 회전 속도가 점점 빨라져 납작한 원반 모양을 이루었다.

㉠. A 단계에서 밀도가 높은 부분을 중심으로 물질들이 모이면서 회전하였고, 회전 속도가 점점 빨라졌다.

✗. B 단계에서는 원시 태양이 형성되므로 중력 수축에 의해 온도와 압력이 높아져 수소 핵융합 반응을 할 수 있는 온도에 도달하게 된다. 태양 정도의 질량을 가진 별은 탄소 핵융합 반응을 할 수 없다.

㉢. 성운이 식으면서 수많은 미행성체가 생겨났다. C 단계에서 미행성체들이 서로 충돌하고 뭉치면서 원시 행성을 형성하였다.

02 지구 탄생과 진화

원시 지구는 약 46억 년 전 수많은 미행성체들의 충돌로 형성되었고 이 과정에서 원시 지구의 크기가 커졌다. 지구 진화 과정의 순서는 (나) → (가) → (다)이다.

㉠. 마그마 바다 상태에서 중력의 작용으로 철과 니켈 등 밀도가 큰 금속 성분들은 지구 중심부로 가라앉아 핵을 형성하므로 지구 중심부의 밀도는 (가)가 (나)보다 크다.

㉡. 지구의 표면 온도는 마그마 바다가 형성되는 시기에 가장 높고, 차츰 표면 온도가 낮아지면서 지각 및 바다가 형성되었다.

㉢. 바다가 형성되면서 대기 중 이산화 탄소가 바다에 용해되었으므로 대기 중 이산화 탄소 분압은 점차 낮아졌다.

03 지구 대기 진화

A는 이산화 탄소, B는 산소이다.

✗. A는 시간이 지날수록 지속적으로 감소하고 있으므로 이산화 탄소이다.

㉡. 원시 바다가 형성된 이후에 대기 중의 이산화 탄소가 바다에 용해되었고, 이후 탄산염의 형태로 퇴적되어 지권에 고정되었다. 따라서 ㉠ 시기는 이산화 탄소가 지속적으로 감소하는 시기에 해당하므로 ㉠ 시기에는 바다가 존재하였다.

✗. ㉠ 시기에는 산소가 충분하지 않아서 아직 오존층이 만들어지

04 지구 내부 에너지

방사성 원소는 규산염 마그마에 농집되는 성질이 있으므로 핵에는 거의 없으며, 대부분 지각과 맨틀에 존재한다.

✗. 각 암석에서 방사성 원소의 함량이 가장 많은 원소는 칼륨이다.

㉡. 단위 질량당 방사성 원소의 질량비는 우라늄, 토륨, 칼륨 함량이 모두 많은 화강암이 가장 크다.

㉢. 암석 1 kg당 방사성 원소의 함량은 현무암이 감람암보다 많으므로, 방출되는 방사성 원소의 붕괴열은 현무암이 감람암보다 많다.

05 지각 열류량

지구 내부 에너지가 지표로 방출되는 열량을 지각 열류량이라고 한다.

㉠. 지각 열류량이 적은 ㉠에는 해구가 존재한다.

✗. 지각 열류량이 많은 ㉡에는 호상 열도가 존재하므로 화산 활동이 일어난다.

✗. 지표로 전달되는 지구 내부 에너지의 양이 지각 열류량이므로 해령이 ㉡보다 많다.

06 지구 내부 연구 방법

지구 내부 연구 방법에는 직접적인 방법(시추, 포획암 분석 등)과 간접적인 방법(지진파 분석, 지각 열류량 측정 등)이 있다.

③ A. 지진파 분석은 간접적인 방법으로, 지구 내부를 통과하는 지진파를 연구하여 지구 내부 불연속면의 깊이 및 지구 내부를 구성하는 물질의 물리적 성질을 알 수 있다.

B. 시추는 직접적인 방법으로, 지구 내부 시료를 직접 채취하는 것이다.

C. 포획암 분석은 직접적인 방법으로, 마그마에 포획되어 올라온 맨틀 포획암을 분석하여 상부 맨틀 물질을 알 수 있다.

07 진앙 및 진원의 결정

세 관측소에서 각각의 진원 거리를 반지름으로 하는 원을 그렸을 때 각 원들의 교점을 연결하면 3개의 현이 교차하는 하나의 점이 나타나는데, 이곳을 진앙이라고 한다.

✗. 진원 거리가 짧을수록 PS시가 짧다. 따라서 PS시가 가장 짧은 관측소는 원의 반지름이 가장 작은 C이다.

✗. 각 원들의 교점을 연결하여 3개의 현이 교차하는 지진은 진원의 깊이가 존재하는 지진이므로 진원은 지표면에 존재하지 않는다.

㉢. 원의 반지름이 작을수록 $\dfrac{\text{진원 거리}}{\text{진앙 거리}}$ 값은 커진다. 따라서 $\dfrac{\text{진원 거리}}{\text{진앙 거리}}$ 값이 가장 큰 관측소는 원의 반지름이 가장 작은 C이다.

08 지진파 암영대

진앙으로부터의 각거리가 약 $103° \sim 142°$인 지역은 P파 암영대이고, 진앙으로부터의 각거리가 약 $103° \sim 180°$인 지역은 S파 암영대이다.

❌. 영역 A는 P파 암영대로 P파와 S파가 모두 도달하지 못한다.

❌. 영역 A와 B의 경계 부근의 진앙 각거리는 약 $142°$이다.

⭕. 영역 B는 P파는 도달하고 S파는 도달하지 못하는 곳이므로, 영역 B에 도달하는 지진파는 외핵을 통과한 P파이다.

09 진원 거리

P파의 속도를 V_P, S파의 속도를 V_S, PS시를 t라고 할 때, 관측소에서 진원까지의 거리(d)는 $d = \dfrac{V_P \times V_S}{V_P - V_S} \times t$이다.

❌. 진앙 거리는 진원 거리가 멀수록 멀다. 또한 진원 거리는 PS시가 길수록 멀어진다. 따라서 진앙 거리는 PS시가 긴 B에서가 A에서보다 멀다.

⭕. $d = \dfrac{V_P \times V_S}{V_P - V_S} \times t$에 $V_P = 6$ km/s, $t = 6$초, $d = 36$ km를 대입하여 S파의 속도를 구하면 V_S는 3 km/s이다.

⭕. P파와 S파의 속도가 각각 일정하기 때문에 진원 거리는 PS시에 비례한다. PS시는 C가 B의 1.2배이므로 진원 거리도 C가 B보다 1.2배 멀다. 따라서 $\dfrac{d_C}{d_B} = 1.2$이다.

10 지구 내부에서 지진파의 속도

지구 내부를 통과하는 지진파가 굴절되거나 반사되는 성질을 이용하여 지구 내부가 지각, 맨틀, 외핵, 내핵의 층상 구조를 이루고 있음을 알아내었다.

⭕. A는 외핵 구간을 통과하지 못하므로 S파의 속도 분포이다.

⭕. 지진파의 속도 분포가 급격히 바뀌는 구간은 맨틀과 외핵 경계이다. 맨틀은 고체, 외핵은 액체로 물질의 상태가 바뀌면서 지진파 속도가 급격히 바뀌었다.

❌. B는 P파의 속도 분포이다. P파의 최대 속도는 맨틀 구간에서 나타난다.

11 지진 기록

P파 최초 도착 시간에 대한 진원 거리 그래프에서 기울기는 P파 속도이다.

⭕. 진원 거리＝P파 도달 시간×P파 속도로 구할 수 있다. 관측소 A에서의 진원 거리는 12 km이다. 12 km＝P파가 도달하는 데 걸린 시간×6 km/s이므로, P파가 관측소 A에 도달하는 데 걸린 시간은 2초이다. 따라서 지진 발생 시각은 $10^h 01^m 00^s$이다.

⭕. 진원 거리＝P파 도달 시간×P파 속도이고, 지진 발생 시각은 $10^h 01^m 00^s$이므로 관측소 B에 P파가 도달하는 데 걸린 시간은 10초이다. 따라서 ㉠은 10초×6 km/s＝60 km이다.

❌. 관측소 A에 S파가 최초로 도달하는 데 걸린 시간은 $\dfrac{12 \text{ km}}{V_S}$, 관측소 A에 S파가 최초로 도달하는 데 걸린 시간은 $\dfrac{60 \text{ km}}{V_S}$이다. $V_P(6 \text{ km/s}) > V_S$이므로, 두 관측소에 S파가 최초로 도달하는 데 걸린 시간 차$\left(\dfrac{48 \text{ km}}{V_S} \right)$는 8초보다 길다.

12 에어리의 지각 평형설

밀도가 서로 같은 지각이 맨틀 위에 떠 있으며, 지각의 해발 고도가 높을수록 해수면을 기준으로 한 모호면의 깊이가 깊다.

⭕. 지각의 밀도가 같으므로 에어리의 지각 평형설에 해당한다.

❌. 지각이 맨틀 위에 떠 있으므로 밀도는 $\rho_1 < \rho_2$이다.

❌. 압력을 P, 밀도를 ρ, 중력 가속도를 g, 두께를 h라고 할 때 $P = \rho g h$이다. 따라서 압력은 지각의 두께가 두꺼운 A가 B보다 크다.

13 지각 평형 원리 실험

에어리의 지각 평형설에 따르면 밀도가 서로 같은 지각이 맨틀 위에 떠 있으며, 지각의 해발 고도가 높을수록 해수면을 기준으로 한 모호면의 깊이가 깊다.

⭕. 이 실험은 밀도가 같은 직육면체 나무토막을 사용하여 실험하였으므로 에어리설로 설명이 가능하다.

⭕. 나무토막의 밀도＝$\dfrac{\text{수면 아래에 잠긴 나무토막의 깊이}}{\text{나무토막의 높이}}$×물의 밀도이다. 따라서 $\dfrac{㉠}{h_A} = \dfrac{㉡}{h_B}$이다.

⭕. 나무토막 B를 A 위에 올려도 역시 밀도는 같으므로 다음 식이 성립한다. $\dfrac{㉠}{h_A} = \dfrac{㉡}{h_B} = \dfrac{x(\text{수면 아래에 잠긴 깊이})}{h_A + h_B} = k$로부터 $h_A = \dfrac{㉠}{k}$, $h_B = \dfrac{㉡}{k}$이므로 $\dfrac{x(\text{수면 아래에 잠긴 깊이})}{\dfrac{㉠}{k} + \dfrac{㉡}{k}} = \dfrac{\dfrac{x}{1}}{\dfrac{㉠ + ㉡}{k}}$ $= k$, $x = ㉠ + ㉡$이다.

14 지각 평형설

지각 평형설은 밀도가 작은 지각이 밀도가 큰 맨틀 위에 떠서 평형을 이룬다는 이론이다.

Ⓐ. 나무토막 A와 B는 수면 아래 잠긴 깊이와 수면 위에 떠 있는 높이가 같으므로 밀도는 물의 밀도의 절반이다. 따라서 나무토막 A와 B의 밀도는 0.5 g/cm³로 같다.

Ⓑ. 나무토막 C는 수면 아래에 잠긴 깊이가 $\dfrac{h}{2}$보다 얕으므로 밀도는 0.5 g/cm³보다 작다.

Ⓒ. 물이 아니라 물보다 밀도가 더 큰 액체로 실험하면 나무토막

과의 밀도 차가 더 크므로 수면 아래로 잠긴 깊이는 얕아진다. 따라서 수면 위로 드러난 높이는 높아진다.

15 지구의 중력장

지구상의 물체에 작용하는 만유인력과 지구 자전에 의한 원심력의 합력을 중력이라 하고, 중력이 작용하는 지구 주위의 공간을 중력장이라고 한다.

㉠. A는 만유인력, B는 표준 중력, C는 원심력이다.

㉡. 적도와 극에서 만유인력과 표준 중력은 지구 중심 방향으로 작용한다.

✘. 원심력은 자전축으로부터의 최단 거리가 가까울수록 작아진다. 따라서 극에서 0, 적도에서 최대이다.

16 중력 이상

중력은 측정 지점의 해발 고도, 지형의 기복, 지하 물질의 밀도 등에 따라 달라지는데, 관측된 실측 중력에서 이론적으로 구한 표준 중력을 뺀 값을 중력 이상이라고 한다.

✘. 표준 중력은 지구 타원체 내부의 밀도가 균일하다고 가정할 때 위도에 따라 달라지는 이론적인 중력값이다. 따라서 A와 B의 위도가 같으므로 표준 중력은 A와 B에서 같다.

㉡. A와 B는 위도가 같으므로 표준 중력이 같지만, A는 실측 중력이 표준 중력보다 크므로 중력 이상이 (+)이고 B는 실측 중력이 표준 중력보다 작으므로 중력 이상이 (−)이다. 따라서 실측 중력은 A에서가 B에서보다 크다.

✘. 동일한 위도에 위치할 때 지하 물질의 평균 밀도가 큰 지점일수록 중력 이상이 크다. 따라서 B보다 A에서 중력 이상이 크므로 지하 물질의 평균 밀도는 B보다 A에서 더 크다.

17 중력 이상

중력 이상을 이용하여 지하 물질의 밀도 분포를 알아낼 수 있다. 지하에 철광석과 같은 밀도가 큰 물질이 매장되어 있으면 밀도 차이에 의한 중력 이상은 (+), 석유나 암염과 같은 밀도가 작은 물질이 매장되어 있으면 (−)로 나타난다.

✘. ㉠에서는 중력 이상이 (+)이므로 표준 중력보다 실측 중력이 크다.

㉡. ㉠과 ㉡의 위도가 같으므로 표준 중력값은 같지만 중력 이상은 ㉠이 더 크다. 단진자의 주기(T)는 $T=2\pi\sqrt{\dfrac{l}{g}}$ (l: 단진자의 길이, g: 중력 가속도)이므로, 동일한 단진자로 측정한 주기는 ㉠보다 ㉡에서 길다.

㉢. ㉠과 ㉡에서 중력 이상값에 가장 큰 영향을 주는 암석은 각각 지표로부터 거리가 가까운 A와 B이다. 중력 이상값은 ㉠이 ㉡보다 크므로 앞서 밀도는 A가 B보다 크다.

18 편각 분포

편각은 어느 지점에서 진북 방향과 지구 자기장의 수평 성분 방향이 이루는 각이다.

㉠. 자침이 진북에 대해 서쪽으로 치우치면 W 또는 (−)로 표시한다. A 지점은 편각이 −10°이므로 지구 자기장의 수평 성분 방향은 진북에 대해 서쪽을 향한다.

㉡. A 지점의 편각은 −10°, B 지점의 편각은 +10°이므로 나침반 자침의 N극이 가리키는 방향과 진북 방향이 이루는 각의 크기는 같다.

㉢. 자침이 진북에 대해 동쪽으로 치우치면 E 또는 (+)로 표시한다. B 지점의 편각이 +10°이고, 동일 경도상으로 이동하면서 동편각의 크기가 커진다. 따라서 B 지점에서부터 동일 경도상으로 70°S까지 이동하면 나침반의 자침은 진북에 대해 시계 방향으로 움직인다.

19 복각 분포

복각은 지구 자기장의 방향이 수평면에 대하여 기울어진 각이다.

㉠. 복각은 자기 적도에 가까울수록 작아진다. B는 A보다 자기 적도에 더 가까우므로 복각은 B보다 A에서 크다.

✘. (나)는 복각이 0°이므로 자기 적도에서의 자기력선을 나타낸 것이다. A는 자기 적도에 위치하지 않는다.

✘. (가)의 복각 분포는 정자극기일 때이므로 자기력선은 남에서 북으로 향하는 방향이다. 따라서 a는 남이다.

20 자기권과 밴앨런대

자기권은 지구 자기장의 영향이 미치는 기권 밖의 영역이다. 특히 태양에서 오는 대전 입자가 지구 자기장에 붙잡혀 밀집되어 있는 도넛 모양의 방사선대를 밴앨런대라고 한다.

㉠. 밴앨런대 중 지구로부터 가까이 있는 곳은 내대, 멀리 있는 곳은 외대라고 한다. 따라서 A는 외대, B는 내대이다.

㉡. 내대는 주로 양성자로 구성되어 있고, 외대는 주로 전자로 구성되어 있다.

✘. 태양 방향 쪽에 위치한 지구 자기력선은 태양풍에 의해 폐곡선이 조밀하게 형성되고, 태양 반대쪽에 위치한 지구 자기력선은 태양풍에 의해 길게 늘어뜨려진 폐곡선을 형성한다.

수능 ③점 테스트
본문 20~29쪽

01 ②	02 ②	03 ③	04 ③	05 ④	06 ③	07 ③
08 ③	09 ④	10 ⑤	11 ①	12 ⑤	13 ②	14 ④
15 ②	16 ③	17 ②	18 ①	19 ③	20 ①	

01 지구의 탄생과 진화

미행성체가 충돌할 때 발생한 열과 지구 내부 방사성 원소의 붕괴로 발생한 열에 의하여 원시 지구에는 지표와 지구 내부의 상당 부분이 녹아 있는 액체 상태의 마그마 바다가 형성되었다.

✗. A와 B 사이에 지구의 크기가 커졌으므로 미행성체들의 충돌이 있었다.

✗. 최초로 광합성을 하는 남세균이 등장한 시기는 약 35억 년 전 이후이다. B 시기는 지구가 현재 크기로 성장하는 과정이므로 아주 초기 시기이다.

㉢. ㉠은 마그마 바다, ㉡은 맨틀이므로 평균 온도는 ㉠이 ㉡보다 높다.

02 원시 행성의 형성

원시 태양 부근에서는 온도가 매우 높아 응결 온도가 높은 물질들이 응축하고, 원시 태양에서 먼 영역에서는 온도가 낮아 응결 온도가 높은 물질과 낮은 물질이 모두 응축한다.

✗. A는 철-니켈 합금, B는 규산염 화합물, C는 얼음 상태의 입자들이 한데 엉기어 뭉칠 수 있는 영역이다.

✗. 화성은 규소, 철, 니켈 등으로 이루어진 지구형 행성이다. 반면, 목성은 얼음 상태의 입자, 수소, 헬륨 등으로 이루어진 목성형 행성이다.

㉢. 태양의 표면 온도가 높을수록 C가 응결할 수 있는 최단 거리는 증가한다. 따라서 태양의 표면 온도가 현재보다 높다면 태양계에서 C의 영역이 시작되는 지점은 현재보다 태양으로부터 더 멀어진다.

03 원시 대기 진화

광합성을 하는 남세균이 등장하여 바다에 산소를 공급하기 시작했고, 이후 대기에도 산소가 축적되기 시작하였다.

㉠. (가)는 현재 지구 대기를 구성하는 주요 기체의 분압을 나타낸 것이다. A는 질소, B는 산소, C는 이산화 탄소이다.

✗. (가)와 (나) 시기 모두 대기 중에 산소가 존재하였으므로, (나) 시기 이전에 최초로 광합성을 하는 생물이 탄생하였다.

㉢. (가)와 (나) 시기에 질소(A)와 산소(B)의 기체 분압은 거의 비슷하지만, 이산화 탄소(C)는 바다에 지속적으로 용해되어 (나) 시기에 비해 (가) 시기에 기체 분압이 약 $\frac{1}{100}$배로 감소하였다.

04 지각 열류량

해령과 호상 열도 부근에서는 지각 열류량이 많고, 해구와 순상지 부근에서는 지각 열류량이 적다.

㉠. A에서 B 쪽으로 판이 섭입되므로 A보다 B에서 화산 활동이 활발하게 일어난다. 따라서 지각 열류량은 B가 A보다 많다.

✗. 화산 분포가 북서-남동 방향으로 나열되었으므로 A와 B 사이의 판의 경계는 북서-남동 방향으로 발달하였다.

㉢. A에 비해 B의 지각 열류량이 많고, A와 B 사이에 화산 활동이 활발하다. 또한 A와 B 사이에 판의 경계가 존재한다고 하였으므로, 수렴형 경계 중 섭입형 경계가 발달하였다. 따라서 A와 B 사이에는 해구가 존재한다.

05 지구 내부 에너지

지구 내부 에너지는 지구 내부에 저장되어 있는 열에너지로, 판의 운동, 화산 활동, 지진 등을 일으키는 근원 에너지이다.

✗. 평균 지각 열류량은 화산 활동이 활발한 해령이 대륙 중앙부보다 많다.

㉡. 암석 1 kg에서 방출되는 방사성 원소의 붕괴열은 방사성 원소의 함량이 많은 화강암이 감람암보다 많다.

㉢. 해령은 주로 현무암으로 구성되어 있으므로 방사성 원소 붕괴열로 지각 열류량을 설명할 수 없다. 해령에서는 주로 맨틀 대류에 의한 지구 내부로부터의 직접적인 열 전달이 지각 열류량에 큰 영향을 미친다.

06 지구 내부 에너지

지구 내부 에너지는 지구 내부에 저장되어 있는 열에너지로, 판의 운동, 화산 활동, 지진 등을 일으키는 근원 에너지이다.

㉠. 중앙 해령에서는 평균적으로 주변보다 지각 열류량이 많고, 중력 이상은 (−)로 나타난다. 따라서 a는 중력 이상, b는 지각 열류량이다.

✗. 해령에서 멀어질수록 지각 열류량은 대체로 적어진다.

㉢. 해령에서 중력 이상이 작게 나타나는 원인은 해령 아래 존재하는 물질의 밀도가 주변보다 작기 때문이다. 따라서 ㉠은 ㉡보다 평균 밀도가 작다.

07 지구 내부 물리량

지구 내부 밀도는 불연속면에서 급격히 증가하는 계단 모양의 분포를 이루고, 지구 내부 압력은 중심으로 갈수록 증가한다.

㉠. P파의 속도 변화는 고체 상태에서 액체 상태로 바뀌는 맨틀과 외핵의 경계에서 가장 크다.

㉡. A는 외핵 구간에서 평균 증가율이 가장 큰 물리량으로 압력이고, B는 밀도, C는 지각과 맨틀 구간에서 평균 증가율이 가장 큰 물리량으로 온도이다.

✗. 깊이에 따른 온도 증가율은 외핵 구간에서 가장 크다.

08 PS시와 진원 거리

세 관측소에서 진원 거리를 반지름으로 하는 원을 그렸을 때 한 점에서 만나는 경우, 지진의 진원은 지표에 존재한다.

㉠. 관측소 A에 S파가 최초로 도달하는 데 걸린 시간은 30초, PS시는 15초이므로 P파가 최초로 도달하는 데 걸린 시간은 15초이다. P파 속도가 6 km/s이므로 진원 거리(R_A)는 90 km이고, S파 속도는 3 km/s이다. 관측소 B에 S파가 최초로 도달하는 데 걸린 시간은 20초이므로 진원 거리(R_B)는 60 km이다. 따라서 P파가 최초로 도달하는 데 걸린 시간은 10초이므로 PS시는 10초이다.

✗. 두 원이 교차하는 지점이 진원이고, 이 진원은 지표에 존재한다.

㉢. 관측소 A는 관측소 C로부터 90 km 떨어진 곳에 위치하고, 관측소 A의 진원 거리는 90 km이다. 따라서 관측소 C의 위치는 관측소 A에서 진원 거리를 이용하여 지표면에 그린 원 위에 존재한다.

09 지진 기록과 암영대

지진계에는 P파, S파, 표면파의 모습이 차례대로 기록되며, 지진 기록에서 P파가 도달한 후 S파가 도달할 때까지의 시간 차를 PS시라고 한다. PS시는 진원으로부터의 거리가 멀수록 길게 나타난다.

✗. 관측소 A는 P파는 도달하고 S파가 도달하지 않으므로 진앙과의 각거리는 약 142°~180°이고, 관측소 B는 P파, S파 모두 도달하지 않으므로 진앙과의 각거리는 약 103°~142°이다.

㉡. $\dfrac{\text{진앙 거리}}{\text{진원 거리}}$ 는 진앙과의 각거리가 작을수록 작아진다. 따라서 진앙과의 각거리가 작은 관측소 C가 A보다 $\dfrac{\text{진앙 거리}}{\text{진원 거리}}$ 가 작다.

㉢. 진앙과의 각거리는 관측소에 최초로 도달한 P파의 도착 시간이 가장 짧은 관측소 C가 가장 작다.

10 주시 곡선

지진 기록을 해석하여 PS시를 구한 후 주시 곡선에서 PS시에 해당하는 가로축의 거리 값을 읽으면 진앙까지의 거리를 알아낼 수 있다.

㉠. S파가 최초로 도달하는 데 걸린 시간이 가장 짧은 관측소 A의 PS시가 가장 짧다.

㉡. 관측소 B의 진앙 거리는 약 1600 km, 관측소 C의 진앙 거리는 약 4000 km이므로 $\dfrac{\text{관측소 C의 진앙 거리}}{\text{관측소 B의 진앙 거리}}>2$이다.

㉢. 세 관측소 모두 P파와 S파 모두 도달하므로 진앙과의 각거리는 103°보다 작다.

11 지각 평형설

퇴적물 유입과 빙하의 생성 등으로 지각 위에 물질이 쌓이면 모호면은 침강한다.

㉠. 새로운 퇴적물이 쌓이면 압력이 증가하므로 지각이 침강한다.

✗. (나)의 새로운 퇴적물이 모두 침식되면 압력이 감소하므로 모호면은 얕아진다.

✗. (가)와 (나)는 지표면으로부터 등압력면까지의 깊이가 같으므로 $2+3+30+90+h_2=h_1+3+30+90$, $2+h_2=h_1$이다. 또한 (가)와 (나)의 등압력면에 동일한 압력이 작용하므로 $(1.0 \times 2)+(2.0 \times 3)+(2.7 \times 30)+(3.1 \times 90)+(3.2 \times h_2)=(1.8 \times h_1)+(2.0 \times 3)+(2.7 \times 30)+(3.1 \times 90)$이다. 두 식을 연립하면 $h_1=\dfrac{22}{7}$, $h_2=\dfrac{8}{7}$, $\dfrac{h_1}{h_2}=\dfrac{11}{4}$이다.

12 지각 평형의 원리

동일한 나무토막을 밀도가 서로 다른 액체에 띄우면 수면 아래로 잠기는 나무토막의 깊이는 달라진다.

㉠. 밑면적과 높이가 같고 밀도가 ρ인 직육면체 모양의 나무토막이 서로 다른 밀도를 가진 액체에 떠서 평형을 이루고 있을 때, 지점 A에서의 압력을 P_A, 지점 B에서의 압력을 P_B라고 하면 $P_A=4\rho g$, $P_B=4\rho g$이므로, 지점 A와 지점 B에서의 압력은 같다.

㉡. (가)에서 나무토막이 액체에 떠서 평형을 이루고 있으므로 $\rho_A \times 3\,\text{cm}=$나무토막의 밀도$\times 4\,\text{cm}$이고, 나무토막의 밀도 : ρ_A =3 : 4이다.

㉢. (가)에서 $\rho_A=$나무토막의 밀도$\times \dfrac{4}{3}$이다. (나)에서 나무토막이 액체에 떠서 평형을 이루고 있으므로 $\rho_B \times 2\,\text{cm}=$나무토막의 밀도$\times 4\,\text{cm}$이고, 나무토막의 밀도 : $\rho_B=1 : 2$이므로, $\rho_A : \rho_B=$ 2 : 3이다.

13 프래트의 지각 평형설

밀도가 서로 다른 지각이 맨틀 위에 떠 있고, 밀도가 작은 지각일수록 지각의 해발 고도는 높지만 밀도에 관계없이 해수면을 기준으로 한 모호면의 깊이가 같다고 설명하는 것은 프래트의 지각 평형설이다.

✗. 나무토막의 밀도=$\dfrac{\text{수면 아래 나무토막의 깊이}}{\text{나무토막의 전체 높이}} \times$물의 밀도$(1\,\text{g/cm}^3)$이다. 따라서 나무토막 A의 밀도를 ρ_A, 나무토막 B의 밀도를 ρ_B라고 하면 $\rho_A=0.75\,\text{g/cm}^3$이고 $\rho_B=0.6\,\text{g/cm}^3$이므로, 나무토막의 밀도는 A가 B보다 크다.

㉡. 실험 과정 Ⅰ에서 밀도가 서로 다른 두 나무토막이 수면 아래에 잠긴 깊이가 같으므로 프래트설로 설명이 가능하다.

✗. 실험 과정 Ⅱ에서 수면 아래 나무토막의 깊이(x)는 $x=\dfrac{(\rho_A \times 4\,\text{cm})+(\rho_B \times 5\,\text{cm})}{1\,\text{g/cm}^3}$이다. 여기서 $\rho_A=0.75\,\text{g/cm}^3$이고, $\rho_B=0.6\,\text{g/cm}^3$이므로 x는 6 cm이다. 따라서 수면 아래 나무토막의 깊이는 5 cm보다 깊다.

14 지각 평형설

스칸디나비아 반도는 빙하가 녹으면서 해수면 기준으로 지면이 계속 상승하고 있다.

✗. A 지점의 해수면 기준 지면 상승률은 2 mm/년, B 지점의 해수면 기준 지면 상승률은 8 mm/년이므로 해발 고도 상승률은 B 지점이 A 지점보다 크다.

◯. A 지점과 C 지점은 중력 이상이 같으므로, 실측 중력(중력 이상＝실측 중력−표준 중력)은 C 지점보다 위도가 높은 A 지점이 크다.

◯. B 지점과 C 지점 모두 해수면 기준 지면 상승률이 (＋)이므로 지각이 융기하고 있다. 따라서 B 지점과 C 지점 모두 모호면 깊이는 얕아지고 있다.

15 중력 이상

중력은 측정 지점의 해발 고도, 지형의 기복, 지하 물질의 밀도 등에 따라 달라지는데, 관측된 실측 중력에서 이론적으로 구한 표준 중력을 뺀 값을 중력 이상이라고 한다.

✗. 동일한 단진자 길이에 대하여 단진자 주기가 더 긴 a가 b보다 실측 중력이 작다. A와 B의 위도가 같으므로 중력 이상은 A보다 B가 크다.

◯. 실측 중력은 B가 A보다 크므로, 암석의 밀도는 ㉠이 ㉡보다 작다.

✗. 지표면에서 상공으로 갈수록 실측 중력이 작아진다. 따라서 A와 C에서 단진자의 길이가 같다면 단진자의 주기는 C가 A보다 길다.

16 중력 이상

표준 중력은 지구 타원체 내부의 밀도가 균일하다고 가정할 때 위도에 따라 달라지는 이론적인 중력값이다.

㉠. A의 중력 이상은 −15 mGal, B의 중력 이상은 ＋40 mGal, C의 중력 이상은 −15 mGal이다. 따라서 중력 이상은 A가 B보다 작다.

✗. 표준 중력의 크기는 위도에 따라 달라지므로 A와 C의 표준 중력의 크기는 다르다.

㉢. '실측 중력＝표준 중력＋중력 이상'이므로 A, B, C 중 표준 중력이 가장 작고 중력 이상이 작은 C에서 실측 중력의 크기가 가장 작다.

17 중력장과 자기장

지하에 밀도가 큰 물질이 매장되어 있으면 밀도 차이에 의한 중력 이상은 (＋), 밀도가 작은 물질이 매장되어 있으면 밀도 차이에 의한 중력 이상은 (−)로 나타난다.

✗. 지구 자기장 방향이 지표면으로 들어가므로 (가)와 (나)는 자기 적도의 북쪽에서 측정한 것이다.

◯. 지표면 아래 A가 존재하는 (가)에서는 중력 이상이 (＋)로, 지표면 아래 B가 존재하는 (나)에서는 중력 이상이 (−)로 나타난다. 따라서 A는 B보다 밀도가 크다.

✗. 두 지역 모두 지표면에 대해 지구 자기장 방향이 비스듬하게 기울어져 있으므로 자기 적도와 자북극 사이에 존재한다. 표준 중력 방향이 지구 중심 방향인 곳은 적도와 극이므로, 위도가 동일한 A와 B 모두 표준 중력 방향은 지구 중심 방향이 아니다.

18 자기장 영년 변화

지구 내부의 변화 때문에 지구 자기장의 방향과 세기가 긴 기간에 걸쳐 서서히 변하는 현상을 영년 변화라고 한다.

㉠. 지구 내부의 변화 때문에 지구 자기장의 편각과 복각이 긴 기간에 걸쳐 변하는 현상을 영년 변화라고 한다.

✗. 1800년에서 1900년 사이에 복각이 감소하므로 자북극에서 멀어졌다. 자북극에서 멀어질수록 $\dfrac{\text{연직 자기력}}{\text{전 자기력}}$ 은 감소한다.

✗. 1600년에서 1800년 사이에 동편각에서 서편각으로 점차 바뀌므로 나침반의 자침은 진북을 기준으로 시계 반대 방향으로 변하였다.

19 자기장 영년 변화

편각은 어느 지점에서 진북 방향과 지구 자기장의 수평 성분 방향이 이루는 각으로, 자침이 진북에 대해 서쪽으로 치우치면 W 또는 (−)로, 동쪽으로 치우치면 E 또는 (＋)로 표시한다.

㉠. 현재 우리나라 복각 범위에 적절한 그래프는 ㉠이다. 복각은 지구 자기장의 방향이 수평면에 대하여 기울어진 각이다.

㉡. 지난 3000년 동안 편각의 부호가 바뀌는 시기는 약 2천 3백 년 전, 약 1천 7백 년 전, 약 800년 전, 약 400년 전이므로 4회이다.

✗. 이 기간 동안 복각은 (＋)이므로 지자기 역전은 일어나지 않았다.

20 지구 자기장

어느 지점에서 지구 자기장의 세기를 전 자기력이라 하며, 지구 자기장의 수평 성분의 세기를 수평 자기력, 연직 성분의 세기를 연직 자기력이라고 한다. 수평 자기력은 자극에서 0이고, 자기 적도에서 최대이다.

㉠. (가)와 (나)는 역자극기 동안의 지구 자기장 방향을 화살표로 나타낸 것이므로, 지구 자기장 방향이 지표면으로 들어가는 (가)는 남반구, (나)는 북반구이다.

✗. 현재 지리상 북극으로부터의 최단 거리는 북반구에 위치하는 (나)가 남반구에 위치하는 (가)보다 가깝다.

✗. $\dfrac{\text{수평 자기력}}{\text{전 자기력}}$ 은 복각의 크기가 클수록 작아지므로, 복각의 크기가 큰 (나)가 (가)보다 작다.

02 광물

수능 2점 테스트 본문 36~37쪽

01 ⑤ **02** ④ **03** ③ **04** ④ **05** ① **06** ② **07** ③
08 ④

01 광물의 물리적 성질

광물에 충격을 가했을 때 결합력이 약한 부분을 따라 규칙성을 가지고 평탄하게 갈라지면 쪼개짐, 불규칙하게 부서지면 깨짐이라고 한다.

㉠. 3방향 쪼개짐이 발달하는 광물 B는 방해석이다. 방해석은 비규산염 광물이다.

㉡. 모스 굳기가 6인 광물 A는 정장석이므로, 광물 C는 석영이다. 석영은 깨짐이 발달한다.

㉢. 모스 굳기는 B(방해석)가 3, C(석영)가 7이므로, B가 C보다 작다.

02 광물의 특징

방해석과 같은 탄산염 광물에 묽은 염산을 떨어뜨리면 이산화 탄소 기포가 발생한다.

④A. 방해석과 자철석은 비규산염 광물이므로, A는 흑운모이다.

B. 비규산염 광물이고 묽은 염산을 떨어뜨리면 이산화 탄소 기포가 발생하지 않는 광물이므로 B는 자철석이다.

C. 비규산염 광물이고 묽은 염산을 떨어뜨리면 이산화 탄소 기포가 발생하므로 C는 방해석이다.

03 규산염 광물

1개의 규소와 4개의 산소가 결합된 SiO_4 사면체를 기본 단위로 하는 광물을 규산염 광물이라고 한다.

㉠. A는 망상 구조, B는 복사슬 구조, C는 단사슬 구조이다. 따라서 A는 석영, B는 각섬석, C는 휘석이다.

✗. $\dfrac{\text{O 원자 수}}{\text{Si 원자 수}}$ 는 B(각섬석)가 $\dfrac{11}{4}$, C(휘석)가 3이므로, B가 C보다 작다.

㉢. B(각섬석)와 C(휘석)는 두 방향의 쪼개짐이 발달한다.

04 편광 현미경

상부 편광판을 뺀 상태를 개방 니콜, 상부 편광판을 넣은 상태를 직교 니콜이라고 한다.

✗. (가)는 상부 편광판을 뺀 상태이므로 개방 니콜이다.

㉡. 개방 니콜에서 광학적 이방체 광물의 다색성을 관찰할 수 있다.

㉢. 직교 니콜에서 광학적 이방체 광물은 간섭색과 소광 현상이 일어나고, 광학적 등방체 광물은 완전 소광 현상이 일어난다.

05 편광 현미경을 이용한 광물 관찰

석류석, 금강석, 암염 등은 광물 내에서 방향에 관계없이 빛의 통과 속도가 일정한 광물로 광학적 등방체이다.

㉠. 석류석은 광학적 등방체이므로, 직교 니콜에서 관찰하면 석류석이 검게 보인다. 따라서 (가)는 개방 니콜, (나)는 직교 니콜에서 관찰한 것이다.

✗. 얇게 가공하여 빛을 투과시킬 수 있는 광물은 투명 광물, 빛을 투과시킬 수 없는 광물은 불투명 광물이다. 석류석은 개방 니콜에서 관찰 가능하므로 투명 광물이다.

✗. 간섭색은 직교 니콜에서 광학적 이방체 광물의 박편을 재물대위에 놓았을 때 관찰되는 색으로, 광학적 등방체인 석류석은 간섭색이 관찰되지 않는다.

06 화성암

심성암에서는 입자의 크기가 크고 비교적 고른 조립질 조직을 관찰할 수 있고, 화산암에서는 대부분 결정이 없는 유리질 조직이나 결정이 작은 세립질 조직을 관찰할 수 있다.

✗. (가)와 (나) 모두 간섭색을 관찰할 수 있으므로, 직교 니콜에서 관찰한 것이다.

㉡. 동일한 배율의 편광 현미경으로 관찰하였으므로, 입자의 크기가 큰 (나)가 (가)보다 깊은 곳에서 생성되었다.

✗. (가)는 현무암, (나)는 화강암의 박편이다. (나)는 석영, 장석 등이 주요 구성 광물이지만, (가)는 사장석, 휘석 등이 주요 구성 광물이다.

07 편광 현미경을 이용한 암석 관찰

(가)는 주요 입자의 크기가 $\dfrac{1}{16}$~2 mm이므로 사암이고, (나)는 엽리가 발달한 편암이다.

㉠. (가)는 직교 니콜에서 관찰한 사암이므로 간섭색을 관찰할 수 있다. 간섭색을 관찰할 수 있는 A에 입사한 빛은 진동 방향이 서로 다른 두 개의 광선으로 갈라진다.

㉡. (가)는 사암으로 석영의 간섭색을 관찰할 수 있으므로, 직교 니콜에서 관찰한 것이다.

✗. 변성암(편암)은 퇴적암(사암)보다 높은 압력에서 생성되었다. 따라서 (가)는 (나)보다 낮은 압력에서 생성되었다.

08 편광 현미경을 이용한 암석 관찰

접촉 변성암에는 치밀하고 단단한 혼펠스 조직이나 입자의 크기가 비슷하고 조립질로 구성된 입상 변정질 조직이 나타난다.

㉠. 유리질 조직이나 세립질 조직 바탕에 결정의 크기가 큰 반정

이 섞여 있는 조직을 반상 조직이라고 한다. A는 결정의 크기가 큰 반정이다.

✗. 쇄설성 조직을 관찰할 수 있는 퇴적암은 쇄설성 퇴적암으로 분류할 수 있다.

ⓒ. 입상 변정질 조직, 혼펠스 조직 등이 발달한 변성암은 접촉 변성 작용을, 엽리가 발달한 변성암은 광역 변성 작용을 받았다.

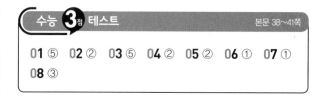

01 ⑤ **02** ② **03** ⑤ **04** ② **05** ② **06** ① **07** ①
08 ③

01 광물의 물리적 성질

조흔색은 광물 가루의 색으로, 주로 조흔판에 긁어서 확인한다.

ㄱ. A는 모스 굳기가 2이고 비규산염 광물이므로 석고이다. 석고는 황산염 광물이다.

ㄴ. B는 규산염 광물이고 조흔색이 회록색 또는 암녹색이므로 각섬석이다. 각섬석은 두 방향의 쪼개짐이 나타난다.

ㄷ. C는 조흔색이 금색이므로 금이다. 금은 불투명 광물이다.

02 규산염 광물

1개의 규소와 4개의 산소가 결합된 SiO_4 사면체를 기본 단위로 하는 광물을 규산염 광물이라고 한다.

✗. A는 깨짐이 발달하고 $\dfrac{O\ 원자\ 수}{Si\ 원자\ 수}=4$이므로 감람석이며, B는

쪼개짐이 발달하고 $\dfrac{O\ 원자\ 수}{Si\ 원자\ 수}=2.75$이므로 각섬석이다. 따라서

C는 흑운모로, ㉠은 2.5이다.

✗. A는 감람석으로, 독립형 구조를 가진다. (가)는 판상 구조, (나)는 복사슬 구조이다.

ⓒ. A(감람석)는 결합 구조에서 방향에 따른 결합력 차이가 작으므로 깨짐이 발달하고, C(흑운모)는 결합 구조에서 방향에 따른 결합력 차이가 크므로 상대적으로 결합력이 약한 부분이 끊어지면서 쪼개짐이 발달한다.

03 편광 현미경을 이용한 광물 관찰

석영, 장석 등과 같은 비금속 광물은 얇게 가공하면 빛을 투과시키므로 투명 광물이라 하고, 금, 은 등의 금속 광물은 얇게 가공하더라도 빛을 투과시키지 못하므로 불투명 광물이라고 한다. B는 다양한 색깔의 간섭색을 관찰할 수 있으므로 흑운모이다. 결정 구조에서 방향에 따른 결합력 차이가 클수록 특정 방향의 쪼개짐이 발달하고, 작을수록 깨짐이 발달한다. 따라서 A는 깨짐이 발달하는 석영, C는 두 방향의 쪼개짐이 발달하는 사장석이다.

ㄱ. A는 편광 현미경으로 관찰 가능하므로, 빛을 투과시킬 수 있는 투명 광물이다.

ㄴ. B는 다양한 색깔의 간섭색을 관찰할 수 있으므로, 흑운모이다. 흑운모는 한 방향의 쪼개짐이 발달한다.

ㄷ. A, B, C 모두 직교 니콜에서 완전 소광되지 않고 관찰 가능하므로 광학적 이방체이다.

04 편광 현미경을 이용한 암석 관찰

산성암을 구성하는 주요 광물은 석영, 장석 등이고, 염기성암을 구성하는 주요 광물은 사장석, 휘석 등이다.

✗. 암석 ㉠은 석영, 장석 등이 주요 광물이므로 산성암이다. 암석 ㉡은 사장석, 휘석, 각섬석 등이 주요 광물이므로 염기성암이다. 따라서 유색 광물의 비율은 ㉠이 ㉡보다 낮다.

✗. 동일한 배율의 편광 현미경으로 관찰하였으므로, 광물의 평균 입자 크기는 암석 ㉡이 ㉠보다 크다. 따라서 암석 ㉡은 ㉠보다 지하 깊은 곳에서 형성되었다.

㉢. 암석 ㉠과 ㉡ 모두 간섭색을 관찰할 수 있으므로 광학적 이방체 광물을 포함하고 있다.

05 편광 현미경을 이용한 암석 관찰

유기적 퇴적암인 석회암을 관찰하면 크고 작은 탄산칼슘의 입자들 사이에 생물의 골격이나 껍데기의 파편이 관찰되는 경우가 많다.

✗. A는 석회암이고, B는 편마암이다. 석회암에서는 쇄설성 조직을 관찰할 수 없다.

㉡. 편마암은 셰일 또는 화강암이 광역 변성 작용을 받아 만들어진 암석이다.

✗. 재물대를 회전하여도 ㉠은 항상 검은색으로 관찰된다. 따라서 ㉠은 광학적 등방체이거나 불투명 광물이다. 입사한 빛이 진동 방향이 서로 다른 두 개의 광선으로 갈라지는 광물은 광학적 이방체이다.

06 다양한 암석의 석영 관찰

화성암, 퇴적암, 변성암에서 각각 석영을 관찰하면 각 암석에 따라 다양한 석영의 모습을 볼 수 있다.

㉠. (가)는 조립질 조직을 관찰할 수 있는 화강암이다.

✗. 광물이 비교적 둥글고 고른 입자로 이루어진 쇄설성 퇴적암(사암)은 (다)이다.

✗. (나)를 이루는 주요 광물은 석영이고, 입상 변정질 조직을 관찰할 수 있으므로 규암이다. 따라서 (나)는 (다)보다 높은 압력에서 생성되었다.

07 방해석의 특징

빛이 투명 광물을 통과할 때 진동 방향이 서로 수직인 두 개의 광선으로 나뉘어 굴절하는 현상을 복굴절이라고 한다. 빛이 두 갈래로 갈라져 굴절되기 때문에 광물 아래의 물체가 이중으로 보인다.

㉠. 과정 Ⅰ에서 광물 아래의 직선이 이중으로 보이는 방해석은 광학적 이방체이다.

✗. 암염은 광학적 등방체로 광물 내에서 방향에 관계없이 빛의 통과 속도가 일정한 광물이다. 암염을 360° 회전시키면서 직선의 변화를 관찰하면 회전하기 전과 동일하게 관찰된다.

✗. 과정 Ⅲ에서 (다)와 같이 ㉠을 관찰할 수 있는 진동 방향의 빛은 편광판을 통과하지 못하고 ㉡을 관찰할 수 있는 진동 방향의 빛은 편광판을 통과한다. 두 빛은 서로 수직이므로 편광판을 90° 회전시킨 후 관찰하면, ㉠은 관찰되지만 ㉡은 관찰되지 않는다.

08 광물의 물리적 특징

Fe, Mg이 많이 함유된 광물(감람석, 휘석, 각섬석, 흑운모 등)은 Si, Na, K이 많이 함유된 광물(장석, 석영 등)보다 색이 어둡고 밀도가 크다.

㉠. A는 한 방향으로 쪼개짐이 발달한 흑운모, B는 두 방향으로 쪼개짐이 발달하고 D보다 비교적 색깔이 밝으며 밀도가 작은 정장석, C는 깨짐이 발달하는 감람석, D는 두 방향으로 쪼개짐이 발달하고 B보다 비교적 색깔이 어두우며 밀도가 큰 각섬석이다. 광물의 정출 온도는 감람석 > 각섬석 > 흑운모 > 정장석 순이다. 광물의 정출 온도는 C(감람석)가 B(정장석)보다 높다.

㉡. $\dfrac{\text{Si 원자 수}}{\text{O 원자 수}}$ 는 A(흑운모)가 $\dfrac{4}{10}$, D(각섬석)가 $\dfrac{4}{11}$이다.

✗. B(정장석)는 망상 구조, D(각섬석)는 복사슬 구조를 가진다.

03 지구의 자원

01 ② **02** ① **03** ② **04** ④ **05** ③ **06** ⑤ **07** ①
08 ① **09** ② **10** ① **11** ④ **12** ②

01 광상과 광석

지구상에 분포하는 다양한 광물 중에서 우리가 일상생활이나 산업에 이용하는 광물을 광물 자원이라고 한다. 광물 자원은 금속 광물 자원과 비금속 광물 자원으로 구분한다.

✗. 금, 은, 구리, 철, 아연, 텅스텐 등의 금속이 주성분인 광물을 금속 광물 자원이라고 한다.

✗. 석회석, 고령토 등과 같이 금속 광물 자원을 제외한 나머지 광물 자원을 비금속 광물 자원이라고 한다. 비금속 광물 자원을 이용하기 위해서 제련 과정이 필요하지는 않다.

㉢. 유용한 광물이 지각 내의 평균적인 함량보다 훨씬 높은 비율로 모여 있는 곳이 광상이다. 광상에서 채굴한 경제성 있는 암석을 광석이라고 한다.

02 광상의 종류

광상은 형성 과정에 따라 화성 광상, 퇴적 광상, 변성 광상으로 구분할 수 있다. 활석은 변성 광상에서, 사금과 암염은 퇴적 광상에서 산출된다.

㉠. 퇴적 광상 중 침전 광상은 해수가 증발하면서 해수에 녹아 있는 물질이 침전되어 형성된 광상이다. 암염, 석고 등은 침전 광상에서 산출된다.

✗. 활석은 변성 광상 중 광역 변성 광상에서 산출된다. 따라서 A는 활석이다. 유리의 주원료는 규사, 석영, 장석이다.

✗. B는 사금이다. 사금은 퇴적 광상 중 표사 광상에서 산출되는 금속 광물이다.

03 화성 광상

마그마가 냉각되는 과정에서 마그마 속에 포함된 유용한 원소들이 분리되거나 한 곳에 집적되어 형성되는 광상을 화성 광상이라고 한다.

✗. A는 정마그마 광상이다. 정마그마 광상은 고온의 마그마가 냉각되는 초기에 용융점이 높고 밀도가 큰 광물이 정출되어 형성된 광상이다. 열수 용액이 순환하는 과정에서 형성된 광상은 열수 광상이다.

✗. 희토류는 LED, 스마트폰, 컴퓨터 등 첨단 산업에서 중요하게 이용되며, 자연계에서 매우 드물게 존재하는 금속 원소이다.

희토류는 주로 페그마타이트 광상에서 산출된다. B는 열수 광상이다.

㉢. 화성 광상에서 마그마의 온도는 정마그마 광상>페그마타이트 광상>기성 광상>열수 광상의 순이다. 따라서 마그마의 온도는 A가 B보다 높다.

04 보크사이트

퇴적 광상 중 풍화 잔류 광상에서는 고령토, 보크사이트, 갈철석, 적철석 등이 산출된다.

✗. 보크사이트는 알루미늄을 얻기 위한 광석이다.

㉡. 퇴적 광상 중 풍화 잔류 광상에서는 장석이 풍화 작용을 받아 만들어진 고령토, 고령토가 풍화 작용을 받아 만들어진 보크사이트가 산출된다.

㉢. 보크사이트는 화학적 풍화 작용이 활발하게 일어나는 지역에서 생성되므로 고위도 지방보다 저위도 지방에서 잘 생성된다.

05 호상 철광층

호상 철광층은 해수에 녹아 있던 철 이온이 산소와 결합되어 산화된 후 침전되어 형성된다.

㉠. 침전 광상에서 산출되는 광물에는 선캄브리아 시대의 호상 철광층이 있다. 호상 철광층은 대부분 25억 년 전~18억 년 전 선캄브리아 시대에 바다에서 형성되었다.

㉡. 호상 철광층은 해수에 녹아 있던 철 이온이 남세균류가 광합성으로 생성한 산소와 결합하여 만들어진 산화 철(Fe_2O_3)이 퇴적된 환경에서 형성된다.

✗. 철 광상은 마그마 기원의 화성 광상으로 만들어지기도 하지만, 대부분은 퇴적 광상 중 침전 광상으로 만들어진다.

06 금속 광물과 비금속 광물의 이용

광물 자원은 금속 광물 자원과 비금속 광물 자원으로 구분한다. 금속 광물 자원은 금속이 주성분인 광물이고, 비금속 광물 자원은 금속 광물 자원을 제외한 나머지 광물 자원이다.

㉠. 유리는 모래 중에서 다른 구성 광물들이 풍화되어 사라지고 단단한 석영질이 주로 남은 규사를 주원료로 만드는 소재이다. 따라서 유리의 대부분은 규산염 광물로 이루어져 있다.

㉡. 구리는 금속 광물 자원이다. 금속 광물 자원은 제련 과정을 거쳐 사용한다.

㉢. (가)의 유리는 비금속 광물을 포함하고, (나)의 구리는 금속 광물 자원이다.

07 금속 광물

우리나라에 분포하는 금속 광물 자원은 금, 은, 동, 연, 아연, 철, 망가니즈, 중석, 휘수연석, 주석, 창연, 휘안석 및 희토류 등이다.

㉠. 우리나라에 가장 많이 매장된 금속 광물은 철이다. 철 광상의

대부분은 퇴적 광상 중 침전 광상에 분포한다.

✗. 우리나라의 금 매장량은 5922(천 톤)이고 화성 광상에 분포한다. 사금은 2857 kg이고 퇴적 광상 중 표사 광상에 분포한다. 따라서 표사 광상에 분포하는 금의 비율은 매우 낮다.

✗. 금속 광물 자원은 재생이 거의 불가능한 자원이므로 효율적으로 소비해야 한다.

08 가스수화물

가스수화물은 주로 메테인과 물로 구성된 고체 상태의 화합물로 외관상 백색의 눈가루처럼 보이며, 매우 높은 압력과 낮은 온도의 특별한 조건에서만 나타난다. 불을 붙이면 타기 때문에 불타는 얼음으로도 불린다.

㉠. 가스수화물은 메테인과 같은 탄화수소 성분이 물 분자와 결합한 고체 물질이다.

✗. 가스수화물은 저온·고압의 환경에서 안정하며 우리나라 동해 울릉 분지에도 6억 톤가량 매장되어 있다.

✗. 가스수화물은 대부분 대륙 연안이나 대륙 내부에 분포한다. 망가니즈 단괴는 태평양의 심해저에 주로 분포한다.

09 지하자원

지하자원은 크게 광물 자원과 에너지 자원으로 구분된다. 광물 자원에는 금속 광물 자원과 비금속 광물 자원이 있다.

✗. A는 에너지 자원으로, 가스수화물, 석유, 천연가스 등이 해당한다. 이들은 대륙 주변부의 해저에 많이 매장되어 있다.

✗. 금속 광물 자원은 심해저에서도 얻을 수 있다. 심해저에는 해수에 녹아 있던 망가니즈, 철, 구리, 니켈, 코발트 등이 침전하여 공 모양의 덩어리로 성장한 것이 있는데 이를 망가니즈 단괴라고 한다. 망가니즈 단괴는 퇴적물이 거의 쌓이지 않는 수심 약 4000~5000 m의 태평양 심해저 등에 분포하고, 우리나라의 동해에는 망가니즈 단괴가 거의 분포하지 않는다.

㉢. 활석은 광역 변성 광상에서 주로 산출되는 비금속 광물 자원이다.

10 파력 발전

파력 발전은 파도의 운동 에너지를 이용하여 전기 에너지를 생산하는 방식으로, 동해와 제주도 주변 해역은 파력 발전에 적합한 조건을 갖추고 있다.

㉠. 파력 발전 후보지로는 파력 에너지 밀도가 큰 곳이 적합하다. 파력 에너지 밀도는 A 해역에서 약 $5.0 \, kW/m^2$, B 해역에서 약 $2.4 \, kW/m^2$이므로 파력 발전 후보지로는 A 해역이 B 해역보다 적합하다.

✗. 파력 발전은 바람에 의해 생기는 파도의 상하좌우 운동을 이용하는 것이다. 바람을 일으키는 기압 차는 태양 복사 에너지에 의해 생기므로 파력 에너지의 근원은 태양 복사 에너지이다.

✗. 바람의 세기는 겨울철이 여름철보다 강하므로 평균 파력 에너지 밀도는 여름철이 겨울철보다 작다.

11 고정식 파력 발전

고정식 파력 발전은 파도가 상하로 진동하면서 얻어지는 압축 공기를 이용하여 터빈을 돌려 전기 에너지를 생산하는 방식이다.

✗. 파력 발전은 파도의 운동 에너지로부터 전기 에너지를 생산하고, 수력 발전은 물의 위치 에너지로부터 전기 에너지를 생산한다. 따라서 파력 발전과 수력 발전은 에너지를 전환하는 방식이 다르다.

㉡. 태양 에너지에 의해 지표면이 부등 가열되면 기압 차가 생기고 고기압에서 저기압 쪽으로 바람이 분다. 파력 발전은 바람에 의해 생긴 파도의 운동 에너지를 이용하여 전기 에너지를 생산하므로 파력 발전의 근원 에너지는 태양 에너지이다.

㉢. 바람이 강하게 부는 지역일수록 강한 파도가 생성되므로 파력 발전에 적합하다.

12 해양 자원

해양에서 이용 가능한 모든 것을 해양 자원이라고 한다. 해양 자원은 해양 에너지 자원, 해양 생물 자원, 해양 광물 자원으로 구분된다.

✗. 브로민은 해양 광물 자원으로, 주로 이온 형태로 물에 녹아 존재하며 대부분 염수 호수나 해수로부터 채취한다. 브로민은 할로젠에 속하는 비금속 광물 자원이다.

✗. 브로민은 할로젠에 속하는 원소로 상온에서 적갈색의 휘발성 액체로 존재한다.

㉢. 바다 목장은 자연 상태에서 물고기를 기르고 생산하는 양식 어업으로, 바다에 물고기들이 모여 살 수 있는 환경을 만들어 물고기를 양식한다. 물고기를 풀어놓고 기른다는 점에서 육지의 목장에 비유해 붙여진 명칭이다. 바다 목장을 통해서 해양 생물 자원을 얻을 수 있다.

수능 3점 테스트

본문 52~57쪽

01 ③　02 ①　03 ③　04 ①　05 ④　06 ①　07 ④
08 ③　09 ②　10 ②　11 ②　12 ⑤

01 열수 분출 지역

열수는 마그마가 식으며 여러 가지 광물 성분을 정출한 뒤에 남는 수용액을 말한다. 물의 임계 온도인 374 ℃ 이하의 뜨거운 용액으로 많은 유용 광물 성분이 용해되어 있다.

㉠. 열수 분출 지역 주변에서는 화성 광상 중 열수 광상이 형성될 수 있다. 열수 광상은 마그마가 냉각되면서 여러 광물이 정출되고 남은 열수 용액이 주변 암석의 틈을 따라 이동하여 형성된 광상이다.

㉡. 열수 분출 지역은 주로 화산 활동이 활발하게 일어나는 해령(발산형 경계)이나 섭입대(수렴형 경계) 부근에서 나타난다. 변환 단층(보존형 경계)은 화산 활동이 일어나지 않으므로 열수 분출 지역이 아니다.

✘. 지도에서 열수 분출 지역은 주로 해령, 해구 부근의 비교적 수심이 깊은 곳에 나타난다.

02 광상의 종류

광물은 암석의 구성 요소이므로 광상은 화성 작용, 퇴적 작용, 변성 작용을 통해 암석이 만들어지는 과정에서 형성된다.

㉠. A는 화성 광상이다. 화성 광상은 마그마가 냉각되는 과정에서 유용한 광물이 정출되어 형성되는 광상이다.

✘. B는 변성 광상이다. 변성 광상에서 산출되는 광물에는 우라늄, 흑연, 활석, 석면 등이 있다. 석회석, 암염, 망가니즈 단괴는 퇴적 광상에서 산출된다.

✘. C는 퇴적 광상이다. 고령토는 퇴적 광상 중 풍화 잔류 광상에서 산출된다.

03 광물의 분류

광물 자원에는 금속이 주성분으로 함유된 금속 광물 자원과 주로 비금속 원소로 이루어진 비금속 광물 자원이 있다.

㉠. A에서 규사, 활석, 흑연, 석회석은 전기와 열이 잘 전달되지 않는 비금속 광물이다.

㉡. B의 철, 알루미늄, 희토류, 리튬은 모두 금속 광물 자원이다. 금속 광물 자원은 제련 과정이 필요하다.

✘. 흑연은 변성 광상 중 광역 변성 광상에서 산출되고, 희토류는 화성 광상 중 페그마타이트 광상에서 산출된다.

04 희토류

희토류는 땅에서 구할 수 있으나 거의 없는 성분(rare earth elements)이다. 열과 전기가 잘 통하기 때문에 전기·전자·촉

매·광학·초전도체 등에 쓰인다.

㉠. 희토류 생산량은 추정 매장량보다 적다. 따라서 (가)는 추정 매장량, (나)는 생산량이다.

✘. $\dfrac{생산량}{추정\ 매장량}$ 은 중국이 $\dfrac{105000}{44000000}$≒0.0024이고, 호주는 $\dfrac{14000}{3400000}$≒0.004이다. 따라서 $\dfrac{생산량}{추정\ 매장량}$ 은 중국이 호주보다 작다.

✘. 희토류는 농축된 형태로 산출되는 경우가 매우 드물다.

05 광물 자원 자급률

광물 자원 자급률은 우리나라에 필요한 광물 자원을 자체로 공급하는 비율이다.

✘. 금속 광물의 자급률은 0.7 %, 비금속 광물의 자급률은 72.8 %로, 비금속 광물보다 금속 광물의 자급률이 낮다.

㉡. 자급률이 100 % 이상인 광물은 사문석, 연옥, 납석, 황 등 대부분 비금속 광물이다.

㉢. 우리나라는 15개 핵심 광물의 국내 자급률이 흑연과 몰리브데넘을 제외하면 0 %였다. 2017~2021년에 리튬, 희토류 등 13개 핵심 광물의 국내 자급률은 0 %로 전량 수입에 의존했다.

06 다양한 발전 방식

A는 조류 발전, B는 파력 발전, C는 조력 발전의 원리를 나타낸다.

㉠. 조류 발전은 날씨나 계절에 관계없이 항상 발전할 수 있고, 발전량 예측이 가능하다. 파력 발전은 날씨와 계절에 따라 바람과 파도의 세기가 달라지므로 발전량 예측이 어렵다.

✘. 조력 발전은 제방 안쪽에 해수가 갇힘으로써 갯벌이 사라지고 해양 생태계에 좋지 않은 영향을 줄 수 있다. 조류 발전은 조력 발전과 달리 생태계에 미치는 영향이 작다.

✘. 파력 발전의 근원 에너지는 태양 에너지이고, 조력 발전의 근원 에너지는 조력 에너지이다.

07 암석의 이용

우리 주변의 다양한 암석들은 건축 자재, 화학 공업 원료, 조각 재료, 생활 용품 등 다양한 용도로 이용된다.

✘. (가)는 제주도의 돌하르방으로 현무암으로 이루어져 있다.

㉡. (나)는 대리암으로 만든 조각상이다. 대리암은 석회암이 접촉 변성 작용 또는 광역 변성 작용을 받아 생성된다.

㉢. 화강암, 대리암, 현무암은 모두 건축 자재로 활용된다.

08 조력 발전

조력 발전은 댐을 건설한 후 만조와 간조 시 댐의 안과 밖의 수위 차를 이용하여 위치 에너지를 전기 에너지로 전환하는 발전 방식이다.

ㄱ. 조력 발전은 조석 간만의 차가 큰 지역이 유리하다. 따라서 조력 발전 후보지로는 A가 B보다 적합하다. 우리나라의 서해안은 조석 간만의 차가 커서 조력 발전을 하기에 적합하다.

ㄴ. 16시에 A는 간조와 만조 사이이므로 밀물 때이고, B는 만조와 간조 사이이므로 썰물 때이다.

✗. 조력 발전은 조석 간만의 차를 알면 발전량 예측이 가능하다. 그러나 풍력 발전은 바람을 예측하기 어렵다. 따라서 조력 발전은 풍력 발전에 비해 생산 가능 전력량 예측이 쉽다.

09 해양 자원

가스수화물은 물 분자와 메테인 등과 같은 저분자 탄화수소 성분이 섞여서 형성된 고체 물질이다. 얼음과 비슷한 결빙 상태의 고체로 메테인수화물이 대표적인 가스수화물이다. 망가니즈 단괴는 망가니즈를 주성분으로 하는 흑갈색의 덩어리로 수심 4000~5000 m의 심해저에 존재한다. 구형 또는 타원의 형태를 띠며, 직경은 수 cm부터 수십 cm에 이르기까지 다양하다.

✗. 우리나라의 독도 주변 지역이나 클라리온-클리퍼턴 광구가 위치한 지역은 모두 판의 경계가 아니다.

✗. 가스수화물은 저온·고압의 환경에서 안정하며 해저 지반의 하부, 영구 동토층에서 자연적으로 형성된다.

ㄷ. 망가니즈 단괴는 보통 수심 4000 m 이상의 심해저에 분포하는 금속 광물 자원이다.

10 광물 자원의 매장량

우리나라 금속 광물 자원의 매장량은 철>희토류>텅스텐>몰리브데넘의 순이고, 비금속 광물 자원의 매장량은 석회석>규석>백운석>장석의 순이다.

✗. 철 광상은 화성 광상에서도 일부 만들어지지만 대부분 퇴적 광상 중 침전 광상에서 만들어진다.

ㄴ. 석회석은 대부분 해양에서 칼슘 이온과 탄산수소 이온의 화학 결합으로 생성되거나 석회질 생물체의 유해로부터 생성된다.

✗. 우리나라의 광물 자원 총 매장량은 비금속 광물이 금속 광물보다 수백 배 많다.

11 해양 온도 차 발전

해양 온도 차 발전은 해양 표층의 온도가 높은 해수와 심층의 온도가 낮은 해수의 온도 차를 이용하여 열에너지를 전기 에너지로 변환하는 시스템이다.

✗. 해양 온도 차 발전에서는 표층수의 따뜻한 열로 작동 유체를 기화시켜 생긴 유체의 압력으로 터빈을 돌려 전기를 생산한다. 따라서 작동 유체의 끓는점이 낮을 때 발전에 유리하다.

✗. 표층수와 심층수의 온도 차가 클수록 해양 온도 차 발전에 유리하다.

ㄷ. 표층수와 심층수의 온도 차는 계절에 따라 다르므로 계절에 따라 발전량이 다르다. 이를 고려하면 계절에 따라 계획적인 발전을 할 수 있다.

12 소비 에너지 비율

2018년 우리나라의 1차 에너지 소비 비율은 석유 43 %, 천연가스 16 %, 석탄 29 % 등 화석 연료가 88 %이고, 재생 가능 에너지는 2 %이다.

ㄱ. 1차 에너지 소비량이 가장 많은 국가는 1차 에너지 소비량 석탄 환산 단위가 32.7(억 톤)인 중국이다.

ㄴ. $\dfrac{재생 가능 에너지}{총 에너지}$가 가장 큰 국가는 소비 에너지 중 재생 가능 에너지 비율이 15 %인 독일이다.

ㄷ. 러시아의 소비 에너지 중 석유, 석탄, 천연가스와 같은 화석 연료 비율은 87 %이고, 캐나다의 소비 에너지 중 화석 연료 비율은 65 %이다. 따라서 $\dfrac{화석 연료}{총 에너지}$는 러시아가 캐나다보다 크다.

04 한반도의 지질

01 주향과 경사의 측정

지층면과 수평면의 교선을 주향선이라 하고, 진북(N)을 기준으로 주향선이 가리키는 방향을 주향이라고 한다. 주향선에 대해 직각이 되는 지층면의 경사진 방향은 경사 방향이다.

㉠. 경사 방향은 주향에 직각으로 실제 방위에서 판단해야 하며, 경사각은 지층면과 수평면이 이루는 각으로 주향선에 수직이 되도록 클리노미터의 긴 모서리가 있는 면을 밀착시킨 후 경사추가 가리키는 안쪽 눈금을 읽는다. (가)는 경사, (나)는 주향을 측정하는 방법이다.

✗. 이 지역에서 주향선은 진북에 대해 동쪽으로 기울어져 있다. 따라서 주향은 $N\theta°E$로 표시된다.

✗. 주향이 $N\theta°E$인 경우 경사 방향은 SE 또는 NW이다. (가)에서 이 지역의 경사 방향은 SE이다.

02 클리노미터의 구조

클리노미터의 자침을 이용하여 주향을 측정하고, 클리노미터의 경사추가 가리키는 안쪽 눈금을 읽으면 지층의 경사각을 측정할 수 있다.

✗. 클리노미터에 표시된 E와 W는 주향을 측정할 때 편각이 0°인 경우 자침이 가리키는 방향을 그대로 읽으면 주향이 되도록 편의상 바꾸어 놓아서 보통의 나침반과는 반대로 표시되어 있다. 따라서 ㉠은 E, ㉡은 W이다.

㉡. 주향은 클리노미터의 자침이 가리키는 바깥쪽 눈금을 읽어 측정한다. 따라서 주향은 N45°W이다.

✗. 경사각은 클리노미터의 경사추가 가리키는 안쪽 눈금을 읽어 측정한다. 따라서 경사각은 30°이다.

03 노선 지질도

지질을 조사할 때 도로나 골짜기와 같은 노선을 따라 조사한 내용을 적어 넣은 지도를 노선 지질도라고 하며, 노선도, 루트맵, 조사 노선도라고도 한다.

㉠. A 지점의 지질 기호를 보면 A 지점의 주향은 NS이다.

✗. 이 지역에서는 배사 구조가 나타나므로 습곡축에 가까울수록 오래된 암석이 나타난다. A 지점은 B 지점보다 습곡축에서 멀리

떨어져 있으므로 A 지점에는 B 지점보다 새로운 암석이 존재한다.

㉢. 이 지역에서 지층의 경사 방향을 보면 중심축을 기준으로 바깥쪽으로 기울어져 있으므로 배사 구조가 나타난다.

04 주향과 경사 기호

지질도는 지질 조사를 통해 알아낸 내용을 여러 가지 색과 기호로 표시한다.

✗. (가)의 주향은 $N\theta°E$이고, 경사는 90°인 수직층이다.

㉡. (다)는 남쪽으로 기울어져 있으므로 경사 방향은 S이다.

㉢. (가)는 수직층이므로 경사각이 90°이고 (나)의 경사각은 60°이다. 따라서 경사각은 (가)가 (나)보다 크다.

05 지질도 해석

지층이 수평일 때는 지층 경계선이 지형도의 등고선에 나란하게 나타난다. 이 지역의 지질 단면도는 다음과 같다.

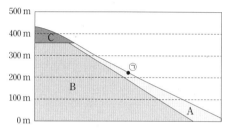

✗. 지질 단면에서 A는 B보다 나중에 생성되었다.

㉡. 지층 경계선이 등고선과 거의 나란하므로 C는 수평층에 가깝다.

㉢. 지질 단면을 보면 ㉠에서 연직 방향으로 시추하면 A와 B를 모두 만날 수 있다.

06 지층 경계선과 등고선의 관계

지질 단면도를 그려 습곡, 부정합, 단층 등의 지질 구조를 파악할 수 있다.

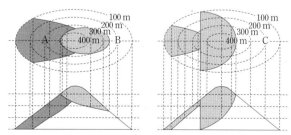

㉠. (가)에는 부정합이 나타나고, (나)에는 수직 단층이 나타난다.

㉡. (가)에서는 B가 퇴적된 후 A가 퇴적되었다.

✗. 단층에 의해 C가 어긋나 있으므로 (나)의 단층 작용은 C가 퇴적된 후에 일어났다.

07 한반도의 지체 구조

한반도의 지체 구조는 특정한 방향성을 나타내지 않는 암석들이

모여 있는 지역인 육괴와 주로 고생대와 중생대에 바다나 호수에 퇴적층이 쌓여 형성된 지역인 퇴적 분지로 구성되어 있다. 또, 암석이 습곡이나 단층에 의해 복잡하게 변형된 지역인 습곡대도 나타난다.

ㄱ. A는 한반도 중앙부에 위치한 경기 육괴이고, 경기 육괴의 남쪽에 위치한 B는 옥천 분지이다.

ㄴ. 육괴는 주로 선캄브리아 시대의 암석으로 이루어져 있다. A는 경기 육괴로, 주로 선캄브리아 시대의 변성암류인 편마암과 편암 및 이들을 관입한 중생대의 화강암류로 구성되어 있다. C의 경상 분지는 중생대에 형성되었다. 따라서 A는 C보다 평균 생성 시기가 빠른 암석으로 이루어져 있다.

✗. 습곡대는 암석이 습곡이나 단층에 의해 복잡하게 변형된 지역이다. 북동-남서 방향으로 길게 분포하는 옥천 습곡대는 북동부의 비변성대인 태백산 분지와 남서부의 변성대인 옥천 분지(B)로 구분된다.

08 우리나라의 지질 계통

어떤 지역에 분포하고 있는 암석과 지층을 생성 시대 순으로 배열하여 상호 관계를 나타낸 것을 지질 계통이라고 한다.

ㄱ. 회동리층(실루리아계)은 고생대 실루리아기에 형성되었으므로 조선 누층군과 평안 누층군의 사이에 해당하는 ㉠ 시기에 형성되었다.

✗. ㉡ 시기는 중생대이다. 우리나라 중생대 지층은 모두 육성층이다.

✗. 연일층군은 신생대 네오기와 제4기에 형성되었으므로 중생대 말의 불국사 변동보다 나중에 형성되었다.

09 선캄브리아 시대의 암석 분포

선캄브리아 시대의 암석은 한반도 지층의 기저를 형성하고 있으며 대부분 편마암, 편암, 규암 등의 변성암으로 이루어져 있다.

✗. 선캄브리아 시대의 암석 분포는 구성 암석이 다양하며 지층이 심하게 변형되어 지질 구조가 복잡하고 화석이 거의 산출되지 않는다.

ㄴ. 우리나라에서는 낭림 육괴, 경기 육괴, 영남 육괴 등이 발달해 있다. 이 지역들은 주로 선캄브리아 시대의 변성암류인 편마암과 편암 및 이들을 관입한 중생대의 화강암류로 구성되어 있다.

✗. 선캄브리아 시대의 암석은 변성암이 가장 많이 분포한다.

10 우리나라의 지질 계통

고생대층은 크게 전기 고생대의 조선 누층군과 후기 고생대의 평안 누층군으로 구분된다. 경상 누층군은 중생대 퇴적층이다.

✗. 조선 누층군은 석회암, 사암, 셰일 등으로 이루어진 두꺼운 해성층이다. 따라서 '모두 육성층인가?'는 ㉠에 해당하지 않는다.

✗. A는 경상 누층군이며 중생대 백악기에 형성되었다. 대보 조산 운동은 중생대 쥐라기 말에 있었다. 따라서 경상 누층군은 대보 조산 운동의 영향을 받지 않았다.

ㄷ. B는 평안 누층군으로 고생대 석탄기부터 중생대 트라이아스기 전기에 형성되었다. 평안 누층군에서는 양치식물, 완족류, 방추충, 산호 화석 등이 발견된다.

11 한반도의 형성

한중 지괴와 남중 지괴는 북상하다가 중생대 무렵에 충돌하고 합쳐지면서 북상하여 현재의 한반도를 형성하였다.

✗. 중생대에 형성된 지층은 모두 육성층이다. 그러나 신생대 네오기에 길주·명천 분지와 포항 분지 등에 해성층이 퇴적되었다. 따라서 중생대 백악기 이후 한반도에서 형성된 지층이 모두 육성층인 것은 아니다.

ㄴ. 백악기 초에 형성된 화강암은 대보 조산 운동에 의한 대보 화강암이다. 대보 화강암은 북동-남서 방향으로 분포한다.

ㄷ. 불국사 변동은 백악기 후기에 일어나 한반도 남부를 중심으로 화강암의 관입과 화산암의 분출이 활발하게 일어났다. 불국사 변동으로 경상 분지를 중심으로 화강암류가 관입하였다.

12 동해의 형성 과정

약 2천 5백만 년 전에 태평양판이 유라시아판 아래로 섭입하면서 한반도와 붙어 있던 일본 열도가 대륙에서 분리되어 동해가 형성되기 시작하였다.

ㄱ. 동해가 형성되기 시작한 것은 태평양판이 유라시아판 아래로 섭입하면서부터이다.

✗. (나)에서 태평양판이 유라시아판 아래로 섭입하면서 동해가 형성되기 시작하였다. (가)에서 일본 열도가 태평양 쪽으로 이동하면서 동해의 크기가 점점 확장하였다. 따라서 동해는 (나) → (가)의 순으로 형성되었다.

✗. (나)는 약 2천 5백만 년 전, (가)는 약 1천 2백만 년 전으로 (가)와 (나)의 시기는 모두 신생대이다.

13 변성 작용이 일어나는 환경

접촉 변성 작용은 마그마가 관입할 때 방출된 열에 의해 마그마와의 접촉부를 따라 일어나는 변성 작용이고, 광역 변성 작용은 조산 운동이 일어나는 지역에서 넓은 범위에 걸쳐 열과 압력에 의해 일어나는 변성 작용이다.

ㄱ. A는 접촉 변성 작용이 일어나는 환경이다. 접촉 변성 작용에 의해 형성되는 혼펠스 조직은 입자의 방향성이 없으며, 치밀하고 균질하게 짜여진 조직이다.

ㄴ. B는 광역 변성 작용이 일어나는 환경이다. 광역 변성 작용에 의해 엽리(편리, 편마 구조)가 발달할 수 있다.

ㄷ. A는 B보다 깊이가 얕고 압력이 낮은 조건에서 우세하게 일어난다.

14 편리

(가)에는 없지만 (나)에는 줄무늬를 갖는 구조가 나타난다. 엽리는 편리와 편마 구조로 구분할 수 있다.

㉠. 두 암석의 구성 광물은 비슷하지만, (나)에는 (가)에 없는 편리 구조가 나타난다. 따라서 (가)는 화성암, (나)는 변성암이다.

㉡. (나)에는 편리가 발달한다. 편리는 변성암의 조직에서 나타나는 면 모양의 평행 구조이다. 광물이 일정한 방향으로 규칙적으로 배열되기 때문에 편리면을 따라 쪼개지기 쉽다.

✗. 편리가 나타나는 변성암은 광역 변성 작용에 의해 형성된다.

15 변성암의 종류

접촉 변성암에는 규암, 대리암, 혼펠스 등이 있고, 광역 변성암에는 점판암, 천매암, 편암, 편마암 등이 있다.

✗. A에 혼펠스가 포함되었으므로 A에서는 접촉 변성암이 생성되고, B에 점판암, 천매암이 포함되었으므로 B에서는 광역 변성암이 생성된다.

✗. ㉠은 접촉 변성 작용에 의해서도, 광역 변성 작용에 의해서도 만들어질 수 있는 변성암이다. 접촉 변성 작용은 열에 의해 일어나고 광역 변성 작용은 열과 압력에 의해 일어난다. 온도와 압력이 모두 낮은 환경에서는 변성암이 생성되지 않는다.

㉢. 광역 변성암에는 엽리(편리, 편마 구조)가 발달할 수 있다. ㉡의 편암에는 편리가 발달하고, ㉢의 편마암에는 편마 구조가 발달한다.

16 판 경계에서의 변성 작용

수렴형 경계 부근의 A에서는 판이 섭입하면서 횡압력을 받아 변성 작용이 일어난다.

✗. 지하의 온도 분포를 보아 이 지역은 판의 수렴형 경계 부근이다.

✗. A에서는 밀도가 큰 판이 밀도가 작은 판 아래로 섭입하면서 암석에 횡압력이 작용한다.

㉢. A는 판의 섭입에 의해 횡압력이 작용하여 변성 작용이 일어나는 지역으로 온도와 압력이 크게 작용하는 광역 변성 작용이 일어난다. B는 암석이 마그마와 접촉하여 접촉 변성 작용이 일어나는 지역이다.

01 ⑤	02 ②	03 ④	04 ②	05 ②	06 ②	07 ③
08 ④	09 ⑤	10 ②	11 ①	12 ⑤	13 ⑤	14 ②
15 ⑤	16 ④					

01 지질 조사의 순서

지질도를 작성하려면 먼저 노두에서 관찰한 내용을 지형도에 기록하여 노선 지질도를 작성해야 한다. 이후 노선 지질도를 종합하여 같은 종류의 암석이 나타나는 곳을 연결하여 지질도를 만든다. 지질도에서 임의의 두 점을 잡아 직선을 긋고 이 선을 따라 지하의 지질 구조와 지층의 분포 등을 단면으로 나타내는데, 이를 지질 단면도라고 한다. 지층 대비를 효과적으로 파악하기 위해 그 지역 지층의 선후 관계를 밝혀 순서대로 지층의 두께와 간단한 특징을 기둥 모양으로 나타내는데, 이를 지질 주상도라고 한다.

⑤ (가)는 지질 단면도, (나)는 지질도, (다)는 노선 지질도, (라)는 지질 주상도이다. 지질 조사의 순서는 노선 지질도 작성 → 지질도 작성 → 지질 단면도 작성 → 지질 주상도 작성이므로 (다) → (나) → (가) → (라)이다.

02 지질도 해석

지질도는 대부분 지형도 위에 작성되므로 등고선과 지층 경계선과의 관계를 통하여 지층의 주향, 경사 등을 알 수 있다.

✗. 지질 단면도를 작성해 보면 이 지역에 단층은 나타나지 않는다.

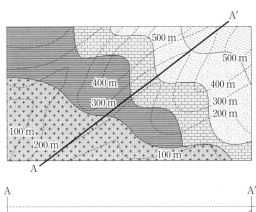

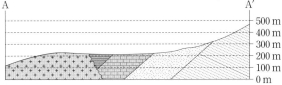

㉡. 지층면이 기울어진 방향인 경사 방향은 주향에 직각 방향으로 높은 주향선에서 낮은 주향선 쪽이다. 따라서 사암층의 경사 방향은 남서쪽이다.

✗. 이 지역 지층들은 남서쪽으로 경사져 있으므로 가장 먼저 퇴적된 층은 이암층이다.

03 지질 주상도

지질 주상도는 지층의 두께와 특징을 표시한 기둥 모양의 도면이다. 지질 주상도는 지층의 대비 및 퇴적 환경의 변화를 해석하는 데 활용한다.

✗. 세 지역에서 가장 새로운 지층은 역암층이다. 역암층은 A와 C 지역에는 나타나지만 B 지역에는 나타나지 않는다.

◯. 인접한 세 지역의 지질 주상도로부터 지층의 생성 순서를 알아보면, 셰일 → 사암 → 응회암 → 석회암 → 사질 셰일 → 역암이다. 따라서 사암층은 사질 셰일층보다 먼저 퇴적되었다.

◯. C 지역의 지층은 사암 → 응회암 → 석회암 → 역암의 순으로 퇴적되었으므로 과거에 퇴적이 중단된 적이 있다.

04 노선 지질도

노선 지질도는 야외에서 계획한 노선을 따라 지질 조사를 하는 동안 관찰하거나 조사한 내용을 지형도에 나타낸 것이다.

✗. 주향과 경사를 나타낸 기호를 보면 셰일층의 주향은 NS이다.

✗. 이 지역의 지층들은 셰일층을 경계로 대칭의 모양으로 분포하며 습곡축에서 바깥쪽으로 기울어져 있으므로 이 지역에는 배사 구조가 나타난다.

◯. 이 지역에서 가장 먼저 형성된 지층은 셰일층이고, 가장 나중에 형성된 지층은 역암층이다.

05 지질도 해석

지질도를 해석하면 지층의 분포 상태와 주향, 경사, 지질 구조 등을 알 수 있다.

✗. 주향은 지층 경계선이 같은 고도의 등고선과 만나는 두 점을 연결한 직선(주향선)의 방향이다. 따라서 사암층의 주향은 EW이다.

◯. 경사 방향은 어떤 지층 경계선상에서 고도가 높은 주향선에서 낮은 주향선 쪽으로 주향선에 수직인 방향이다. 이 지역에서는 고도가 높은 주향선이 북쪽에, 고도가 낮은 주향선이 남쪽에 위치하므로 사암층의 경사 방향은 남쪽이다.

✗. ㉠ 선을 따라 골짜기가 나타난다.

06 지질도 해석

역암층은 석회암층, 셰일층, 사암층을 부정합으로 덮고 있다.

✗. 역암층은 지층 경계선이 등고선과 나란하므로 수평층이다. 수평층을 기호로 나타내면 ⊕ 또는 ＋이다.

◯. 이 지역의 지층은 사암 → 셰일 → 석회암 → 역암의 순으로 생성되었다. 따라서 사암층은 석회암층보다 먼저 생성되었다.

✗. 역암층은 그 아래에 있는 석회암층, 셰일층, 사암층과 부정합의 관계이다. 이 지역에 습곡 구조는 나타나지만 단층은 나타나지 않는다.

07 한반도의 지층과 화석

A는 강원도 영월, B는 경상남도 고성, C는 제주도 서귀포 지역이다.

◯. A는 강원도 영월 지역으로, 고생대 캄브리아기~오르도비스기 중기에 형성된 조선 누층군이 분포한다. 조선 누층군에는 시멘트 산업의 원료가 되는 석회암 등이 분포한다.

✗. 산출되는 화석으로 보아 A 지역의 조선 누층군은 두꺼운 해성층이고, B 지역의 경상 누층군은 육성층이며, C 지역의 제4기 지층은 해성층이다.

◯. 세 지층의 생성 순서는 조선 누층군 → 경상 누층군 → 제4기 지층이므로 A → B → C이다.

08 중생대의 암석과 지층 분포

한반도에서 중생대는 현생 누대 중 조산 운동과 화성 활동이 가장 활발했던 시기이다.

✗. A는 대동 누층군, B는 대보 화강암, C는 경상 누층군이다. B를 구성하는 암석은 퇴적암이 아닌 화성암이다.

◯. 중생대 화강암류의 분포는 북동-남서의 방향성을 보이며, 동해안과 남부 지방에도 곳곳에 나타난다.

◯. 중생대 퇴적층은 하천이나 호수 등에서 퇴적되어 형성된 육성층으로, 크게 대동 누층군과 경상 누층군으로 구분된다.

09 신생대와 고생대의 암석 분포

(가)는 신생대, (나)는 고생대의 암석 분포를 나타낸 것이다. 고생대에는 조선 누층군과 평안 누층군이 형성되었고 신생대에는 연일층군과 제4기 지층이 형성되었다.

◯. A는 신생대 제4기에 형성된 지층이다. 이 시기에는 화산 활동으로 백두산, 울릉도와 독도, 제주도, 철원 등에 현무암이 형성되었고, 제주도 서귀포 일대에서는 이매패류, 완족류, 산호, 유공충 등의 화석이 발견된다.

◯. B는 연일층군으로 주로 동해안을 따라 작은 규모로 육성층과 해성층이 분포한다. 연일층군에서는 유공충과 연체 동물, 규화목, 식물 화석이 발견된다.

◯. C는 석탄기~트라이아스기 전기에 형성된 평안 누층군, D는 캄브리아기~오르도비스기 중기에 형성된 조선 누층군이다. 따라서 지층의 생성 순서는 D → C이다.

10 고생대와 중생대 지층의 특징

(가)의 대동 누층군은 중생대 트라이아스기 후기에서 쥐라기 중기에 소규모 호수 환경에서 퇴적된 지층이다. (나)의 평안 누층군은 고생대 석탄기에서 중생대 트라이아스기 초기에 걸쳐 형성된 지층이다. 평안 누층군은 조선 누층군이 분포하는 지역과 비슷한 지역에 분포하며 조선 누층군과 회동리층을 부정합으로 덮고 있다.

✗. (가)의 대동 누층군은 육성층이고, (나)의 평안 누층군은 하부

의 해성층과 상부의 육성층으로 이루어져 있다.

ㄴ. (가)는 중생대에, (나)는 대부분 고생대에 형성되었다. 한반도에서 조산 운동과 화성 활동이 가장 활발했던 시기는 중생대이다. 따라서 (가)가 형성된 지질 시대는 (나)의 대부분이 형성된 지질 시대보다 조산 운동과 화성 활동이 활발했다.

ㄷ. (가)는 (나)보다 나중에 생성되었다.

11 한반도의 지질 계통
한반도에는 선캄브리아 시대에서 고생대와 중생대를 거쳐 신생대에 이르기까지 여러 지질 시대의 암석과 지층이 다양하게 분포하며, 이들 지층은 긴 지질 시대 동안 다양한 지각 변동과 화성 활동을 통해 현재의 한반도를 형성하였다.

ㄱ. A의 조선 누층군은 두꺼운 해성층으로 석회암, 사암, 셰일 등이 분포한다.

ㄴ. B의 대동 누층군은 모두 육성층이다. C의 연일층군에는 해성층이 분포한다.

ㄷ. 송림 변동은 중생대 트라이아스기에 있었다. 따라서 신생대에 형성된 C는 송림 변동의 영향을 받지 않았다.

12 우리나라의 화성암 분포
(가)의 A는 신생대 화산암, B는 불국사 화강암, C는 대보 화강암이다.

ㄱ. A의 화산암은 신생대 제4기에, B의 불국사 화강암은 중생대 백악기 말에, C의 대보 화강암은 중생대 쥐라기 말에 형성되었다. 따라서 암석의 생성 순서는 C → B → A이다.

ㄴ. (나)는 신생대 제4기에 형성된 제주도 수월봉의 응회암층이다. 따라서 (나)는 (가)의 A가 분포하는 지역에서 발견된다.

ㄷ. B의 불국사 화강암은 중생대 백악기 말에 형성되었다. 중생대 백악기에 형성된 경상 누층군은 불국사 화강암을 형성한 불국사 변동에 의해 교란되었다.

13 한반도의 형성 과정
고생대에 남반구에 위치해 있었던 곤드와나 대륙은 고생대 후기에 들어 분리되기 시작하여 약 2억 6천만 년 전 곤드와나 대륙 북쪽 가장자리에서 한중 지괴와 남중 지괴들이 떨어져 나와 북쪽으로 이동하다가 중생대에 서로 충돌하면서 한반도가 형성되었다.

ㄱ. 고생대에 한반도는 적도 부근에 위치한 곤드와나 대륙의 주변에 있었다.

ㄴ. 중생대 트라이아스기에는 한중 지괴와 남중 지괴가 충돌하여 송림 변동이 일어나 많은 고생대 지층이 변형되었다.

ㄷ. 중생대 쥐라기에는 한중 지괴와 남중 지괴가 합쳐지면서 대보 조산 운동이 일어났으며 이 과정에서 일어난 화성 활동으로 대보 화강암이 형성되었다.

14 판 경계에서의 변성 작용
수렴형 경계 부근에서는 판의 섭입에 의해 광역 변성 작용과 접촉 변성 작용이 일어난다.

ㄱ. A에서는 판의 섭입에 따라 온도와 압력이 증가한다. B에서는 압력의 영향보다 온도의 증가에 의해 변성 작용이 일어난다.

ㄴ. A에서는 고온 고압형의 광역 변성 작용이, B에서는 고온 저압형의 접촉 변성 작용이 일어난다.

ㄷ. ㉠은 편마 구조가 나타나는 편마암이고, ㉡은 혼펠스 조직이 나타나는 혼펠스이다. A에서는 광역 변성 작용에 의해 편마암이, B에서는 접촉 변성 작용에 의해 혼펠스가 잘 생성된다.

15 변성암의 특징
석회암은 화학적 또는 유기적으로 생성되는 퇴적암이고, 대리암은 석회암이 변성 작용을 받아 생성되는 변성암이다.

ㄱ. (나)는 크고 작은 탄산칼슘 입자들 사이에 생물의 골격이나 껍데기의 파편이 관찰되는 석회암이다. 따라서 (가)는 대리암이고, 대리암에는 입자의 크기가 비슷하고 조립질로 구성된 입상 변정질 조직이 나타난다.

ㄴ. 화석은 변성암인 (가)보다 퇴적암인 (나)에서 잘 관찰된다.

ㄷ. 방해석은 탄산칼슘($CaCO_3$)으로 이루어진 대표적인 탄산염 광물이다. 석회암과 대리암은 모두 방해석으로 이루어져 있다.

16 변성 작용의 온도와 압력 범위
변성 작용의 온도와 압력 범위는 변성을 받는 암석의 종류에 따라 달라진다.

ㄱ. ㉠은 퇴적 작용과 변성 작용의 공통 영역이다.

ㄴ. 대륙 지각을 구성하는 화강암은 맨틀을 구성하는 감람암보다 용융점이 낮다.

ㄷ. 변성 작용이 일어나는 최저 온도-압력 경계는 퇴적 작용과의 경계이며, 최대 온도-압력 경계는 암석의 용융 곡선과의 경계이다.

01 ③   02 ③   03 ③   04 ④   05 ②   06 ②   07 ③
08 ③   09 ②   10 ③   11 ③   12 ⑤   13 ③   14 ③
15 ②   16 ③   17 ①   18 ③   19 ④   20 ④   21 ⑤
22 ④   23 ②   24 ①

01 수압

페트병 구멍의 위치가 아래에 있을수록 물이 뿜어져 나가는 거리가 더 멀어지는데, 이것으로부터 수심이 깊은 곳일수록 수압이 더 크다는 것을 알 수 있다.

ㄱ. 수면으로부터 깊이 z에서의 수압(P)은 $P=\rho gz$(ρ: 밀도, g: 중력 가속도)로 표현되므로, A에서의 수압은 ρgz, B에서의 수압은 $2\rho gz$이다. 따라서 B에서의 수압이 A에서의 수압보다 2배 크다.

✗. 수압이 클수록 물이 떨어진 위치까지의 길이가 길다. 따라서 (나)에서 측정한 L보다 (다)에서 측정한 L'가 더 길다.

ㄷ. 물보다 소금물의 밀도가 크므로 같은 깊이에서의 수압은 물보다 소금물일 때가 더 크다. 따라서 소금물을 넣고 실험하면 물을 넣었을 때보다 물이 더 먼 곳에 떨어진다.

02 정역학 평형

해수의 깊이에 따른 수압 차 때문에 생기는 힘(연직 수압 경도력)이 해수에 작용하는 중력과 평형을 이룬 상태를 정역학 평형이라고 한다. 정역학 평형 상태에서는 해수의 연직 방향 움직임은 없다.

ㄱ. (가)와 (나)는 모두 해수의 연직 방향 운동이 없으므로 연직 수압 경도력과 중력이 평형을 이루고 있는 정역학 평형 상태이다.

ㄴ. 해수의 깊이에 따른 수압 차는 (가)가 (나)보다 작으므로 깊이 $z_1 \sim z_2$의 해수 덩어리에 작용하는 연직 수압 경도력은 (가)가 (나)보다 작다. 또한 (가)와 (나)는 정역학 평형 상태이므로 해수에 작용하는 중력도 (가)가 (나)보다 작다.

✗. 정역학 방정식은 $\Delta P = -\rho g \Delta z$이므로 깊이 차($\Delta z$)가 같을 때 수압 차($\Delta P$)가 큰 해역이 밀도($\rho$)도 크다. (나)보다 (가)에서 수압 차가 0.1기압 작으므로 해수의 밀도는 (가)가 (나)보다 작다.

03 전향력 실험

북반구에서 전향력은 운동 방향의 오른쪽 직각 방향으로, 남반구에서 전향력은 운동 방향의 왼쪽 직각 방향으로 작용한다.

ㄱ. 공의 궤적은 원반의 회전 방향과 반대 방향으로 나타난다. (가)에서 공의 궤적은 공을 굴린 방향에서 오른쪽으로 휘어졌으므로, 원반은 시계 반대 방향인 ㉠ 방향으로 회전하였다.

✗. 원반의 회전 속도가 빠를수록 공이 휘어진 정도가 커진다. 따라서 원반의 회전 속도는 (가)보다 (나)가 빠르다.

ㄷ. 남반구에서 움직이는 물체는 운동 방향의 왼쪽 직각 방향으로 전향력을 받는다. (가)는 공의 궤적이 운동 방향의 오른쪽으로 휘어졌으므로 북반구, (나)는 공의 궤적이 운동 방향의 왼쪽으로 휘어졌으므로 남반구에서 움직이는 물체에 작용하는 전향력을 설명할 수 있다.

04 수압 경도력과 지형류

수평 방향 수압 경도력은 두 지점의 수압 차 때문에 발생한다.

✗. 수평 방향 수압 차는 수심에는 관계없고 해수면의 경사와 비례한다. A와 B 지점 사이와 C와 D 지점 사이는 해수면 경사가 같으므로 A와 B 지점 사이의 수압 차와 C와 D 지점 사이의 수압 차는 $\rho g \Delta z$(ρ: 밀도, g: 중력 가속도, Δz: 깊이 차)로 같다.

ㄴ. 연직 방향 수압 차(ΔP)는 깊이 차에 비례한다. A와 C 지점의 깊이 차와 B와 D 지점의 깊이 차가 같으므로 연직 방향의 수압 차도 같다.

ㄷ. 수평 방향 수압 경도력의 크기는 해수면의 경사와 비례한다. Δx는 일정하고 Δz가 커지면 해수면의 경사가 커지므로, 수평 방향 수압 경도력의 크기도 커진다.

05 해수에 작용하는 힘

전향력은 지구 자전에 의해 나타나는 가상의 힘으로 지구상에서 운동하는 물체에 작용한다. 지형류에 작용하는 힘에는 수압 경도력과 전향력이 있다.

✗. 대부분의 표층 해류는 지형류이다. 지형류는 전향력과 수압 경도력이 평형을 이루어 흐르는 해류로, 해저면의 마찰력은 작용하지 않는다.

ㄴ. 전향력은 지구 자전에 의해 나타난다. 지구가 자전하지 않으면 물체가 운동해도 전향력이 나타나지 않는다.

✗. 정역학 평형 상태에서는 중력과 연직 방향의 수압 경도력이 평형을 이룬다.

06 에크만 수송

북반구에서 바람이 지속적으로 불면 풍향의 오른쪽 직각 방향으로 해수의 평균 이동이 나타난다. 이를 에크만 수송이라고 한다. 북반구의 에크만 나선에서 수심이 깊어짐에 따라 해수의 흐름 방향은 오른쪽으로 더 편향되고 유속은 느려진다.

✗. 북반구에서 표면 해수는 전향력의 영향으로 바람 방향의 오른쪽으로 약 45° 편향되어 흐른다. 풍향이 북서풍이므로 표면 해수의 이동 방향은 북 → 남이다.

ㄴ. 에크만 수송의 방향이 남서쪽이므로 풍향은 에크만 수송의 왼쪽 90° 방향인 북서풍이다.

✗. 해수의 이동 방향이 표면 해수의 이동 방향과 정반대가 되는

깊이를 마찰 저항 심도라고 한다. 표면 해수가 북 → 남으로 흐르므로 마찰 저항 심도에서 해수는 남 → 북으로 흐른다.

07 에크만 수송

에크만 수송은 북반구에서는 풍향의 오른쪽 직각 방향으로, 남반구에서는 풍향의 왼쪽 직각 방향으로 일어난다.

㉠. 북동 무역풍에 의한 에크만 수송은 북서쪽, 남동 무역풍에 의한 에크만 수송은 남서쪽이다.

✗. 적도 부근 해역의 북반구에서는 북서쪽, 남반구에서는 남서쪽으로 해수가 이동하므로 적도의 해수면 높이는 주변보다 낮을 것이다. 따라서 해수면의 높이는 B 지점이 A 지점보다 낮다.

㉢. A 지점에는 북적도 해류가, C 지점에는 남적도 해류가 흐른다. 북적도 해류와 남적도 해류의 이동 방향은 동 → 서로 같다.

08 에크만 수송에 의한 용승과 침강

해안 지역에서 해안선과 나란하게 지속적인 바람이 불면 에크만 수송이 일어나고 해안 지역에 용승이나 침강이 발생한다.

㉠. 연안의 수온이 먼 바다보다 낮은 것으로 보아 B 지점에서는 연안 용승이 일어나고 있다는 것을 알 수 있다.

✗. 북반구에서 에크만 수송은 바람 방향의 오른쪽 90° 방향으로 일어난다. 에크만 수송이 B 지점에서 A 지점 방향으로 일어나므로 북풍 계열의 바람이 지속적으로 불었을 것이다.

㉢. 에크만 수송이 동 → 서로 일어나고 있으므로, 해수면의 높이는 A 지점이 B 지점보다 높다.

09 지형류

지형류는 수압 경도력과 전향력이 평형을 이룬 상태에서 흐르는 해류이다.

✗. 남반구에서 지형류는 수압 경도력의 왼쪽 직각 방향으로 흐르므로 해수면은 ㉠이 ㉡보다 높다.

✗. 수압 경도력은 해수면이 높은 쪽에서 낮은 쪽으로 작용한다. 따라서 A는 전향력, B는 수압 경도력이다.

㉢. 지형류의 유속은 위도가 낮을수록, 해수면의 경사가 급할수록 빠르다. 따라서 수압 경도력의 크기가 같을 경우 지형류의 유속은 30°S보다 10°S에서 더 빠르다.

10 지형류

지형류는 해수면 경사가 급할수록 빠르다.

㉠. 지형류는 북반구에서 수압 경도력의 오른쪽 직각 방향, 남반구에서 수압 경도력의 왼쪽 직각 방향으로 흐른다. (가)와 (나)는 수압 경도력의 방향이 서 → 동이며, (가)는 북반구, (나)는 남반구에 위치하므로 지형류는 (가)에서는 북 → 남으로, (나)에서는 남 → 북으로 흐른다.

✗. 지형류의 유속(v)은 $\dfrac{1}{2\varOmega\sin\varphi}\cdot g\dfrac{\varDelta z}{\varDelta L}$($\varOmega$: 지구 자전 각속도, φ: 위도, g: 중력 가속도, $\varDelta L$: 수평 거리 차, $\varDelta z$: 높이 차)이다. (가)는 (나)보다 $\varDelta L$은 $\dfrac{1}{2}$배, $\varDelta z$는 2배, $\sin\varphi$ 값은 $\dfrac{1}{\sqrt{2}}$배이므로 (가)의 지형류의 유속은 (나)의 $4\sqrt{2}$배이다.

㉢. 수압 경도력의 크기는 전향력의 크기와 같다. 수압 경도력은 (가)에서가 (나)에서보다 4배 크므로 전향력의 크기도 (가)에서가 (나)에서보다 4배 크다.

11 수온의 연직 분포를 통한 지형류 해석

지형류는 수압 경도력과 전향력이 평형을 이룬 상태에서 흐르는 해류이다. 수온이 높을수록 해수의 부피가 증가하여 밀도가 작아진다.

㉠. 해수의 수온이 낮을수록 밀도가 커져서 해수면의 높이가 상대적으로 낮아진다. A의 수온이 C의 수온보다 낮으므로 해수면의 높이는 C가 더 높다.

✗. 지형류의 유속은 해수면의 경사가 클수록 빠르다. 해수면의 경사는 C보다 B에서 크므로 지형류의 유속은 B가 더 빠르다.

㉢. 지형류에서는 수압 경도력과 전향력의 방향이 반대이다. 해수면은 A보다 C가 높으므로 B의 해수에 작용하는 수압 경도력의 방향은 동쪽이고, 전향력의 방향은 서쪽이다.

12 서안 강화 현상

환류가 나타나는 해양에서 해수면이 가장 높은 위치는 환류의 중심에서 서쪽으로 치우쳐서 나타난다. 이를 서안 강화 현상이라고 한다.

㉠. A는 경사가 급하고 B는 경사가 완만하므로 해수에 작용하는 수압 경도력의 크기는 A가 더 크다.

㉡. A에서 해수면 경사의 방향은 서쪽이므로 수압 경도력은 서쪽, 전향력은 동쪽으로 작용한다.

㉢. 남반구에서는 무역풍에 의해 남적도 해류가 동쪽에서 서쪽으로 흐르고, 편서풍에 의해 남극 순환 해류가 서쪽에서 동쪽으로 흐른다. 그러므로 남반구에서 아열대 해역의 표층 순환은 시계 반대 방향으로 나타난다.

13 심해파의 물 입자 운동

심해파의 물 입자는 원운동을 한다. 수심이 깊어지면 원의 반지름이 작아지며, 수심이 파장의 $\dfrac{1}{2}$ 이상인 곳에서는 원운동이 나타나지 않는다.

㉠. (가)는 평균 해수면보다 물 입자가 낮게 있는 것으로 보아 골

에 위치한다. 골에서 물 입자의 운동 방향은 해파의 진행 방향과 반대이다.

ⓒ (나)는 물 입자의 오른쪽에 마루가, 왼쪽에 골이 위치하므로 마루에서 골로 가는 도중의 모습이다. (다)는 물 입자의 왼쪽에 마루가, 오른쪽에 골이 위치하므로 골에서 마루로 가는 도중의 모습이다. (가)는 골의 모습이므로 (가) → (다)가 나타난다.

✗ 물 입자는 원운동을 하면서 제자리에 위치한다. 해파는 파동으로 에너지만 이동하고 입자가 같이 이동하지 않는다.

14 풍랑과 너울

바람 때문에 해수면이 거칠어지면서 마루가 뾰족하게 된 해파를 풍랑이라 하고, 풍랑이 바람이 부는 영역을 벗어나 마루가 둥글게 변한 해파를 너울이라고 한다. 너울이 해안에 가까워져 수심이 얕아지면 파고가 높아지다 부서지는데 이를 연안 쇄파라고 한다.

ⓒ 마루가 뾰족한 (가)가 풍랑, 마루가 둥근 (나)가 너울이다. 바람에 의해 에너지를 얻고 있는 해파는 풍랑이다.

ⓒ 풍랑의 파장은 수~수십 m이고, 너울의 파장은 수십~수백 m이다.

✗ 너울이 연안에 가까워지면 연안 쇄파가 된다.

15 천해파와 심해파

(가)는 물 입자가 원운동을 하며 수심이 깊어질수록 원이 작아지는 것으로 보아 심해파이고, (나)는 물 입자가 수심이 깊어질수록 더 납작한 타원 운동을 하는 것으로 보아 천해파이다.

✗ 천해파와 심해파 모두 해파의 이동 방향은 마루에서의 물 입자의 회전 방향과 같다. 따라서 (가)와 (나) 모두 해파의 이동 방향은 북쪽이다.

ⓒ 천해파의 속도는 $\sqrt{gh}$ (g: 중력 가속도, h: 수심)이고, 심해파의 속도는 $\sqrt{\dfrac{gL}{2\pi}}$ (L: 파장)이다. (가)에서 해파의 파장은 20 m이므로 해파의 속도는 $\sqrt{\dfrac{10g}{\pi}}$ m/s이고, (나)에서 수심은 1 m 이하이므로 해파의 속도는 $\sqrt{g}$ m/s보다 작다. $\pi = 3.14$이므로 $\sqrt{\dfrac{10g}{\pi}} > \sqrt{g}$ 이다. 따라서 (가)의 해파 속도가 더 빠르다.

✗ 심해파의 경우 수심은 파장의 $\dfrac{1}{2}$보다 깊고, 천해파의 경우 수심은 파장의 $\dfrac{1}{20}$보다 얕다. 해파의 파장이 20 m이므로 (가) 해역의 수심은 10 m 이상이고, (나) 해역의 수심은 1 m 이하이다.

16 심해파

심해파의 속도는 $\sqrt{\dfrac{gL}{2\pi}}$ (g: 중력 가속도, L: 파장)이며, 표면의 물 입자는 원운동을 한다. 수심이 파장의 $\dfrac{1}{2}$보다 깊은 곳에서는 수심

이 깊어질수록 원운동의 반지름이 작아진다.

ⓒ 심해파는 파장이 길수록 속도가 빨라지며, 천해파의 속도는 파장과는 관계없고 수심이 깊을수록 빨라진다. 따라서 이 해파는 심해파이다.

ⓒ 해파의 주기는 $\dfrac{파장}{속도}$이다. 파장이 400 m일 때, 속도가 25 m/s 이므로 해파의 주기는 16초이다.

✗ 심해파는 해저면의 영향을 받지 않으므로 물 입자는 원운동을 한다. 해저면의 영향을 받는 해파는 천이파나 천해파이다.

17 해파의 작용

천해파가 해안으로 접근할 때 만보다는 곶 부분의 수심이 먼저 얕아지므로 해파의 속도는 만 부분에서 빠르고 곶 부분에서 느려져서 해파의 굴절이 일어난다.

ⓒ A 지점은 주변보다 수심이 얕은 곳이다. 마루선의 이동 속도가 느려진 것으로 보아 해저면 마찰의 영향을 받고 있다는 것을 알 수 있다. 해파의 파장이 360 m보다 약간 짧아졌고, A 지점의 수심은 약 160~170 m이므로 A 지점을 통과하는 해파는 천이파이다.

✗ 수심이 얕아질수록 파장은 짧아지고 파고는 높아진다. A 지점보다 B 지점의 수심이 얕으므로 파고는 A 지점보다 B 지점에서 높다.

✗ 해파의 에너지는 곶 부분으로 집중되므로 곶에 위치한 C 지점이 받는 해파 에너지가 만에 위치한 D 지점이 받는 해파 에너지보다 크다.

18 심해파와 천해파

해파는 수심이 파장의 $\dfrac{1}{2}$보다 깊은 곳에서는 심해파이고, 수심이 파장의 $\dfrac{1}{20}$보다 얕은 곳에서는 천해파이다.

ⓒ 심해파는 연안으로 진행하면서 수심이 파장의 $\dfrac{1}{2}$인 깊이까지는 심해파로 진행하고, $\dfrac{1}{2}$보다 얕은 해역에서는 천이파로 변한다.

✗ 심해파는 천이파 구간에서 바닥으로 인해 물 입자 운동이 방해를 받아 파장이 짧아지고 파고가 높아진다. 해파는 수심이 파장의 $\dfrac{1}{20}$보다 얕은 구간에서 천해파가 되지만 심해파가 천이파 구간에서 파장이 L보다 짧아졌으므로 천해파 시작 지점의 깊이 h_2는 $\dfrac{L}{20}$보다 얕다.

ⓒ A에서 해파의 속도는 $\sqrt{\dfrac{gL}{2\pi}}$이다. 심해파가 천이파 구간에서는 파장이 짧아지고 수심이 얕아지므로 속도는 점점 느려지고, 천해파 구간에서는 수심이 얕아지면서 속도가 더 느려진다. 따라서 해파의 속도는 A에서가 B에서보다 빠르다.

19 폭풍 해일

태풍과 같이 강한 저기압이 위치한 해수 표면은 주변보다 해수면 높이가 더 높아진다. 따라서 태풍이 육지에 상륙할 때 높아진 해수면으로 인해 해일 피해가 발생한다.

✘. (나)에서 조석 주기가 약 12시간 25분으로 반일주조가 나타나는 것을 알 수 있다.

①. 평상시보다 5일에 해수면 높이가 크게 상승한 것으로 보아 5일 9시~12시경에 태풍의 영향을 받아 폭풍 해일이 발생했음을 알 수 있다.

②. 5일 9시 무렵 A 지역의 만조와 태풍 상륙 시기가 겹쳐 해수면의 높이는 평상시보다 약 100 cm 상승하였다.

20 지진 해일

지진 해일은 평균 파장이 수백 km로 수심에 비해 파장이 매우 길어서 천해파의 특성을 가진다.

✘. 지진 해일은 해파의 파장이 보통 수백 km로 매우 길기 때문에 모든 해역에서 천해파이다.

①. 천해파의 속도(v)는 수심(h)이 얕을수록 느리다. A 지점의 수심이 B 지점보다 얕으므로 해파의 속도는 A 지점이 B 지점보다 느리다.

②. 천해파는 연안으로 접근하며 수심이 얕아져 속도가 느려지고 파의 주기가 변하지 않으므로 파장이 짧아진다.

21 달의 기조력

달의 기조력은 달과의 만유인력과 지구와 달의 공통 질량 중심을 회전함에 따라 생기는 원심력의 합력으로, 지구 중심을 제외한 모든 지역에서 나타난다.

①. 달의 만유인력과 지구와 달의 공통 질량 중심을 회전함에 따라 생기는 원심력의 합력은 기조력이다.

②. 지구 중심에서 A와 B의 크기는 같다. 원심력의 크기는 지구의 모든 장소에서 같고, ㉠ 지점은 지구 중심보다 달까지의 거리가 멀기 때문에 달의 인력은 지구 중심보다 더 작다. 그러므로 ㉠ 지점에서 A의 크기가 B의 크기보다 크다.

③. ㉠ 지점에서 기조력의 방향은 지구 중심 방향이다. ㉠ 지점 주변의 해수는 달과 달의 반대편으로 기조력을 받아 이동하므로 ㉠ 지점에서는 간조가 나타난다.

22 위도에 따른 조석 현상

지구의 적도면과 달의 공전 궤도면이 일치하지 않으므로 조석에 의한 해수면 변화는 위도에 따라 다르게 나타난다.

✘. A, B, C 각 지점에서는 하루 동안 원심력은 일정하지만 자전하면서 달과의 거리가 변하므로 기조력의 크기는 달라진다.

①. (나)는 일주조가 일어나고 있으므로 조석 주기는 약 24시간 50분이다.

②. A는 일주조, B는 혼합조, C는 반일주조가 나타나는 지역이다. (나)는 일주조의 모습이므로 A의 해수면 높이 변화이다.

23 사리와 조금

지구는 태양과 달에 의한 기조력의 영향을 받는다. 달이 A와 C에 위치할 때는 사리(대조)가, 달이 B에 위치할 때는 조금(소조)이 나타난다.

✘. 달은 태양보다 질량이 작지만 지구와의 거리가 가까우므로 태양보다 기조력이 약 2배 크다. 따라서 지구의 해수면 높이 변화에 미치는 영향은 달이 태양보다 더 크다.

①. 만조와 간조의 해수면 높이 차는 사리일 때가 조금일 때보다 크다. 달이 A에 위치할 때 사리(대조), B에 위치할 때 조금(소조)이 나타난다.

✘. 달이 C에 위치할 때, 우리나라는 자정 무렵과 자정에서 12시간 25분이 지난 후(정오 무렵)에 만조가 나타난다. 해 뜰 무렵과 해 질 무렵에는 간조가 나타난다.

24 조석

조석은 천체와의 인력과 천체와의 공통 질량 중심을 회전함에 따라 생기는 원심력에 의해 일어난다. 이 두 힘의 합력을 기조력이라고 하며, 기조력의 방향을 따라 해수가 이동한다. 조석 간만의 차가 가장 클 때를 사리(대조), 가장 작을 때를 조금(소조)이라고 한다.

①. 이날은 달의 위상이 망이므로 사리가 나타난다. 일주일 후에는 달의 위상이 하현으로 조금이 나타난다. 조석 간만의 차는 사리일 때가 조금일 때보다 크다.

✘. 태양보다 달에 의한 기조력이 약 2배 크다.

✘. 그림을 보면 B 지역은 고위도에 위치하므로 지구가 자전하는 동안 일주조가 나타나는 것을 알 수 있다. 조석이 나타나지 않는 지점은 북극점과 남극점이다.

01 밀도 차에 의한 해수의 흐름

A와 B에서 수압은 각각의 해수의 높이에 비례하고, 해수는 수압이 높은 곳에서 수압이 낮은 곳으로 이동한다.

㉠. 칸막이에서 B의 수면까지의 높이를 h라고 할 때, 해수가 움직이지 않았으므로 칸막이 양옆의 수압은 같다. 따라서 $\rho_1 g(h+\Delta h) = \rho_2 g h$가 성립하므로, $\dfrac{\rho_2}{\rho_1} = \dfrac{h+\Delta h}{h} > 1$로부터 $\rho_2 > \rho_1$이다.

✗. 칸막이에서 B 수면까지의 높이를 h라고 하면, $\Delta h = \left(\dfrac{\rho_2}{\rho_1} - 1\right) \times h$이다.

✗. 관의 폭과 수압은 관계가 없다. 따라서 Δx의 크기가 달라져도 수압에는 변화가 없어 해수는 이동하지 않는다.

02 정역학 평형

㉠은 연직 수압 경도력이고, ㉡은 중력이다.

✗. 깊이 102 m~103 m에 있는 해수의 질량은 '부피×밀도'로 구할 수 있으므로 1020 kg이다. 중력은 '질량×중력 가속도'이므로 ㉡은 1.02×10^4 N($\because$ 1 N=1 kg·m/s^2)이다. 정역학 평형 상태에서 ㉠과 ㉡의 크기는 같으므로 ㉠의 크기도 1.02×10^4 N이다.

㉡. 정역학 평형 상태이므로 수괴에 작용하는 연직 수압 경도력(㉠)과 중력(㉡)의 크기는 같다.

㉢. $\Delta P = -\rho g \Delta z (\Delta z$: 깊이 차)이므로, $\Delta P = 1020$ kg/m^3· 10 m/s^2·1 m = 1.02×10^4 kg/m/s^2 = 1.02×10^4 Pa($\because$ 1 Pa =1 N/m^2) = 1.02×10^2 hPa($\because$ 1 hPa=100 Pa)이다.

03 전향력

전향력은 지구가 서 → 동으로 공전하기 때문에 나타나는 겉보기 힘이다.

✗. B는 적도에 위치한 지역이므로 지구와 마찬가지로 전향력의 크기가 0이다. 그러므로 A, B, C에서 운동하는 물체에 작용하는 전향력의 크기는 같지 않다.

㉡. 천체는 고위도로 갈수록 자전 선속도가 느려진다. 물체가 고위도로 운동할 때 반구가 운동 방향의 왼쪽에서 오른쪽으로 회전하면 전향력은 오른쪽 직각 방향으로 작용하고, 반구가 운동 방향의 오른쪽에서 왼쪽으로 회전하면 전향력은 왼쪽 직각 방향으로 작용한다. 그러므로 A와 D는 전향력이 운동 방향의 왼쪽 직각

방향으로, C와 E는 전향력이 운동 방향의 오른쪽 직각 방향으로 작용한다.

㉢. 전향력의 크기는 $2mv\Omega\sin\varphi$(m: 물체의 질량, v: 물체의 속력, Ω: 자전 각속도, φ: 위도)이다. A와 E에서 m, v, φ는 같다. 금성의 자전 주기는 천왕성의 360배이므로 자전 각속도는 천왕성이 금성의 360배이다. 따라서 E에서 물체에 작용하는 전향력의 크기는 A보다 360배 크다.

04 에크만 나선

남반구에서 해수면 위에서 바람이 일정한 방향으로 계속 불면 표면 해수는 풍향의 왼쪽으로 약 45° 편향되어 흐른다.

✗. 에크만 나선의 방향으로 보아 이 지역은 남반구이다. 그러므로 바람은 표면 해수 이동 방향(A)의 오른쪽 45°에서 분다. 풍향은 남동풍이다.

㉡. 마찰 저항 심도는 표면 해수의 이동 방향과 반대 방향으로 해수 흐름이 나타나는 깊이이므로 B가 나타나는 깊이와 같다.

✗. 남반구에서 에크만 수송의 방향은 풍향의 왼쪽 직각 방향이다. 남동풍이 불고 있으므로 에크만 수송 방향은 정남쪽인 D 방향이 아니라 남서쪽인 E 방향이다.

05 북반구의 에크만 수송과 환류

북반구에서 마찰층 내 해수의 평균적인 이동은 북반구 바람 방향의 오른쪽 90° 방향으로 나타나는데, 이를 에크만 수송이라고 한다.

✗. 0°~30°N에서는 무역풍, 30°N~60°N에서는 편서풍, 60°N~90°N에서는 극동풍이 분다. 무역풍은 동풍 계열, 편서풍은 서풍 계열의 바람이므로 (−)는 동풍, (+)는 서풍이다.

✗. 에크만 수송은 0°~30°N에서는 북쪽, 30°N~60°N에서는 남쪽, 60°N~90°N에서는 북쪽으로 일어나므로 30°N 해역에서는 해수의 수렴이, 60°N 해역에서는 해수의 발산이 일어나 해수면의 평균 높이는 B 해역이 A 해역보다 더 높을 것이다.

㉢. 에크만 수송은 0°~30°N에서는 북쪽, 30°N~60°N에서는 남쪽, 60°N~90°N에서는 북쪽으로 일어난다.

06 지형류 평형

수압 경도력은 수압이 높은 곳에서 낮은 곳으로 작용하며, 크기는 수압 차에 비례하고 거리에 반비례한다. 지형류는 수압 경도력과 전향력이 평형을 이룬 상태에서 흐르는 해류이다.

✗. A 지점과 B 지점에서 수평 방향 수압 경도력의 크기는 같으므로 전향력의 크기도 같다.

㉡. 해저면에서 수평 방향의 수압 차가 없다면 해저면의 서쪽 지점과 동쪽 지점의 수압은 같아야 한다. 정역학 방정식($\Delta P = -\rho g \Delta z$)을 이용하여 h를 구하면 다음과 같다.

$$\rho_1 g \cdot (h+51\text{ m}) = \rho_2 g \cdot 51\text{ m}$$
$$1.02\text{ g/cm}^3 \cdot (h+51\text{ m}) = 1.03\text{ g/cm}^3 \cdot 51\text{ m}$$
$$h = \frac{1}{2}\text{ m}$$

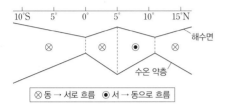
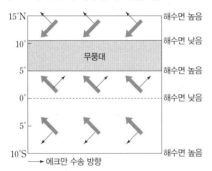

ⓒ. 지형류의 유속(v)은 $v=\dfrac{1}{2\Omega\sin\varphi}\cdot g\dfrac{\Delta z}{\Delta x}$이므로,

$v=\dfrac{10\ \text{m/s}^2}{2\times7\times10^{-5}/\text{s}\times\sin30°}\cdot\dfrac{0.5\ \text{m}}{200\ \text{km}}=\dfrac{5}{14}$ m/s이다. 따라서 지형류의 유속은 약 0.357 m/s=35.7 cm/s이다.

07 지형류 평형

에크만 수송은 북반구에서는 풍향의 오른쪽 직각 방향, 남반구에서는 풍향의 왼쪽 직각 방향으로 일어난다. 에크만 수송으로 만들어진 해수면 경사와 지형류의 방향은 그림과 같다.

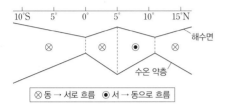

ⓖ. 북반구에서 에크만 수송은 풍향의 오른쪽 직각 방향으로 일어난다. 0°~5°N에는 남동풍이 불고 있으므로 해수는 북동쪽으로 이동하여 적도보다 5°N의 해수면이 더 높다.

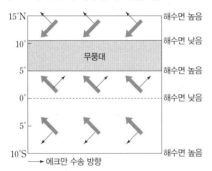

ⓛ. A 해역에서 해수면은 북쪽이 높으므로 수압 경도력은 남쪽으로 작용한다. 북반구에서 지형류는 수압 경도력의 오른쪽 직각 방향으로 흐르므로 동 → 서로 흐른다. C 해역에서 해수면은 남쪽이 높으므로 수압 경도력은 북쪽으로 작용한다. 남반구에서 지형류는 수압 경도력의 왼쪽 직각 방향으로 흐르므로 동 → 서로 흐른다.

ⓒ. 해수면의 경사 방향과 수온 약층의 경사 방향은 반대이다. B 해역에서 해수면은 남쪽으로 갈수록 높아지므로 수온 약층이 시작되는 깊이는 북쪽으로 갈수록 얕아진다.

08 서안 강화 현상

서안 강화 현상은 고위도로 갈수록 전향력의 크기가 커져서 발생하는 현상이다.

ⓖ. 서태평양의 해수면 높이는 약 50~100 cm이고, 서대서양의 해수면 높이는 약 20~50 cm이다. 따라서 해수면의 평균 높이는 서태평양이 서대서양보다 높다.

✗. A는 적도에 위치한 지점으로 적도에서는 전향력이 0이므로

수압 경도력과 전향력은 평형을 이루지 않는다.

✗. B와 C는 남반구에 위치하고 해수면 경사가 같은 방향이므로 지형류의 방향도 서쪽에서 동쪽으로 같다.

09 바람과 수온에 의한 해수면 경사

바람이 지속적으로 불면 에크만 수송에 의해 해수면 경사가 생기고, 수온의 차이가 생기면 따뜻한 해수는 팽창하고 찬 해수는 수축하여 해수면 경사가 생긴다.

✗. (가)에서 수압 경도력의 방향은 서 → 동이다. 북반구에서 지형류는 수압 경도력 방향의 오른쪽 직각 방향으로 흐르므로 지형류는 남쪽으로 흐른다.

ⓛ. 수압 경도력은 해수면 경사에 비례한다. (가)가 (나)보다 해수면 경사가 급하므로 수압 경도력은 (가)가 더 크다.

ⓒ. 지형류의 유속(v)은 해수면 경사에 비례하고, 저위도일수록 빠르다. (가)의 지형류 유속은 (나)의 지형류 유속과 같으므로 $\dfrac{1}{2\Omega\sin\varphi_{(가)}}\cdot g\dfrac{3h}{L}=\dfrac{1}{2\Omega\sin\varphi_{(나)}}\cdot g\dfrac{2h}{L}$로부터 $2\sin\varphi_{(가)}=3\sin\varphi_{(나)}$이다. 따라서 (가)의 위도($\varphi_{(가)}$)가 (나)의 위도($\varphi_{(나)}$)보다 높다.

10 서안 강화 현상

고위도로 갈수록 전향력이 커지기 때문에 순환의 중심이 서쪽으로 치우치면서 대양의 서쪽 연안을 따라 흐르는 해류의 흐름이 강해지는 현상을 서안 강화 현상이라고 한다.

✗. (가)는 남반구의 아열대 순환이다. 남반구이므로 A보다 B의 위도가 높다. 하지만 지형류는 수압 경도력과 전향력이 평형을 이루고 있는 상태이므로 수압 경도력이 같다면 전향력의 크기도 같다. 따라서 해수면의 경사가 A와 B에서 같기 때문에 두 지점에서의 전향력 또한 같다.

ⓛ. ㉠은 수압 경도력의 오른쪽 직각 방향으로 해류가 흐르므로 북반구, ㉡은 수압 경도력의 왼쪽 직각 방향으로 해류가 흐르므로 남반구이다. (가)는 남반구의 아열대 순환 모습이므로 A에서는 ㉡과 같은 수압 경도력이 작용한다.

ⓒ. 지구가 자전하지 않는다면 전향력이 생기지 않으므로 해류는 수압 경도력의 방향으로 흐른다.

11 지형류의 특징

수평 방향의 수온 차에 의해 밀도 차가 생기며 이로 인해 해수면의 경사가 생겨 지형류가 형성된다.

ⓖ. 지형류가 나타나는 깊이가 약 1000 m까지이므로 서안 경계류임을 알 수 있다. 동안 경계류는 깊이가 500 m 이내로 얕다.

ⓛ. 해수면은 A 지점이 낮고, B 지점이 높으므로 A-B 구간에서 수압 경도력은 서쪽으로 작용한다. 북반구에서 지형류는 수압 경도력 방향의 오른쪽 90° 방향으로 흐르므로 지형류는 북쪽 방향으로 흐른다.

✗. A–B 구간에서 수심 500 m가 수심 1000 m보다 수온 차이가 크다. 따라서 A 지점과 B 지점의 밀도 차이는 수심 500 m에서가 수심 1000 m에서보다 크다.

12 지형류

해수면 경사와 밀도 경계층 경사가 반대 방향이면 하층에서 수압 차가 줄어들고, 해수면 경사와 밀도 경계층 경사가 같은 방향이면 하층에서 수압 차가 증가한다.

㉠. 중력 가속도가 일정하므로 수평 수압 경도력은 해수면 경사와 비례한다. (가)와 (나)의 해수면 경사가 같으므로 A와 C에서 수평 수압 경도력의 크기도 같다.

✗. (나)의 깊이 z_3에서 양쪽 끝 지점의 수압은 각각 $\rho_1 gh + \rho_2 g(z_3 - z_2)$와 $\rho_1 g(z_3 - z_2)$로 그 차이는 0이 될 수 없다.

㉢. (가)의 깊이 z_3에서 양쪽 끝 지점의 수압 차는 $\rho_1 gh + \rho_1 g(z_3 - z_2) - \rho_2 g(z_3 - z_2)$이며, (나)의 깊이 z_3에서 양쪽 끝 지점의 수압 차는 $\rho_1 gh + \rho_2 g(z_3 - z_2) - \rho_1 g(z_3 - z_2)$이므로, (나)에서가 (가)에서보다 크다. 따라서 양쪽 끝 지점의 수압 차는 D가 B보다 크므로 D에서 지형류의 유속이 빠르다.

13 해파의 모양에 따른 분류

풍랑은 바람에 의해 직접 형성되며 마루가 뾰족한 해파이고, 너울은 풍랑이 발생지에서 벗어난 곳에서 마루가 둥글게 규칙적으로 변한 해파이다. 해파가 해안으로 접근하면 파고가 높아지다 부서지는 연안 쇄파가 나타난다.

㉠. A 구간에는 풍랑, B 구간에는 너울이 존재한다. 풍랑에서 너울로 변하면서 파장과 주기가 길어지므로 A 구간보다 B 구간의 해파 주기가 길다.

㉡. C는 천해파의 성질을 갖는 구간이다. C 구간에는 마루가 둥근 해파와 파고가 높아지다 부서지는 해파가 같이 존재한다.

㉢. 해파의 전파 속도는 $\dfrac{\text{파장}}{\text{주기}}$으로 나타난다. ㉠은 심해파이므로 전파 속도는 $\sqrt{\dfrac{gL}{2\pi}}$(g: 중력 가속도, L: 파장)이다. 따라서 $\dfrac{L}{\text{주기}} = \sqrt{\dfrac{gL}{2\pi}}$이므로, 주기 $= \sqrt{\dfrac{2\pi L}{g}} = \sqrt{\dfrac{2\pi \times 20\,\text{m}}{10\,\text{m/s}^2}} = 2\sqrt{\pi}$초이다.

14 해파 발생 실험

심해파는 수심이 파장의 $\dfrac{1}{2}$보다 깊은 해역에서 진행하는 해파로, 심해파의 속도는 파장이 길수록 빠르다. 수심이 파장 60 cm의 $\dfrac{1}{2}$보다 깊으므로 해파는 심해파의 성질을 갖고 진행하다 수심이 30 cm가 되는 지점에서 천이파로 변한다.

✗. 파장이 60 cm이므로 수심이 30 cm가 되는 지점에서 천이파로 변한다. 그러므로 2 m보다 조금 더 진행한 후에 천이파로 변

한다.

✗. 해파는 진행하다 천이파로 변한다. 천이파는 바닥의 마찰력의 영향을 받기 때문에 파장이 줄어든다. 그러므로 파장은 60 cm보다 작을 것이다.

㉢. 심해파의 속도는 파장의 제곱근에 비례한다. 파장이 30 cm로 절반으로 줄면 속도가 $\dfrac{1}{\sqrt{2}}$배가 되어 해파 도달 시간은 길어질 것이다.

15 천해파와 심해파

수심이 파장의 $\dfrac{1}{20}$보다 얕은 해파는 천해파이고, 수심이 파장의 $\dfrac{1}{2}$보다 깊은 해파는 심해파이다. 천해파의 속도는 $\sqrt{gh}$(g: 중력 가속도, h: 수심), 심해파의 속도는 $\sqrt{\dfrac{gL}{2\pi}}$(L: 파장)이다. 심해파의 속도는 파장의 제곱근에 비례하고, 천해파의 속도는 수심의 제곱근에 비례한다.

㉠. ㉠은 수심이 다른 A와 B 지점에서도 속도가 일정한 것으로 보아 심해파이다.

㉡. 천해파의 속도는 $\sqrt{gh}$이다. A의 수심은 10 m이므로 천해파의 속도는 $\sqrt{98}$ m/s로 10 m/s보다 작다.

㉢. ㉠은 수심 10 m에서 심해파이므로 파장이 20 m보다 짧아야 한다. ㉡은 수심 20 m에서 천해파이므로 파장이 400 m보다 길어야 한다. 따라서 $\dfrac{\text{㉠의 파장}}{\text{㉡의 파장}} < \dfrac{1}{20}$이다.

16 심해파와 천해파

심해파의 속도는 $\sqrt{\dfrac{gL}{2\pi}}$(g: 중력 가속도, L: 파장)이고, 천해파의 속도는 $\sqrt{gh}$(h: 수심)이다.

㉠. A와 B에서 파장이 $2L$보다 긴 해파는 파장에 관계없이 속도가 일정하므로 천해파이다. 천해파의 전파 속도 v는 $\sqrt{gh}$이다. 따라서 $\dfrac{\text{A의 수심}}{\text{B의 수심}} = \dfrac{(v_1)^2/g}{(v_2)^2/g} = \dfrac{(v_1)^2}{(v_2)^2}$이다.

㉡. 주기는 $\dfrac{\text{파장}}{\text{전파 속도}}$이다. ㉠과 ㉡은 전파 속도가 같고 파장은 ㉡이 ㉠의 2배이므로 주기도 ㉡이 ㉠의 2배이다.

㉢. A의 수심(h)은 $\dfrac{(v_1)^2}{g}$이다. ㉢은 천이파와 천해파의 경계에 위치하므로 수심(h)은 파장($2L$)의 $\dfrac{1}{20}$이다. 따라서 L은 $\dfrac{10 \times (v_1)^2}{g}$이다.

17 해파의 굴절

해파는 심해파일 때 원래의 마루선이 변화 없이 전파되지만, 천이파나 천해파에서는 해저면 마찰의 영향을 받아 수심이 얕아질수

록 속도가 느려지면서 해파의 굴절이 일어난다.

㉠. 해파는 수심이 파장의 $\frac{1}{2}$보다 깊은 곳에서는 심해파이다. 파장이 200 m이므로 수심 100 m까지는 심해파, 수심 100 m ~ 50 m 사이에서는 천이파이다. A와 B 지점은 수심이 100 m보다 깊으므로 심해파이고, 심해파의 속도는 파장에 비례하므로 A와 B 지점에서 해파의 속도는 같다.

㉡. C 지점에서 해파는 천이파로, 해저면 마찰의 영향을 받는다.

㉢. 해파가 해안에 접근하면서 천이파로 변하면 해저면 마찰의 영향을 받아 속도가 느려지면서 점점 등수심선과 나란하게 마루선이 진행하게 된다. 그러므로 해파가 해안에 접근할 때 마루선의 모습은 수심 100 m부터 속도가 느려져 등수심선과 나란해지기 시작하는 ㉠이다. ㉡은 해파의 속도가 수심 100 m부터 점점 빨라질 때의 모습이다.

18 조석과 폭풍 해일

해수면이 높아지는 만조 때 강한 온대 저기압이나 태풍 등이 겹치면 해수면의 높이가 높아져 방파제를 넘어 해안 지역에 피해를 줄 수 있다.

✗. 이웃하는 만조의 높이가 같고, 조석 주기가 약 12시간 25분 정도로 일정한 것으로 보아 이 지역은 반일주조가 나타난다.

㉡. 기압이 낮아지면 해수면의 높이가 높아진다. ㉠ 시기에 해수면의 높이가 30 cm 높아진 것으로 보아 이 시기에 저기압이 위치했음을 알 수 있다.

㉢. 정역학 평형 방정식은 $\Delta P = -\rho g \Delta z$이다.
$$\Delta P = 1.03 \text{ g/cm}^3 \times 10 \text{ m/s}^2 \times 30 \text{ cm}$$
$$= 1030 \text{ kg/m}^3 \times 10 \text{ m/s}^2 \times 0.3 \text{ m}$$
$$= 3090 \text{ kg/m/s}^2$$
$$= 3090 \text{ N/m}^2$$
$$= 30.9 \text{ hPa}$$

19 지진 해일

지진 해일은 파장이 수백 km로 수심에 비해 매우 길어 천해파의 특성을 가진다. 천해파의 속도는 수심의 제곱근에 비례한다.

㉠. 30초가 지났을 때 지진 해일의 속도는 200 m/s이다. 천해파의 속도는 $\sqrt{gh}$(h: 수심)이므로, $200 \text{ m/s} = \sqrt{10 \text{ m/s}^2 \times h}$로부터 h는 4 km이다.

㉡. 시간-속도 그래프에서 이동 거리는 그래프의 밑면적과 같다. 그러므로 ㉡ 구간 동안 지진 해일이 이동한 거리는 15 km이고 ㉢ 구간 동안 지진 해일이 이동한 거리는 1.5 km이다. 3분이 지났을 때 지진 해일의 속도가 50 m/s이므로 수심은 250 m이다. 그러므로 ㉡ 구간의 해저면 경사(기울기)는 $0.25 \left(= \frac{3750 \text{ m}}{15 \text{ km}} \right)$이고, ㉢ 구간의 해저면 경사는 약 $0.17 \left(= \frac{250 \text{ m}}{1.5 \text{ km}} \right)$이다.

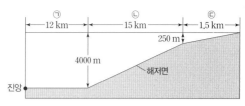

㉢. ㉠ 구간의 이동 거리가 12 km, ㉡ 구간의 이동 거리가 15 km, ㉢ 구간의 이동 거리가 1.5 km이므로 진앙에서 해안까지의 수평 거리(A)는 28.5 km이다.

20 기조력과 조석

기조력은 천체의 질량에 비례하고 천체와의 거리의 세제곱에 반비례한다.

㉠. 달의 기조력을 태양의 기조력으로 나누면 다음과 같다.

$$\frac{\text{달의 기조력}}{\text{태양의 기조력}} = \frac{\dfrac{\text{달의 질량}}{(\text{달까지의 거리})^3}}{\dfrac{\text{태양의 질량}}{(\text{태양까지의 거리})^3}} = \frac{(400)^3}{2.7 \times 10^7} = 2.37$$

따라서 달의 기조력은 태양 기조력의 약 2.37배만큼 크다.

㉡. 지구를 기준으로 태양과 달이 이루는 각도가 90°이므로 이날 달의 위상은 하현이다. 달의 위상이 하현일 때 지구에는 조금이 나타난다.

㉢. 달에서 B 지점까지의 거리가 달에서 A 지점까지의 거리보다 짧으므로 달의 인력은 B 지점에서가 A 지점에서보다 크다.

21 조석의 양상

일주조는 하루에 만조와 간조가 한 번씩만 일어나 조석 주기가 약 24시간 50분이며, 혼합조는 하루에 만조와 간조가 약 두 번씩 일어나고 연속되는 두 만조나 간조 사이의 수위와 시간 간격이 다르다. 반일주조는 하루에 만조와 간조가 약 두 번씩 일어나고 조차가 비슷하며 조석 주기가 약 12시간 25분이다. A는 일주조, B는 혼합조, C는 반일주조가 나타나는 지점이다.

✗. A는 일주조가 나타나는 지점이므로 조석 주기는 약 24시간 50분이다.

㉡. (나)는 하루 약 두 번의 만조와 간조가 나타나고 연속되어 나타나는 만조의 높이가 같으므로 반일주조이다. A, B, C 중 반일주조가 나타나는 지점은 C이다.

㉢. 해수면이 가장 낮은 두 지점을 이은 선은 간조가 나타나는 지점을 이은 것이다. B에서 간조가 나타나는 선까지의 거리가 D에서 간조가 나타나는 선까지의 거리보다 길므로 B에서 다음 간조까지 걸리는 시간은 D에서 다음 간조까지 걸리는 시간보다 길다.

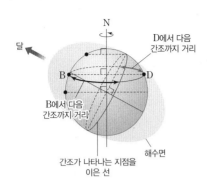

22 조석

조차가 가장 클 때를 사리(대조)라 하고, 조차가 가장 작을 때를 조금(소조)이라고 한다. 사리는 망과 삭일 때, 조금은 상현과 하현일 때 나타난다. 기조력은 천체의 질량에 비례하고 천체까지의 거리의 세제곱에 반비례한다.

㉠. 서해안은 조석 간만의 차가 5～9 m 정도로 커서 조력 발전이 가능한 정도이고, 동해안은 조석 간만의 차가 수십 cm 정도로 작다. (가)에서 해수면의 높이 변화가 클 때는 7～8 m에 이르므로 서해안의 자료임을 알 수 있다.

㉡. a는 사리에 가깝고, b는 조금에 가깝다. 사리일 때가 조금일 때보다 만조와 간조 때 해수면의 높이 차가 크다.

✗. a～c는 사리에서 다음 사리까지의 시간이므로 약 15일이다.

23 달의 기조력

A는 달과 지구의 공통 질량 중심을 회전함에 따라 생기는 원심력, B는 달의 인력이다. A와 B의 합력이 달의 기조력이다.

㉠. 공통 질량 중심을 회전함에 따라 생기는 원심력은 지표면 모든 지점에서 같게 나타난다.

✗. ㉠과 ㉡ 지점에서 A와 B의 합력의 크기는 같다. 만조와 다음 만조의 해수면 높이가 다르게 나타나는 까닭은 달의 공전 궤도면이 지구의 적도와 나란하지 않기 때문이다.

✗. 지구의 질량을 M, 달의 질량을 m, 지구 중심에서 공통 질량 중심까지의 거리를 a, 공통 질량 중심에서 달 중심까지의 거리를 b라고 하면 $Ma=mb$가 성립한다. 달이 멀어져서 $(a+b)$가 증가하면 a와 b도 각각 증가해야 하므로 지구 중심에서 공통 질량 중심까지의 거리는 멀어진다.

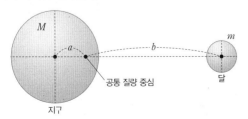

24 조석 양상과 조석 주기

행성과 위성의 공전 궤도면이 일치하면 북극과 남극을 제외한 모든 지역에서 반일주조가 나타난다.

㉠. 위성 a가 행성 A의 적도면과 나란하게 위치하므로 위성 a 방향에 위치한 적도의 지점과 반대편 지점에 물이 가장 높게 존재한다. 그러므로 조석 간만의 차는 적도에서 가장 크고 고위도로 갈수록 작아진다.

✗. 위성 a의 공전 궤도면이 행성의 자전축에 수직하므로 북극과 남극을 제외한 모든 지역에서 반일주조가 나타난다.

㉢. 위성 a의 공전 주기는 20일이므로 1일에 18°씩 행성 A 주위를 공전한다. 위성 a가 망의 위치에 있을 때 행성 A의 만조인 지점은 위성 a가 공전하지 않을 경우 0.5일만 자전하면 다시 만조가 되지만, 위성 a가 0.5일 동안 행성 A의 자전 방향과 같은 방향으로 9°를 더 공전하므로 그 각도에 해당하는 시간만큼 더 자전해야 다시 만조가 된다. 행성 A의 1일은 24시간이므로 1시간에 15° 자전하며, 행성 A가 9° 더 자전하려면 약 36분이 걸린다. 따라서 적도에 위치한 지점에서 조석 주기는 약 12시간 36분이 된다.

06 대기 안정도

수능 2점 테스트   본문 114~115쪽

01 ⑤   **02** ②   **03** ⑤   **04** ④   **05** ④   **06** ③   **07** ②
08 ⑤

01 단열 변화

단열 변화는 공기 덩어리가 상승 또는 하강할 때 외부와의 열 교환이 없이 부피가 팽창하거나 압축되어 공기 덩어리의 내부 온도가 변하는 현상이다.

ㄱ. 대기권에서 대기의 밀도는 고도가 높아질수록 감소한다. 따라서 대기의 밀도는 고도가 높은 A보다 고도가 낮은 B에서 크다.

ㄴ. (가)는 단열 압축할 때의 모습이다. 공기 덩어리가 하강하면 높은 주위 기압에 의해서 공기 덩어리가 압축되면서 부피가 감소한다.

ㄷ. (나)는 단열 팽창할 때의 모습이다. 공기 덩어리가 상승하여 단열 팽창되면 내부 에너지가 감소하여 기온이 낮아진다.

02 단열 감률과 단열선도

공기 덩어리가 단열 상승하면 불포화 상태의 공기 덩어리는 건조 단열 감률로 기온이 감소하여 1 km 상승할 때마다 약 10 ℃씩 낮아지고, 포화 상태의 공기 덩어리는 습윤 단열 감률로 기온이 감소하여 1 km 상승할 때마다 약 5 ℃씩 낮아진다.

ㄱ. 습윤 단열선은 포화 상태의 공기 덩어리가 단열 상승하여 공기 덩어리의 온도가 1 km 상승할 때마다 약 5 ℃씩 낮아지는 단열선이므로 C이다.

ㄴ. B는 1 km 상승할 때마다 온도가 약 2 ℃씩 낮아지므로 이슬점 감률선이고, C는 습윤 단열선이다. 따라서 높이에 따른 온도 변화율의 크기는 B(이슬점 감률선)보다 C(습윤 단열선)가 크다.

ㄷ. A는 불포화 상태의 공기 덩어리가 단열 상승하여 1 km 상승할 때마다 온도가 약 10 ℃씩 낮아지는 건조 단열선이다. C는 포화 상태의 공기 덩어리가 단열 변화할 때의 온도 변화율인 습윤 단열선이다. 따라서 C는 공기가 불포화 상태일 때 나타나는 단열 감률이 아니다.

03 상승 응결 고도와 푄(높새바람)

수증기를 포함한 공기 덩어리가 단열 상승하면 상승 응결 고도에서 기온과 이슬점이 같아져서 수증기가 응결하여 구름이 생성된다. 높새바람은 우리나라에서 늦봄부터 초여름에 걸쳐 동해안에서 태백산맥을 넘어 서쪽 사면으로 부는 북동풍 계열의 바람이다.

ㄱ. 상승 응결 고도에서는 기온과 이슬점이 서로 같아져서 상대

습도가 100 %가 되므로 구름이 생성되어 비를 내릴 수 있다.

ㄴ. 지표면에서 단열 상승하는 공기 덩어리의 상승 응결 고도 $H(\text{m}) = 125$(지표면에서의 기온−지표면에서의 이슬점)이다. 따라서 상승 응결 고도(H)는 지표면에서 상승하는 공기 덩어리의 (기온−이슬점) 값에 비례하므로 이 값이 클수록 ㉠(상승 응결 고도)은 높아진다.

ㄷ. 푄이 일어나면 공기 덩어리는 산을 넘어 하강할수록 고온 건조한 상태가 된다.

04 푄

수증기를 포함한 공기 덩어리가 산 사면을 따라 상승하다가 구름이 생성되어 비를 뿌린 후, 산을 넘게 되면 산을 넘기 전과 비교하여 기온은 높아지고 상대 습도는 감소하여 고온 건조한 상태가 되는데, 이를 푄이라고 한다.

ㄱ. A−B 구간에서 공기 덩어리의 온도는 건조 단열 감률(약 10 ℃/km)로 감소하고, B−C 구간에서 공기 덩어리의 온도는 습윤 단열 감률(약 5 ℃/km)로 감소한다. 그리고 C−D 구간에서 공기 덩어리의 온도는 다시 건조 단열 감률(약 10 ℃/km)로 상승하게 된다. 또한 푄이 일어나면 풍하측인 D 지점은 같은 높이의 풍상측인 A 지점에 비해 기온은 높아지고, 상대 습도는 낮아진다. 따라서 공기 덩어리의 온도가 가장 높은 지점은 D이다.

ㄴ. 불포화 상태인 A−B 구간에서 이슬점 감률은 약 2 ℃/km로 감소하고, 포화 상태인 B−C 구간에서 이슬점 감률은 습윤 단열 감률과 같은 약 5 ℃/km로 감소한다. 따라서 이슬점 감률은 A−B 구간이 B−C 구간보다 작다.

ㄷ. 상대 습도는 공기 덩어리의 온도와 이슬점의 차가 작을수록 높다. B−C 구간에서는 포화 상태이므로 공기 덩어리의 온도와 이슬점의 차가 0이고, C−D 구간에서는 이슬점이 불포화 상태일 때의 이슬점 감률(약 2 ℃/km)로 증가하므로 공기 덩어리의 온도와 이슬점의 차가 점점 증가하여 상대 습도는 감소한다. 따라서 상대 습도의 변화 폭은 B−C 구간이 C−D 구간보다 작다.

05 대기 안정도

불포화된 공기의 경우 기온 감률이 건조 단열 감률보다 크면 기층은 불안정하고, 기온 감률이 건조 단열 감률보다 작으면 기층은 안정하다.

ㄱ. (가)는 기온 감률이 건조 단열 감률보다 크므로 기층은 불안정한 상태이고, (나)는 기온 감률이 건조 단열 감률보다 작으므로 기층은 안정한 상태이다.

ㄴ. 안정한 상태의 기층에서는 공기 덩어리를 단열 변화시킬 때 공기 덩어리가 다시 원래의 위치로 돌아오고, 불안정한 상태의 기층에서는 공기 덩어리를 단열 변화시킬 때 공기 덩어리가 원래의 위치로부터 멀어지게 된다. 따라서 안정한 상태의 기층인 (나)에서 A 지점에 있는 공기 덩어리를 높이 h까지 단열 상승시킬 때

공기 덩어리가 다시 원래의 위치로 돌아오게 된다.

ⓒ. 안정한 상태의 기층에서는 공기의 연직 운동이 억제되어 대류가 잘 일어나지 않기 때문에 대기 오염 물질의 확산이 잘 일어나지 않는다. 반면, 불안정한 상태의 기층에서는 공기의 연직 운동이 활발하여 대류가 잘 일어나서 대기 오염 물질이 잘 퍼져 나간다.

06 포화 여부에 따른 대기 안정도

공기의 포화 여부와 상관없이 기온 감률이 건조 단열 감률보다 크면 기층은 항상 불안정한 상태이므로 기층의 대기 안정도는 절대 불안정이고, 공기의 포화 여부와 상관없이 기온 감률이 습윤 단열 감률보다 작으면 기층은 항상 안정한 상태이므로 기층의 대기 안정도는 절대 안정이다. 그리고 기온 감률이 건조 단열 감률보다 작고 습윤 단열 감률보다 크면 기층의 대기 안정도는 조건부 불안정이다.

ⓐ. 높이에 따른 기온 감률이 가장 큰 경우는 기온 감률이 건조 단열 감률보다 클 때이므로 기층의 대기 안정도는 절대 불안정이다.

ⓑ. 공기가 포화 상태일 때 기온 감률이 습윤 단열 감률보다 크면 기층은 불안정한 상태이므로 대기 안정도는 조건부 불안정이다.

✗. 절대 안정일 때 구름의 형태는 넓게 퍼져 비교적 얇은 층운형 구름을 이루고, 절대 불안정일 때 구름의 형태는 연직으로 발달한 적운형 구름으로 나타난다. 따라서 구름이 생성될 때 구름의 평균 두께는 절대 안정이 절대 불안정보다 얇다.

07 역전층

바람이 약하고 날씨가 맑은 날 새벽에는 지표면의 복사 냉각으로 지표 근처의 공기가 냉각되어 역전층을 형성할 수 있다. 역전층은 절대 안정한 기층이다.

✗. 하루 동안 기온의 변화 폭은 지표면에서 약 13 ℃, 높이 2 m에서 약 9 ℃, 높이 30 m에서 약 3 ℃이다. 따라서 하루 동안 기온의 변화 폭은 지표면에서 가장 크고, 높이 30 m에서 가장 작다.

✗. 약 8시부터 약 16시까지는 높이가 높아질수록 기온이 하강하고, 이외의 시간에서는 높이가 높아질수록 기온이 상승하는 역전층이 나타나고 있다. 따라서 지표면~높이 2 m에 역전층이 나타난 시간은 약 16시간이다.

ⓒ. 대류권에서 높이가 높아질수록 기온이 상승하는 기층의 대기 안정도는 절대 안정이다. 그림에서 같은 시간에 높이가 높아질수록 기온이 상승하는 경우인 역전층이 나타나므로 이날 기층은 절대 안정한 상태인 시기가 있었다.

08 안개

지표면 부근에서 수증기가 응결되어 생성된 작은 물방울이 공기 중에 떠 있는 것을 안개라고 한다. 안개는 지표 부근에서 공기가 냉각되거나 수증기의 추가로 포화될 경우에 발생한다.

ⓐ. A는 전선 부근에서 약한 비가 내리면서 증발하여 지표 부근의 공기를 포화시켜서 생성되는 전선 안개이다.

ⓑ. B는 복사 안개이다. 복사 안개는 바람이 거의 없는 맑은 날 새벽에 잘 발생하고, 안정한 대기에서 주로 생성된다.

ⓒ. C는 이류 안개이다. 이류 안개는 온난 습윤한 공기가 차가운 지표나 해수 위로 이동할 때 생성되는데, 대표적인 예가 해안 지역에서 나타날 수 있는 바다 안개(해무)이다.

수능 **3**점 테스트

본문 116~119쪽

01 ⑤　**02** ②　**03** ②　**04** ③　**05** ①　**06** ③　**07** ④
08 ②

01 단열 변화

단열 변화는 공기 덩어리가 외부와의 열 교환 없이 주위 기압 변화에 의한 부피 변화로 인해서 공기 덩어리의 내부 온도가 변하는 현상이다. 공기 덩어리가 상승하여 단열 팽창하면 온도가 하강하고, 하강하여 단열 압축하면 온도가 상승한다.

ㄱ. (가)는 공기 덩어리가 하강하여 높은 주위 기압에 의해 공기 덩어리가 압축되는 단열 압축이 나타나고, (나)는 공기 덩어리가 상승하여 낮은 주위 기압에 의해 공기 덩어리가 팽창되는 단열 팽창이 나타난다.

ㄴ. (가)는 지표면~높이 2 km 구간에서 단열 변화하는 공기 덩어리의 온도 변화율이 10 ℃/km이므로 기층은 불포화 상태이다. 공기 덩어리의 온도가 높이 2 km에서 5 ℃이므로 높이 2 km에서의 최대 이슬점은 5 ℃이고, 이슬점 감률을 따라 지표면에서는 최대 9 ℃가 된다. 한편 (나)는 지표면~높이 1 km 구간에서는 기층이 불포화 상태이고, 높이 1~2 km 구간에서는 기층이 상대 습도가 100 %인 포화 상태이므로 상승 응결 고도 공식을 이용하면 지표면에서 공기 덩어리의 이슬점은 17 ℃가 된다. 따라서 지표면 부근에서 이슬점은 공기 덩어리 A가 공기 덩어리 B보다 낮다.

ㄷ. 단열 압축이 일어나면 높은 주위 기압에 의해 공기 덩어리가 압축되어 외부로부터 일을 받는다. 받은 일의 양만큼 내부 에너지가 증가하여 공기 덩어리의 온도가 높아진다. 반면에 단열 팽창이 일어나면 낮은 주위 기압에 의해 공기 덩어리는 외부 공기를 밖으로 밀어내는 일을 한다. 외부로 한 일의 양만큼 공기 덩어리의 내부 에너지가 감소하여 기온이 낮아진다. 따라서 공기 덩어리가 이동하는 동안 공기 분자들의 운동 에너지가 감소하는 것은 (나)이다.

02 단열 감률

불포화 상태의 공기 덩어리가 단열 상승할 때는 건조 단열 감률로 1 km 상승할 때마다 기온이 10 ℃씩 감소하고, 포화 상태의 공기 덩어리가 단열 상승할 때는 습윤 단열 감률로 1 km 상승할 때마다 기온이 5 ℃씩 감소한다. ㉠은 1 km 상승할 때마다 기온이 10 ℃씩 감소하므로 건조 단열선이고, ㉡은 1 km 상승할 때마다 기온이 5 ℃씩 감소하므로 습윤 단열선이다.

ㄱ. 포화 상태인 공기 덩어리는 단열 상승하는 동안 수증기의 응결이 일어나 숨은열(응결열)을 방출하여 불포화 상태인 공기 덩어리에 비해 온도 변화가 작다. 따라서 숨은열의 방출로 온도 변화가 나타나는 단열선은 ㉡이다.

ㄴ. A 지역의 높이에 따른 기온 변화율은 6 ℃/km이고, B 지역의 높이에 따른 기온 변화율은 12 ℃/km이다. 다른 조건이 동일할 때 공기의 대류(연직 운동)는 높이에 따른 기온 변화율이 클수록 잘 일어난다. 따라서 다른 조건이 동일하다면 공기의 대류는 A 지역보다 B 지역에서 활발하다.

ㄷ. ㉠은 1 km 상승할 때마다 기온이 10 ℃씩 감소하고, ㉡은 1 km 상승할 때마다 기온이 5 ℃씩 감소하므로 높이에 따른 기온 감률이 ㉠과 ㉡ 사이에 위치하는 지역은 A이다.

03 푄

공기 덩어리가 산 사면을 따라서 상승할 때에는 단열 팽창이 일어나서 상승 응결 고도 이상에서는 구름이 생성되어 비가 내리고, 산 정상부에서 산의 반대편으로 하강할 때에는 단열 압축이 일어나서 산을 넘기 전에 비하여 고온 건조한 상태가 된다.

ㄱ. A 지점에서 두 공기 덩어리의 온도가 동일하고, 구름이 생성되기 시작한 높이는 (가)에서가 (나)에서보다 낮으며, 공기 덩어리가 A 지점에서 B 지점으로 이동하는 동안 온도는 건조 단열 감률과 습윤 단열 감률로 낮아진다. 따라서 A-B 구간에서 공기 덩어리의 온도 감소 폭은 건조 단열 감률로 하강하는 구간이 짧은 (가)가 건조 단열 감률로 하강하는 구간이 긴 (나)보다 작으므로 B 지점과 C 지점에서 공기 덩어리의 온도는 (가)보다 (나)에서 더 낮다.

ㄴ. 구름이 생성되기 시작한 높이는 (가)에서가 (나)에서보다 낮으므로 A 지점에서 상대 습도는 (가)보다 (나)에서 더 낮다. B 지점은 산 정상부이므로 (가)와 (나)에서 모두 상대 습도가 100 %로 동일하다. 따라서 A 지점과 B 지점에서의 상대 습도 차이는 (가)보다 (나)에서 더 크다.

ㄷ. B-C 구간에서 불포화 상태의 공기 덩어리는 단열 압축이 일어나서 공기 덩어리가 하강하는 동안 온도는 10 ℃/km로 상승하고, 이슬점은 2 ℃/km로 상승하게 된다. 그림에서 B-C 구간에 구름이 형성되어 있지 않으므로 (가)와 (나)에서는 동일한 변화 폭이 나타난다. 따라서 B-C 구간에서 공기 덩어리의 $\dfrac{\text{온도 변화 폭}}{\text{이슬점 변화 폭}}$은 (가)와 (나)에서 서로 같다.

04 푄

불포화 상태의 공기 덩어리가 상승하면 기온과 이슬점이 같아지는 높이에서 포화되어 구름이 생성된다. 구름에 의해 강수 현상이 일어난 후 산의 반대편(풍하측) 아래에 도달해서 처음(풍상측)과 비교하면 기온은 상승하고 상대 습도는 감소하여 고온 건조한 현상이 나타나게 된다.

ㄱ. 푄이 일어나면 풍상측에 비해 풍하측의 기온이 높아지고, 상대 습도는 낮아지는 현상이 나타난다. (가)에서 16일~17일, 19일~20일에 산이 위치한 남쪽에서 바람이 불어옴에 따라 기온은 높아지고, 상대 습도는 낮아지는 현상이 나타나므로 이 지역에서 푄은 총 2회 나타났다.

✗. (가)에서 푄이 나타난 시기에 (나)에서 풍향은 거의 일정하다. 푄은 산을 넘어온 공기에 의해서 나타나므로 이 지역은 남풍 계열의 바람에 의해서 푄이 나타났다고 할 수 있다. 따라서 이 지역은 산의 북쪽 방향에 위치한다.

ⓒ. 풍향의 변화 폭은 16일이 18일보다 작다. 따라서 풍향은 16일이 18일보다 일정하다.

05 단열 감률과 대기 안정도

불포화 상태에서 상승하는 공기 덩어리는 건조 단열 감률로 기온이 낮아지고, 포화 상태에서 상승하는 공기 덩어리는 습윤 단열 감률로 기온이 낮아진다.

ⓐ. h_1 구간에 있는 불포화 상태의 기층이 h_2 구간으로 이동하게 되면 공기의 기온 감률은 습윤 단열 감률보다 작다. 따라서 h_2 구간에서 기층의 안정도는 절대 안정이다.

✗. h_1 구간에 있는 포화 상태의 기층이 단열 상승하여 h_2 구간으로 이동하게 되면 공기의 기온 감률이 습윤 단열 감률보다 작으므로 h_2 구간에서 기층의 대기 안정도는 절대 안정이다.

✗. h_1 구간에서 기층이 불포화 상태일 때 h_2 구간으로 이동한 공기의 기온 감률이 포화 상태일 때 h_2 구간으로 이동한 공기의 기온 감률보다 크다.

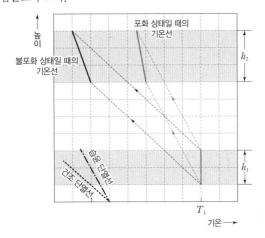

06 역전층

역전층은 하층 기온이 상층 기온보다 낮아서 안정한 상태의 기층이다. 따라서 역전층이 형성되면 공기의 상승이나 하강 운동이 억제된다.

ⓐ. 역전층은 바람이 약하고 날씨가 맑은 날 야간에 주로 발생하고, 태양이 뜨면 지표면이 가열되어 지표면부터 소멸되기 시작한다. (가)에서는 지표 부근에 역전층이 형성되지 않았고, (나)에서는 지표 부근에 역전층이 형성되어 있다. 따라서 0시에 관측한 것은 (나)이다.

✗. (나)의 지표 부근에서는 역전층이 형성되어 있으므로 기층이 안정한 상태이고, (가)의 지표 부근에서는 기온 감률이 크다. 따라

서 지표 부근에서 공기의 연직 운동은 (나)보다 (가)가 더 활발하다.

ⓒ. 높이 500 m~1000 m 구간에서의 기온 변화 폭은 (가)에서 약 4 ℃이고, (나)에서 약 2 ℃이다. 따라서 높이 500 m~1000 m 구간에서의 기온 변화 폭은 (가)보다 (나)가 작다.

07 대기 안정도와 구름의 생성

연직 기온 분포를 단열 감률선과 비교하여 기층의 안정도를 판단할 수 있다. 불안정한 기층에서는 적운형 구름이, 안정한 기층에서는 층운형 구름이 형성된다.

✗. (가)는 높이 3 km 부근에서 상승하는 공기 덩어리의 온도가 건조 단열 감률에서 습윤 단열 감률로 바뀌고, (나)는 높이 2 km 부근에서 상승하는 공기 덩어리의 온도가 건조 단열 감률에서 습윤 단열 감률로 바뀐다. 지표면에서 공기 덩어리의 온도는 (가)와 (나)에서 서로 같고, 상승 응결 고도는 (가)가 (나)보다 높으므로 지표면에서 이슬점은 (가)보다 (나)가 높다.

ⓑ. (가)는 공기 덩어리가 단열 변화하는 동안 항상 주위 기온보다 높으므로 기층의 대기 안정도는 절대 불안정이고, (나)는 기온 감률이 습윤 단열 감률보다는 크고 건조 단열 감률보다는 작으므로 기층의 대기 안정도는 조건부 불안정이다.

ⓒ. 기층이 절대 불안정 상태인 (가)에서는 연직 운동이 활발하므로 적운형 구름이 형성되고, 기층이 조건부 불안정 상태인 (나)에서는 주변 공기보다 기온이 높은 포화 공기가 스스로 상승할 수 있으므로 적운형 구름이 형성될 수 있다.

08 안개

안개는 구름과 마찬가지로 기온과 이슬점이 같아지는 상대 습도가 100 %일 때 생성되고, 이류 안개는 온난 습윤한 공기가 찬 지면이나 해수면으로 이동하여 공기가 냉각되어 생성되는 안개이므로 지표면 부근에서 역전층이 형성될 때 잘 발생한다.

✗. 연평균 안개일수는 표의 30년 평균, 최근 10년 평균, 최근 5년 평균에서 모두 서울이 부산보다 적다.

ⓑ. 이류 안개는 따뜻한 공기가 차가운 수면 위로 이동하여 냉각될 때 생성되므로 주로 해안 지역에서 나타난다. 따라서 연간 발생하는 이류 안개의 발생 빈도는 서울이 부산보다 적을 것이다.

✗. 최근 10년 연평균 안개일수에 대한 최근 5년 연평균 안개일수의 비 $\left(\dfrac{\text{최근 5년 연평균 안개일수}}{\text{최근 10년 연평균 안개일수}}\right)$는 서울이 $\dfrac{4.8}{4.9} ≒ 1$이고, 부산이 $\dfrac{19.4}{15.2} ≒ 1.28$이다. 따라서 서울이 부산보다 작다.

07 대기의 운동과 대기 대순환

01 정역학 평형

기압 경도력의 연직 성분인 연직 기압 경도력과 중력이 평형을 이루고 있는 상태를 정역학 평형이라고 한다.

✗. 기압 경도력은 기압이 높은 곳에서 낮은 곳으로 작용한다. 고도가 낮은 곳이 높은 곳에 비해 기압이 높으므로 지표면 가까이 위치한 z_2가 z_1보다 기압이 더 높다.

ㄴ. A는 연직 위쪽으로 작용하는 연직 기압 경도력이고, B는 연직 아래쪽으로 작용하는 중력이다. 정역학 평형 상태에서는 연직 기압 경도력과 중력이 평형을 이루므로 A와 B의 크기는 서로 같다.

✗. 연직 기압 경도력은 고도에 따른 기압 차 때문에 생기는 힘으로, $-\dfrac{1}{\rho}\cdot\dfrac{\Delta P}{\Delta z}$($\rho$: 공기의 밀도, ΔP: 기압 차, Δz: 고도 차)로 나타낼 수 있다. 정역학 평형 상태이고, 등압면이 고정되어 ΔP가 일정하므로 공기의 밀도가 커질수록 Δz는 감소하게 된다.

02 바람에 작용하는 여러 가지 힘

기압 경도력은 기압이 높은 곳에서 낮은 곳으로 등압선에 직각 방향으로 작용하고, 연직 기압 경도력은 주로 중력과 평형을 이루므로 실제 공기에는 수평 기압 경도력이 작용한다. A는 연직 기압 경도력, B는 기압 경도력, C는 수평 기압 경도력이다.

ㄱ. 연직 기압 경도력은 연직 방향으로 작용하는 기압 경도력이다.

ㄴ. 기압 경도력은 연직 방향으로 작용하는 연직 기압 경도력과 수평 방향으로 작용하는 수평 기압 경도력의 합력이다.

ㄷ. 연직 방향의 기압 경도력은 중력과 평형을 이루므로 마찰이 없을 때 실제 대기에 작용하는 힘은 수평 기압 경도력이다.

03 전향력

지구 자전에 의해 나타나는 겉보기 힘인 전향력은 지구상에서 움직이는 물체에 작용한다.

✗. (가)에서 물체를 이동시킨 사람에게는 물체가 진행 방향의 오른쪽으로 휘어지는 것처럼 보이므로 판의 회전 방향은 시계 반대 방향이다.

✗. 위도가 φ일 때, 전향력은 $\sin\varphi$에 비례한다. (나)에서는 물체가 휘어지는 것처럼 보이지 않으므로 판의 회전 효과가 나타나지

않는다. 따라서 지구에서 전향력이 작용하지 않는 적도에서 나타나는 모습이다.

ㄷ. 판의 회전 속도가 빠를수록 회전 효과가 크게 나타나서 물체의 이동 궤적은 더 많이 휘게 된다.

04 구심력과 마찰력

구심력은 물체의 궤적을 곡선이 되게 만드는 힘이고, 마찰력은 지표면 가까이에서 운동하는 공기가 지표면이나 공기 자체의 마찰에 의해 운동을 방해하는 힘이다. (가)는 마찰력이고, (나)는 구심력이다.

ㄱ. 마찰력의 크기(F_r)는 kv(k: 마찰 계수, v: 바람의 속도)이다. 따라서 대체로 풍속이 빠를수록 마찰력의 크기는 커진다.

✗. 구심력은 힘을 만드는 요소가 있는 것이 아니라 물체에 작용하는 힘들의 합력이다. 바람에 작용하는 구심력은 기압 경도력과 전향력의 차로 나타나므로, 기압 경도력과 전향력이 평형을 이룰 때는 나타나지 않는다.

ㄷ. 곡선 운동하는 물체에 작용하는 구심력은 회전의 중심 방향으로 작용하므로 구심력은 공기의 운동 방향을 변화시킬 수 있다.

05 지균풍의 형성 과정

마찰력이 작용하지 않는 자유 대기에서는 등압선이 직선일 때, 정지하고 있던 공기 덩어리가 기압 경도력을 받아 운동하게 되면 전향력의 영향으로 지균풍이 될 때까지 편향된다. A는 기압 경도력이고, B는 전향력이다.

ㄱ. P 지점에서 바람은 점차 전향력의 영향을 받아 오른쪽으로 편향되며 속도가 증가하여 Q 지점과 같이 된다. 따라서 P 지점에서 기압 경도력의 크기가 전향력의 크기보다 크다.

✗. 현재 기압 경도력은 남쪽에서 북쪽 방향으로 작용하고 있고, 지균풍이 기압 경도력의 오른쪽 직각 방향으로 불고 있으므로 이 지역은 북반구에 위치한다.

✗. Q 지점에서 부는 지균풍은 지표면의 마찰력에 영향을 받지 않는 자유 대기(지상 1 km 이상)에서 부는 바람이므로 지표면 마찰의 영향을 받지 않는다.

06 경도풍

경도풍은 자유 대기에서 등압선이 원형이나 곡선일 때 부는 바람으로 경도풍에는 기압 경도력, 전향력, 구심력이 작용한다. 기압 배치가 저기압이므로 ㉠은 기압 경도력과 구심력이 작용하는 방향이고, ㉡은 전향력이 작용하는 방향이다.

ㄱ. 어느 지역의 상층 대기에서 등압선이 원형이고, 중심부가 저기압일 때 부는 바람은 경도풍이다. 또한 북반구에서는 기압 경도력의 오른쪽 직각 방향으로 바람이 불기 때문에 바람의 방향은 A 이다.

✗. 중심부가 저기압일 때 중심부 방향($\bigcirc$)으로는 기압 경도력과 구심력이 작용한다.

ⓒ. 중심부가 저기압일 때는 기압 경도력과 전향력의 차이만큼 구심력이 나타나므로 힘의 크기가 가장 큰 것은 기압 경도력이다.

07 지상풍

지상풍은 지표면의 마찰력이 작용하는 대기 경계층(마찰층)에서 부는 바람으로 등압선을 가로질러 고압부에서 저압부로 분다. A는 기압 경도력, B는 마찰력, C는 전향력이다.

ⓐ. 등압선이 직선이고, 지표면의 마찰력이 작용하는 지상에서는 기압 경도력이 전향력과 마찰력의 합력과 평형을 이루어서 바람이 분다. 따라서 마찰력과 전향력의 합력의 크기는 기압 경도력과 같다.

ⓑ. 지상풍은 지표면의 마찰력이 작용하는 높이 1 km 이하의 대기 경계층(마찰층)에서 부는 바람이다.

ⓒ. 지표면의 마찰력(B)이 클수록 등압선과 바람이 이루는 경각 $(180° - \theta)$의 크기는 증가한다. 따라서 전향력(C)이 작아질수록 마찰력(B)의 크기가 커지므로 등압선과 바람이 이루는 경각 $(180° - \theta)$은 커지고 θ는 작아진다.

08 등압선이 원형일 때의 바람

등압선이 원형일 때 자유 대기에서는 등압선에 나란한 경도풍이 불고, 대기 경계층에서는 지표면의 마찰력에 의해 등압선을 가로지르는 지상풍이 분다.

✗. (가)에서는 바람이 기압 경도력의 오른쪽 방향으로 등압선에 비스듬하게 불고, (나)에서는 바람이 기압 경도력의 오른쪽 방향으로 등압선과 나란하게 분다. 따라서 (가)와 (나)는 모두 북반구에 위치한다.

ⓑ. (가)에서는 바람이 등압선에 비스듬하게 불고 있으므로 마찰력이 작용하는 대기 경계층(마찰층)에서의 지상풍이고, (나)에서는 바람이 등압선에 나란하게 불고 있으므로 마찰력이 작용하지 않는 자유 대기에서의 경도풍이다. 따라서 바람이 불고 있는 평균 높이는 (가)보다 (나)에서 높다.

ⓒ. 등압선이 원형일 때 지상풍은 기압 경도력, 전향력, 마찰력이 작용하여 불고, 경도풍은 기압 경도력, 전향력이 작용하여 분다. 따라서 바람에 작용하는 마찰력의 크기는 (가)보다 (나)에서 작다.

09 편서풍 파동의 발달 단계

편서풍 파동은 남북 간의 기온 차와 지구 자전에 의한 전향력에 의해 발생하며 저위도의 남는 에너지를 고위도로 수송하여 전 지구적 에너지 평형 상태를 유지하게 한다.

✗. A는 편서풍 파동이 남북 방향으로 파동이 더 커지면서 성장하여 일부가 분리되어 나온 것이므로 저기압이다.

ⓑ. 편서풍 파동의 변동 과정은 남북 사이의 기온 차가 커지면서

편서풍 파동이 발달하기 시작하고, 남북 방향으로 파동이 커지면서 저기압이 떨어져 나온 후에 편서풍 파동의 진폭은 작아진다.

ⓒ. 편서풍 파동의 진폭이 커지면 저위도 지역의 열에너지를 고위도 지역으로 수송할 수 있으므로 남북 사이의 에너지 수송량이 커진다.

10 편서풍 파동과 지상의 기압 배치

편서풍 파동은 편서풍대 상공에서 바람이 남북 방향으로 굽이치면서 서쪽에서 동쪽으로 이동한다. 편서풍 파동은 지상의 기압 배치에 영향을 준다.

ⓐ. 편서풍 파동에서 기압골은 저위도 쪽을 향하여 아래로 오목한 부분이다. 그림에서 기압골은 A와 B 사이에 분포하므로 기압골의 서쪽에 위치하는 지점은 A이다.

✗. 편서풍 파동에서 기압골의 서쪽(A)에서는 공기가 수렴하고, 동쪽(B)에서는 공기가 발산한다.

✗. B에서는 공기가 발산하므로 지상에서는 저기압이 발달한다. 따라서 B와 C 사이에는 상승 기류가 나타난다.

11 제트류의 종류

제트류는 대류권 계면 부근에서 부는 매우 빠른 서풍 계열의 흐름으로 위도 30° 부근에서 형성되는 아열대 제트류와 한대 전선대 근처에서 발생하는 한대 (전선) 제트류가 있다. A는 한대 (전선) 제트류이고, B는 아열대 제트류이다.

ⓐ. 제트류는 남북 간의 기온 차로 인해 발생하므로 남북 간의 기온 차가 작은 여름철이 기온 차가 큰 겨울철보다 풍속이 느리다.

✗. 상대적으로 고위도에 위치한 한대 (전선) 제트류의 평균 발생 높이는 약 10 km이고, 저위도에 위치한 아열대 제트류의 평균 발생 높이는 약 13 km이다. 따라서 제트류의 평균 발생 높이는 A가 B보다 낮다.

ⓒ. 제트류는 편서풍 파동에서 축이 되는 좁고 강한 흐름으로 대류권 계면 부근에서 나타난다. 제트류에 의해서 남북 방향으로 큰 진폭의 파동이 발생하면 고위도의 차가운 공기는 저위도 쪽으로 내려가고, 저위도의 따뜻한 공기는 고위도 쪽으로 올라가므로 제트류는 전 지구적인 에너지 평형 상태를 유지하는 역할을 한다.

12 상공에서의 동서 방향 바람 분포

상공에서의 바람은 남북 사이의 기온 차에 의해 형성되며 대류권 계면 부근에서 강한 서풍을 나타낸다. 제트류는 겨울철에 남하하고, 여름철에 북상한다.

✗. 한대 (전선) 제트류는 여름철에 70°N 부근까지 북상했다가 겨울철에 30°N 부근까지 남하한다. 이에 비해 아열대 제트류는 계절에 따른 위치 변화가 크지 않다. 따라서 자료의 계절은 겨울철이다.

ⓑ. 제트류는 편서풍 파동의 축을 따라서 매우 빠른 속도로 이동

하므로 주로 서풍이다.

✗. 제트류는 남북 사이의 기온 차가 큰 지역에 위치하기 때문에 기압 경도력이 크게 작용할 때 나타나는 흐름이므로 남북 사이의 수평 기온 차가 클수록 풍속은 빨라질 것이다.

13 대기 순환의 규모

대기 순환은 미규모, 중간 규모, 종관 규모, 지구 규모로 구분하고 일반적으로 공간 규모가 클수록 시간 규모도 커진다.

✗. 대기 대순환은 지구 규모의 열에너지 이동을 일으키는 가장 큰 규모의 대기 순환이다. 따라서 대기 순환 규모는 지구 규모에 해당한다. 중간 규모의 대표적인 예로는 해륙풍, 산곡풍 등이 있다.

✗. (가)는 종관 규모이고, (나)는 미규모이다. 종관 규모의 시간 규모는 약 수 일~일주일이고, 미규모의 시간 규모는 약 수 초~수 분이다. 따라서 시간 규모는 (가)보다 (나)에서 작다.

◌. 전향력은 지구 자전에 의해 나타나는 겉보기 힘으로, 종관 규모 이상에서 효과가 나타난다. 따라서 전향력의 효과는 (가)보다 (나)에서 작다.

14 지구의 열수지

지구는 흡수하는 태양 복사 에너지의 양과 방출하는 지구 복사 에너지의 양이 같아서 전체적으로 복사 평형 상태를 유지하고 있다.

◌. A는 지구로 들어오는 태양 복사 에너지이고, B는 지구에서 방출되는 지구 복사 에너지이다.

✗. 저위도 지역에서는 지구로 들어오는 태양 복사 에너지가 지구에서 방출되는 지구 복사 에너지보다 많아서 에너지 과잉 상태이고, 고위도 지역에서는 태양 복사 에너지가 지구 복사 에너지보다 적어서 에너지 부족 상태가 나타난다. 따라서 고위도로 이동할수록 에너지 부족 상태가 나타난다.

◌. 지구에서는 대기와 해수가 저위도 지역의 남는 열에너지를 에너지가 부족한 고위도 지역으로 수송하기 때문에 실제로는 위도별 연평균 기온이 거의 일정하게 유지된다.

15 대기 대순환 모델

지구가 자전을 하지 않을 때는 해들리 순환만 형성되지만, 지구가 자전을 할 때는 전향력의 영향으로 해들리 순환, 페렐 순환, 극 순환이 형성된다.

◌. 3개의 순환 세포가 나타나는 대기 대순환 모델은 지구가 자전할 때의 대기 대순환 모델이다.

✗. A는 극순환, B는 페렐 순환, C는 해들리 순환이다. 극순환과 해들리 순환은 남북 사이의 기온 차에 의해 형성되는 열적 순환이지만, 페렐 순환은 해들리 순환과 극순환 사이에서 열대류와 관계없이 해들리 순환과 극순환의 영향으로 역학적으로 만들어지는 간접 순환이다.

✗. 3세포 순환 모델에서 중위도의 지표 부근에 위치하는 P 지점에서는 서풍 계열의 바람이 우세하게 나타난다.

16 해륙풍

해륙풍은 바람이 적은 맑은 날에 해안의 대기 경계층에서 육지와 바다의 온도 차에 의해서 발생하는 바람이다.

✗. 해안 지역의 주간(낮)에는 육지가 바다보다 빨리 가열되어 해풍이 불고, 야간(밤)에는 육지가 바다보다 빨리 냉각되어 육풍이 분다. 바람이 불 때 깃발은 바람이 불어오는 쪽의 반대 방향에 위치하므로 (가)일 때는 육풍이, (나)일 때는 해풍이 불고 있다. 따라서 해풍이 불 때는 (나)이다.

◌. 육지에서의 평균 기온은 주간(낮)이 야간(밤)보다 높다. 따라서 육풍이 부는 (가)보다 해풍이 부는 (나)일 때 육지에서의 평균 기온이 더 높다.

◌. (나)는 해풍이 불 때이므로 지표 부근에서의 기온은 바다 쪽이 육지 쪽보다 낮다. 따라서 지표 부근의 기압은 바다 쪽이 육지 쪽보다 높다.

01 기압 측정

액체가 들어 있는 유리관을 뒤집어 세우면 유리관 속의 액체는 내려오다가 액체의 압력과 대기압이 같아지면 멈춘다. 따라서 유리관 속에 들어 있는 액체 기둥의 높이는 대기압에 따라 달라진다.
㉠. (가)에서는 기압이 수은 기둥을 76 cm까지 밀어 올렸고, (나)에서는 기압이 수은 기둥을 72 cm까지 밀어 올렸다. 고도가 높아질수록 기압은 대체로 감소하므로 다른 조건이 동일할 때 고도는 수은 기둥의 높이가 높은 (가)보다 수은 기둥의 높이가 낮은 (나)에서 더 높다.
✗. 토리첼리의 기압 측정 실험에서는 기압이 수조 표면의 단위 면적을 누르는 힘과 같으므로 (가)에서 기압의 크기는 수은 기둥을 76 cm 밀어 올리는 힘과 같다.
✗. 수조 표면에 작용하는 기압이 수은 기둥을 76 cm 밀어 올리는 것이므로, 수조 표면에서 40 cm 위에 위치한 A 지점에서 받는 기압은 A 지점에서 위로 밀어 올려진 수은 기둥의 높이에 해당한다. 따라서 A 지점에서 받는 기압을 수은 기둥의 높이로 환산하면 360 mmHg이다.

02 기압 경도력

기압 경도력은 두 지점 사이의 기압 차에 의해 생기는 힘으로, 바람을 일으키는 근원적인 힘이다. 기압 경도력은 등압선의 간격이 좁을수록, 기압 차가 클수록 크게 작용한다.
㉠. 수평 기압 경도력은 기압이 높은 쪽에서 기압이 낮은 쪽으로 작용하므로 기압이 높은 동쪽에서 기압이 낮은 서쪽으로 작용한다.
✗. 수평 기압 경도력의 크기는 $\frac{1}{\rho}\cdot\frac{\Delta P}{\Delta L}$($\Delta P$: 두 등압선 사이의 기압 차이, ΔL: 등압선 간격, ρ: 공기의 밀도)이다. (가)에서 수평 기압 경도력은 $\frac{1}{\rho}\cdot\frac{\Delta P}{L}$이고, (나)에서 수평 기압 경도력은 $\frac{1}{\rho}\cdot\frac{\Delta P}{L}$이다. 따라서 수평 기압 경도력은 (가)와 (나)에서 서로 같다.
㉢. 공기 덩어리의 질량은 부피(V)×밀도(ρ)로 나타낼 수 있다. (가)에서 공기 덩어리의 질량은 $2S\times L\times\rho_{(가)}$이고, (나)에서 공기 덩어리의 질량은 $S\times L\times\rho_{(나)}$이다. (가)와 (나)에서 공기의 밀도는 서로 같으므로 공기 덩어리의 질량은 (가)보다 (나)가 작다.

03 전향력

지구가 자전함에 따라 지구 표면에서 움직이는 물체는 북반구에서는 오른쪽, 남반구에서는 왼쪽으로 진행 방향이 휘어지게 된다.
㉠. A는 위도가 높아질수록 값이 감소하므로 자전 속도이고, B는 위도가 높아질수록 값이 증가하므로 코리올리 계수이다.
㉡. 전향력(C)은 $C=2v\Omega\sin\varphi$이다. 따라서 전향력이 최소가 되는 위도는 위도 0°인 적도이다. 적도에서 자전 속도는 최대이다.
㉢. 전향력 $C=2v\Omega\sin\varphi$에서 물체의 운동 속도가 동일하다면 전향력은 $\sin\varphi$에 비례한다. 따라서 지구에서 운동하는 물체에 작용하는 전향력은 위도에 비례하여 나타난다.

04 지균풍

지균풍이 불 때 단위 질량의 공기에 작용하는 기압 경도력과 전향력의 크기는 같다. 공기의 밀도가 일정할 때 기압 경도력은 두 등압선의 기압 차이에 비례하고 등압선 사이의 거리에 반비례한다.
㉠. 지균풍은 북반구에서는 기압 경도력의 오른쪽 직각 방향으로 나타나고, 남반구에서는 기압 경도력의 왼쪽 직각 방향으로 나타난다. 북반구에 위치한 (가)에서는 기압 경도력이 남쪽에서 북쪽으로 작용하므로 지균풍의 풍향은 서풍이고, 남반구에 위치한 (나)에서는 기압 경도력이 북쪽에서 남쪽으로 작용하므로 지균풍의 풍향은 서풍이다. 따라서 지균풍의 풍향은 (가)와 (나)에서 서로 같다.
㉡. (가)에서 지균풍의 풍속(단위: m/s)은 다음과 같다.

$$v=\frac{1}{2\Omega\sin\varphi}\cdot\frac{\Delta P}{\rho\Delta L}=\frac{1}{2\Omega\sin\varphi}\cdot\frac{\rho g\Delta z}{\rho\Delta L}=\frac{1}{2\Omega\sin\varphi}\cdot\frac{g\Delta z}{\Delta L}$$
$$=\frac{1}{2\Omega\cdot\frac{\sqrt{2}}{2}}\cdot\frac{10\text{ m/s}^2\cdot 20\text{ m}}{4\Delta L}=\frac{25\sqrt{2}}{\Omega\Delta L}$$

(나)에서 지균풍의 풍속(단위: m/s)은 다음과 같다.

$$v=\frac{1}{2\Omega\sin\varphi}\cdot\frac{\Delta P}{\rho\Delta L}=\frac{1}{2\Omega\cdot\frac{1}{2}}\cdot\frac{8\text{ hPa}}{1\text{ kg/m}^3\cdot 2\Delta L}=\frac{400}{\Omega\Delta L}$$

따라서 지균풍의 풍속은 (나)보다 (가)에서 느리다.
㉢. 북반구의 (가)에서는 기압 경도력이 남쪽에서 북쪽으로 작용하고, 남반구의 (나)에서는 기압 경도력이 북쪽에서 남쪽으로 작용한다. 따라서 (가)와 (나)에서 기압 경도력은 모두 저위도에서 고위도로 작용한다.

05 경도풍

경도풍은 자유 대기에서 등압선이 원형이거나 곡선일 때 기압 경도력과 전향력의 합력이 구심력 역할을 하며 부는 바람이다. (가)는 저기압, (나)는 고기압이다.
✗. (가)에서 바람은 시계 반대 방향, (나)에서 바람은 시계 방향으로 불고 있다. (가)는 저기압성 경도풍, (나)는 고기압성 경도풍이 불고 있으므로 (가)와 (나)는 모두 북반구의 상공에 위치한다.

ⓒ. 고기압성 경도풍이 불고 있을 때 전향력의 크기는 기압 경도력의 크기보다 크고, 저기압성 경도풍이 불고 있을 때 전향력의 크기는 기압 경도력의 크기보다 작다. 따라서 전향력의 크기는 (가)보다 (나)에서 더 크다.

ⓔ. 바람의 속력은 전향력에 비례하므로 경도풍의 속력이 같다면 고기압에서보다 저기압에서 기압 경도력이 더 커야 한다. 따라서 저기압 중심에서는 고기압 중심에서보다 기압이 급격하게 변해야 한다.

06 지상풍

지상풍은 마찰력이 작용하는 지표면 근처에서 부는 바람으로 기압 경도력과 전향력, 마찰력이 작용한다. 지상풍은 북반구에서는 기압 경도력에 대하여 오른쪽으로 비스듬하게, 남반구에서는 기압 경도력에 대하여 왼쪽으로 비스듬하게 분다.

ⓖ. 지상풍에서는 고도가 높아질수록 지표면의 마찰력이 작아지고, 전향력이 커져서 풍속이 빨라진다. 따라서 고도는 (가)보다 (나)에서 더 높다.

ⓧ. 대류권에서는 고도가 높아질수록 기압과 밀도는 감소한다. 따라서 고도가 낮은 (가)보다 고도가 높은 (나)에서 대기 밀도는 더 작다.

ⓧ. 지상풍은 지표면의 마찰력이 커질수록 등압선과 바람이 이루는 각(경각)이 커진다. 따라서 등압선과 바람이 이루는 각은 (가)보다 (나)에서 더 작다.

07 지균풍과 지상풍

지균풍은 높이 1 km 이상의 상층 대기에서 등압선이 직선으로 나란할 때 기압 경도력과 전향력이 평형을 이루면서 부는 바람이다. 지균풍의 방향은 북반구에서는 기압 경도력의 오른쪽 직각 방향이고, 남반구에서는 기압 경도력의 왼쪽 직각 방향이다. 지표면의 마찰력이 작용하는 높이 1 km 이하의 대기 경계층(마찰층)에서 등압선이 직선일 때 부는 지상풍에는 기압 경도력, 전향력, 마찰력이 작용한다.

ⓖ. A는 지균풍이고, B는 지상풍이다. 남반구에 위치한 P 지점의 상층 대기에서 지균풍의 풍향이 서풍이므로 기압 경도력은 등압선 ㉠에서 등압선 ㉡으로 작용한다. 따라서 기압은 ㉠이 ㉡보다 크다.

ⓛ. 풍속은 전향력에 비례하여 나타난다. 두 등압선 ㉠과 ㉡ 사이의 거리와 기압 차가 같고, 밀도는 상층 대기에서 작으므로 전향력은 지균풍인 A가 지상풍인 B보다 크다. 따라서 풍속은 A가 B보다 빠르다.

ⓧ. P 지점의 연직 상공에서는 서풍인 지균풍이 불고, 지상 부근에서는 북서풍인 지상풍이 분다. 따라서 P 지점의 연직 상공에서 P 지점으로 이동할 때 풍향은 시계 방향으로 변한다.

08 500 hPa 등압면의 연직 분포

남반구와 북반구에서 모두 저위도와 고위도의 기온 차에 의해 중위도 지역에서는 기압 경도력이 저위도에서 고위도로 작용하여 상층에서는 서풍이 불게 된다. 같은 고도에서는 500 hPa 등압면의 등고선이 높은 쪽에서 낮은 쪽으로 기압 경도력이 작용한다.

ⓖ. 고위도 지역의 찬 공기는 저위도 지역의 따뜻한 공기보다 밀도가 더 크기 때문에 고도가 높아질수록 기압은 따뜻한 공기보다 찬 공기에서 더 급격히 낮아진다. 따라서 기온은 500 hPa 등압면의 고도가 높은 A 지점이 고도가 낮은 B 지점보다 높다.

ⓧ. 상층 대기에서는 저위도 지역에서 고위도 지역으로 기압 경도력이 작용하고, 고위도 지역에서 저위도 지역으로 전향력이 작용한다. 현재 기압 경도력은 B 지점에서 C 지점 쪽으로 작용하므로 위도는 B 지점이 C 지점보다 낮다.

ⓒ. B 지점에서 기압 경도력은 C 지점 쪽으로 작용하고, 전향력은 A 지점 쪽으로 작용하므로 B 지점에서 바람은 기압 경도력의 왼쪽 직각 방향인 동쪽으로 불어간다. 따라서 B 지점에서 바람은 서쪽에서 동쪽으로 분다.

09 편서풍 파동

편서풍 파동의 기압골 서쪽에서는 공기의 수렴이 일어나 공기가 하강하므로 지상에는 고기압이 발달하고, 기압골 동쪽에서는 공기의 발산이 일어나 지상으로부터 공기가 상승하므로 지상에는 저기압이 발달한다.

ⓧ. 기압골의 서쪽 지점(A)에서는 공기의 수렴이 일어나므로 지상에는 고기압이 발달하고, 동쪽 지점(B)에서는 공기의 발산이 일어나서 지상에는 저기압이 발달한다. 따라서 서쪽에서 동쪽으로 이동하는 편서풍 파동에 의해서 다음 날 우리나라의 날씨는 지상 고기압의 영향으로 맑아질 것이다.

ⓛ. 하강 기류가 나타나는 지상 고기압에 비해서 상승 기류가 나타나는 지상 저기압에서는 공기의 상승으로 구름이 형성될 확률이 높다. 따라서 강수 확률은 A의 지상보다 B의 지상에서 높다.

ⓒ. 편서풍 파동에서 기압골의 서쪽 지점(A)에서는 풍속이 감소하고, 기압골의 동쪽 지점(B)에서는 풍속이 증가한다. 따라서 $\dfrac{\text{지점을 통과한 후의 풍속}}{\text{지점을 통과하기 전의 풍속}}$ 은 A에서가 B에서보다 작다.

10 500 hPa 등압면의 등고선

상층 일기도에서 등압면의 고도가 높은 지점은 기압이 높고, 등압면의 고도가 낮은 지점은 기압이 낮다. 상층의 500 hPa 일기도의 경우에는 대류권의 중층인 지상 평균 높이 5580 m를 기준으로 60 m 간격으로 등고선을 표시한다.

ⓖ. 풍속은 기압 경도력이 클수록 빨라진다. 같은 위도에 위치하는 A 지점과 B 지점에서의 전향력은 서로 같고, 기압 경도력은 A 지점이 B 지점에서보다 작으므로 풍속은 A 지점이 B 지점에

서보다 느리다.

✗. 500 hPa 등압면의 등고선 고도의 변화 폭은 북반구에서 4980 ~ 5700 m이고, 남반구에서 5100~5700 m이다. 따라서 500 hPa 등압면의 등고선 고도의 변화 폭은 북반구보다 남반구에서 작다.

✗. 500 hPa 등압면의 등고선은 대략적으로 편서풍 파동의 형태로 나타난다. 편서풍 파동이 남북 방향으로 굽이치는 진폭이 클수록 저위도 지역의 열에너지를 고위도 지역으로 수송할 수 있으므로, 500 hPa 등압면의 등고선 진폭이 작을수록 남북 사이의 에너지 수송량이 적어진다.

11 위도에 따른 바람의 연직 분포

높이에 따른 바람의 연직 분포는 기온의 연직 분포에 의한 기압 경도력의 변화를 통해 나타난다.

✗. 북반구에서 제트류가 (가)에서는 위도 45°N 부근 상공에 위치하고, (나)에서는 위도 30°N 부근 상공에 위치한다. 따라서 (가)는 북반구의 여름철 자료이고, (나)는 북반구의 겨울철 자료이다.

ⓒ. 중위도 상공의 대류권 계면 부근에서는 서풍이 우세하게 나타난다. 따라서 (+)는 서풍이고, (−)는 동풍이다.

ⓒ. 남북 사이의 기온 차가 클수록 기압 경도력이 크게 작용하여 바람의 속력이 빨라진다. 그러므로 높이에 따른 풍속 분포는 남북 사이의 기온 분포에 영향을 주로 받는다.

12 제트류

제트류는 남북 간의 기온 차가 가장 큰 대류권 계면 부근에서 형성된다. 제트류의 중심축은 겨울철에는 저위도로 이동하고, 여름철에는 고위도로 이동한다. 우리나라는 한대 (전선) 제트류의 영향을 주로 받는다.

✗. A는 지상으로부터 높이 약 10 km까지는 대체로 낮아지다가 이후에는 높아지는 경향이 나타나고, B는 지상으로부터 높이 약 12 km까지는 대체로 높아지다가 이후에는 낮아지는 경향이 나타난다. 따라서 A는 기온이고, B는 풍속이다.

ⓒ. 제트류는 남북 방향의 기온 차가 큰 곳에서 형성되므로 대기 대순환에서 대류권 계면 부근의 경계에서 주로 발생한다. 자료에서 풍속인 B가 높이 약 12 km에서 최댓값이 나타나므로 제트류는 대류권 계면 부근에서 나타난다.

✗. 지표면 부근에서는 높이가 높아질수록 기온이 상승하는 구간인 역전층이 나타난다. 역전층은 높이가 높아질수록 기온이 상승하는 기층이므로 기층의 안정도는 절대 안정이다.

13 대기 순환의 규모와 산곡풍

대기 순환은 공간 규모와 시간 규모에 따라 구분한다. 산곡풍은 바람이 약한 맑은 날에 산 사면과 골짜기의 온도 차이에 의해 낮에는 곡풍이, 밤에는 산풍이 하루 주기로 나타나는 바람이다.

ⓒ. 산곡풍은 바람이 약한 맑은 날 주간(낮)에는 주로 골짜기에서 산 사면을 타고 올라가는 곡풍이 불고, 야간(밤)에는 산의 정상부에서 산 사면을 타고 내려오는 산풍이 분다. 따라서 (가)는 바람이 약한 맑은 날에 주로 나타난다.

ⓒ. A의 대표적인 예로는 뇌우, 해륙풍 등이 있고, B의 대표적인 예로는 온대 저기압과 이동성 고기압 등이 있다. 따라서 일기도에 나타날 확률은 A보다 B가 크다.

ⓒ. 산곡풍은 하루를 주기로 바람의 방향이 바뀌므로 대기 순환 규모는 중간 규모인 A에 해당한다.

14 대기 대순환

대기 대순환은 자전하는 지구에서 위도에 따른 에너지 불균형으로 발생한다. 지구 자전에 의한 전향력의 영향으로 3개의 대기 순환 세포가 형성된다. 실제 지구는 지표면이 균일하지 않고 위도 간의 기온 차가 시간에 따라 달라지기 때문에 계절에 따라 기압과 바람의 형태가 다르게 나타난다. 대기 대순환은 자전하는 지구에서 위도에 따른 에너지 불균형으로 발생한다.

✗. 해들리 순환과 극순환은 열적 순환에 의한 열대류로 인해 형성되고, 페렐 순환은 해들리 순환과 극순환의 영향으로 역학적으로 생성되는 간접 순환이다. 따라서 대기 대순환 세포는 모두 열적 순환으로 형성되지 않는다.

ⓒ. 적도 저압대는 계절에 따라 남북으로 이동하는데 북반구의 여름철에는 북반구에 위치하고, 겨울철에는 남반구에 위치한다. (가)에서 적도 저압대의 위치는 (나)보다 더 북쪽에 위치한다. 따라서 (가)는 북반구의 여름철이고, (나)는 북반구의 겨울철의 자료이다.

ⓒ. (나)에서 위도 30°N의 지상에는 해들리 순환에 의해 극 쪽으로 이동하던 공기가 위도 25°N~35°N 사이에서 공기의 냉각과 전향력의 영향으로 하강하여 중위도 고압대가 형성되므로 상공에는 하강 기류가 발달한다.

15 해륙풍

해안 지역에서는 낮 동안 육지 쪽이 바다 쪽보다 빨리 가열되고, 밤 동안에는 육지 쪽이 빨리 냉각된다. 따라서 낮에는 바다 쪽에서 육지 쪽으로 해풍이 불고, 밤에는 반대로 육풍이 분다.

ⓒ. 그림에서 12시를 경계로 이전에는 남풍 계열과 동풍 계열의 바람이 우세하게 불고, 이후에는 북풍 계열과 서풍 계열의 바람이 우세하게 분다. 따라서 육풍은 주로 남동풍 계열의 바람이 불고, 해풍은 주로 북서풍 계열의 바람이 불고 있으므로 육지는 남동쪽에, 바다는 북서쪽에 위치한다.

✗. 해륙풍은 하루를 주기로 바람의 방향이 바뀌므로 대기 순환 규모는 중간 규모에 해당한다.

✗. 해안에서의 풍속은 대체로 육풍이 해풍보다 느리다. 왜냐하면 낮이 밤보다 육지와 해양 간의 온도 차이가 크고, 바다에 비해서

육지에서는 지표면의 마찰로 인해 풍속이 감소하기 때문이다.

16 계절풍

계절풍은 대륙과 해양의 열용량 차이에 의해 1년을 주기로 풍향이 바뀌는 바람이다. 겨울철에는 대륙이 해양보다 빨리 냉각되므로 대륙에서 해양으로 계절풍이 불고, 여름철에는 대륙이 해양보다 빨리 가열되므로 해양에서 대륙으로 계절풍이 분다. (가)는 북반구의 여름철, (나)는 북반구의 겨울철 자료이다.

✗. 이 지역에서 6월에는 남서풍 계열의 바람이 우세하게 나타나고, 12월에는 북동풍 계열의 바람이 우세하게 나타난다. 따라서 해양은 이 지역의 남서쪽에 위치한다.

◯. 6월에는 남서풍 계열의 바람이 넓게 분포하고 있고, 12월에는 북동풍 계열의 바람이 좁게 분포하고 있다. 따라서 풍향의 변화 폭은 (가)보다 (나)에서 작다.

✗. 계절풍은 해륙풍의 발생 원리와 비슷하게 나타난다. 대륙 쪽의 평균 대기 밀도가 높으면 기온이 낮고 기압이 높아지므로 기압 경도력이 대륙에서 해양으로 작용한다. 따라서 대륙에서 해양으로 바람이 부는 겨울철(12월)에 대륙 쪽이 해양 쪽보다 평균 대기 밀도가 높다.

08 행성의 운동(1)

수능 2점 테스트

01 ⑤	02 ⑤	03 ①	04 ⑤	05 ①	06 ②	07 ②
08 ②	09 ③	10 ②	11 ⑤	12 ③	13 ④	14 ②
15 ④	16 ②					

01 지구상의 위치와 시각

평면 위에 있는 한 점의 위치를 표현할 때 좌표를 이용하는 것처럼, 지구의 한 지점 위치는 위도와 경도를 이용하여 나타낼 수 있다.

Ⓐ. 경도는 그리니치 천문대를 지나는 경선을 기준으로 어떤 위치를 지나는 경선이 이루는 각이다.

Ⓑ. 위도는 자전축에 수직인 원 중 반지름이 가장 큰 원인 적도를 0°로 하고, 북극과 남극을 각각 90°N과 90°S로 정하여 나타낸다. 북위 37°인 지역은 지구 중심에 대해 북극으로부터 53° 떨어져 있다.

Ⓒ. 표준시는 경도 0°의 시각인 세계 표준시를 기준으로 어떤 지점의 시각을 나타내는 것으로 동쪽으로 갈수록 빠르며, 경도 15°가 1시간에 해당한다. 동경 135°를 표준시로 사용하는 지역의 시각은 세계 표준시보다 9시간 빠르다.

02 천구의 기준점과 기준선

지구의 자전축을 연장할 때 천구와 만나는 두 점은 천구의 북극과 천구의 남극이며, 지구상에 있는 관측점에서 연직선을 연장할 때 천구와 만나는 두 점은 천정과 천저이다.

㉠. A는 천구의 적도이다. 천체의 일주권은 천구의 적도면과 나란하므로 A에 위치한 별들은 같은 일주권을 그린다.

㉡. B는 자오선으로, 천구의 북극과 남극, 천정과 천저를 동시에 지나는 천구상의 대원이다.

㉢. 적도에서는 천구의 적도가 지평선에 수직이므로 천정과 천저를 지나며 자오선 또한 천정과 천저를 지나므로 A와 B의 교차점이 천정과 천저에 위치한다.

03 지평 좌표계

지평 좌표계는 북점(또는 남점)을 기준으로 하는 방위각과 지평선을 기준으로 하는 고도로 천체의 위치를 나타내는 좌표계이다.

㉠. 천구의 북극이 북점과 천정 사이에 위치한 것으로 보아 북반구에서 관측한 것이다.

✗. 방위각은 북점(또는 남점)으로부터 지평선을 따라 시계 방향으로 천체를 지나는 수직권까지 잰 각이다. A를 지나는 수직권이 남점과 서점 사이에 위치하므로 A의 방위각은 180°와 270° 사이

이다.

✗. A는 남중한 이후 서쪽 지평선을 향하고 있으므로 A의 고도는 현재보다 1시간 후가 낮다.

04 적도 좌표계

적도 좌표계는 춘분점을 기준으로 하는 적경과 천구의 적도를 기준으로 하는 적위로 천체의 위치를 나타내는 좌표계이다.

○. 적경은 춘분점을 기준으로 천구의 적도를 따라 천체를 지나는 시간권까지 시계 반대 방향(서 → 동)으로 잰 각이다. A는 B보다 서쪽에 위치하지만 A와 B 사이에 춘분점이 위치하므로 적경은 A가 B보다 크다.

○. B는 춘분점으로부터 시계 반대 방향으로 90° 떨어진 하지점에 위치하므로 B의 적위는 +23.5°이다.

©. A는 적경이 약 22^h, 적위가 0°이고, B는 적경이 6^h, 적위가 +23.5°이다. 우리나라에서 추분날 자정에 A는 남서쪽 하늘, B는 동쪽 하늘에서 관측할 수 있다.

05 적도 좌표계

적도 좌표계는 관측 장소나 시각의 변화와 관계없이 천체의 위치가 일정한 값으로 표현되므로, 별들의 목록이나 성도를 작성하는 데 이용된다.

○. 북점으로부터 천구의 북극까지의 각거리가 30°이므로 이 지역의 위도는 30°N이다.

✗. 동짓날 21시에 북점에 위치한 별의 적경은 15^h이고, 이로부터 90° 떨어진 A의 적경은 21^h이다. 동짓날 태양의 적경은 18^h이다.

✗. 천구의 북극 주변에서 천체의 일주권은 천구의 북극을 중심으로 동심원을 이루므로 이날 최대 고도는 B가 45°이고, C가 60°이다.

06 천체의 위치와 좌표계

천구의 북극과 천정을 지나는 대원(자오선)이 천구의 북극 방향에서 지평선과 만나는 지점을 북점, 그 반대편을 남점이라고 한다.

✗. 북점에 위치한 A의 적위가 +37°이므로 북점과 천구의 북극이 이루는 각은 53°이다. 천구의 북극의 고도는 관측 지역의 위도와 같으므로 이 지역의 위도는 53°N이다.

✗. 북점에 위치한 별의 적경이 6^h일 때 이로부터 시계 반대 방향으로 270° 떨어진 동점에 위치한 별의 적경은 0^h이다.

©. 천체의 남중 고도(h)는 (90°−위도+적위)이다. 따라서 이날 남중 고도는 A가 74°, B가 37°이다.

07 태양의 연주 운동

천구상에서 태양이 연주 운동하는 경로를 황도라 하며, 황도는 천구의 적도와 약 23.5° 기울어져 있다.

✗. 우리나라에서 태양은 적위가 클수록 더 북쪽에서 뜨므로 태양이 지평선에서 뜨는 위치는 A가 C보다 더 북쪽이다. 따라서 우리

나라에서 태양이 뜰 때의 방위각은 A가 C보다 작다.

✗. 태양은 적경이 증가하는 방향인 서에서 동으로 연주 운동하므로 태양의 위치 순서는 C → B → A이다. B는 태양이 황도를 따라 천구의 남반구에서 북반구로 올라가면서 천구의 적도와 만나는 지점인 춘분점이다.

©. 우리나라에서는 태양의 적위가 클수록 낮의 길이가 길다. A는 C보다 적위가 크므로 우리나라에서 낮의 길이는 태양이 A에 위치한 날이 C에 위치한 날보다 길다.

08 태양의 위치와 일주권

하짓날 태양의 적위는 +23.5°이며, 천체가 일주 운동하는 경로는 천구의 적도와 나란하다.

✗. 천체의 남중 고도는 (90°−위도+적위)이다. (가)에서 태양의 남중 고도가 30°이므로 (가)의 위도는 83.5°N이다. 북극성의 고도는 관측 지역의 위도와 거의 같으므로 (가)에서 북극성의 고도는 약 83.5°이다.

✗. (나)에서 태양의 남중 고도가 60°이므로 (나)의 위도는 53.5°N이다. 천체의 일주권과 지평선이 이루는 각은 (90°−위도)이므로 (나)에서 지평선과 태양의 일주권이 이루는 각은 36.5°이다.

©. 하짓날 북반구에서는 고위도 지역일수록 태양이 지평선 위에 떠 있는 시간이 길어지며 66.5°N보다 고위도 지역에서는 태양이 일주 운동하는 동안 지평선 아래로 내려가지 않는다. 따라서 하짓날 태양이 지평선 위에 떠 있는 시간은 83.5°N인 (가)가 53.5°N인 (나)보다 길다.

09 내행성의 위치 관계

A는 내합과 서방 최대 이각 사이에 위치하고, B는 서방 최대 이각과 외합 사이에 위치한다.

○. 이날 A와 B는 모두 서방 이각에 위치하므로 우리나라에서 해 뜨기 직전 동쪽 하늘에서 관측할 수 있다.

✗. 행성의 $\dfrac{\text{지구에서 밝게 보이는 면적}}{\text{지구를 향한 면적}}$ 은 그믐달 모양에서 보름달 모양으로 갈수록 커진다. A의 위상은 그믐달 모양이고, B의 위상은 하현달과 보름달 사이의 모양이므로 행성의 $\dfrac{\text{지구에서 밝게 보이는 면적}}{\text{지구를 향한 면적}}$ 은 A가 B보다 작다.

©. 내행성의 위치는 내합 → 서방 최대 이각 → 외합으로 변하므로 다음 날 태양과의 이각은 A는 커지고, B는 작아질 것이다.

10 행성의 관측

상현달이 남중하는 시각은 약 18시경이다.

✗. 추분날 태양의 적경은 12^h이므로 태양보다 90° 동쪽에 위치한 상현달의 적경은 약 18^h이다.

✗. 내행성은 최대 이각 범위 내에만 위치한다. A는 상현달보다 동쪽에 위치하므로 외행성이다.
ⓒ. 행성은 태양이 지평선 아래 위치할 때 관측 가능하므로 태양이 진 직후 남동쪽에 위치한 A가 남서쪽에 위치한 B보다 관측 가능한 시간이 길다.

11 수성의 위치와 좌표계
수성의 태양면 통과 현상은 수성이 태양 앞을 지나가는 현상으로 드물게 나타난다.
㉠. 수성의 태양면 통과 현상은 수성이 태양을 동쪽에서 서쪽으로 지날 때 일어나므로 이날 수성은 ㉠에서 ㉡으로 이동하였다.
㉡. 수성의 태양면 통과 현상은 적경이 감소하는 내합 부근에서 일어나므로 적경은 ㉠에 위치할 때가 ㉡에 위치할 때보다 크다.
㉢. 11월에 태양의 적위는 (−) 값이며 ㉠에 위치한 수성은 황도보다 남쪽에 위치하므로 수성이 ㉠에 위치할 때 적위는 (−) 값이다.

12 행성의 위치와 좌표계
태양은 황도를 따라 연주 운동하고, 행성들도 태양의 둘레를 공전하므로 태양계 천체들의 적경과 적위 값은 매일 조금씩 달라진다.
㉠. A와 C는 적경이 12^h 차이 나므로 태양 또는 화성이고, B는 금성이다. 내행성인 금성은 최대 이각 범위 내에만 위치하므로 A가 태양이고 C가 화성이다.
✗. 금성은 태양보다 적경이 약 3^h 작으므로 서방 최대 이각 부근에 위치한다.
㉢. 외행성인 화성은 지구보다 공전 각속도가 느리므로 일주일 뒤 충과 동구 사이에 위치하게 된다.

13 여러 가지 우주관에서 금성의 운동
(가)에서 금성은 태양을 중심으로 공전하며 태양은 지구를 중심으로 공전한다. (나)에서 금성은 주전원을 돌며 주전원의 중심이 지구를 돈다. (다)에서 금성과 지구는 태양을 중심으로 공전한다.
④ (가)는 티코 브라헤의 지구 중심설, (나)는 프톨레마이오스의 지구 중심설, (다)는 코페르니쿠스의 태양 중심설이다.

14 여러 가지 우주관의 특징
A는 프톨레마이오스의 우주관, B는 코페르니쿠스의 우주관, C는 티코 브라헤의 우주관이다.
✗. 프톨레마이오스의 우주관에서 금성은 태양보다 항상 가까이 있으므로 반달보다 작은 모양만 나타나게 된다.
✗. 코페르니쿠스의 우주관에서 행성은 태양을 중심으로 공전한다.
㉢. 티코 브라헤의 우주관은 수성과 금성의 최대 이각을 설명할 수 있다.

15 프톨레마이오스의 우주관
프톨레마이오스의 우주관은 지구가 우주의 중심에 고정되어 있고, 태양, 달 행성들이 지구 주위를 공전하고 있다는 태양계 모형이다.
✗. 수성과 금성의 주전원 중심은 항상 지구와 태양을 잇는 선 위에 위치한다. P는 태양이 위치한 방향과 거의 반대 방향에 주전원이 위치하므로 수성과 금성은 아니다.
㉡. 프톨레마이오스의 우주관에서 수성과 금성을 제외한 다른 행성의 경우, 주전원의 중심은 태양보다 바깥쪽에서 공전한다.
㉢. 주전원의 지구 가까운 지점에서 행성의 역행이 일어나므로 P는 주전원의 ㉠까지 이동하는 사이에 역행이 일어난다.

16 금성의 위상 변화와 우주관
보름달 모양의 금성이 관측되기 위해서는 금성이 태양의 뒤쪽에 위치해야 하는데, 금성이 태양과 지구 사이의 주전원에서만 공전하는 지구 중심설로는 설명되지 않는다.
✗. (나)에서 보름달 모양의 금성이 나타나므로 ㉠은 코페르니쿠스 우주관에서의 금성 이동 경로(공전 궤도)이며, 태양은 ㉠의 중심에 위치한다.
✗. ㉠은 금성의 공전 궤도이다.
㉢. 이 우주관은 코페르니쿠스의 우주관이다. 금성은 A에 위치할 때 외합이므로 순행한다.

수능 3점 테스트

본문 155~161쪽

01 ⑤ **02** ① **03** ② **04** ④ **05** ② **06** ⑤ **07** ⑤
08 ① **09** ⑤ **10** ⑤ **11** ③ **12** ③ **13** ② **14** ⑤

01 지구상의 위치와 시각

위도는 적도를 0°로 하고, 북극을 90°N, 남극을 90°S로 나타낸다. 경도는 경도가 0°인 경선을 기준으로 동쪽으로는 동경, 서쪽으로는 서경으로 180°까지 나타낸다.

ㄱ. B는 그리니치 천문대가 속한 경선으로부터 서쪽으로 30° 떨어져 있고, 적도로부터 북쪽으로 60° 떨어져 있으므로 30°W, 60°N이다.

ㄴ. A와 B는 북극을 기준으로 서로 반대편 경선에 위치하므로 표준시를 가정할 때 12시간 차이가 나타난다.

ㄷ. 경도 15°가 1시간에 해당하므로 A와 C의 시각 차이는 4시간이고, B와 D의 시각 차이는 2시간이다.

02 지평 좌표계

지평 좌표계는 관측자 중심의 좌표계로 관측 장소와 시간에 따라 방위각과 고도가 달라진다.

ㄱ. 관측 장소의 위도가 37°N이므로 고도가 45°인 ㉠은 천구의 북극과 천정 사이에 위치한다. 천구의 북극 부근에 있는 별들은 천구의 북극을 중심으로 시계 반대 방향으로 일주 운동하므로 ㉠의 방위각은 관측 시각의 1시간 후(270°와 360° 사이)가 관측 시각의 1시간 전(0°와 90° 사이)보다 크다.

ㄴ. 37°N에서 동점에 위치한 별은 6시간 후에 남중하지만, 동점보다 고도가 높은 별은 남중하기까지 걸리는 시간이 6시간보다 짧다.

ㄷ. A가 관측한 당시 ㉢은 방위각이 180°인 것으로 보아 남중하였고 남중 고도는 10°이다. 관측 장소의 위도가 37°N이므로 ㉢의 적위는 −43°가 되고, A가 관측한 당시에 같은 경도의 65°N인 지역에서는 남점의 적위가 −25°이므로 ㉢이 남쪽 지평선 아래에 있어 관측할 수 없다.

03 천체의 위치와 좌표계

태양이 황도를 따라 천구의 남반구에서 북반구로 올라가면서 천구의 적도와 만나는 점은 춘분점이다.

ㄱ. A는 적위가 +60°이고, B는 적위가 +10°이다. 37°N에서 A는 최대 고도 67°, 최소 고도가 7로 최대 고도와 최소 고도의 차가 60°이고, B는 최대 고도가 63°, 최소 고도가 0°로 최대 고도와 최소 고도의 차가 63°이다.

ㄴ. A는 춘분점으로부터 시계 반대 방향으로 270° 떨어져 있으므로 적경이 18ʰ이다. 따라서 동짓날 자정에 A는 북쪽 자오선상에 위치하며 이때 천정 거리는 약 83°이다.

ㄷ. B는 적경이 6ʰ이고, C는 적경이 2ʰ이다. 추분날 자정에 B와 C는 동쪽 하늘 부근에 위치하므로 적경이 작은 C가 적경이 큰 B보다 자오선을 먼저 통과한다.

04 천체의 위치와 일주 운동

북반구에서 관측할 때 천구의 북극 주변의 별들은 시계 반대 방향으로 일주 운동을 하고, 남반구에서 관측할 때 천구의 남극 주변의 별들은 시계 방향으로 일주 운동을 한다.

ㄱ. 북반구에서는 천구의 북극의 고도가 관측 지역의 위도와 같고, 남반구에서는 천구의 남극의 고도가 관측 지역의 위도와 같다. 따라서 (가)의 지역은 30°N이고, (나)의 지역은 45°S이다.

ㄴ. (가)에서 별 ㉠은 천구의 북극보다 동쪽에 위치한다. 북반구에서 관측할 때 천구의 북극 주변의 별들은 시계 반대 방향으로 1시간에 15°씩 일주 운동하므로 별 ㉠의 고도는 1시간 후에 더 높아질 것이다.

ㄷ. 동짓날 자정에 (가)에서 천구의 북극과 북점을 잇는 시간권의 적경과 (나)에서 천구의 남극과 남점을 잇는 시간권의 적경은 모두 18ʰ이다. 적경은 서쪽에서 동쪽으로 갈수록 증가하므로 ㉡의 적경은 약 13ʰ 50ᵐ이고, ㉢의 적경은 약 12ʰ 30ᵐ이다.

05 천구의 적도와 황도

황도는 천구상에서 태양이 연주 운동하는 경로로, 천구의 적도와 약 23.5° 기울어져 있다.

ㄱ. (가)에서 천구의 적도와 남쪽 자오선의 교차점의 고도$(\theta_1 + \theta_2)$는 $(90° - 위도)$와 같다. 따라서 위도는 $90° - (\theta_1 + \theta_2)$이다.

ㄴ. (나)의 남쪽 하늘에서 천구의 적도와 황도가 이루는 교차점은 추분점이다. 별 ㉠은 추분점보다 서쪽에 위치하므로 별 ㉠의 적경은 12ʰ보다 작다.

ㄷ. (가)는 자정에 천구의 적도와 황도의 교차점이 동점과 서점에 위치하고 황도가 천구의 적도보다 지평선 가까이 위치하므로 하짓날에 해당하고, (나)는 자정에 추분점이 남중하므로 춘분날에 해당한다. 북반구 중위도에서 태양이 뜰 때의 방위각은 하짓날이 춘분날보다 작다.

06 태양의 일주 운동

판자의 그림자는 태양의 반대 방향으로 생기며, 태양의 고도가 높을수록 판자로부터 판자 그림자 끝까지의 거리가 짧다.

ㄱ. θ는 $(90° - 천구의 북극을 가리키는 직선과 선분 AB가 이루는 각)$이다. 하짓날 판자의 그림자 끝이 이동한 경로가 판자의 A 지점을 지나므로 이 지역은 하짓날 태양이 천정을 지나며 위도가 23.5°이다. 따라서 θ는 $(90° - 23.5°) = 66.5°$이다.

ㄴ. 그림자 끝이 X에 위치할 때는 춘분날과 추분날에 태양이 남동쪽 하늘에 위치할 때이다. 따라서 그림자 끝이 X에 위치할 때 태양의 방위각은 90°와 180° 사이에 해당한다.

ⓒ. 23.5°N보다 위도가 20° 높은 43.5°N에서는 하짓날과 동짓날 각각 태양의 고도가 23.5°N에서보다 낮다. 이 지역보다 위도가 20° 높은 지역에서 같은 활동을 반복한다면 하짓날 판자 그림자 끝까지의 거리가 길어지지만, 동짓날 판자 그림자 끝까지의 거리는 더 길어지므로 l은 길어질 것이다.

07 태양의 일주 경로

하짓날 66.5°N보다 고위도 지역에서는 태양이 일주하는 동안 지평선 아래로 지지 않는다.

ⓒ. θ_1은 $23.5° - (90° - 위도)$이고, θ_2는 $23.5° + (90° - 위도)$이다. 따라서 위도는 $90° - \left(\dfrac{\theta_2 - \theta_1}{2}\right)$이다.

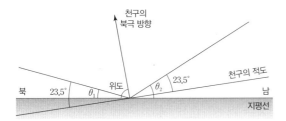

ⓒ. 이 지역은 하짓날 하루 동안 태양이 지지 않는 것으로 보아 66.5°N보다 고위도 지역이다. 이 지역에서 북극으로 이동할수록 θ_1은 증가하여 북극에서는 θ_1이 23.5°가 된다.

ⓒ. 다음 날 태양의 적위는 하짓날보다 작아지므로 θ_1과 θ_2는 모두 작아진다.

08 행성의 위치 관계

금성은 서방 최대 이각에, 목성은 동구에, 화성은 서구와 충 사이에 위치한다.

ⓒ. 금성이 서방 최대 이각에 위치하므로 37°N에서 관측할 때 금성은 하현달 모양으로 관측된다.

✗. 추분날 태양의 적위는 12^h이고 적경은 시계 반대 방향으로 갈수록 증가하므로 화성은 적경이 약 3^h이고 금성은 적경이 약 9^h이다.

✗. 목성은 적경이 약 18^h이다. 행성의 공전 궤도가 같은 평면상에 있다고 가정하였으므로 행성은 황도상에 분포하게 된다. 따라서 목성은 동지점에 위치하므로 행성 중 적위가 가장 작으며 37°N에서 관측할 때 남중 고도도 가장 낮다.

09 행성이 지는 시각과 위치 관계

행성이 뜨고 지는 시각을 이용하여 태양과의 위치 관계를 파악할 수 있다.

ⓒ. A와 C는 자정에 질 때도 있는 것으로 보아 외행성이고, B는 지는 시각이 일몰 시각에서 크게 벗어나지 않는 것으로 보아 내행성이다.

ⓒ. 9월 초에 B는 태양보다 먼저 지는 것으로 보아 태양보다 서쪽에 위치한다. 따라서 9월 초에 B는 태양이 뜨기 직전 동쪽 하늘에

서 관측된다.

ⓒ. 11월 초에 C는 태양이 뜰 때 지므로 태양 반대편인 충 부근에 위치하며 적경이 감소한다.

10 행성의 위치 관계

태양계 행성의 공전 궤도면은 황도면과 거의 일치한다.

① 수성은 천구의 적도보다 남쪽 지평선 가까이 위치하므로 적위가 (−) 값이다.

② 금성이 최대 이각에 위치할 때 천구상에서 태양은 금성보다 수성에 가까이 위치하므로 금성의 동쪽에 위치한다. 따라서 금성은 서방 최대 이각에 위치하므로 위상이 하현달 모양이다.

③ 토성은 태양과 서방 최대 이각에 위치한 금성 사이에 위치하므로 합과 서구 사이에 위치한다.

④ 이날 화성은 목성보다 적위가 작으므로 지평선 위에 떠 있는 시간이 목성보다 짧다.

✗ 다음 날 태양에 대하여 금성은 동쪽으로 이동하고 목성은 서쪽으로 이동하므로 금성−지구−목성이 이루는 각은 이날보다 작아진다.

11 금성의 관측

남반구 중위도에서는 금성이 서방 이각에 위치할 때 해 뜨기 직전 동쪽 하늘에서 관측할 수 있다.

✗ 남반구 중위도에서 천구의 적도가 지평선을 향해 오른쪽 아래로 경사진 것으로 보아 동쪽 하늘을 관측한 것이다.

✗ 3월 21일에 태양은 천구의 적도 부근에 위치하지만 금성은 천구의 적도보다 남쪽에 위치하므로 최대 고도는 금성이 태양보다 높다.

③ 3월 21일에 금성은 반달 모양의 위상이 나타나며 태양보다 서쪽에 위치하므로 서방 최대 이각 부근에 위치한다.

✗ 6월 21일부터 9월 21일까지 금성은 최대 이각을 지나 외합을 향해 이동하므로 순행한다.

✗ 지구로부터 금성까지의 거리가 멀어질수록 시지름이 작아지고 보름달에 가까운 모양이 된다. 따라서 지구로부터 금성까지의 거리는 1월 21일이 9월 21일보다 가깝다.

12 화성의 관측과 적도 좌표

외행성은 공전하는 동안 대부분 순행하고, 충 부근에 있을 때 역행한다.

ⓒ. 외행성은 공전하는 동안 대부분 순행하여 적경이 증가하므로 위치 변화는 ㉠ → ㉡ → ㉢ → ㉣이다. 따라서 8월 1일 화성의 위치는 ㉠이다.

ⓒ. ㉡과 ㉢ 사이에 화성은 적경이 감소하므로 역행한다.

✗. 화성은 ㉣에 위치할 때 충을 지나 태양의 동쪽에 위치할 때이므로 우리나라에서 해 뜨기 직전 동쪽 하늘에서 관측할 수 없다.

13 프톨레마이오스의 우주관
프톨레마이오스의 우주관에서 금성은 주전원을 돌며, 주전원의 중심이 지구 주위를 돈다.

✗. (가)에서 금성은 태양의 서쪽에 위치하며 이각이 최대이지만 태양이 주전원의 중심에 위치한 것은 아니기 때문에 하현달 모양으로는 보이지 않는다.

✗. 금성의 주전원 중심이 별자리에 대해 지구 둘레를 회전하는 주기는 태양의 공전 주기(1년)와 같다. ㉠에서 ㉣까지 걸리는 시간의 2배는 금성의 회합 주기이다.

㉢. (가)는 프톨레마이오스의 우주관으로, 순행에서 역행으로, 또는 역행에서 순행으로 바뀔 때 행성이 정지한 것처럼 보이는 유를 설명할 수 있다.

14 티코 브라헤의 우주관
티코 브라헤는 태양 중심설의 증거인 별의 연주 시차를 측정하기 위해 노력하였으나 연주 시차가 매우 작아 측정에 실패하였다. 그 후 지구가 공전한다는 태양 중심설을 포기하고 자신만의 태양계 모형을 주장하였다.

✗ 티코 브라헤의 우주관에서 태양과 달은 지구를 중심으로 공전하고, 지구를 제외한 행성들은 태양을 중심으로 공전한다. 따라서 A는 수성, B는 태양, C는 지구, D는 달이다.

✗ 티코 브라헤의 우주관에서 지구를 제외한 모든 행성은 태양(B)을 중심으로 공전한다.

✗ 보름달 모양의 금성은 티코 브라헤의 우주관으로 설명할 수 있다.

✗ 연주 시차는 티코 브라헤의 우주관으로 설명할 수 없다.

⑤ 티코 브라헤의 우주관은 코페르니쿠스의 우주관 이후에 등장하였다.

09 행성의 운동(2)

수능 2점 테스트　　　　본문 169~171쪽

01 ⑤　**02** ②　**03** ③　**04** ④　**05** ①　**06** ⑤　**07** ①
08 ⑤　**09** ①　**10** ⑤　**11** ④　**12** ⑤

01 행성의 회합 주기
태양에 대한 행성의 상대적 위치가 반복되는 주기를 회합 주기라고 한다.

Ⓐ. 내행성의 회합 주기는 내합(또는 외합)에서 다음 내합(또는 외합)이 되는 데까지 걸리는 시간이다.

Ⓑ. 외행성은 지구보다 공전 주기가 길기 때문에 외행성의 회합 주기는 지구가 1회 공전하는 데 걸리는 시간인 1년보다 길다.

Ⓒ. 회합 주기는 지구와 행성의 공전 각속도 차이 때문에 발생하므로 지구에서 관측한 어느 행성의 회합 주기와 그 행성에서 관측한 지구의 회합 주기는 같다.

02 외행성의 회합 주기
외행성인 A의 회합 주기는 충(또는 합)에서 다음 충(또는 합)이 되는 데까지 걸리는 시간이다.

✗. A는 현재 충에서 $\frac{5}{4}$년 후 다시 충에 위치하므로 회합 주기가 $\frac{5}{4}$년이다. 따라서 충에서 합까지 걸리는 시간은 회합 주기의 절반인 $\frac{5}{8}$년이다.

✗. A는 $\frac{5}{4}$년 동안 90° 공전하였으므로 공전 주기는 5년이다. 따라서 A가 4회 공전하는 동안 지구는 20회 공전한다.

㉢. 케플러 제3법칙에서 공전 주기를 P(년), 공전 궤도 긴반지름을 a(AU)라고 하면, $\frac{a^3}{P^2}=1$이 성립한다. 공전 주기가 5년인 A의 공전 궤도 긴반지름(a)은 $a^3=25$이므로 3 AU보다 작다.

03 내행성의 회합 주기
내행성의 회합 주기는 내합(또는 외합)에서 다음 내합(또는 외합)이 되는 데까지 걸리는 시간이다.

㉠. 이 행성은 태양으로부터 일정한 각도 이상 벗어나지 않는 것으로 보아 내행성이다. 내행성은 하루 동안 공전하는 각도가 지구보다 크다.

✗. 이 행성은 태양과의 이각이 0°에서 짧은 시간 동안 최대 이각까지 이동한 후 긴 시간 동안 이각 0°로 이동하였다. 따라서 그래프의 출발점은 내합이고, 서방 최대 이각, 외합, 동방 최대 이각을

거쳐 내합까지 이동하는 데 걸린 시간, 즉 회합 주기가 584일이다.

ㄷ. A는 서방 최대 이각이다. 서방 최대 이각으로부터 회합 주기의 절반(292일)이 지난 후 위치한 지점은 외합과 동방 최대 이각 사이이다.

04 외행성의 회합 주기

지구로부터 외행성까지의 거리는 외행성이 충에 위치할 때 가장 가깝고, 합에 위치할 때 가장 멀다. 지구와 외행성의 공전 주기를 각각 E와 P라고 하면, 외행성의 회합 주기(S)는 $\dfrac{1}{S}=\dfrac{1}{E}-\dfrac{1}{P}$ 이다.

✗. A는 지구로부터의 평균 거리가 4 AU이므로 케플러 제3법칙에 따라 공전 주기는 8년이고, 회합 주기는 $\dfrac{8}{7}$년이다. A는 지구로부터의 거리가 ㉠일 때 가장 멀므로 합에 위치하고, ㉡일 때 가장 가까우므로 충에 위치한다. 따라서 ㉠에서 ㉡까지 걸리는 시간은 회합 주기의 절반인 $\dfrac{4}{7}$년이다.

ㄴ. A는 ㉡일 때 충에 위치하고, ㉢일 때 합에 위치한다. 충에서 합으로 이동하는 동안 태양과의 이각은 감소한다.

ㄷ. A는 합에 위치할 때로부터 1년 후, 아직 회합 주기$\left(\dfrac{8}{7}년\right)$에 미치지 못하므로 동구와 합 사이에 위치한다.

05 화성의 공전 주기와 회합 주기

화성이 1회 공전하는 동안 지구는 1회 이상 공전하므로 태양에 대한 화성의 상대적 위치가 달라진다.

ㄱ. 적경은 춘분점을 기준으로 시계 반대 방향으로 갈수록 커진다. 따라서 화성의 적경은 ㉠일 때가 ㉡일 때보다 작다.

✗. 화성은 공전 주기가 687일이므로 화성이 1회 공전할 때 지구는 1회 공전한 후 반 바퀴 이상을 더 공전하게 된다. 따라서 ㉡은 ㉠보다 나중의 위치이다.

✗. 지구는 ㉠으로부터 687일 후 ㉡에 위치한다. 지구가 ㉠에 위치할 때 화성은 충과 동구 사이에 위치하였으나 ㉡에 위치할 때 같은 위치까지 이르지 못하고 서구와 충 사이에 위치하므로 지구에서 측정한 화성의 회합 주기는 687일보다 길다.

06 행성의 회합 주기

내행성은 지구에 가까울수록 회합 주기가 길고, 외행성은 지구에서 멀수록 회합 주기가 짧아지면서 점점 1년에 가까워진다.

ㄱ. 지구는 태양으로부터의 거리가 1 AU이므로 x는 1이다.

ㄴ. y는 회합 주기를 측정하는 관측자가 위치한 행성의 공전 주기와 같다. 금성의 공전 주기는 1년보다 짧으므로 금성에서 측정하면 y는 1보다 작다.

ㄷ. 회합 주기를 측정하는 행성의 태양으로부터의 거리는 x이고,

공전 주기는 y이다. 태양계 행성은 케플러 제3법칙에 따라 x의 세제곱과 y의 제곱이 서로 비례한다.

07 케플러 제1법칙

타원은 이심률이 작을수록 원에 가까운 모양이 되고 이심률이 클수록 더 납작한 모양이 된다.

ㄱ. 태양계 행성은 원에 가까운 타원 궤도로 공전하며, 타원 궤도의 두 초점 중 한 초점에 태양이 위치한다.

✗. 실의 길이를 길게 하여 탐구 과정을 반복하면 긴반지름과 짧은반지름의 차이가 감소하므로 타원의 이심률은 감소한다.

✗. 압정 사이의 거리를 길게 하여 탐구 과정을 반복하면 긴반지름은 그대로이지만 짧은반지름이 감소하므로 타원의 이심률은 증가한다.

08 케플러 제1법칙

행성이 타원 궤도상에서 태양에 가장 가까이 있게 되는 위치를 근일점이라 하고, 가장 멀리 있게 되는 위치를 원일점이라고 한다.

ㄱ. 행성의 공전 주기의 제곱은 공전 궤도 긴반지름의 세제곱에 비례한다. 근일점 거리와 원일점 거리를 더한 값의 절반이 긴반지름이므로 A와 B는 긴반지름이 4 AU로 같다. 따라서 공전 주기는 A와 B가 8년으로 같다.

ㄴ. 초점 거리는 원일점 거리에서 근일점 거리를 뺀 값의 절반이다. 따라서 C의 초점 거리는 2 AU이다.

ㄷ. 타원의 긴반지름을 a, 초점 거리를 c라고 할 때, 이심률(e)은 $\dfrac{c}{a}$이다. 따라서 이심률은 A가 $\dfrac{1}{4}$, B가 $\dfrac{3}{4}$, C가 $\dfrac{2}{3}$이다.

09 케플러 제2법칙

행성이 타원 궤도를 따라 공전할 때 태양과 행성을 잇는 선분은 같은 시간 동안 같은 면적을 쓸고 지나간다.

ㄱ. 이 소행성은 1년 동안 전체 면적의 $\dfrac{1}{8}$을 쓸고 지나가므로 공전 주기가 8년이고, 공전 궤도 긴반지름이 4 AU이다. 선분 $P_1 P_3$은 긴반지름의 2배이므로 8 AU이다.

✗. 소행성이 타원 궤도를 따라 공전할 때 태양과 소행성을 잇는 선분은 같은 시간 동안 같은 면적을 쓸고 지나가므로 B는 A와 같이 전체 면적의 $\dfrac{1}{8}$이다.

✗. 소행성이 공전하며 쓸고 지나간 면적은 P_1에서 P_3까지가 P_2에서 P_4까지보다 좁으므로 공전하는 데 걸리는 시간은 P_1에서 P_3까지가 P_2에서 P_4까지보다 짧다.

10 케플러 제3법칙

행성의 공전 주기의 제곱은 공전 궤도 긴반지름의 세제곱에 비례한다.

ⓒ. 공전 궤도 긴반지름이 클수록 공전 속도는 느리며 공전 주기가 길다.

ⓛ. 공전 속도는 공전 궤도 긴반지름이 작을수록 빠르다.

ⓒ. 화성과 금성은 목성의 내행성에 해당하므로 목성에서 측정한 회합 주기는 목성에 더 가까운 화성이 금성보다 길다.

11 케플러 법칙

탐사선 궤도는 지구 공전 궤도와 만나는 점을 근일점, 화성 공전 궤도와 만나는 점을 원일점으로 하는 타원 궤도이다.

✗. E_0에서 M_1까지 이동하는 동안 탐사선은 타원 궤도의 근일점에서 원일점을 향해 이동하므로 속도는 점차 감소한다.

ⓛ. 탐사선 궤도의 원일점 거리는 1.5 AU이고, 근일점 거리는 1 AU이다.

ⓒ. 탐사선 궤도는 긴반지름이 1.25 AU, 초점 거리가 0.25 AU이므로 탐사선 궤도의 이심률은 0.2이다.

12 쌍성계의 운동

쌍성계를 이루는 두 별은 공통 질량 중심을 기준으로 서로 반대 방향에 위치하며, 공전 방향과 공전 주기가 서로 같다.

ⓐ. 쌍성계에서 별의 질량은 공통 질량 중심으로부터의 거리에 반비례하므로 질량은 A가 B의 3배이다.

ⓛ. A와 B는 공전 주기가 같지만 공통 질량 중심으로부터의 거리는 B가 A의 3배이므로 공전 속도는 B가 A의 3배이다.

ⓒ. 쌍성계에서 두 별 사이의 거리를 a, 공전 주기를 P, 두 별의 질량의 합을 m, 태양 질량을 $M_\odot$이라 하면, $\dfrac{a^3}{P^2} = \dfrac{m}{M_\odot}$이 성립한다. a가 4 AU, m이 $1M_\odot$이므로 B의 공전 주기는 8년이다.

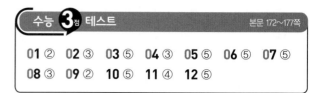

본문 172~177쪽

01 ② **02** ③ **03** ⑤ **04** ③ **05** ⑤ **06** ⑤ **07** ⑤
08 ③ **09** ② **10** ⑤ **11** ④ **12** ⑤

01 수성의 회합 주기

수성의 겉보기 등급 변화 주기와 시지름 변화 주기는 수성의 회합 주기와 거의 일치한다.

✗. 수성은 내합 부근에 위치할 때 시지름이 가장 크지만, 지구에서 관측할 때 밝게 빛나는 면적의 비율이 가장 작아 어둡게 관측된다.

ⓛ. 수성은 5월 초에 시지름이 가장 큰 것으로 보아 내합 부근에 위치하며 이때 역행한다.

✗. 겉보기 등급과 시지름 변화 주기를 통해 수성의 회합 주기가 약 4개월임을 알 수 있다. 수성의 공전 주기는 약 3개월이다.

02 행성의 공전 주기와 회합 주기

회합 주기가 가장 긴 행성은 화성이며, 외행성의 경우 공전 주기가 길수록 회합 주기가 1년에 가까워진다.

ⓐ. 금성은 공전 주기가 225일이므로 6개월 동안 약 290° 공전한다. 따라서 6월 1일 금성의 위치는 ⓛ이다.

ⓛ. 6월 1일과 12월 1일 사이에 화성은 충을 거쳤으므로 역행한 적이 있다.

✗. 외행성의 경우 지구로부터의 거리가 멀수록 회합 주기가 짧아지므로 지구와의 회합 주기는 목성이 화성보다 짧다. 태양계 행성 중 회합 주기가 가장 긴 행성은 화성이다.

03 내행성의 회합 주기

내행성이 원 궤도로 공전한다고 가정할 때, 내행성이 최대 이각에 위치하면 지구와 내행성을 잇는 선분과 태양과 내행성을 잇는 선분은 직각을 이룬다.

ⓐ. B는 태양의 서쪽에 위치하며 태양과 이루는 각이 최대이므로 '서방 최대 이각'은 ⓐ으로 적절하다.

ⓛ. A는 최대 이각이 45°이고 태양으로부터 지구까지의 거리가 1 AU이므로 태양으로부터 A까지의 거리는 $\dfrac{1}{\sqrt{2}}$ AU이다.

ⓒ. B는 최대 이각이 30°이므로 B의 공전 궤도 반지름은 $\dfrac{1}{2}$ AU이다. 공전 주기의 제곱은 공전 궤도 긴반지름의 세제곱에 비례하므로 B의 공전 주기는 $\dfrac{1}{2\sqrt{2}}$년이다. 지구와 내행성의 공전 주기를 각각 E와 P라고 하면, 내행성의 회합 주기(S)는 $\dfrac{1}{S} = \dfrac{1}{P} - \dfrac{1}{E}$이므로 $S = \dfrac{1}{2\sqrt{2}-1}$(년)이다. 따라서 B에서 측정한 지구의 회합

주기는 $\dfrac{1}{2\sqrt{2}}$년보다 길다.

04 외행성의 회합 주기

지구와 외행성의 공전 주기를 각각 E와 P라고 하면, 외행성의 회합 주기(S)는 $\dfrac{1}{S}=\dfrac{1}{E}-\dfrac{1}{P}$이다.

㉠. A는 공전 궤도 반지름이 4 AU이므로 공전 주기가 8년이다. 따라서 A에서 측정한 지구의 회합 주기는 $\dfrac{8}{7}$년이다.

㉡. B는 공전 궤도 반지름이 2.25 AU$\left(=\dfrac{9}{4}\text{ AU}\right)$이므로 공전 주기가 $\dfrac{27}{8}$년이고, 회합 주기는 $\dfrac{27}{19}$년($≒1.42$년)이다. 동구에서 서구까지 이동하는 데 걸리는 시간은 회합 주기의 절반보다 길므로 B가 동구에서 서구까지 이동하는 데 걸리는 시간은 0.7년보다 길다.

✗. A의 회합 주기가 $\dfrac{8}{7}$년이고, B의 회합 주기가 $\dfrac{27}{19}$년이므로 이날로부터 216년째 되는 날까지 회합 주기를 A는 189회, B는 152회 거치게 된다. 따라서 이날로부터 216년째 되는 날 태양, 지구, A, B는 현재와 같은 위치 관계가 나타난다. 하짓날 A는 태양 반대편에 위치하여 적위가 $-23.5°$이고, B는 태양과 같은 방향에 위치하여 적위가 $+23.5°$이므로 우리나라에서의 남중 고도는 A가 B보다 낮다.

05 행성의 회합 주기

A와 B가 공전 주기는 다르지만, 지구에서 측정한 회합 주기가 같다면 A와 B 중 한 행성은 내행성, 나머지 한 행성은 외행성이다. C는 회합 주기가 1년이므로 내행성이고, 공전 주기는 0.5년이다. 공전 주기는 B가 C의 3배이므로 B는 공전 주기가 1.5년인 외행성이고, B의 회합 주기는 3년이다. B가 외행성이므로 A는 내행성이고, 회합 주기가 3년이므로 공전 주기는 0.75년이다.

㉠. A는 공전 주기가 0.75년인 내행성이다.

㉡. 공전 주기는 B가 1.5년, C가 0.5년이다. 공전 주기의 제곱은 공전 궤도 반지름의 세제곱에 비례하므로, 공전 궤도 반지름은 B가 C의 $3^{\frac{2}{3}}$배이다.

㉢. A와 C의 공전 주기를 각각 a, c라고 하면, C에서 측정한 A의 회합 주기(S)는 $\dfrac{1}{S}=\dfrac{1}{c}-\dfrac{1}{a}$이다. 따라서 C에서 측정한 A의 회합 주기는 1.5년이고, 이는 B의 공전 주기(1.5년)와 같다.

06 내행성의 타원 궤도

타원 궤도로 공전하는 내행성은 궤도상에서 태양으로부터의 거리에 따라 최대 이각의 크기가 다르게 나타난다.

㉠. ㉠에서 ㉡까지 이동하는 데 걸리는 시간은 ㉡에서 ㉠까지 이동하는 데 걸리는 시간보다 짧다. 내행성은 동방 최대 이각에서 서방 최대 이각까지 이동하는 데 걸리는 시간이 서방 최대 이각에서 동방 최대 이각까지 이동하는 데 걸리는 시간보다 짧으므로 ㉠은 동방 최대 이각이고, 이 행성이 ㉠에 위치할 때 우리나라에서 상현달 모양으로 관측된다.

㉡. 1989년 1월 8일부터 112일 동안 약 1 회합 주기를 거친다. 내행성은 1 회합 주기 동안 1회 이상 공전하므로 이 행성의 1989년 1월 8일부터 112일 동안의 공전 각은 180°보다 크다.

㉢. 타원 궤도로 공전하는 내행성은 최대 이각이 작을수록 태양으로부터의 거리가 가깝다. 1989년 1월 8일이 1989년 8월 28일보다 최대 이각이 작아 태양으로부터의 거리가 가까우므로 공전 속도가 빠르다.

07 케플러 제1법칙

타원의 긴반지름을 a, 짧은반지름을 b, 초점 거리를 c라고 할 때, 이심률(e)은 $\dfrac{c}{a}=\dfrac{\sqrt{a^2-b^2}}{a}$이다.

㉠. A는 초점 거리가 10 cm이고 이심률이 0.5이므로 긴반지름은 20 cm이다. ㉠은 타원의 긴반지름과 같으므로 20 cm이다.

㉡. 그림에서 B의 공전 궤도 짧은반지름이 10 cm이므로 실제로는 2 AU이다. B는 공전 궤도 긴반지름이 4 AU, 짧은반지름이 2 AU이므로 B의 공전 궤도 이심률은 $\dfrac{\sqrt{3}}{2}$이다.

㉢. A와 B는 공전 궤도 긴반지름이 모두 4 AU이다. 공전 궤도 긴반지름의 세제곱과 공전 주기의 제곱은 비례하므로 A와 B의 공전 주기는 8년이다.

08 케플러 제2법칙

행성이 타원 궤도를 따라 공전할 때 태양과 행성을 잇는 선분은 같은 시간 동안 같은 면적을 쓸고 지나간다.

㉠. A는 6개월 동안 전체 궤도 면적의 $\dfrac{1}{16}$을 쓸고 지나가므로 공전 주기가 8년이고, B는 6개월 동안 전체 궤도 면적의 $\dfrac{1}{2}$을 쓸고 지나가므로 공전 주기가 1년이다.

㉡. A는 공전 주기가 8년이므로 공전 궤도 긴반지름이 4 AU이다. 원 궤도로 공전하는 B의 공전 궤도 반지름이 1 AU이므로 A는 근일점 거리가 1 AU, 원일점 거리가 7 AU가 되며 초점 거리는 3 AU이다.

✗. B가 4바퀴 공전하는 데 걸리는 시간은 4년이다. A는 현재 원일점을 지나 근일점을 향하는 궤도상에 위치하므로 공전 주기의 절반인 4년 후 근일점을 지나 원일점을 향하는 궤도상에 위치하게 된다. 따라서 현재부터 B가 4바퀴 공전하는 동안 공전 속도는 빨라지다가 근일점을 지난 후 느려지게 된다.

09 케플러 법칙

공전 궤도 긴반지름이 같을 때 이심률이 클수록 타원의 전체 면적은 작아진다.

✗. A는 B와 공전 주기가 같으므로 공전 궤도 긴반지름도 B와 같은 2 AU이다. A는 원일점 거리가 3.5 AU이므로 근일점 거리가 0.5 AU이며, 공전 궤도 짧은반지름은 $\frac{\sqrt{7}}{2}$ AU이다.

✗. 원 궤도로 공전하는 행성의 공전 속도는 공전 주기에 반비례하고, 공전 궤도 긴반지름에 비례하므로 공전 속도는 B가 지구의 $\frac{1}{\sqrt{2}}$배이다.

ⓒ. A와 B의 공전 궤도 긴반지름은 같지만, A가 B보다 공전 궤도 이심률이 크기 때문에 타원의 전체 면적은 A가 B보다 작다. 따라서 태양과 소행성을 잇는 선분이 1년 동안 쓸고 지나가는 면적은 A가 B보다 작다.

10 케플러 법칙

공전 궤도 긴반지름이 같을 때 타원 궤도의 이심률이 클수록 근일점에서의 공전 속도가 빠르다.

㉠. A는 공전 궤도 이심률이 0.875, B는 공전 궤도 이심률이 0.5이다.

㉡. A는 자정에 남중하므로 태양 반대편에 위치한다. A의 근일점 거리가 0.5 AU이므로 A가 근일점에 위치할 때는 자정에 남중할 수 없다. 따라서 이날 A는 원일점에, B는 근일점에 위치하게 되며 지구로부터의 거리는 A가 6.5 AU, B가 $\sqrt{3}$ AU이다.

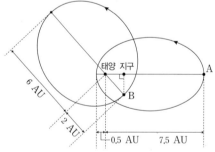

이날 자정 지구와 A, B의 위치 관계

㉢. A와 B는 공전 궤도 긴반지름이 4 AU이므로 공전 주기가 8년이다. 이날로부터 4년째 되는 날에 공전 궤도상 반대편에 위치하게 되므로 A는 근일점, B는 원일점에 위치하게 된다. 따라서 이날로부터 4년째 되는 날의 공전 속도는 A가 B보다 빠르다.

11 케플러 제3법칙

케플러는 '행성의 공전 주기의 제곱은 공전 궤도 긴반지름의 세제곱에 비례한다'는 케플러 제3법칙(조화 법칙)을 발표하였다. 이후 뉴턴은 자신이 유도한 만유인력 법칙을 이용하여 케플러 제3법칙을 증명하고 행성의 운동을 설명하였다.

④ 천체의 공전 주기를 P, 공전 속도를 v, 질량을 m, 공통 질량 중심으로부터 천체까지의 거리를 a라고 할 때, 구심력은 $\frac{mv^2}{a}$, 공전 속도는 $\frac{2\pi a}{P}$이다.

12 쌍성계의 운동

쌍성계를 이루는 두 별은 공통 질량 중심을 기준으로 서로 반대 방향에 위치하며, 공전 방향과 공전 주기가 서로 같다.

㉠. A의 질량이 태양 질량의 2배이므로 공통 질량 중심으로부터의 거리가 A의 $\frac{1}{3}$배인 B의 질량은 태양 질량의 6배이다. A와 B의 질량의 합이 태양 질량의 8배이고, A와 B 사이의 거리가 8 AU이므로 케플러 제3법칙에 따르면 A와 B의 공전 주기는 8년이다.

㉡. A와 D는 공전 주기가 같으므로 C와 D의 공전 주기도 8년이다. 두 쌍성계에서 두 천체 사이의 거리와 공전 주기가 같다면 쌍성계의 질량도 서로 같으므로 C와 D의 질량의 합은 태양 질량의 8배이다. 공통 질량 중심으로부터의 거리가 D가 C의 7배이므로 C의 질량은 태양 질량의 7배이고, D의 질량은 태양 질량과 같다. 따라서 B의 질량과 C의 질량의 합은 태양 질량의 13배이다.

㉢. A~D의 공전 주기가 모두 8년이므로 공전 속도는 공전 궤도 반지름이 가장 큰 D가 가장 빠르다.

10 우리은하와 우주의 구조

수능 **2**점 테스트   본문 191~196쪽

01 ③	02 ⑤	03 ②	04 ④	05 ④	06 ②	07 ①
08 ①	09 ②	10 ②	11 ①	12 ①	13 ③	14 ①
15 ⑤	16 ⑤	17 ①	18 ②	19 ⑤	20 ②	21 ②
22 ③	23 ③	24 ②				

01 겉보기 등급과 절대 등급

별의 밝기는 등급으로 나타내며 밝은 별일수록 작은 숫자로 나타낸다.

㉠. A와 B의 겉보기 등급은 5.0 차이가 나므로 A가 B보다 100배 밝게 보인다.

㉡. 거리 지수는 겉보기 등급과 절대 등급의 차이다. B의 거리 지수는 7.0이다.

✗. A의 거리 지수는 3.0이고, B의 거리 지수는 7.0이다. 거리 지수가 클수록 별까지의 거리는 멀다.

02 천체의 거리

연주 시차는 지구 공전 궤도의 양끝에서 별을 바라보았을 때 생기는 각(시차)의 $\frac{1}{2}$이다.

㉠. (가)는 연주 시차, (나)는 세페이드 변광성을 이용한 거리 측정, (다)는 주계열 맞추기이다. 별의 거리 지수는 (겉보기 등급 − 표준 주계열성의 절대 등급)이고 거리 지수가 클수록 별까지의 거리는 멀다.

㉡. 연주 시차는 지구 공전 궤도 양끝에서 별을 바라보았을 때 생기는 각도를 이용하는데, 목성의 공전 궤도는 지구보다 커서 연주 시차가 더 크게 나타나므로 더 먼 거리의 별도 측정할 수 있다.

㉢. 세페이드 변광성을 이용한 거리 측정은 외부 은하까지의 거리 측정에도 이용할 수 있을 만큼 멀리 있는 별의 거리를 측정할 수 있다.

03 세페이드 변광성

세페이드 변광성은 변광 주기가 길수록 절대 등급이 작은 특징을 나타낸다.

✗. 절대 등급은 B가 A보다 작다. 따라서 변광 주기는 B가 A보다 길다.

㉡. 거리 지수는 A가 B보다 작다. 따라서 별까지의 거리는 B가 A보다 멀다.

✗. B의 거리 지수는 25이고, B까지의 거리는 10^6 pc이다. 연주

시차는 약 1000 pc 이내의 가까운 별의 거리를 측정하는 데 이용된다.

04 색지수

색지수는 한 파장대에서 측정한 등급과 다른 파장대에서 측정한 등급의 차이로, 별의 표면 온도를 나타내는 척도가 된다.

✗. 최대 복사 에너지를 방출하는 파장이 긴 별일수록 색지수 $(B-V)$가 크다.

㉡. 색지수$(B-V)$는 별의 표면 온도가 높을수록 작다.

㉢. 절대 등급은 (가)가 (나)보다 작고, 두 별의 겉보기 등급이 같으므로 거리 지수는 (가)가 (나)보다 크다.

05 성단의 주계열 맞추기

색지수와 절대 등급이 알려진 표준 주계열성의 색등급도와 성단의 색등급도를 비교하면 성단을 구성하는 별들의 절대 등급을 알 수 있고, 이로부터 구한 거리 지수로 성단까지의 거리를 구할 수 있다.

✗. 색지수$(B-V)$는 별의 표면 온도가 높을수록 작다. 따라서 색지수는 A가 B보다 작다.

㉡. B의 겉보기 등급은 10보다 크고 절대 등급은 5이다. 따라서 거리 지수는 5보다 크다.

㉢. 성단의 거리 지수가 5보다 크고 6보다 작다. 성단까지의 거리가 1 kpc이 되려면 거리 지수가 10이어야 한다.

06 구상 성단과 산개 성단

(가)는 구상 성단, (나)는 산개 성단이다.

✗. (가)는 구형으로 별이 밀집해 있는 것으로 보아 구상 성단이다.

✗. (나)는 산개 성단으로 주계열 이후 단계의 별보다 주계열 단계의 별이 더 많다.

㉢. 구상 성단은 수만에서 수십만 개의 별들이 모여 있고, 산개 성단은 수백에서 수천 개의 별들이 모여 있다.

07 우리은하의 모형

섀플리는 변광성을 이용하여 구상 성단까지의 거리를 측정하고 그 분포를 조사하였다.

㉠. 섀플리는 우리은하의 지름이 100 kpc 정도 된다고 생각하였는데 이는 성간 소광을 고려하지 않았기 때문이다.

✗. A는 구상 성단으로 변광성을 통해 분포를 알아냈다.

✗. 섀플리는 우리은하의 중심이 태양계가 아니라는 사실을 밝혀냈다.

08 우리은하의 특징

우리은하는 막대 나선 은하에 해당하며, (가)는 헤일로, (나)는 중앙 팽대부, (다)는 은하 원반이다.

○. 태양은 은하 원반에 위치한다.

✗. 구상 성단은 은하 원반보다 헤일로에 더 많이 위치한다.

✗. 푸른색 별의 비율은 중앙 팽대부보다 은하 원반에서 높다.

09 성간 적색화

별빛이 성간 티끌을 통과하는 동안 파장이 짧은 파란빛은 감소하고 파장이 긴 붉은빛이 상대적으로 많이 도달하기 때문에 별이 실제보다 붉게 보이는 것을 성간 적색화라고 한다.

✗. 별빛이 성간 티끌을 통과하는 동안 파장이 짧은 파란빛은 산란되고 파장이 긴 붉은빛은 상대적으로 많이 통과한다.

○. B에서는 성간 적색화가 나타나므로 색초과 값이 A보다 크다.

✗. B에서는 성간 소광이 나타나 별이 실제보다 멀리 있는 것처럼 관측된다.

10 성간 소광과 암흑 성운

성간 티끌에 의해 별빛이 통과하지 못해 어둡게 보이는 성운을 암흑 성운이라고 한다.

✗. 암흑 성운 내의 성간 티끌은 파장이 짧을수록 빛을 더 잘 흡수하거나 산란시키므로 빛의 파장이 길수록 성간 소광이 상대적으로 잘 나타나지 않는다.

○. A의 별빛이 암흑 성운을 통과하면서 상대적으로 파장이 짧은 파란빛이 감소하고 성간 적색화가 나타난다.

✗. 성간 티끌은 파장이 짧을수록 빛을 더 잘 흡수하거나 산란시켜 성간 소광을 일으킨다.

11 방출 성운과 반사 성운

방출 성운은 H II 영역의 전리된 수소가 자유 전자와 재결합하는 과정에서 빛을 방출하여 밝게 보이고, 반사 성운은 성운 주변에 있는 밝은 별의 빛을 산란시켜 뿌옇게 보이는 성운이다.

○. 방출 성운은 성운 근처 온도가 높은 별이 방출하는 빛에 의해 수소가 전리되어서 형성된다.

✗. 반사 성운은 주로 파란색으로 관측된다.

✗. 방출 성운이 밝게 보이는 현상은 H II 영역의 전리된 수소가 자유 전자와 재결합하는 과정에서 빛을 방출하기 때문이다.

12 성간 물질과 암흑 성운

성간 물질의 99 %(질량비)는 원자와 분자 형태로 존재하는 기체이다. A는 성간 기체, B는 성간 티끌이다.

○. 성간 기체에는 수소와 헬륨이 가장 많다.

✗. 암흑 성운은 주로 분자운으로 구성된다.

✗. 암흑 성운을 구성하는 물질의 대부분은 수소와 헬륨이다.

13 성간 기체

H I 영역은 수소가 중성 원자 상태이고, H II 영역은 이온 상태

이다.

○. A는 고온의 별에서 방출한 자외선에 의하여 이온화된 수소로 이루어진 H II 영역이다.

✗. B는 H I 영역으로 수소는 주로 중성 원자의 형태로 존재한다.

○. 온도는 고온의 별 근처에 있는 A가 B보다 높다.

14 시선 속도와 접선 속도

접선 속도는 별까지의 거리와 고유 운동을 이용하여 구한다.

○. 시선 속도는 $\dfrac{\Delta\lambda}{\lambda_0}\times c$($\Delta\lambda$: 관측한 별의 흡수선 파장 변화량, λ_0: 흡수선의 고유 파장, c: 빛의 속도)이다. 따라서 시선 속도는 A가 B보다 크므로 고유 파장이 400 nm인 흡수선의 관측 파장은 A가 B보다 길다.

✗. 공간 속도는 $\sqrt{(\text{접선 속도})^2+(\text{시선 속도})^2}$이므로 A와 B가 같다.

✗. 접선 속도는 고유 운동과 별까지의 거리의 곱에 비례하므로 접선 속도가 큰 B가 고유 운동이 크다.

15 강체 회전과 케플러 회전

우리은하 중심부는 강체와 같이 회전하며, 태양 근처에서는 케플러 회전을 한다.

○. 케플러 회전의 속도는 $\sqrt{\dfrac{1}{\text{회전 중심부로부터의 거리}}}$에 비례하므로 $\dfrac{r_2\text{에서 회전 속도}}{r_1\text{에서 회전 속도}}$는 $\sqrt{\dfrac{r_1}{r_2}}$이다.

○. 강체 회전을 하는 별들은 공전 주기가 같다.

○. 케플러 회전은 질량이 중심부에 집중되어 있을 때 나타난다.

16 21 cm 전파의 관측과 해석

케플러 회전을 하는 경우 우리은하 중심으로부터 멀어질수록 회전 속도가 느려진다.

○. A는 공전 속도가 태양보다 느리므로 태양과 가까워지고 시선 속도가 (−)를 나타낸다.

○. ⓒ은 ⓛ보다 더 빠른 속도로 멀어지므로 관측되는 21 cm 수소선의 파장은 ⓒ보다 ⓛ이 짧다.

○. C는 B보다 은하 중심에 가까우므로 시선 속도가 크게 나타나고 (+)를 나타낸다. 따라서 ⓔ이 C이고 복사 세기가 큰 것으로 보아 중성 수소는 B보다 C에 많이 분포한다.

17 은하의 회전과 별의 운동

태양과 별 A~D는 케플러 회전을 하고 있으므로 은하 중심에서 가까울수록 회전 속도가 빠르다.

○. A는 태양보다 바깥쪽 궤도를 태양보다 뒤쪽에서 공전하고 있으므로 태양에서 멀어지고 있고 적색 편이가 나타난다.

✗. C는 태양과 같은 궤도를 돌고 있어 시선 속도는 나타나지 않지만 접선 속도는 나타난다.

✗. B, 태양, D, 은하 중심은 일직선상에 위치하므로 태양에서 관측할 때 B와 D에서 시선 속도가 나타나지 않는다.

18 산개 성단의 색등급도

산개 성단은 나이가 젊고 고온의 푸른색 별들이 많다. 또한 나이가 많을수록 주계열성 중 붉은색 별이 차지하는 비율이 높아진다.

✗. 산개 성단의 색등급도에서 전향점에 위치한 별의 색지수$(B-V)$가 클수록 성단의 나이가 많다. 전향점에 위치한 별의 색지수$(B-V)$는 B가 A보다 크다.

Ⓛ. A는 대부분의 별이 주계열성에 해당하며, 질량이 매우 큰 일부 주계열성만 주계열을 벗어났지만, C는 상당수의 주계열성이 주계열을 벗어났다.

✗. A, B, C의 전향점에 위치한 별의 색지수$(B-V)$로 보아 A, B, C는 형성된 지 100억 년이 되지 않았다.

19 산개 성단과 구상 성단의 색등급도

산개 성단은 주계열성의 비율이 높고, 젊고 푸른색 주계열성이 많이 분포한다. 구상 성단은 대부분 나이가 많고 온도가 낮은 주계열성과 거성으로 이루어져 있다. (가)는 산개 성단, (나)는 구상 성단이다.

㉠. 전향점의 색지수$(B-V)$는 (가)는 0보다 작고, (나)는 약 0.5이다.

Ⓛ. 구상 성단은 수만~수십만 개의 별들로 구성되고, 산개 성단은 수백~수천 개의 별들로 구성된다.

Ⓒ. 색지수$(B-V)$가 같은 주계열성의 겉보기 등급이 (나)가 (가)보다 큰 것으로 보아 성단까지의 거리는 (나)가 (가)보다 멀다.

20 은하의 회전 속도 곡선

은하의 질량이 은하 중심에 집중되어 있다면 은하 중심으로부터 거리가 멀수록 회전 속도가 감소하는 케플러 회전을 해야 한다.

✗. 은하 중심에서 8 kpc 사이에 위치한 별들의 회전 속도는 거리가 증가함에 따라 증가하는 부분이 있으므로 모든 별들이 케플러 회전을 하는 것은 아니다.

✗. 은하의 질량이 은하 중심에 집중되어 있다면 은하 중심으로부터 거리가 멀수록 회전 속도가 감소하는 케플러 회전을 해야 하는데, 은하 중심으로부터 거리가 약 10 kpc인 곳에서는 회전 속도가 증가하기 시작하고 은하 중심으로부터 거리가 약 14 kpc 이상인 곳에서는 거의 일정한 것으로 보아 우리은하의 질량은 은하 중심부에 집중되어 있지 않다.

Ⓒ. 우리은하 중심에서 거리가 약 10 kpc 이상인 곳에서 회전 속도가 증가하다가 일정해지는 것은 암흑 물질의 존재로 설명한다.

21 국부 은하군

국부 은하군은 우리은하와 안드로메다은하 등 40개 이상의 크고 작은 은하들로 이루어져 있다.

✗. 국부 은하군의 무게 중심은 우리은하와 안드로메다은하 사이에 위치한다.

Ⓛ. 안드로메다은하와 우리은하는 중력적으로 묶여 있고 서로 접근하고 있다.

✗. 국부 은하군에는 소마젤란은하와 같은 불규칙 은하가 포함된다.

22 우주의 구조

(가)는 우리은하에 속한 구상 성단이고, (나)는 국부 은하군에 속한 은하이다.

㉠. (가)는 우리은하에 속해 있고, (다)는 외부 은하이므로 지구에서부터 거리는 (가)가 (다)보다 가깝다.

✗. 국부 은하군의 은하들은 서로 중력적으로 묶여 있고 (나)는 우리은하로 접근하고 있다.

Ⓒ. 규모가 가장 큰 것은 은하군인 (다)이다.

23 은하들의 집단

은하군은 은하의 무리를 구성하는 가장 작은 단위로 수십 개의 은하들이 서로의 중력에 속박되어 구성된 집단이다. 은하단은 수백 개~수천 개의 은하로 구성되어 은하군보다 규모가 더 큰 집단이다.

㉠. (가)는 은하군으로 수십 개 이하의 은하로 구성된다.

✗. 우리은하가 속한 국부 은하군은 처녀자리 초은하단에 속한다.

Ⓒ. 은하군을 구성하는 은하들은 서로 중력적으로 묶여 있다.

24 우주 거대 구조

대부분의 은하들은 우주 공간에서 그물망과 비슷한 거대 가락(필라멘트) 구조를 따라 분포하며, 이러한 거대 구조를 은하 장성이라고 한다.

✗. 은하 장성은 초은하단보다 더 거대한 규모로 은하들이 모인 구조이다.

✗. 암흑 물질은 은하가 거의 존재하지 않는 (나)보다 은하가 많이 존재하는 (가)에 많이 분포한다.

Ⓒ. 거대 공동의 밀도는 우주 평균 밀도보다 작다.

01 ③	02 ②	03 ②	04 ③	05 ②	06 ③	07 ③
08 ①	09 ②	10 ①	11 ①	12 ⑤	13 ④	14 ③
15 ⑤	16 ③	17 ①	18 ④	19 ⑤	20 ③	21 ⑤
22 ⑤	23 ①	24 ②

01 연주 시차

A는 1년 동안 천구상에서 이동한 궤적이 원형이고 B는 납작한 타원형인 것으로 보아 천구상에서 A가 B보다 황도에서 멀리 떨어져 있다.

㉠. A는 1년 동안 천구상에서 이동한 궤적으로 보아 천구의 북반구에 위치하는 경우 아래 그림처럼 위치하고, 천구의 남반구에 위치하는 경우는 천구의 중심을 기준으로 A의 반대편에 위치하게 된다. B는 황도 근처에 위치한다. 따라서 적위의 절댓값은 A가 B보다 크다.

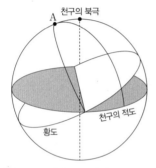

✗. A의 연주 시차는 0.05″이므로 거리는 20 pc이다.

㉢. 별까지의 거리는 A가 B보다 멀고 겉보기 등급은 A와 B가 같으므로 실제 밝기는 A가 B보다 밝다.

02 은하의 관측

(가)는 가시광선, (나)는 21 cm 전파, (다)는 근적외선으로 관측한 영상이다.

✗. (가)에서 티끌에 의한 성간 소광이 나타나고 은하 중심부가 밝게 보이는 것으로 보아 가시광선으로 관측한 영상이다.

㉡. (나)에서 중심부는 어둡고 나선팔이 있는 부분이 밝게 보이는 것으로 중성 수소 원자가 은하 중심부보다 나선팔에 많이 존재한다는 것을 알 수 있다.

✗. 성간 소광 효과는 가시광선으로 관측할 때가 근적외선으로 관측할 때보다 크다.

03 우리은하의 회전 속도

태양계 근처에서는 별들의 시선 속도와 접선 속도를 직접 측정하여 은하의 회전 속도를 알아낼 수 있다.

✗. 태양과 A~H는 케플러 회전을 하므로, 별의 시선 방향을 보면 태양은 ㉡ 방향으로 공전하고 있음을 알 수 있다.

✗. 접선 속도는 시선 방향에 수직인 방향의 선속도로 D는 그림에서 위쪽으로 올라오고 있고, E는 아래로 내려가고 있으므로 접선 속도의 방향은 다르다.

㉢. R을 은하 중심으로부터 별 G까지의 거리라고 하면, 별 G의 접선 속도는 $\sqrt{\dfrac{1}{R}} - \sqrt{\dfrac{1}{R+d}}$에 비례하고, 별 B의 접선 속도는 $\sqrt{\dfrac{1}{R+d}} - \sqrt{\dfrac{1}{R+2d}}$에 비례하므로 공간 속도의 크기는 G가 B보다 크다.

04 천체의 거리

연주 시차는 지구 공전 궤도의 양끝에서 별을 바라보았을 때 생기는 각(시차)의 $\dfrac{1}{2}$이다.

㉠. 별 A의 연주 시차로 보아 별까지의 거리는 10 pc이다. 따라서 별 A의 겉보기 등급은 -2.0이다.

㉡. 별 B의 거리 지수는 7이다. 따라서 별 B까지의 거리는 100 pc보다는 멀고, 1000 pc보다는 가깝다.

✗. 별 C의 연주 시차로 보아 별 C의 절대 등급은 -1.0이다. 광도는 절대 등급이 작을수록 크므로 별 A가 가장 크다.

05 세페이드 변광성

종족 I 세페이드 변광성은 변광 주기가 길수록 광도가 커지고 절대 등급이 작아지는 관계를 나타낸다.

✗. 평균 겉보기 등급은 A가 B보다 크므로 평균 겉보기 밝기는 B가 A보다 밝다.

✗. 변광 주기는 A는 약 12일, B는 약 6일이다. 따라서 절대 등급은 A가 B보다 작다.

㉢. 거리 지수는 (겉보기 등급-절대 등급)이므로 별까지의 거리는 A가 B보다 멀다.

06 성단의 나이 추정하기

전향점에 위치한 별의 색지수($B-V$)가 클수록 성단의 나이는 많다.

㉠. (가)의 색지수($B-V$)는 9.1-8.5=0.6이다.

✗. (나)의 색지수($B-V$)는 -0.2이므로 이 성단에서 관측되는 별들의 대부분은 주계열 단계 이후 진화 단계에 있지 않다.

㉢. 성단의 나이는 전향점에 위치한 별의 색지수가 큰 (가)가 속한 성단이 (나)가 속한 성단보다 많다.

07 별의 밝기를 이용한 거리 측정

별의 밝기는 거리의 제곱에 반비례한다. 또한 별의 밝기는 등급으로 나타내며, 1등급의 별은 6등급의 별보다 100배 밝다.

㉠. C는 A보다 3배 멀리 위치하고, 별의 밝기는 거리의 제곱에

반비례하므로 C는 A보다 9배 어둡게 보인다.

ⓛ. B는 A보다 2배 멀리 떨어져 있으므로 겉보기 밝기는 4배 어둡다. 따라서 겉보기 등급 차는 5log2가 된다.

✗. C는 B보다 $\frac{3}{2}$배 멀리 떨어져 있으므로 겉보기 밝기는 $\frac{9}{4}$배 어둡다. 지구와 B의 거리를 r이라고 하면 지구와 C의 거리는 $\frac{3}{2}r$ 이다. B와 C의 절대 등급을 M이라고 하면, B의 거리 지수는 $5\log r - 5$이고, C의 거리 지수는 $5\log\frac{3}{2}r - 5$이다. 따라서 거리 지수는 C가 B의 3배가 아니다.

08 별의 밝기를 이용한 거리 측정

각 성단의 전향점에 위치한 별의 색지수($B-V$)를 비교하면 각 성단의 나이를 비교할 수 있다.

ⓛ. ㉠은 대부분 주계열성으로 이루어져 있고, 젊고 푸른색 주계열성이 많이 분포하는 것으로 보아 산개 성단이다.

✗. 성단 ㉠과 ㉡의 주계열성 겉보기 등급 차는 5보다 작으므로 $\frac{㉡까지의\ 거리}{㉠까지의\ 거리}$는 10보다 작다.

✗. 전향점의 색지수는 ㉠이 ㉡보다 크므로 성단의 나이는 ㉠이 ㉡보다 많다.

09 태양계 부근 별들의 공간 운동

케플러 회전은 회전 중심에서 멀어질수록 회전 속도가 느려지는 회전이다. 은경에 따라 별들은 멀어지거나 가까워지는 것처럼 보인다.

✗. B는 은경 180°에 위치하므로 은하 중심과 태양을 잇는 직선상에 태양 바깥쪽에 위치한다. 따라서 시선 속도가 나타나지 않는다.

ⓛ. A는 은경 45°에 위치하므로 태양 안쪽 궤도를 돌고, B는 태양 바깥쪽 궤도를 돌고 있으므로 은하 중심을 공전하는 주기는 A가 B보다 짧다.

✗. A에서 C를 관측하면 적색 편이가 나타난다.

10 우리은하의 발견

허셜은 최초로 우리은하 지도를 작성하였고 태양이 은하의 중심에 있다고 생각하였다. (가)는 허셜이 주장한 우리은하의 모습이고, (나)는 캅테인이 주장한 우리은하의 모습이다.

ⓛ. 허셜은 태양이 우리은하의 중심에 위치하였다고 생각했지만, 캅테인은 태양이 우리은하 중심부 근처에 위치한다고 생각하였다.

✗. 캅테인은 성간 소광을 고려하지 않았다.

✗. 캅테인의 우주는 허셜의 우주보다 9배 정도 크기가 확장되었다.

11 항성 계수법

같은 면적의 암흑 성운 안쪽의 영역과 바깥쪽 영역에서 촬영된 별

의 개수를 세면 암흑 성운에 의한 소광 정도를 알 수 있다.

ⓛ. 성간 소광은 상대적으로 파장이 짧은 빛이 긴 빛보다 잘 일어난다. 따라서 V 필터보다 B 필터로 관측할 때 성간 소광이 더 크게 나타나고 거리도 더 멀게 측정된다.

✗. ㉡은 ㉠보다 전체적으로 색지수가 큰 쪽에 분포한다. 따라서 평균 색지수는 ㉡이 ㉠보다 크다.

✗. 암흑 성운에 의해 성간 소광과 성간 적색화가 일어난다. 암흑 성운에 의해 성간 적색화가 나타나면 색지수($B-V$)가 고유 색지수(B_0-V_0)에 비해 크게 관측된다. 따라서 ㉡은 Q 영역을 관측한 결과이다.

12 색초과

'색초과=관측된 색지수−고유 색지수'이다. 성간 적색화가 되면 별의 색지수가 고유의 값보다 크게 관측된다.

ⓛ. 색초과는 (관측된 색지수−고유 색지수)이므로 색초과는 (가)가 (나)보다 크다.

ⓛ. 색초과$=(B-V)-(B_0-V_0)=(B-B_0)-(V-V_0)=$(B 필터에서 소광량−V 필터에서 소광량)이므로 B 필터에서 성간 소광량(A_B)과 V 필터에서 성간 소광량(A_V)의 차는 (가)가 (나)보다 크다.

ⓛ. 별 (가)와 (나)는 지구로부터의 거리가 같고 절대 등급도 같으므로 성간 소광이 없다면 겉보기 등급도 같아야 한다. 성간 소광량(A_V)은 (가)가 (나)보다 크므로 ㉠이 ㉡보다 크다.

13 성간 물질

성간 물질의 약 99 %는 성간 기체이다. 성간 기체는 대부분 수소와 헬륨으로 구성된다.

✗. 성운은 대부분 수소와 헬륨으로 구성된다.

ⓛ. 성운의 온도는 방출 성운이 암흑 성운보다 높다.

ⓛ. 성운 내에서 수소가 분자 상태로 존재하는 비율은 분자운이 많이 분포하는 (가)가 (나)보다 높다.

14 우리은하의 모습

우리은하는 막대 모양의 구조와 나선팔을 가지고 있는 막대 나선 은하이다. 성간 물질은 은하 원반에 주로 분포한다.

ⓛ. 우리은하는 막대 나선 은하로 은하핵에 막대 모양의 구조가 존재한다.

ⓛ. 우리은하에서 성간 물질은 헤일로보다 은하 원반에 많이 분포한다.

✗. 성간 물질이 헤일로보다 은하 원반에 많이 분포하므로 지구에서 관측된 겉보기 등급은 성간 소광을 많이 받은 ㉡이 ㉠보다 크다.

15 공간 운동

별이 우주 공간에서 실제로 운동하는 것을 공간 운동이라 하고 별

의 공간 속도=$\sqrt{(\text{접선 속도})^2+(\text{시선 속도})^2}$이다.

㉠. 시선 방향으로 별이 멀어지고 있는 것은 (가)이다.

㉡. 별 A와 B의 접선 속도의 크기는 $V\sin60°$로 같다.

㉢. 별의 접선 속도는 고유 운동과 별까지의 거리의 곱에 비례한다. 따라서 $\dfrac{\text{B의 고유 운동}}{\text{A의 고유 운동}}$은 $\dfrac{3}{2}$이다.

16 주계열 맞추기

성단의 별들은 거의 같은 시기에 같은 장소에서 생성되었으므로 성단을 구성하는 모든 별들은 거의 같은 거리에 위치한다고 생각할 수 있다. 따라서 성단의 색등급도를 표준 주계열성의 색등급도와 비교하여 성단까지의 거리를 구할 수 있다.

㉠. 구상 성단은 적색 거성 가지와 점근 거성 가지가 나타난다. 따라서 (가)는 구상 성단이다.

㉡. 색지수($B-V$)가 대략 0.75인 성단 내 주계열성의 겉보기 등급(m_V)은 약 22인데 표준 주계열성의 절대 등급(M_V)은 5보다 크고 6보다 작다. 따라서 거리 지수는 20보다 작다. 거리 지수가 20일 때 거리가 100 kpc이므로 성단까지의 거리는 100 kpc보다 가깝다.

✘. 색지수($B-V$)는 B 등급(m_B)과 V 등급(m_V)의 차이므로 별 A의 m_B는 24이다.

17 구상 성단과 산개 성단

산개 성단은 주계열성의 비율이 높고, 젊고 푸른색 주계열성이 많이 분포한다. 구상 성단은 대부분 나이가 많고 온도가 낮은 주계열성과 거성으로 이루어져 있다. (가)는 산개 성단, (나)는 구상 성단이다.

㉠. 산개 성단은 수백~수천 개의 별들이 허술하게 모여 있는 집단이다.

✘. 산개 성단은 구상 성단보다 성단 내 주계열성 비율이 높고, 젊고 푸른색 주계열성이 많다.

✘. 우리은하 헤일로에는 산개 성단보다 구상 성단이 주로 분포한다.

18 21 cm 전파의 해석

21 cm 전파를 이용하면 중성 수소의 분포를 알 수 있으며, 이를 통해 은하의 구조를 알아낼 수 있다.

✘. 자연 상태에서 중성 수소는 에너지가 높은 상태에서 낮은 상태로 자발적으로 바뀌기도 하는데 이때 방출되는 것이 21 cm 전파이다.

㉡. 21 cm 전파를 이용하면 중성 수소의 분포를 알 수 있으며 이를 통해 나선팔의 존재를 알 수 있다.

㉢. 중성 수소는 나선팔이 나타나지 않는 A보다 나선팔이 나타나는 B에 많이 분포한다.

19 우리은하의 회전

케플러 회전을 하는 경우 우리은하 중심으로부터의 거리가 멀수록 회전 속도가 느려진다.

㉠. A는 태양보다 은하 중심에 가까운 궤도를 태양의 앞쪽에서 회전하고 있으므로 태양과 A 사이의 거리는 멀어진다.

㉡. 은하 중심과 B 사이의 거리는 4 kpc이다. 케플러 회전을 하는 천체들의 속도(V)는 은하 중심까지의 거리를 r이라고 할 때 $\dfrac{1}{\sqrt{r}}$에 비례한다. 따라서 B의 회전 속도는 $220\sqrt{2}$ km/s이다.

㉢. 태양에서 관측할 때 B의 시선 속도 크기는 $(220\sqrt{2}\times\cos0°)-(220\times\sin30°)$이고, 접선 속도 크기는 $220\times\cos30°$이다. 정리하면 시선 속도는 $110(\sqrt{8}-\sqrt{1})$이고, 접선 속도는 $110\sqrt{3}$이므로 (시선 속도 크기−접선 속도 크기)는 $110(\sqrt{8}-\sqrt{1}-\sqrt{3})>0$이 되고 태양에서 관측할 때 B의 시선 속도 크기는 접선 속도 크기보다 크다.

20 은하의 회전 속도 곡선

은하의 실제 회전 속도 곡선과 은하의 질량이 중심부에 집중되어 있다고 가정할 때 예측한 회전 속도 곡선을 비교하면 실제 회전 속도 곡선에서 은하 외곽에서의 회전 속도가 더 빠르다.

㉠. 별의 광도로부터 측정한 우리은하의 회전 속도 분포 곡선은 우리은하의 질량이 중심부에 집중되어 있는 것처럼 나타난다. 은하 중심에 질량이 집중되어 있는 형태는 B이다.

㉡. 태양의 회전 속도는 A가 B보다 1.375배 크다. 따라서 태양 안쪽의 은하 질량이 태양에 미치는 만유인력과 태양이 원운동하는 구심력이 같으므로 태양 안쪽의 은하 질량은 A에서가 B에서보다 $(1.375)^2$배 크다.

✘. ㉠ 구간에서는 케플러 회전이 나타나고 ㉡에 비해 별의 광도로 계산한 회전 속도와 실제 회전 속도와의 차가 작다. ㉡ 구간에서는 별의 광도로 추정한 회전 속도와 실제 회전 속도와의 차가 ㉠보다 크고 실제 속도는 거의 일정하다. 이는 물질 중 암흑 물질이 차지하는 비율은 ㉡ 구간이 ㉠ 구간보다 크다는 것을 의미한다.

21 은하단의 구성 물질

은하단 내에서 전자기파로 관측되는 은하와 성간 물질보다 전자기파로 관측되지 않는 암흑 물질이 더 많은 질량을 차지한다.

㉠. 은하단은 우주에서 서로의 중력에 묶여 있는 천체들 중 가장 규모가 크다.

㉡. 은하 간 물질의 대부분은 성간 기체로 주로 수소와 헬륨으로 구성된다.

㉢. 은하단 전체 질량 중 암흑 물질이 차지하는 비율은 90 %로 은하단 대부분의 질량은 전자기파로 관측되지 않는다.

22 우주의 구조

(가)는 대마젤란은하, (나)는 안드로메다은하로 (가)와 (나)는 국부 은하군에 포함된다. 국부 은하군은 처녀자리 초은하단에 포함된다.

ㄱ. 국부 은하군에는 우리은하, 안드로메다은하, 대마젤란은하, 소마젤란은하 등의 은하가 포함된다.

ㄴ. 은하군 내의 은하들은 서로 중력적으로 묶여 있다.

ㄷ. 대마젤란은하와 안드로메다은하는 국부 은하군에 포함되고, 국부 은하군은 처녀자리 초은하단에 포함된다.

23 우주 거대 구조

우주 거대 구조는 우주의 가장 큰 규모로 거대 가락과 거대 공동이 나타난다.

ㄱ. A는 B보다 우리은하로부터 멀리 떨어져 있다.

X. A에는 은하들이 거의 나타나지 않고 B에는 은하들이 밀집해 있다. 은하들이 거의 없는 거대 공동은 은하들이 밀집해 있는 곳보다 밀도가 작다.

X. 우주 거대 구조의 형태는 시간에 따라 조금씩 변해왔으며, 이런 형태 변화는 우주가 팽창하기 때문이라고 알려져 있다.

24 처녀자리 은하단과 처녀자리 초은하단

처녀자리 은하단은 우리은하에서 가장 가까운 은하단이고 처녀자리 초은하단에 속해 있다.

X. 국부 은하군은 처녀자리 초은하단에 속하지만 처녀자리 은하단에 속하지 않는다.

X. 우주에서 서로 중력에 묶여 있는 천체들 중 가장 규모가 큰 것은 은하단이다.

ㄷ. 처녀자리 은하단은 처녀자리 초은하단에 포함된다.

미래 50년을 위한
새로운 전통의 문을 엽니다.

국립공주대학교

2025학년도 신입생/편입생 모집

공주캠퍼스
사범대학
인문사회과학대학
자연과학대학
간호보건대학
예술대학
국제학부

천안캠퍼스
천안공과대학
인공지능학부

예산캠퍼스
산업과학대학

세종캠퍼스
2026학년도 입주 예정

◆ 서울

천안

예산

공주   세종

천안캠퍼스
· 수도권 지하철 **①호선 두정역**
  셔틀버스 운행
· 2025년 도보 5분 거리 전철역 착공

세종캠퍼스
· 세종캠퍼스 2026년 하반기 입주 예정

예산캠퍼스
· 수도권 지하철 **①호선 신창역**
  셔틀버스 운행

공주캠퍼스
· **KTX** 광명역 - 공주역 **50분 대**
· **SRT** 수서역 - 공주역 **50분 대**
· 서울 강남 - 공주 버스 **1시간 30분**
· 공주 고속 · 시외버스 터미널 **도보 5분**

본 교재 광고의 수익금은 콘텐츠 품질개선과 공익사업에 사용됩니다.
모두의 요강(mdipsi.com)을 통해 공주대학교의 입시정보를 확인할 수 있습니다.

입학상담 041-850-0111
입학안내 https://ipsi.kongju.ac.kr
※ 자세한 사항은 입학안내 홈페이지 참조

개교 51주년
since 1973

취업이
낳아
주는
대학 강한대학
안산대학교

전문대학혁신지원사업 선정 (2019~2024)

전문대학글로벌현장학습사업 (2005~2023)

LINC❸ 3단계 산학연협력 선도전문대학
육성사업(LINC 3.0) (2022~2024+3)

LiFE 평생교육체제 지원사업 (LiFE2.0) (2023~2025)

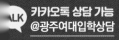

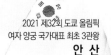